建筑业企业专业技术管理人员岗位资格考试指导用书

施工员

（电气）

主　编　谢社初

副主编　于昆伦　周友初　左　辉

主　审　傅志勇

中国环境出版社·北京

图书在版编目（CIP）数据

施工员．电气/谢社初主编．—2版．—北京：中国环境出版社，2013.3（2013.11重印）

建筑业企业专业技术管理人员岗位资格考试指导用书

ISBN 978-7-5111-1318-4

Ⅰ.①施…　Ⅱ.①谢…　Ⅲ.①建筑工程—电气设备—工程施工—资格考试—自学参考资料　Ⅳ.①TU74

中国版本图书馆CIP数据核字（2013）第030017号

出版人　王新程
责任编辑　张于嫣　辛　静
责任校对　尹　芳
封面设计　宋　瑞

出版发行　中国环境出版社
（100062　北京市东城区广渠门内大街16号）
网　　址：http：//www.cesp.com.cn
电子邮箱：bjgl@cesp.com.cn
联系电话：010-67112765（编辑管理部）
010-67112739（建筑图书出版中心）
发行热线：010-67125803，010-67113405（传真）

印　　刷　北京市联华印刷厂
经　　销　各地新华书店
版　　次　2013年3月第二版
印　　次　2013年11月第二次印刷
开　　本　787×1092　1/16
印　　张　22.25
字　　数　480千字
定　　价　60.00元

建筑业企业专业技术管理人员岗位资格考试指导用书

编 委 会

出版说明

2011年7月，住房城乡建设部发布《建筑与市政工程施工现场专业人员职业标准》(JGJ/T250—2011，以下简称《职业标准》)，2012年1月1日起正式实施。根据住房城乡建设部《关于贯彻实施住房和城乡建设领域现场专业人员职业标准的意见》(建人[2012] 19号，以下简称《实施意见》）精神，湖南省住房和城乡建设厅人教处于2012年委托省建设人力资源协会组织湖南建筑职教集团所属成员单位共20多所高、中等职业院校和建筑业施工企业对湖南省建筑业企业专业技术管理人员岗位资格考试标准进行了专项课题研究，并以《职业标准》为指导，结合本省建筑业发展和施工现场技术管理工作从业人员实际，修订了湖南省建筑业企业专业技术管理人员岗位资格考试大纲，包括施工员（分土建施工员、安装施工员，安装施工员又分水暖与电气两个专业方向)、质量员、安全员、标准员、材料员、机械员、资料员、造价员等岗位。为满足参考人员需要，湖南建筑职教集团由湖南城建职业技术学院牵头，组织建设职业院校、施工企业有关专家编写了上述岗位资格考试指导用书，2012年6月由中国环境科学出版社出版，应用于建筑与市政工程施工现场专业人员岗位培训和资格考试应试人员复习备考。

根据我省建设工程施工项目部关键岗位人员配备、建筑业企业专业技术管理人员岗位资格管理相关规定，现场专业人员必须通过全省统一的岗位资格考试，取得省住房和城乡建设厅颁发的《建筑业企业专业技术管理人员岗位资格证书》方可从事相应岗位的技术和管理工作。为构建科学合理的施工现场专业人员岗位资格能力评价标准，建设客观、公正和便捷高效的常态化考核机制，我们在不断完善岗位资格考试大纲的基础上，建设能力考核的标准化考试题库，实施远程网络考试，相关业务全信息化管理。与此同时，经本套丛书第一版编委会同意，调整部分编写人员，组织对2012年湖南建筑职教集团编写的岗位资格考试指导用书进行修订出版。修订的原则，一是针对性。以《职业标准》、住房城乡建设部人事司印发的《建筑与市政施工现场专业人员考核评价大纲》为指导，以湖南省建筑业企业专业技术管理人员岗位资格考试大纲(2013年修订版）为依据，内容和编排与考试大纲完全对应，涵盖考核试题库全部试题；二是实践性。突破学科，尤其是学校教材体系模式，理论知识以必要、够用为原则，专业技能基本覆盖岗位工作实践业务；三是基础性。把握人才层次标准和职业准入能力测试的特点，考核最常用、最关键的基本知识、基本技能。因主要服务于岗位培训、自学备考，各分册篇幅作了调整，力求简明扼要。按照湖南省建筑业企业专业技术管理人员岗位资格考试科目设置和大纲要求，《法律法规及相关知识》、《专业通用知识》科目各岗位考试标准相同，指导用书通用；《专业基础知识》、《岗位知识》和《专业实务》科目按各岗位不同能力标准要求编写。本套丛书也可以作为高、中等职业院校师生和相关工程技术人员参考书。

本套丛书的编写得到相关施工企业、职业院校的大力支持，在此谨致以衷心感谢！参与编写、修订工作的全体作者付出了辛勤的劳动，由于全套丛书业务涉及面宽，专业性强，加之时间仓促，疏漏和不足之处有所难免，恳请读者批评指正。

湖南省住房和城乡建设厅人教处

湖南省建设人力资源协会

2013 年 3 月

前 言

根据“湖南省建筑业企业专业技术管理人员——安装施工员（电气方向）‘专业基础知识’、‘岗位知识’和‘专业实务’考试大纲（2013年修订版）”要求，编者对本书2012年第一版进行了修订。修订后全书分上下两篇共八章，上篇‘专业基础知识’第一章、二章，介绍电工基础知识和电器材料与设备、电气工程施工图、建筑弱电系统等专业基础知识；下篇‘岗位知识和专业实务’共六章，内容包括强电系统供电配电与照明、电机拖动与控制、建筑防雷与接地安装技术，以及安装施工测量、施工现场临时用电知识、建筑弱电系统（包括电话系统、计算机网络系统、有线电视系统、公共广播系统、安防与监控系统、公共管理与建筑智能化系统、电气消防系统）的安装施工技术、电气安装工程造价及施工组织管理等专业知识。为便于应试人员学习和查阅，本书的篇、章、节的编排与电气安装施工员岗位资格考试大纲完全一致；内容力求与实际应用紧密结合，甄选最常用、最关键的基础知识和基本技能；注意反映电气安装技术领域的新知识、新技术、新产品和最新国家标准和规范。本书为电气安装施工员岗位培训及资格考试应试人员复习备考用书，也可供相关高、中等职业院校师生和工程技术人员参考使用。

本书第一章由于昆伦编写；第三章、第四章由周友初编写；第五章、第六章、第七章、第八章由左辉编写；谢社初编写第二章并任全书主编；傅志勇负责书稿审阅。由于编写者水平有限和时间仓促，书中难免有错漏之处，敬请广大读者批评指正。

本书编写参考了大量的资料和书刊，并引用了部分材料，除在参考文献中列出外，在此谨向这些书刊资料的作者表示衷心的感谢！

目　录

专业基础知识篇

岗位知识和专业实务篇

专业基础知识篇

第一章　建筑强电安装基础知识

第一节　电工基础知识

一、欧姆定律和基尔霍夫定律

1. 欧姆定律

（1）导体电阻：

电阻是表示导体对电流起阻碍作用的参数，用 R 表示。在一定的温度下，金属导体电阻的计算公式为：

$$R=\rho\frac{L}{S} \tag{1-1}$$

式中，R——电阻，Ω；

L——导体的长度，m；

S——导体的截面积，mm^2；

ρ——材料的电阻率，Ω · m。

（2）一般电路的欧姆定律：

欧姆定律计算公式为：

$$I=\frac{U}{R} \tag{1-2}$$

式中，U——负载两端电压，V；

R——负载电阻，Ω；

I——流过负载电流，A。

（3）全电路的欧姆定律：

当电源电动势 E（V）、电源内阻 r（Ω）、负载电阻 R（Ω）时，则流过负载的电流为 I（A）。

$$I=\frac{E}{R+r} \tag{1-3}$$

式中，E——电动势，V；

R——负载电阻，Ω；

I——流过负载的电流，A；

r——电源内阻，Ω。

（4）电路的连接方式：

1）电阻的串联：电路中由两个或多个电阻首尾相接，通过这些电阻的电流是相同的。总电阻等于各分电阻之和；串联电路具有分压作用，各电阻上所分电压与电阻值成正比，各电阻上电压之和等于总电压。

2）电阻的并联：由两个或多个电阻首端与首端连接，尾端与尾端连接，构成两个节点，接于电源之间，这种连接叫并联。各并联电阻承受的电压相等，并联总电阻的倒数等于各并联电阻的倒数和；各并联支路电流之和等于总电流。

2. 基尔霍夫定律

（1）基尔霍夫电流定律（KCL）：

基尔霍夫电流定律也称为基尔霍夫第一定律，简称 KCL。其内容是：在任一瞬间，流入某一节点的电流之和应该等于该节点流出的电流之和，即

$$\sum I_i = \sum I_O \tag{1-4}$$

（2）基尔霍夫电压定律：

基尔霍夫电压定律又称为基尔霍夫第二定律，简称 KVL。其内容是：在任一瞬间，沿电路中的任一回路绕行一周，回路中所有电动势的代数和等于各电阻上电压降的代数和，即

$$\sum E = \sum IR \tag{1-5}$$

式中，电动势的正方向与回路的绕行方向一致时取正号，反之取负号；电阻中电流的正方向与回路绕行方向一致时，电阻上电压降取正号，反之取负号。

二、正弦交流电的三要素及有效值

1. 正弦交流电的基本概念

所谓的交流电，是指大小和方向随时间做周期性变化的电流、电压和电动势。而大小和方向随时间按正弦规律变化的交流电，则称为正弦交流电。

2. 正弦交流电的三要素

正弦交流电流解析式为：

$$i = I_m \sin(\omega t + \psi) \tag{1-6}$$

式中，i（或 u）——瞬时值；

I_m（或 V_m）——幅值；

ω——角频率，rad/s；

ψ——初相角。

幅值，频率、初相角也就称为确定正弦量的三要素。

3. 正弦交流电的有效值

计算或计量中常用交流电的有效值来表示交流电的大小。有效值用大写字母表示。

对于正弦交流电流 $i=I_m\sin\omega t$，有

$$I = 0.707 I_m \tag{1-7}$$

即正弦交流电流的有效值等于其最大值的 0.707 倍。

同样也有

$$U = 0.707 U_m \tag{1-8}$$

4. 对称三相交流电路三相负载的连接

（1）三相负载作星形连接：在三相四线制电路中，将三相负载分别接于电源各相线与中线之间即构成负载的星形连接。

负载做星形连接时，线电压的有效值是相电压有效值的 $\sqrt{3}$ 倍，相位超前相应相电压 30°；线电流等于相电流。

（2）三相负载作三角形连接：将三相负载接成三角形后三个顶点与三相电源相线相连，就构成了负载三角形连接的三相三线电路。

当三相负载对称时，负载的相电压等于电源的线电压。线电流的有效值等于相电流的 $\sqrt{3}$ 倍，相位滞后于相应的相电流 30°。

三、电压、电流、电功率的概念

1. 电流

单位时间内通过某一横截面的电荷量叫电流，用 I 表示。电流的单位为安培（A）。

2. 电压

电路中某一点的电位等于该点与参考点之间的电压。

电压是衡量电场力做功能力的物理量。在电路中，电场力把单位正电荷从 a 点运动到 b 点所做的功，称为 a 点到 b 点间的电压，用 U_{ab} 表示。

3. 电功率

一个元件上的电功率等于该元件两端的电压与电流的乘积。元件上的电功率有发出的，也有吸收的。

通常进行电路分析时，电压、电流均须采用参考方向，这时可按情况来确定元件的功率。

（1）由 U、I 的参考方向确定公式的符号：

1）当 U、I 选相同方向时

$$P = UI（或\ p = ui） \tag{1-9}$$

2）当 U、I 选不同方向时

$$P = -UI（或\ p = -ui） \tag{1-10}$$

式中，P——功率，W；

U——电压，V；

I——电流，A。

（2）将已知电压 U（u）和电流 I（i）的数值及符号代入式（1-9）或式（1-10）中得到计算结果 P。

若计算结果 $P>0$，表明该元件是吸收功率（或是消耗功率）元件；若计算结果 $P<0$。则该元件是发出功率的元件。

四、RLC电路与功率因素的概念

1. RLC 交流电路

有电阻、电感、电容元件串联组成的电路称为 RLC 电路。它是正弦交流电路中的典型电路。所有实际用电负荷都可以等效为 RLC 电路。直流电路的定律同样满足交流电路，只是在计算时需考虑其电压、电流的方向性，应按相量计算。

由于 RLC 电路通过的是交流电流，可作出电压、电流的相量图。电路参数不同时，电压与电流的关系也不一样，故电路性质也不同。

2. 电路的功率

单相交流电路的有功功率为

$$P = UI\cos\varphi \tag{1-11}$$

单相交流电路无功功率为

$$Q = UI\sin\varphi \tag{1-12}$$

单相交流电路视在功率为

$$S=UI=\sqrt{P^2+Q^2} \tag{1-13}$$

在三相交流电路中，无论负载采用什么样的连接方式，接于三相线路上的负载的总有功功率等于各相负载的有功功率之和

$$P = P_U + P_V + P_W \tag{1-14}$$

三相对称负载无论采用什么样的连接方式，总的有功功率为

$$P = \sqrt{3}U_L I_L\cos\varphi \tag{1-15}$$

同样，总的无功功率

$$Q = \sqrt{3}U_L I_L\sin\varphi \tag{1-16}$$

总的视在功率

$$S = \sqrt{3}U_L I_L \tag{1-17}$$

3. 功率因数

（1）功率因数及提高功率因数的意义：

有功功率（P）与视在功率（S）的比值称为功率因数，即

$$\cos\varphi = \frac{P}{S} \tag{1-18}$$

提高功率因数的意义有：

1）充分发挥电源设备的利用率；

2）减少线路电能损耗和节约材料；

3）减少线路电压损失。

（2）提高功率因数的措施：

提高功率因数，由于所有用电负荷基本上都是电阻电感性质，所以通常采用的方法是在电感性负载两端并联电容器进行补偿。此外，还可以采用同步电机来提高线路的功率因数和减少异步电动机轻载或空载运行的方法。

补偿电容器容量的计算公式为

$$Q_c = P(\tan\varphi_1 - \tan\varphi_2) \tag{1-19}$$

或

$$C = \frac{P}{U^2\omega}(\tan\varphi_1 - \tan\varphi_2) \tag{1-20}$$

五、二极管和三极晶体管的基本结构及应用

1. 二极管的基本结构及应用

（1）二极管的结构：一个 PN 结加上引出线和管壳就构成了半导体二极管。

（2）二极管的特性：

1）正向特性：当二极管两端外加正向电压比较小时，硅管的 U_T 一般小于 0.5 V，锗管的 U_T 一般小于 0.1 V；二极管不通。正向电压大于以上值时，二极管才导通。二极管导通时的正向电压值称为二极管的导通压降或管压降，记作 U_D，一般小功率硅管的 U_D 为 0.6～0.8 V，锗管的 U_D 为 0.2～0.3 V。

2）反向特性：二极管外加反向电压不超过其击穿电压时，反向电流很小，近似截止。

3）反向击穿特性：二极管的反向电压超过其击穿电压时，反向电流急剧增加，称为反向击穿。击穿并不意味损坏，只要采取限流措施，当反向电压降低后，二极管仍可恢复反向截止特性，否则就会造成热击穿而永久性损坏。

（3）二极管的应用：利用其单向导电性，可在整流、检波、脉冲与数字电路中做开关元件使用。

2. 三极管的基本结构及应用

（1）晶体管的结构：晶体管有两个 PN 结，三个区，并引出三个电极，分别是发射区引出发射极 e，基区引出基极 b，集电区引出集电极 c。按两个 PN 结的组合方式，晶体管分为 NPN 型和 PNP 型两类。

（2）晶体管的应用：晶体管具有电流放大作用和开关作用。只要在晶体管各极加合适的偏置电压即可实现，一般用于电子器件中作为电流信号放大和电子开关用。

六、变压器和三相交流异步电动机的基本结构和工作原理

1. 变压器的基本结构和工作原理

（1）变压器的基本原理：变压器是利用电磁感应的原理工作的。变压器的主要部件是一个铁芯和套在铁芯上的两个相互绝缘的绕组。两绕组间只有磁的耦合没有电的联系，其中接于电源侧的绕组称为一次绕组，接于负载侧的绕组称为二次绕组。两绕组之间通过电磁感应原理实现电能的传递。

变压器一、二次绕组的匝数比近似等于其电压比，即

$$\frac{N_1}{N_2} = \frac{U_1}{U_2} \tag{1-21}$$

因此，只要改变绕组的匝数比，就能达到改变电压的目的。这就是变压器的基本原理。

（2）油浸电力变压器基本结构：变压器的基本结构主要由铁芯、绕组、油箱和冷

却装置、绝缘套管和保护装置等组成。所有的油浸电力变压器均设有储油柜，放置在油箱内的变压器的铁芯和绕组均完全浸泡在绝缘油中。变压器工作时产生的热量通过油箱及箱体上的油管向空气中散发，以降低绕组和铁芯的温度，将变压器的温度控制在允许范围内。

（3）干式变压器的基本结构：干式变压器主要由铁芯、高压绕组、低压绕组、高压接线端子、低压接线端子、弹性垫块、夹件及填料型绝缘等组成。

（4）变压器的型号及技术参数：

1）变压器型号：变压器的型号表示一台变压器的结构、额定容量、电压等级、冷却方式等内容。

SL_{11}-630/10 为三相油浸自冷铝绕组，额定容量为 630 kVA，高压绕组额定电压 10 kV级电力变压器（没有 L 时为铜绕组）；SC_9-630/10 为环氧树脂浇注型铜绕组变压器（环氧树脂浇注干式变压器）。

2）额定值：标注在铭牌上的相关参数，主要有：

① 额定容量 S_N（kVA）：为视在功率，对三相变压器而言，额定容量指三相容量之和。

② 额定电压 U_N（kV 或 V）：是指规定加到一次侧的线电压和二次额定输出线电压。

③ 额定电流 I_N（A）：允许长期通过的线电流。

④ 连接组别：是变压器一次、二次绕组各自的内部连接方式，如 D/Y_n11，为变压器一次绕组为三角形连接，二次绕组为星型连接，中性点直接接地，时钟表示为 11 点。

（5）变压器的功率损耗：变压器的损耗包括有功功率损耗和无功功率损耗两部分。

1）变压器的有功功率损耗：变压器的有功损耗有铁损和铜损，铁损又称空载损耗，其值与铁芯材质有关，而与负载大小无关，是基本不变的；而铜损与负载电流的平方成正比，负载电流为额定值时的铜损又称短路损耗。

2）变压器的无功功率损耗：由两部分组成，一部分由励磁电流即空载电流造成的损耗，它与铁芯有关而与负载无关；另一部分无功损耗是指一、二次绕组的漏磁电抗损耗，其大小与负载电流平方成正比。

2. 三相异步电动机的基本结构和工作原理

（1）三相异步电动机原理：在异步电动机的定子里，嵌放着对称的三相绕组 U_1—U_2、V_1—V_2、W_1—W_2。转子是一个闭合的多相绕组笼型电动机。

当异步电动机定子对称的三相绕组通入对称的三相电流时，就会产生一个转速为 n_1 的旋转磁场。

$$n_1 = \frac{60f}{p} \tag{1-22}$$

式中，n_1——同步转速，r/min；

P——电动机的磁极对数；

f——电源的频率，Hz。

由于定子中旋转磁场的产生，静止的转子与旋转磁场之间有相对切割旋转磁场而产生感应电动势，因转子绕组自身闭合，转子绕组内便有电流流通。转子电流受到旋转磁场的作用力而旋转，同时通过电动机轴带动机械负载旋转。只要改变对换定子的两相电源接线，也就是改变了旋转磁场的旋转方向，也就能改变转子的转向。

异步电动机的额定转速是在额定负载下的转速。同步转速与电动机转速之差称为转差率。当负载越大时，转速就越慢，其转差率就越大，电动机电流变大，严重过载时会烧坏电动机。异步电动机的转速可由下式计算，即

$$n = (1 - s)n_1 \tag{1-23}$$

在正常运行范围内，转差率的数值一般在0.01～0.06。

根据转差率的大小和正负，异步电动机有三种运行状态：①转差率为正值且在0.01～0.06时为电动机运行状态；②转差率为负值时为发电机运行状态；③转差率为正值且较大时为电磁制动运行状态。

(2) 异步电动机基本结构：三相异步电动机主要由定子和转子两大部分组成。转子装在定子腔内，定子转子之间有缝隙，称为气隙。

1) 定子部分：定子部分主要由定子铁芯、定子绕组和机座三部分组成。

2) 转子部分：转子主要由转子铁芯、转子绕组和转轴三部分组成。

3) 气隙：异步电动机的气隙是均匀的。气隙大小对异步电动机的运行性能和参数影响较大，气隙越大，励磁电流也就越大，电动机功率因数降低。

(3) 电动机的型号规格及参数：

1) 异步电动机的型号主要包括：

① 电机的类型，用大写汉语拼音字母表示（如Y-表示异步电动机，YR-表示绕线转子异步电动机等）。

② 设计序号，是指电动机产品设计的顺序，用阿拉伯数字表示。

③ 规格代号，是用中心高、铁芯外径、机座号、机座长度、铁芯长度、功率、转速或极数表示。例如Y355M2-4表示中心高355 mm、中机座、2号铁心长、4极异步电动机。

(4) 电动机的防护等级：电动机外壳防护等级的标志方法，是以字母“IP”和其后面两位数字表示的。“IP”为国际防护的缩写。IP后面第一位数字代表第一种防护形式（防尘）的等级，共分0～6七个等级。第二个数字代表第二种防护形式（防水）的等级，共分0～8九个等级，数字越大，表示防护的能力越强（第一个数字的含义：0——无防护；1——防护大于50 mm的固体；2——防护大于12 mm的固体；3——防护大于2.5 mm的固体；4——防护大于1 mm的固体；5——防止灰尘进入；6——能完全防止灰尘进入。第二个数字的含义：0——无防护；1——防垂直的滴水；2——防止与铅垂线成15°范围内的滴水；3——防淋水与铅垂线成60°范围内的淋水；4——防任何方向的溅水；5——防任何方向的喷水；6——防海浪或强加喷水；7——浸水，电机在规定的压力和时间下浸在水中，其进水量应无有害影响；8——潜水，电机在规定的压力下长时间浸在水中，其进水量应无有害影响）。

电机应用中最常用的防护等级有IP11、IP21、IP22、IP23、IP44、IP54、IP55等。顺便指出，对于系列电动机，铭牌上有时也不标防护形式。

七、电路的构成及各部分的作用

电流的通路称为电路。电路通常由电源、负载以及连接电源和中间环节三部分组成，其形式是多种多样的。

电源是提供电路中所需电能的装置，电源有电池、发电机、整流电源等。

负载是电路中消耗电能的器件或设备，是将电能转化为其他形式能量的装置。

中间环节是传送、分配和控制电能的部分，主要包括导线、控制与保护电器等。

八、电路的三种状态及其特征

电路工作时，可能有三种状态：开路、短路、有载状态。

1. 开路（空载）状态

在图 1-1 电路中，如果开关 S 断开，电源和负载不构成闭合回路，这时电路处于空载状态，又称为开路或断路状态。

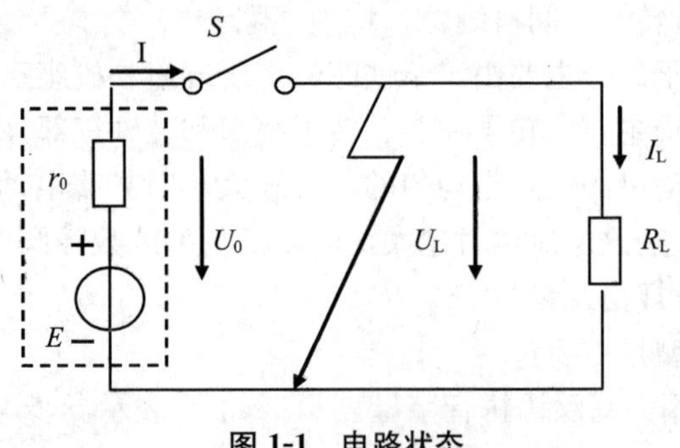

图 1-1　电路状态

2. 短路状态

如果开关 S 合上时，因为某种原因负载被短接，则负载电阻等于零。此时电流会很大，称为短路电流，电源短路是一种严重事故，不允许出现，电路中应设置短路保护装置。

3. 负载状态

图 1-1 电路中，当开关 S 闭合时，电路接通，有电流通过负载，称为负载状态。当电源确定时，电流的大小取决于负载阻抗，阻抗大时，电流小；阻抗小时，电流大。

第二节　建筑供配电基础

一、变配电系统的组成

1. 电力系统

电力系统由发电、变电（升压和降压）、输电、配电和用电五个部分组成。

2. 用户变配电系统

用户变配电系统包括变电（降压）、配电（包括短距离传输）和用电三部分组成。

二、电力系统额定电压

1. 电气设备额定值

各种电气设备在使用时，其电压、电流、功率等都有规定的使用限额，称为用电设备的额定值。电气设备规定使用限额的目的是保证设备安全、可靠和高效率的工作。

2. 额定电压

（1）电压等级：根据我国规定，交流电力网的额定电压等级有：220 V、380 V、3 kV、6 kV、10 kV、35 kV、110 kV、220 kV、330 kV、500 kV、1 000 kV 等。

习惯上把 1 kV 及以上的电压称为高压，1 kV 以下的电压称为低压。但要注意，所谓低压是相对而言的，绝不表明它对人身没有危险。

（2）各种电压等级的适用范围：在我国电力系统中，220 kV 及以上的电压等级都用于大电力系统的主干输电线，输送距离在几百公里以上；110 kV 电压用于中、小电力系统的主干输电线，输送距离在 100 km 左右；35 kV 电压则用于电力系统的二次电网中以及大型工厂的内部供电，输电距离在 30 km 左右；6～10 kV 电压用于送电距离 10 km 左右的城市配电；中小型电动机、电热等用电设备、生活及照明用电，一般采用 380/220 V 三相四线制供电。

3. 电压选择和电能质量

（1）用户的供电电压选择，应根据用电容量、用电设备特性、供电距离、供电线路的回路数、当地公共电网现状及其发展规划等因素，经济技术比较确定。

供电电压大于等于 35 kV 时，用户的一级配电电压宜采用 10 kV；当 6 kV 用电设备的总容量较大，选用 6 kV 经济合理时，宜采用 6 kV；低压配电电压宜采用 220/380 V。根据《民用建筑电气设计规范》（JGJ 16—2008）中规定，用电设备总容量在 250 kW 及以上或变压器容量在 160 kVA 以上时，宜采用 10 kV 供电；当配电电压为 35 kV，且用电负荷均为低压又较集中时，亦可将 35 kV 直降至 220/380 V 配电电压。

（2）用电单位受电端供电电压的允许偏差，应符合下列要求：10 kV 及以下三相供电电压允许偏差为系统标称电压的±7%；220 V 单相供电电压允许偏差为系统标称电压的＋7%～－10%。《民用建筑电气设计规范》（JGJ 16—2008）对不同用电设备电压偏差规定：一般用途的电动机宜为±5%；电梯电动机宜为±7%；一般工作场所照明±5%；视觉要求高的场所为＋5%～－2.5%；应急照明、道路照明和警卫照明为＋5%～－10%；用电设备无特殊要求时为±5%。

三、电力系统中性点接地方式、特点及适用情况

1. 电力系统中性点接地方式

电网中性点接地方式直接影响电网的绝缘水平、电网供电的可靠性和连续性及运行的安全性、电网对通讯线路及无线电干扰。

接地种类有中性点直接接地、中性点经消弧线圈接地、中性点经电阻接地（按接

地电流的大小又分高阻接地和低阻接地）、中性点不接地。

（1）中性点不接地系统：中性点不接地系统的优点是发生单相接地故障时，不形成短路回路，通过接地点的电流仅为接地电容电流，可以带故障运行一段时间（2 h 以内）。

（2）中性点经电阻接地：

1）中性点经高电阻接地：高电阻接地方式以限制单相接地故障电流为目的，电阻阻值一般在数百到数千欧姆。

2）中性点经低电阻接地：6～35 kV 主要由电缆线路构成的送、配电网络，单相接地故障电流较大时，可采用低电阻接地方式。

（3）中性点直接接地：中性点直接接地系统的优点是系统的过电压水平和输变电设备所需的绝缘水平较低。发生单相接地故障时单相接地电流很大，必然引起断路器的跳闸。

（4）中性点经消弧线圈接地：电网当单相接地故障电流可能超过允许值时，可采用消弧线圈补偿电容电流保证接地电弧瞬间熄灭。

2. 系统接地方式的选择

（1）3～10 kV 钢筋混凝土或金属杆塔的架空线路构成的系统和所有 35 kV 系统，单相接地故障电容电流不超过 10 A，应采用不接地方式。3～10 kV 非钢筋混凝土或金属杆塔架空线路构成的系统和所有 35 kV 系统，当电压为 3 kV 和 6 kV 时，单相接地故障电容电流不超过 30 A 时，应采用不接地系统；当电压为 10 kV 时，单相接地故障电容电流不超过 20 A 时，应采用不接地系统；当电压为 3～10 kV 电缆线路构成的系统，单相接地故障电容电流不超过 30 A 时，应采用不接地系统。

（2）6～35 kV 主要由电缆线路构成的送、配电系统，单相接地故障电容电流较大时，可采用低电阻、中电阻接地方式。

（3）6 kV 和 10 kV 配电系统以及发电厂用电系统，单相接地故障电容电流较小时，为防止谐振、间歇性电弧接地过电压等对设备的损害，可采用高电阻接地方式。

（4）有效接地系统或低电阻接地系统中，发电厂、变电所的电气装置保护接地的接地电阻，一般情况下应符合 $R \leqslant 2\,000/I$，且不得大于 5 Ω。

（5）380 V/220 V 低压配电系统需引出中性线时，应采用直接接地系统。

四、电力负荷分级及供电要求

1. 计算负荷

计算负荷是负荷运行时可能出现的 30 min 的最大平均负荷，一般作为发热条件选择电器或导体的依据。

2. 负荷等级及供电要求

电力负荷应根据对供电可靠性的要求及中断供电在对人身安全、经济损失上所造成的影响程度进行分级，并符合下列要求：

（1）符合下列条件之一，应视为一级负荷：1）中断供电将造成人身伤害时；2）中断供电将在经济上造成重大损失时；3）中断供电将影响重要用电单位的正常工作。在一级负荷中，当供电中断将造成重大设备损坏或发生中毒、爆炸或火灾等情况的负荷，以及特别重要场所不允许中断供电的负荷，应视为一级负荷中特别重要的负荷。

一级负荷应由双重电源供电，当一个电源发生故障时，另一个电源不应同时受到损坏；一级负荷中特别重要的负荷，除应由双重电源供电外，尚应增加应急电源，并不得将其他负荷接入应急供电系统。

（2）符合下列条件之一时，应视为二级负荷：1）中断供电将在经济上造成较大损失时；2）中断供电将影响较重要用电单位的正常工作。

二级负荷的供电，宜由两回线路供电，在负荷较小或地区供电条件困难时，二级负荷可由 6 kV 及以上专用架空线路供电。

（3）不属于一级和二级负荷者应为三级负荷。

五、变配电系统的一次接线方式、特点

1. 一次接线方式

变电站一次回路接线是指输电线路进入变电站之后，所有电力设备（变压器及进出线开关等）的相互连接方式。其接线方案有：单母线，单母线分段，双母线，环网供电等。

（1）单母线：变电站进出线较多时，采用单母线，有两路进线时，一般一路供电、一路备用（不同时供电），二者可设为备用电源互投，多路出线均由一段母线引出。

特点：接线简单清晰、设备少、操作方便、占地少、便于扩建和采用成套配电设备。

（2）单母线分段：有两路以上进线，多路出线时，选用单母线分段，两路进线分别接到两段母线上，两段母线用母联开关连接起来。出线分别接到两段母线上。

对于重要的负荷，两路进线同时供电，母联开关断开，当一路进线断电时，母联合上，由另一路负担全部或重要负荷。

特点：接线简单清晰、设备少、操作方便，便于扩建和采用成套配电设备；当一段母线发生故障时，可保证正常母线不间断供电，不至于重要负荷停电。

（3）环网供电

变电站为城市闭合环网接线上的一个节点，正常时一进一出，某一方向上线路故障，可由另一方向电源供电。

特点：接线简单清晰、设备少，当一个方向电源发生故障时，可保证不停电。控制较复杂。

2. 主接线的一般要求

（1）10 kV 配电所、变电所的高压及低压母线宜采用单母线或分段单母线接线。

（2）配电所专用电源线的进线开关宜采用断路器或带熔断器的负荷开关。当无继电保护和自动装置要求，且出线回路少无须带负荷操作时，可采用隔离开关或隔离触头。10 kV 或 6 kV 母线分段处宜设断路器，当不需要带负荷操作且无继电保护和自动装置要求时，可装设隔离开关或隔离触头。

（3）配电所的 10 kV 或 6 kV 非专用电源线的进线侧，应装设带保护的开关设备。

3. 低压配电

(1) 带电导体系统的形式，宜采用单相二线制、两相三线制、三相三线制和三相四线制。

(2) 当用电设备为大容量或负荷性质重要时，宜采用放射式配电；当用电设备为中小容量且对可靠性无特殊要求时，宜采用树干式配电。

(3) 平行的生产流水线或互为备用的生产机组，应根据生产要求，宜有不同的回路配电；同一生产流水线的各用电设备，宜由同一回路配电。

第三节 供配电系统常用设备

一、常用电气仪器仪表的种类、功能、主要参数

1. 常用的测量仪表及选择

常用的测量仪表是指装设在屏、台、柜上的电测量表计，包括电压表、电流表、功率表、电度表、功率因数表等。交流仪表的准确度最低要求等级为 2.5 级，直流仪表准确度最低要求等级为 1.5 级。1.5 级、2.5 级测量仪表，配用的互感器的等级不应低于 1.0 级。

指针式测量仪表测量范围和电流互感器变比的选择，宜使电力设备额定运行时指示在仪表满量程的 70%左右。

2. 测量用电流、电压互感器

(1) 电流互感器：电流互感器额定一次电流宜按线路正常运行的额定电流的 1.5 倍左右选择，电流互感器的额定二次电流可选用 5 A 或 1 A。电流互感器二次侧严禁开路。

(2) 电压互感器：电压互感器的一次侧电压选择为被测线路额定电压，二次绕组电压为 100 V。电压互感器二次侧严禁短路。

二、常用的高压电气设备的种类及其功能

在 6～10 kV 的民用建筑供电系统中，常用的高压配电设备有：高压断路器、高压负荷开关、高压熔断器、高压隔离开关、高压开关柜等。

1. 高压断路器

(1) 用途：断路器具有完善的灭弧装置。正常运行情况下用来接通或切断负荷电路，在短路故障时，利用继电保护装置，能自动迅速地切断过负荷或短路电流。

(2) 种类

1) 油断路器：采用油作为灭弧介质的称为油断路器。按断路器油量和油的作用又分多油断路器和少油断路器。少油断路器是当前国内最常用的一种断路器。由于其有可燃油，故在民用建筑物内的变电站不采用。

2) 真空断路器：真空断路器是将主触头置于真空泡内，因为无空气可电离，也就

无电弧产生。因真空断路器无可燃物，目前民用建筑内置变电站普遍采用。

3）空气断路器：采用压缩空气作为灭弧介质的叫空气断路器，该断路器动作快、断路容量大，但因制造较复杂，价格高，因而一般用于 220 kV 及以上电压级的电力系统。

4）六氟化硫断路器：六氟化硫断路器是利用 SF_6 气体做绝缘和灭弧介质的高压断路器，近年来我国已定型生产 10 kV 及以上电压级的 SF_6 断路器，并逐步推广应用。

2. 高压负荷开关

（1）用途：负荷开关可用于接通和断开正常负载电流，若装有热脱扣器，在过负荷情况下也能自动跳闸。由于灭弧装置简单，故不能断开短路电流。在一般情况下，负荷开关与高压熔断器配合使用。

（2）种类：高压负荷开关分户内式（FN-10R 型）和户外式（FW-10 型，FW-35 型）两大类。其型号文字符号的意义：F—负荷开关；N—户内；W—户外；R—带有高压熔断器。

3. 高压熔断器

高压熔断器是用来防止电路和电气设备长期通过过载电流和短路电流，有断路功能的保护元件。它由熔件（熔体、熔丝）、支持熔件的接触结构和熔管三部分组成，也分为户内式和户外式两大类。

4. 高压隔离开关

高压隔离开关无专门的灭弧装置，不能切断负载电流或短路电流，一般需要与断路器配合。

（1）用途：

1）隔离电源：能使被检修的电气设备与电源有明显的断开点，以保证检修安全。

2）改变运行方式进行倒闸操作：在无负载情况下，可以利用隔离开关将设备或线路从一组母线切换到另一组母线上去。

3）接通和切断小电流电路：如励磁电流小于 2 A 的空载变压器、电容电流小于 5 A的空载线路以及电压互感器和避雷器电路等。

（2）种类：高压隔离开关按其安装条件可分为户内式和户外式两大类。

5. 高压开关柜

（1）用途：高压开关柜用于在额定电压、额定电流及断流容量条件下的配电系统中接受与分配电能和大型高压交流电动机的控制。

该开关柜属于成套式配电装置，它是在制造厂按照设计的接线方式，将同一回路的开关电器、母线、测量仪表、保护电器和辅助设备等均设置在封闭的金属柜内，成套供应用户，这种设备结构紧凑、使用方便。

（2）分类：

1）按柜体结构形式，分为开启式和封闭式。

2）按柜内装置元件的安装方式，分为手车式和固定式。

3）按用途可分有进出线开关柜、隔离开关柜、联络柜、计量柜、电压互感器柜及避雷器柜等。

4）按主母线系统的数量，分为单母线和双母线。

5）按使用地点，分为户内式和户外式。

三、常用的低压配电电器的种类及其功能

低压电器是指电压在 1 kV 以下的各种控制与保护电器、各种继电器等。其类型和功能与高压电器除电压等级不同外，基本相似。

1. 低压断路器

低压断路器用于不频繁操作电路中接通和分断正常的负荷电流，还具有短路和过载保护作用，有些还具有欠电压保护和远距离分断电源的功能。

低压断路器的分类：低压断路器的分类方式很多，按使用类别分，有选择性和非选择性；按灭弧介质分，有真空式和空气式；按结构分，有万能式和塑壳式；按极数分，有单极、双极、三极和四极；按安装方式分，有固定式和插入式等。

按保护对象分，低压断路器又可分为配电保护型、电动机保护型、家用和类似场所电器小电流保护型、防止漏电的剩余电流保护型。

2. 低压隔离器、刀开关、隔离开关、负荷开关

（1）隔离器：电器设备维修时，保证与电源有一个明显的安全间隙，确保检修安全。

隔离器一般属于无载通断电器，只能接通或分断“可忽略的电流。”

（2）刀开关：主要作为无载时通断电路用。有时也可通断较小电流，供照明设备和小型电动机作为不频繁操作的电源开关。当满足隔离功能要求时，刀开关也可用来隔离电源。

（3）隔离开关：兼有开关作用的隔离器称作隔离开关。其作用与隔离器相同。

（4）负荷开关：用于不频繁操作电路中接通和分断正常的负荷电流，但不具有短路和过载保护作用，常与熔断器配合使用。

3. 接触器

接触器是电磁力控制主电路通断的低压电器。按其电源不同可分为交流接触器和直流接触器，在建筑工程中多用交流接触器。

4. 低压熔断器

低压熔断器是当线路长期过载或短路时能切断电路的保护元件。它由金属熔体、支持结构和熔管三部分组成。种类有瓷插式、螺旋式、封闭式、填充料式、自复式等，也有户内式和户外式。

5. 低压开关柜

低压开关柜是将各种低压电器放置于金属柜体内完成低压配电相应功能的组合体。一般有进线柜、出线柜、联络柜、无功功率补偿柜、电机控制柜等。低压开关柜按其内部部件安装方式不同可以分为固定式、插入式、抽屉式三种。最常用的是固定式、抽屉式。

四、常用高低压配电电器的选择

1. 变压器的选择

（1）类型选择：规范规定，安装于一、二类民用建筑主体内不得选用有可燃性油

的变压器。

(2) 连接组别选择：对于三相不平衡负荷超过变压器每相额定功率的15%以上者，需要提高单相短路电流值，确保低压单相接地保护装置动作灵敏者以及需要限值3次谐波含量者宜选择Dyn11。

(3) 台数选择：有大量的一级或二级负荷时应选择2台及以上变压器，当季节性负荷较大时也可选择2台及以上变压器。

(4) 容量选择：变压器低压侧为0.4 kV时，单台变压器容量不宜大于1 250 kVA。预装式变电所变压器容量不宜大于800 kVA。配电变压器长期工作负载率不宜大于85%。

2. 变电所类型及位置的选择

(1) 变配电所类型：变配电所分为露天变电所、半露天变电所、附设变电所、车间变电所、独立变电所、组合式成套变电站（或叫预装式变电所）。

(2) 变配电所位置选择，应根据下列条件经技术、经济比较后确定：

1) 接近负荷中心。

2) 进出线方便。

3) 运输方便。

4) 不应设置在污染源的下风侧。

5) 不应设在高温场所等。

(3) 变配电所其他要求：带可燃油的高压配电装置，宜装设在单独高压配电室内；当高压开关柜的数量为6台及以下时，可与低压配电屏设置在同一房间内；室内变电所的每台油量为100 kg及以上的三相变压器，应设置在单独的变压器室内；变电所的配电室、控制室、值班室等地面，宜高出室外地面150～300 mm。

3. 高压电器的选择

高压电器及开关柜的最高电压应不小于所在回路系统的最高电压；高压电器及导体的额定电流不应小于该回路的最大持续工作电流。

(1) 高压断路器选择：断路器按技术条件选择，按使用环境条件进行校验。其中技术条件包括：正常工作条件（电压、电流、频率、机械荷载）、短路稳定性（动稳定性电流、热稳定性电流和持续时间）、承受过电压水平、操作性能。

(2) 高压熔断器选择：

1) 参数选择：应按技术条件选择，按环境条件校验。

2) 高压熔断器的额定开断电流应大于回路中可能出现的最大预期短路电流周期分量的有效值。

3) 限流式高压熔断器不宜使用在工作电压低于其额定电压的电网中。

4) 高压熔断器的熔管的额定电流不应小于熔体的额定电流。熔体的额定电流应按高压熔断器的保护熔断特性选择。

5) 选择熔体时，应保证前后两级熔断器之间、熔断器与电源侧继电保护之间，以及熔断器与负荷侧继电保护之间的动作的选择性。

6) 高压熔断器熔体在满足可靠性和下一段保护选择性的前提下，当本段保护范围内发生短路时，应能在最短的时间内切断故障。

4. 低压电器的选择

(1) 低压配电电器选择要求：

1) 电器的额定电压应与所在回路标称电压相适应。

2) 电器的额定电流不应小于所在回路的计算电流。

3) 电器的额定频率应与所在回路的频率相适应。

4) 电器应适应所在场所的环境要求。

5) 电器应满足短路条件下动稳定性和热稳定性的要求。

6) 用于断开短路电流保护电器，应满足短路条件下的通断能力。

(2) 低压熔断器的选择：熔断器熔体的额定电流的选择应保证在正常工作电流和用电设备启动时的尖峰电流下不误动作，并且在发生故障时能在规定时间内切断电路。

(3) 低压断路器的选择：低压断路器类型按配电线路保护型、电动机保护型、照明线路保护型等用途选择。

断路器壳架额定电流应不小于断路器过电流脱扣器额定电流，断路器过电流脱扣器额定电流应不小于线路计算电流（一般取 1.1 倍），同时断路器过电流脱扣器额定电流应不大于所保护线路导线的允许载流量。

断路器的额定电压应与线路额定电压相一致，极限通断能力不小于线路中最大短路电流，上下级均采用断路器保护时，上一级过电流脱扣器额定电流至少要比下一级过电流脱扣器额定电流大一个等级。

(4) 开关电器、隔离电器的选择：

1) 隔离电器应采用隔离开关、隔离器、隔离插头；也可采用熔断器或有隔离功能的断路器；还可以使用连接片、插头与插座、不需要拆除导线的特殊端子；严禁使用半导体元件做隔离用。

2) 功能性开关电器可采用开关、隔离开关、断路器、接触器，也可采用继电器或半导体元件电器，小电流者还可以用 16 A 以下的插头与插座。严禁使用隔离器、熔断器或连接片作为功能性开关电器。

(5) 接触器与启动器的选择：应根据负载特性和操作条件选择接触器的使用类别。

五、电动机基本控制与保护

1. 电动机启动时在配电系统中引起电压下降时的电压允许值

电动机启动时，其端子电压应能保证被拖动机械要求的启动转矩，且在配电系统中引起的电压下降不应妨碍其他用电设备的工作，即电动机启动时，配电母线上的电压应符合下列要求：

(1) 在一般情况下，电动机频繁启动时不应低于系统标称电压的 90%；电动机不频繁启动时，不宜低于标称电压的 85%。

(2) 配电母线上未接照明负荷或其他对电压下降敏感的负荷且电动机不频繁启动时，不应低于标称电压的 80%。

(3) 配电母线上未接其他用电设备时，可按保证电动机启动转矩的条件确定；对于低压电动机，还应保证接触器线圈的电压不低于释放电压。

2. 异步电动机启动控制方式

(1) 鼠笼异步电动机的启动方式：

1) 全压启动：全压启动是最简单、最可靠、最经济的启动方式，应优先采用，但启动电流大，在配线母线上引起的电压降也大。

2) 降压启动：降压启动电流小，但启动转矩随电压降低而成平方的下降，故启动时间长，只有在不符合全压启动条件下才宜采用。常用的降压启动方法有：

① 星-三角减压启动：三相异步电动机在星-三角降压启动时，其启动线电流仅为直接启动的1/3，电动机转矩将下降到原来的1/3。星-三角启动一般只适应于电动机轻载或空载启动。

② 定子串电阻降压启动：启动时在定子回路接入对称电阻，该启动方式电压下降至额定电压的80%，其启动电流为全压启动的80%，而启动转矩为全压启动的64%，且启动过程中消耗能量较大。因此电阻降压启动一般只用于轻载启动的低压笼型电动机。

3) 变频启动：根据电动机原理可知，改变电动机定子电流的频率可以得到一个较为理想的机械特性。启动时减少电源频率，同时降低电动机定子电压，这样就可以使电动机在最大启动转矩下启动，随着电动机转速上升，不断提高电源的频率并保持电动机励磁磁通不变。这就是变频启动也称软启动。

其他还有自耦变压器降压启动、延边三角形降压启动等。

(2) 绕线异步电动机的启动方式：启动时，在三相绕线异步电动机的转子回路中串接适当电阻，一方面减少电动机定子启动电流，另一方面使电动机的机械特性变软，增大启动转矩，所以能够使用在启动负载较重的场合。串接的方法有转子串电阻和转子串接频敏变阻器启动两种方法。

1) 转子回路串接电阻启动：三相绕线转子串接的电阻一般分为3～4段，串接的电阻值越大，其机械特性越软。刚启动时串接全部电阻，之后随电动机转速上升，逐段切除所接电阻，使电磁转矩在启动过程中一直保持较大的数值，缩短启动时间。

2) 转子回路串接频敏变阻器的启动：频敏变阻器阻抗随频率成正比变化。启动时，转子频率高，频敏变阻器阻抗大；随着电动机转速上升，频敏变阻器阻抗随转子频率的减少而减少，这样电动机就得到了较为理想的启动特性。

3. 异步电动机的基本运行控制

电动机的基本控制分为点动、长动控制与正反转控制。所谓点动控制就是按下开关电动机就运转，松开关电动机就停转，长动就是按下开关继续运行。

4. 电动机制动控制

(1) 机械制动：利用机械装置产生一个与电动机旋转方向相反的制动力矩作用在转轴上，使电动机快速停转。

(2) 电源反接制动：在电动机需要制动时，先将供电电源的相序反接，使其产生的电磁力矩与转子转向相反，在此电磁力矩的作用下转子转速迅速下降，当转速接近零时，将供电电源切除，电动机停止。

(3) 能耗制动：将三相电动机定子绕组所加的三相交流电源去掉，替代成直流电，使电动机内部的旋转磁场变成了恒定磁场，在转动的转子绕组中产生感应电流，感应电流与直流恒定磁场相互作用，会产生一个与旋转方向相反的制动力矩，电动机迅速停转。当转速接近零时，切除直流电源。

5. 电动机的保护

根据电动机在运行中出现的不正常情况，如过载、短路、欠电压、失电压、缺相、漏电等，可采用以下相应的几种保护措施。

（1）过载保护：电动机产生过载的原因一般有，启动时间过长、电网电压太低、机械故障、机械负载增加或缺相运行。

电动机短时过载（如电动机启动），属于正常过载情况，保护装置应不动作。如过载时间太长，电动机温升过高，其绝缘就会破坏，应使电动机脱离电源，停止运行。电动机均应设置过载保护装置。过载保护电器一般有过电流继电器、热继电器等。

（2）短路保护：当电动机的定子绕组或线路的绝缘损坏而发生短路时，电流会很大，给电动机和线路造成严重危害。应迅速地切断电源。熔断器是最常用的短路保护装置。

（3）欠压和失压保护：当电源电压太低或停电时，保护装置应当使电动机自动脱离电源。因为电动机长时间低压运行会引起过载发热，停电时电动机若未脱离电源，当电源电压恢复时，会造成全压自启动，造成人身安全事故和设备损坏。这类保护可采用具有失压脱扣器的断路器和具有低压释放功能的交流接触器。

（4）三相电源的缺相保护：三相电源缺相，是引起电动机过载的常见故障之一，缺相时电动机定子电流很大，使绕组很快过热而烧毁。为此，应根据电动机的接线方式采用带有缺相保护装置的热继电器。

（5）漏电保护：由于电器设备的绝缘损坏而引起漏电现象，容易引起火灾、导致人身触电。为此，根据系统供电方式，可在线路上装设漏电保护电器。

6. 电动机的选择

（1）要从供电电网的质量、启动控制特性、调速性能等几个方面综合考虑，选择适当类型的电动机及其控制方式。

（2）额定功率要满足负载需要，但不宜过大。过大增加投资，造成轻载电能损耗大、效率低、功率因数低、启动时冲击大等问题。

（3）根据温升和使用环境条件，选择合理通风方式、结构形式和防护等级。

（4）按现场使用状况和被传动机械的要求选择其结构。

（5）选择可靠性高、互换性好、高效节能、维护方便的电动机。

第四节　电线与电缆

一、常用电线、电缆的种类、型号及规格

1. 常用的电线

常用的电线有绝缘线或裸线两类。绝缘线又分为铜芯与铝芯两种。

（1）BLV、BV：聚氯乙烯塑料绝缘铝芯、铜芯电线。

（2）BLVV、BVV：聚氯乙烯塑料绝缘塑料护套铝芯、铜芯电线。

（3）BLXY、BXY、BLXF、BXF：橡皮绝缘、氯丁橡胶护套或聚乙烯护套铝芯、铜芯电线。

2. 电缆型号

（1）VLV、VV：聚氯乙烯绝缘、聚氯乙烯护套铝芯、铜芯电缆，又称全塑电缆。

（2）YJLV、YJV：交联聚乙烯绝缘、聚乙烯护套铝芯、铜芯电力电缆。

（3）XLV、XV：橡皮绝缘聚氯乙烯护套铝芯、铜芯电力电缆。

电缆的型号由拼音和数字组成，包含类别、导体、绝缘材料、内护套以及特征。在电缆型号的后面还注有芯线根数、截面、工作电压等。

线径规格：（单位为 mm^2）1.5、2.5、4、6、10、16、25、35、50、70、95、120、150、185、240、300 等。

表示方法：如 VV_{22}（3×25＋2×16）表示铜芯、聚氯乙烯绝缘、聚氯乙烯外护套、钢带铠装、3 根25 mm^2和 2 根 16 mm^2 的电力电缆。如 WDZR-YJV-3×95＋1×50 表示铜芯交联聚乙烯绝缘聚氯乙烯护套无卤低烟阻燃电力电缆，3 根截面为 95 mm^2 和 1 根截面为 50 mm^2。高压电缆一般都标注电压，低压电缆有时也标注电压，如 NH-VV-0.6/1－3×240＋1×120，表示一般 B 类耐火型聚氯乙烯绝缘、聚氯乙烯绝缘护套电力电缆。

3. 电线、电缆的芯线材质选择

（1）控制电缆应采用铜芯。

（2）电力电缆可采用铝芯，但下列情况的电力电缆，应采用铜芯：

1）电机励磁、重要电源、移动式电气设备等需要保持持续性具有高可靠性的回路。

2）振动剧烈、有爆炸危险或对铝有腐蚀等严酷的工作环境。

3）耐火电缆。

4）靠近高温设备配置。

5）安全性要求高的重要公共设施中。

6）水下敷设当工作电流较大需增多电缆根对数时。

7）民用建筑中电力电缆主要采用铜芯电缆。

4. 电缆外护层类型选择

（1）交流单相回路的电力电缆，不得有未经非磁性处理的金属带、钢丝铠装。

（2）在潮湿、含化学腐蚀环境或易受水浸泡的电缆，金属套、加强层、铠装上应有挤塑外套，水中电缆的粗钢丝铠装应有纤维外被。

（3）直埋敷设的电缆外护层的选择，应符合下列规定：

1）电缆承受较大压力或有机械损伤危险时，应有加强层或钢带铠装。

2）在流砂层、回填土地带等可能出现移位的土壤中，电缆应有钢丝铠装。

3）白蚁严重危害且塑料电缆未有尼龙外套时，可采用金属套或钢带铠装。

二、导线截面的选择

1. 选择导线截面的四个条件

在选择导体截面时，应考虑以下四个方面的条件：

(1) 发热条件：发热条件就是要求导线在通过最大负荷电流时，其发热温度不超过导体的最高允许温度。

(2) 电压损失条件：电压损失就是要求导线在计算通过负荷电流时，在其上所产生的电压损失不超过电能质量指标中允许电压偏差值。

(3) 机械强度条件：机械强度要求导线具有一定的强度，不因正常的机械力而损伤的最小截面积。

(4) 经济电流密度条件：经济电流密度就是综合考虑供电系统建设中投资、节能、电源、质量及运行费用等指标，合理选择的导线截面。

前三条为考虑安全、供电质量必须满足的三要素。

按发热条件（即允许载流量）选择导线或电缆截面时，应考虑敷设处环境温度、导线或电缆的敷设方式及同管、同线槽、同桥架或同沟敷设的根数，同时还要考虑与保护电器的配合。

2. 中性线与保护线截面的选择

(1) 中性线（N）截面的选择

对于单相两线或两相三线配电电路、有大量单相负荷的三相四线配电线路，中性线截面应等于相线截面；采用可控硅调光的三相四线或两相三线配电线路，中性线截面不应小于相线截面的2倍；对于三相平衡负载的三相四线配电线路，中性线截面不应小于相线截面的1/2。

(2) 保护线（PE）截面的选择

当保护线所用材质与相线相同时，当相线截面$S \leqslant 16\ mm^2$时，PE线截面与相线截面相同；当相线截面$16 < S \leqslant 35$时，PE线截面可取为$16\ mm^2$；当相线截面$35 < S \leqslant 400$时，PE线截面不小于$S/2$；当相线截面$400 < S \leqslant 800$时，PE线最小截面取$200\ mm^2$。

PE线采用单芯绝缘导线单独敷设时，按机械强度要求，截面不应小于下列数值：

1) 有机械性保护时，截面为$2.5\ mm^2$。

2) 无机械性保护时，截面为$4\ mm^2$。

(3) TN-C系统中，PEN线具有中性线和保护线双重功能，应取二者最大值。PEN线严禁接入开关设备。

第五节 建筑防雷与接地

一、接地的类型与作用

(1) 工作接地：工作接地是指在电源中性点与接地装置之间作金属连接的一种保护供电系统的运行方式。工作接地的主要作用：

1) 为大气过电压或操作过电压提供对地泄放回路，避免电气设备绝缘被击穿。

2) 当发生接地故障时，产生较大的接地故障电流，迅速切断故障回路。

3）中性点不接地系统，当发生接地故障时，虽能保证供电连续性，但非故障相对地电压升高$\sqrt{3}$倍，因此系统中的设备及线路绝缘均较中性点接地系统绝缘水平高，要增加投资费用。

4）中性点不接地系统，需安装绝缘监测装置。

（2）保护接地：为了防止电气设备由于绝缘损坏而造成人身触电事故，将用电设备与带电体绝缘的金属外壳和接地装置作金属连接，称为保护接地。这种方法适用于变压器中性点不接地系统。保护接地的主要作用：

1）降低预期接触电压。

2）提供工频或高频泄漏回路。

3）为过电压保护装置提供安装回路。

4）做等电位连接。

（3）保护接零：为了防止电气设备因绝缘损坏而使人身遭受触电危险，将电气设备的金属外壳与电源的中性线用导线连接起来，称为保护接零。其连接线也称保护线（PE）或保护零线（PEN）。保护实质是把故障电流上升为短路电流，使断路器跳闸或使熔断器熔丝熔断而使故障设备脱离电源，起到保护作用。这种方法适用于变压器中性点接地系统。该系统有 TN-C、TN-S、TN-C-S 三种接线方式。民用建筑主要采用后两种，PE 线与 N 线分开设置，只是在变压器中性点处或大楼总进线的重复接地处二者连接并接地。

（4）重复接地：重复接地指的是在工作接地以外，中性线上一处或多处再次与接地装置相连接。其作用主要防止中性线 N 断线而影响系统正常运行，同时可降低总接地电阻值，平衡三相电压。对于 TN-S 系统不能采用重复接地。

（5）防雷接地：防雷接地的作用是将雷电流迅速安全地引入大地，避免建筑物及其内部电气设备、人员遭受雷电侵害。

（6）屏蔽接地：把用于屏蔽的金属外壳或外层可靠接地，使干扰电场在金属屏蔽层上的感应电荷导入大地。

（7）防静电接地：把可能产生静电的物体进行接地，使静电荷迅速泄入大地。

（8）共用接地（或综合接地）：就是将供配电系统的接地、防雷接地、弱电系统的接地等接地系统共用同一接地体时，就叫共用接地。一般民用建筑都采用共用接地，其接地电阻值要求小于 1 Ω。

（9）等电位连接：等电位连接就是将电气设备外露可导电部分与系统外可导电部分（如混凝土中的主筋、各种金属管道、金属门窗等）通过保护零线（PE）做实质上的电气连接，并可靠接地。

二、低压配电系统的保护接地与接零

低压配电系统接地形式以拉丁字母做代号，其意义如下：

第一个字母表示电源端对地关系：T——电源端有一点直接接地；I——电源端所有带电部分不接地或有一点通过高阻抗接地。

第二个字母表示电气装置的外露可导电部分与地的关系：T——电气装置外露可导电部分直接接地；此接地点在电气上独立于电源端的接地点；N——电气装置的外露可

导电部分与电源端接地点有直接的电气连接。

第二个字母横线后的字母用来表示中性导体与保护导体的组合情况：S——中性导体与保护导体是分开的；C——中性导体与保护导体是合一的。

（1）TN 系统：TN 系统电源性点直接接地，电气设施的外露可导电部分通过中性线或保护线与该点连接。按照中性导体与保护导体的组合情况，TN 系统有三种形式：

1）TN-S 系统：TN-S 系统的中性线与保护线是分开的。电气设施的外露可导电部分直接与保护线 PE 连接。

2）TN-C 系统：TN-C 系统中性线与保护线 PE 是合一的。

3）TN-C-S 系统：TN-C-S 系统中有一部分中性线与保护线是合一的。PNE 线分开后就不能再合在一起。

（2）TT 系统：TT 系统有一个直接接地点，电气设施的外露可导电部分接至电气上与电力系统的接地点无关的接地极，属于保护接地形式。

（3）IT 系统：IT 系统的带电部分与大地不直接连接，而电气设施的外露可导电部分则单独接地。

民用建筑供电主要采用 TN-S 或 TN-C-S 系统。当用户变电站在大楼内只对本大楼供电或供电距离较短时采用 TN-S 系统。当变电站距建筑物较远时，由变电站至建筑物的一段可采用 TN-C，在进户中性线重复接地处再分开，楼内采用 TN-S 系统，N 线与 PE 线分开后不得再合并。

三、防雷类型、要求及措施

1. 建筑物的防雷分类

建筑物根据其重要性、使用性质、发生雷击的可能性和雷击后的严重性分为一类、二类和三类防雷建筑物。分类详情见《建筑物防雷设计规范》（GB 50057—2010）。

2. 防雷措施

（1）第一类防雷建筑物的防雷措施：

1）第一类防雷建筑物防直击雷的措施：

① 应装设独立接闪杆或架空接闪线（网），使被保护的建筑物及风帽、放散管等突出屋面的物体均处于接闪器的保护范围内。架空接闪网的尺寸不应大于 5 m×5 m 或 6 m×4 m。

② 独立接闪杆的杆塔、架空接闪线的端部和架空接闪网的每根支柱处应至少设一根引下线。对金属制成或有焊接、绑扎连接钢筋网的杆塔、支柱，宜利用其作为引下线。

③ 独立接闪杆和架空接闪线（网）的支柱及其接地装置至被保护建筑物及其有联系的管道、电缆等金属物之间的距离，应符合规定的要求，且不得小于 3 m。

④ 独立接闪杆、架空接闪线（网）应设独立的接地装置，每一引下线的冲击接地电阻不宜大于 10 Ω。在土壤电阻率高的地区，可适当增大冲击接地电阻，但在土壤电阻率为 3 000 Ωm 以下的地区，冲击接地电阻不应大于 30 Ω。

2）第一类防雷建筑物防闪电感应的措施：

① 建筑物内的设备、管道、构架、电缆金属外皮、钢屋架、钢窗等较大金属物和

突出屋面的放散管、风管等金属物，均应接到防闪电感应的接地装置上。金属屋面周边每隔 18～24 m 应采用引下线接地一次；现场浇制的或由预制构件组成的钢筋混凝土屋面，其钢筋网的交叉点应绑扎或焊接而成，并应每隔 18～24 m 采用引下线接地一次。

② 平行敷设的管道、构架和电缆金属外皮等长金属物，其净距小于 100 mm 时，应采用金属线跨接，跨接点的间距不应大于 30 m；交叉净距小于 100 mm 时，其交叉处亦应跨接。当长金属物的弯头、阀门、法兰盘等连接处的过渡电阻大于 0.03 Ω 时，连接处应用金属线跨接。

③ 防闪电感应的接地装置应和电气和电子系统接地装置共用，其工频接地电阻不应大于 10 Ω。防闪电感应的接地装置与独立接闪杆、架空接闪线（网）的接地装置之间的距离应符合规定的要求。当屋内设有等电位连接干线时，其与防闪电感应接地装置的连接不应少于 2 处。

3）第一类防雷建筑物防闪电电涌侵入的措施：

① 室外低压线路应全线采用电缆直接埋地敷设，在入户处应将电缆金属外皮、钢管接到等电位连接带或防闪电感应的接地装置上。当全线采用电缆有困难时，可采用钢筋混凝土杆和铁横担的架空线，并应使用一段金属铠装电缆或护套电缆穿钢管直接埋地引入，其埋地部分长度应符合规定的要求。架空线与建筑物的距离不应小于 15 m。

② 架空金属管道，在进出建筑物处，应与防闪电感应的接地装置相连。距离建筑物 100 m 内的管道，应每隔 25 m 左右接地一次，其冲击接地电阻不应大于 30 Ω，并宜利用金属支架或钢筋混凝土支架的焊接、绑扎钢筋作为引下线，其钢筋混凝土基础宜作为接地装置。埋地或在地沟内敷设金属管道，在进出建筑物处亦应等电位连接到等电位连接带或防闪电感应的接地装置相连。

4）当难以装设独立的外部防雷装置时，可将接闪杆或网格不大于 5 m×5 m 或 6 m×4 m 的接闪网或由其混合组成的接闪器直接装在建筑物上。接闪器应相互连接，引下线不应少于 2 根，并应沿建筑物四周和内庭院四周均匀或对称布置，其间距沿周长计算不宜大于 12 m。

5）当建筑物高于 30 m 时，应采取防侧击的措施。应从 30 m 起每隔不大于 6 m 沿建筑物四周设水平接闪带并应与引下线相连。30 m 及以上外墙上的栏杆、门窗等较大的金属物应与防雷装置连接。

（2）第二类防雷建筑物的防雷措施：

1）第二类防雷建筑物防直击雷的措施：

① 宜采用装设在建筑物上的接闪网（带）或接闪杆或由其混合组成的接闪器。接闪网应按照相关规范的规定沿屋角、屋脊、屋檐和檐角等易受雷击的部位敷设，并应在整个屋面组成不大于 10 m×10 m 或 12 m×8 m 的网格。所有接闪杆应采用接闪带相互连接。

② 专门引下线不应少于 2 根，并应沿建筑物四周和内庭院四周均匀对称布置，其间距沿周长计算不应大于 18 m。当建筑物的跨度较大，无法在跨距中间设引下线时，应在跨距两端设引下线并减小其他引下线的间距，专设引下线的平均间距不应大于

18 m。

③ 外部防雷装置的接地应和防闪电感应、内部防雷装置、电气和电子系统等接地共用接地装置，并应与引入的金属管线做等电位连接。外部防雷装置的专设接地装置宜围绕建筑物敷设成环形接地体。

④ 建筑物宜利用钢筋混凝土屋面、梁、柱、基础内钢筋作为引下线。当基础采用硅酸盐水泥和周围土壤的含水率不低于4%及基础的外表面无防腐层或有沥青质的防腐层时，宜利用基础内的钢筋作为接地装置。当基础的外表面有其他类的防腐层且无桩基可利用时，宜在基础防腐层下面的混凝土垫层内敷设人工环形基础接地体。敷设在混凝土中作为防雷装置的钢筋或圆钢，当仅一根时，其直径不应小于10 mm。

2）第二类防雷建筑物防雷电感应的措施：

① 建筑物内的设备、管道、构架等主要金属物体，应就近接至防雷接地装置或共用接地装置上。

② 平行敷设的管道、构架和电缆金属外皮等长金属物，其净距小于100 mm时，应采用金属线跨接，跨接点的间距不应大于30 m；交叉净距小于100 mm时，其交叉处亦应跨接。

③ 建筑物内防闪电感应的接地干线与接地装置的连接不应少于2处。

3）第二类防雷建筑物防止雷电流流经引下线和接地装置时产生的高电位对附近金属物或电气和电子系统线路的反击，应符合下列规定：

① 在金属框架的建筑物中，或在钢筋连接在一起、电气贯通的钢筋混凝土框架的建筑物中，金属物或线路与引下线之间的间距可无要求；在其他情况下，金属物或线路与引下线之间的间距应按规范规定进行计算确定。

② 当金属物或线路与引下线之间有自然或人工接地的钢筋混凝土构件、金属板、金属网等静电屏蔽物隔开时，金属物或线路与引下线之间的间距可无要求。

③ 在电气接地装置与防雷接地装置共用或相连的情况下，应在低压电源线路引入总配电箱、配电柜处装设Ⅰ级试验的电涌保护器。

（3）第三类防雷建筑物的防雷措施：

1）第三类防雷建筑物外部防雷的措施宜采用装设在建筑物上的接闪网（带）或接闪杆或由其混合组成的接闪器。接闪网、接闪带应按照规范的规定沿屋角、屋脊、屋檐和檐角等易受雷击的部位敷设，并应在整个屋面组成不大于20 m×20 m或24 m×16 m的网格。所有接闪器之间应相互连接。当建筑物的高度大于60 m时，首先应沿屋顶周围敷设接闪带，接闪带应设在外墙外表面或屋檐边垂直面上，也可设在外墙外表面或屋檐边垂直面外。

2）专设引下线不应少于2根，并应沿建筑物四周和内庭院四周均匀对称布置，其间距沿周长计算不应大于25 m。当建筑物的跨度较大，无法在跨距中间设引下线时，应在跨距两端设引下线并减小其他引下线的间距，专设引下线的平均间距不应大于25 m。

3）防雷装置的接地应与电气和电子系统等接地共用接地装置，并应与引入的金属管线做等电位连接。外部防雷装置的专设接地装置宜围绕建筑物敷设成环形接地体。

4）高度超过60 m的建筑物，应采取防侧击雷措施。

四、防雷装置的组成、材料及规格

避雷装置的作用是将雷云电荷或建筑物感应电荷迅速引入大地。完整的一套防雷装置由接闪器、引下线和接地装置三部分组成。

1. 接闪器

接闪器的形状有接闪杆、网、带、线、环等不同形状。

（1）接闪杆，一般用热镀锌圆钢或镀锌钢管制成，其直径不小于下列数值。

杆长 1 m 以下：圆钢 Φ12 mm，钢管 Φ20 mm。

杆长 1～2 m：圆钢 Φ16 mm，钢管 Φ25 mm。

独立烟窗顶上的杆：圆钢 Φ20 mm，钢管 Φ40 mm。

（2）当独立烟囱上采用热镀锌接闪环时，其圆钢直径不应小于 12 mm，扁钢截面不应小于 100 mm^2，其厚度不应小于 4 mm。

（3）架空接闪线和接闪网宜采用截面不应小于 50 mm^2 热镀锌钢绞线或铜绞线。

（4）放射式避雷针。也称海胆式避雷针，是一种新型成型产品。

2. 引下线

引下线宜采用热镀锌圆钢或扁钢，宜优先采用圆钢，专设引下线沿建筑物外墙表面明敷时，圆钢直径不小于 10 mm，扁钢截面不应小于 80 mm^2。

当利用钢筋混凝土内的钢筋、钢柱作为自然引下线并同时采用基础接地体时，可不设断接卡，但利用钢筋作为引下线时应在室外的适当地点处设若干连接板，当仅利用钢筋作为引下线并采用埋于土壤中的人工接地体时，应在每根引下线上距地面不低于 0.3 m 处设接地连接板。

3. 接地装置

（1）接地装置包括接地线和接地体。埋于土壤中的人工垂直接地体宜采用热镀锌角钢、钢管或圆钢；埋于土壤中的人工水平接地体宜采用热镀锌扁钢或圆钢。热镀锌圆钢做垂直接地体时直径不小于 14 mm；水平接地体热镀锌扁钢截面不应小于 90 mm^2，其厚度不应小于 3 mm；接地线应与水平接地体截面相同。

（2）在高土壤电阻率地区，降低地电阻的措施有：采用多支外引接地装置；接地体埋于较深的土壤中；采用降阻剂；换土。

第六节　电气照明

一、照明方式与照明种类

1. 照明方式

照明方式有以下几种：

（1）一般照明：为照亮整个场所而设置的照明。

（2）分区一般照明：同一场所内的不同区域有不同照度要求时，采用分区一般照明。

（3）局部照明：为某些特定的作业部位较高视觉条件的需要而设置的照明。

（4）混合照明：由一般照明和局部照明组成的照明。

2. 照明种类

（1）正常照明：正常情况下使用的照明。

（2）应急照明：正常照明失效而启用的照明。应急照明包括疏散照明、安全照明、备用照明。

（3）值班照明：非工作时间，为值班而设置的照明。

（4）警卫照明：用于警戒而安装的照明。

（5）障碍照明：在可能危及航行安全的建筑物或构筑物上安装的标志灯。

二、照度标准和照明质量

1. 照度标准

各种工作场所工作面上规定的最低或平均照度值。在一般情况下，设计照度值与照明标准值相比较，可有－10％～＋10％的偏差。

2. 照明质量

照明质量包括照度标准、照度均匀性、色温、显色指数、眩光等。

三、光源的选择

1. 光源选择的原则

产品符合现行的国家和行业标准；光源发光效率高；显色性满足使用要求；光源使用寿命长；启动性能符合使用要求；性价比高。

2. 常用光源及特点

（1）热辐射光源：显色性好，启动快，但光效低，使用寿命短，单价低，性价比不高。

（2）荧光灯：从结构上分为直管形荧光灯和紧凑型荧光灯以及环形荧光灯；从使用的荧光粉不同，又分为传统的卤磷酸钙荧光粉灯管和新型的稀土三基色荧光粉灯管；从管径分又分为粗管和细管。荧光灯光效高，显色性好，启动较快，使用寿命长，性价比高。稀土三基色细荧光灯是主要推广使用优质高效光源。

（3）金属卤化物灯：有钪钠灯和钠铊铟灯，光效高，显色性较好，使用寿命长，但启动慢，价格较高。

（4）高压钠灯：光效很高，寿命长，显色性差，启动慢。

（5）LDE 灯：寿命长，耐震，耐气候性好，有多重颜色可供选择，单色性好，是一种新型的节能性高光效的光源。

3. 光源合理选择

（1）高度较低的房间，如办公室、教室、会议室、阅览室、医疗诊室、仪表生产、电子生产以及高度较低的工业场所选用细管径直管荧光灯。

（2）商店营业厅选用细管径直管荧光灯、紧凑型荧光灯或小功率金属卤化物灯。

（3）旅馆选用细管径直管荧光灯、紧凑型荧光灯。

（4）高度较高的厂房选用金属卤化物灯或高压钠灯。

（5）城市主干路和次干路宜采用高压钠灯，市中心、商业中心和识别颜色要求较高的街道可用金属卤化物灯或中显色型、高显色型高压钠灯；城市支路、居住区道路宜采用小功率高压钠灯或小功率高压汞灯。

四、照明配电与控制

1. 照明电压

照明光源的选择：

（1）一般照明光源的电压采用 220 V，1 500 W 及以上的高强度气体放电等的电源电压宜采用 380 V。

（2）移动式和手提式灯具，以及某些特殊场所，应采用安全特低电压供电，其交流工频电压值在干燥场所不大于 50 V，在潮湿场所不大于 25 V。

2. 照明配电系统

（1）照明配电宜采用放射式和树干式相结合的系统。

（2）三相配电干线的各相负荷宜分配平衡，最大相负荷不宜超过三相负荷平均值的 115%，最小相负荷不宜小于 85%。

（3）每一单相照明分支回路的电流不宜超过 16 A，所接光源数不宜超过 25 个。大型建筑组合灯每一单相回路电流不宜超过 25 A，光源数量不宜超过 60 个。

（4）插座不宜和照明接于同一分支回路。每一单独插座回路所接插座数量不宜超过 10 个，用于计算机电源的插座数量不宜超过 5 个。

（5）单相分支回路宜单独装设保护电器，不宜采用三相断路器对三个单相分支回路进行保护和控制。

（6）照明配电线路应设置短路保护、过负荷保护和接地故障保护，每段配电线路首端应装设保护电器。

第七节　电气工程施工图

一、电气图的表示方法

1. 多线表示法

在图中用一条线表示一根导线。一般用于二次控制接线图。

2. 单线表示法

在图中用一条线表示多根导线。一般电气工程图中一次线路均采用。

3. 集中表示法

把设备或成套装置中的一个项目各个组成部分的图形符号，绘制在一个图。

4. 分开表示法

为了使设备和装置的电路分布清晰，易于识别，把一个项目中某些部分的图形符号，在图上分开布置，并用项目代号表示它们之间的关系。

二、建筑电气工程施工图的组成和内容

1. 建筑电气工程施工图组成

建筑电气工程施工图的种类很多，主要包括照明工程施工图、变电所工程施工图、动力系统施工图、电气设备控制电路图、防雷与接地工程施工图等。

2. 建筑电气工程施工图的主要内容

成套的建筑电气工程施工图纸的内容随工程大小及复杂程度的不同有所差异，其主要内容一般应包含以下几个部分：

（1）封面：主要有工程项目名称、分部工程名称、设计单位等。

（2）图纸目录：主要有图号、图纸名称、张数等。

（3）设计说明：主要阐述设计需要说明的问题。诸如：工程概况、设计内容、设计依据、工程特点、等级、设计参数、设备及线路的选择与安装、图形符号及文字符号含义等。

（4）主要设备材料表：以表格形式给出该工程设计所用的设备及主要材料。

（5）系统图：用图形符号概略表示系统或分系统的基本组成、相互关系及其主要特征的一种简图。系统图上标明供电电源至负载整个配电系统的容量分配、系统连接、配电装置、导线型号、截面、敷设方式及管径等。

（6）平面图：用图形符号和文字绘出电气设备、配电装置、灯具、各类线路等在建筑平面图上的安装位置、敷设方法和部位，是安装施工和编制施工预算的主要依据。

（7）电气原理图或原理接线图：用于分析设备的控制与作用原理，分析计算电路特性。

（8）安装接线图：表示成套装置、设备或装置的连接关系，用以安装接线和检修的一种简图。

（9）详图：详图（大样图）是用来表示电气工程中某一设备、装置等的具体安装做法的图纸。

三、阅读电气工程施工图的一般程序

（1）看标题栏及图纸目录：了解工程名称、项目内容、设计日期及图纸数量和内容。

（2）看总说明：了解工程总体概况及设计依据，了解图纸中未能表达清楚而施工时应注意的有关事项。

（3）看系统图：各子分部、分项工程的图纸中都包含系统图。了解系统的基本组成，主要电气设备、元件等的连接关系以及它们的规格、型号、参数等。

（4）看平面图：平面图是施工、编制工程预算和施工方案的主要依据。阅读电气工程施工平面图的一般顺序是：进线—总配电箱—支干线—分配电箱—支线—用电设备。一般平面图应与系统图对应看。

（5）看电路图：了解系统中用电设备的控制原理，用来指导设备的电气装置安装和控制系统的调试工作。

（6）看安装接线图：了解设备或电器的布置与接线，与电路图对应阅读，进行控制系统的配线和调校工作。

（7）看安装大样图：安装大样图是用来详细表示设备安装方法的图纸，是依据施工平面图，进行安装施工和编制工程材料计划时的重要参考图纸。

（8）看设备材料表：设备材料表提供了该工程所使用的设备、材料的型号、规格和数量，是编制购置设备、材料计划的重要依据之一。

四、配电平面图图面标注

（1）线路标注：配电线路在平面图上均用图线表示，在同一保护管内的导线，无论导线根数多少，都可以使用单线表示。一般单线表示 2 根线，多于 2 根线时在图线上打上数根短斜线或打一根点斜线再标以数字，以说明导线的根数。

在图线旁标注的文字符号称为直接标注，用以说明线路的用途、导线的型号、规格、根数、线路敷设方式与敷设部位。直接标注的基本格式为：

$$a-b-(c\times d)-e-f$$

式中，a——线路编号或线路用途编号；

b——导线型号；

c——导线根数；

d——导线截面积，mm^2；

e——保护管管径，mm；

f——线路敷设部位和敷设方式。

例如，WP1－BV－（3×50＋1×35）－CT－CE 表示 1 号动力线路，导线型号为铜芯塑料绝缘电线，共 4 根导线，3 根导线的截面积为 50 mm^2，另一根导线截面积为 35 mm^2，采用沿顶板下用电缆桥架敷设。

（2）用电设备的文字标注：动力配电平面图中的用电设备均采用图形符号表示，并在图形符号旁用文字标注说明其性能和特点。其标注格式一般 a/b，其中 a 为设备编号；b 为额定功率，单位为 kW。

（3）动力配电设备的文字标注：动力配电设备的文字格式一般为 $a\dfrac{b}{c}$ 或 $a-b-c$。

线路敷设方式文字符号见表 1-1。

表 1-1　线路敷设方式文字符号

敷设方式	符号	敷设方式	符号
穿焊接钢管敷设	SC	电缆桥架敷设	CT
穿电线管敷设	MT	金属线槽敷设	MR
穿硬塑料管敷设	PC	塑料线槽敷设	PR
穿阻燃半硬聚氯乙烯管敷设	FPC	直埋敷设	DB
穿聚氯乙烯塑料波纹管敷设	KPC	电缆沟敷设	TC
穿金属软管敷设	CP	混凝土排管敷设	CE
穿扣压式薄壁钢管敷设	KBG	钢管敷设	M

线路敷设部位文字符号见表 1-2。

表 1-2　线路敷设部位文字符号

敷设部位	符号	敷设部位	符号
沿或跨梁（屋架）敷设	AB	暗敷设在墙内	WC
暗敷设在梁内	BC	沿天棚或顶板敷设	CE
沿或跨柱敷设	AC	暗敷设在屋面或顶板内	CC
暗敷设在柱内	CLC	吊顶内敷设	SCE
沿墙面敷设	WS	地板或地面下面敷设	F

（4）照明系统的标注方法为 $a-b\dfrac{c\times d\times L}{e}f$，式中文字符号见表 1-3。

表 1-3　灯具安装文字符号

符号	名称	符号	名称	符号	名称
a	灯具数量	CS	吊链式安装	SW	吊线安装
b	灯具型号	S	支架安装	W	壁式安装
c	每盏等光源数	L	光源种类	R	嵌入式安装
d	光源容量（W）	CL	柱上安装		
e	悬挂高度	C	吸顶安装		
f	安装方式	DS	管吊安装		

第八节　安全用电

一、触电的种类、形式及防触电措施

1. 触电种类

按电流对人体的伤害程度触电分为三种：电击、电伤和电磁场生理伤害。

（1）电击：是指电流通过人体，破坏人体的心脏、肺及神经系统的正常功能。是最危险的一种伤害，绝大多数触电死亡事故都是由电击造成的。

（2）电伤：是指电流的热效应、化学效应和机械效应对人体的伤害，主要指电弧烧伤、熔化金属溅出烫伤等。

（3）电磁场生理伤害：是指在高频磁场的作用下，人会出现头晕、乏力、记忆力减退、失眠、多梦等神经系统的症状。

2. 触电的方式

按照人体接触带电体的方式和电流流经人体的途径，电击可分为单相触电、两相触电和跨步电压触电。

（1）单相触电：当人体接触带电设备其中一相时，电流通过人体流入大地，这种触电现象称为单相触电。对于高压带电体，人体虽未直接接触，但由于超过安全距离，高电压会对人体放电，造成单相接地而引起的触电，同样属于单相触电。

（2）两相触电：人体同时接触带电设备或线路中的两相导体，或在高压系统中人体同时接近两相带电导体，电流从一相导体通过人体流入另一相导体，这种触电称为两相触电。发生两相触电时，作用于人体上的电压等于线电压，这种触电最危险。

（3）跨步电压触电：当电气设备发生接地故障，接地电流通过接地体流向大地扩散，在地面上形成电位分布，若人在接地短路点周围行走，其两脚之间的电位差，即跨步电压。由跨步电压引起的人体触电，称为跨步触电。

3. 防触电的措施

（1）直接接触防护的措施：

1）带电部分绝缘：绝缘用以防止与带电部分接触。

2）采用遮拦或外护物：遮拦或外护物用以防止与带电部分的任何接触。

3）置于伸臂范围之外：置于伸臂范围之外的防护只用于防止无意识地触及带电部分。

4）用剩余电流保护器的附加保护：剩余电流保护器只用于加强直接接触防护的额外的措施。

（2）间接接触防护措施：

1）自动切断电源：当回路或设备中发生带电部分与外露可导电部分或保护导体之间的故障时，间接接触防护用电器应自动切断提供该回路或设备的电源。

2）不接地的局部等电位连接保护：不接地的局部等电位连接用来防止出现危险的接触电压；等电位连接导体应连接所有可同时触及的外露可导电部分和外界可导电部分。

3）电气分隔：个别回路的电气分隔用来防止触及因回路基本绝缘故障而带电的外露可导电部分时出现电击电流；回路应由分隔电源供电；电气分隔回路的电压不应超过 500 V；电气分隔回路的带电部分不应在任何点与其他回路或地连接；分隔回路最好采用分开的布线系统。

（3）直接接触和间接接触两者兼有的防护：

1）直接接触与间接接触兼顾的保护，宜采用安全超低电压和功能超低电压的保护方法来实现。

2）SELV 和 PELV 的电源采用安全隔离变压器。

二、安全电压

安全电压是不致危及人身安全的电压。安全电压值取决于人体的电阻和人体允许通过的电流。我国规定的安全电压等级，即为防止因触电造成人身直接伤害事故而采用的由特定电源供电的电压等级。还规定在正常和事故情况下，此电压等级的上限值为任何两导体间或任一导体与地间均不得超过交流有效值 50 V 或直流 120 V。安全电压应根据使用环境、人员和使用方式等因素选用。安全电压等级及选用见表 1-4。

表 1-4　安全电压等级及选用

安全电压（交流有效值）		选用举例
额定值/V	空载上限值/V	
42	50	在有危险的场所使用的手持式电动工具等
36	43	在矿井、多导电粉尘等场所使用的行灯等
24	29	
12	15	供某些人体可能偶然触及的带电设备选用
6	8	

第九节　电气节能

一、电气节能措施

1. 电源节能

电源节能包含尽可能地减少在输送、转换和运行过程中的损耗及使用中的节约。最大限度地节约能源。

（1）变压器节能：

1）选择节能变压器。

2）合理调整运行变压器的台数，使变压器处于经济运行。

（2）降低线路损耗：

1）合理选择线路路径，使线路最短。

2）降低线路电阻，按经济电流密度选择导线截面。

3）提高功率因数。

2. 动力节能

（1）合理选用电动机：根据负荷的启动特性及运行特征，选出最适合这些特性的电动机；选择具有与使用环境相适应的防护方式及冷却方式的电动机；确定合适的电动机容量；选择高效节能的电动机。

（2）改进控制方式，提高运行效率。

（3）合理地选择电动机的调速方式。

3. 照明节能

（1）在满足照明标准的前提下，尽可能选择高效率的光源。

（2）在满足眩光限制要求下，采用高效率节能灯具。

（3）优选气体放电灯启动设备。

（4）合理选择照明方式和采用先进的控制方案。

（5）做好照明日常维护管理和灯具的保养。

二、电气新能源的类型及应用

1. 太阳能光伏发电技术

（1）光伏发电主要分两大类：独立发电系统和并网发电系统。光伏发电可供应直流负载和交流负载，同时可以连接其他类型能源和能源储存系统并网。即在光照下，太阳电池方阵白天发出的电通过逆变器卖给电网，需要时再从电网买电使用。

（2）光伏发电系统：

1）独立的光伏发电系统：是指与其他电力系统无任何关系的闭合系统，通常用做便携式设备的电源。

2）并网光伏发电系统：太阳电池发出的直流电通过逆变器装置转换成交流电，再并入交流电网使用。

2. 太阳能光伏发电技术的应用

光伏幕墙（屋顶）是将传统幕墙（屋顶）与光电转换技术相结合的一种新型建筑。是利用太阳能发电的一种新型、绿色的能源技术。将屋顶、向阳的外墙、窗户都由光伏器件取代，则既能作为建材使用又能发电，一举两得。

将太阳能板安装在楼群中接受阳光时间较长的部位，如女儿墙、墙楣（屋顶）等；通常选择幕墙面朝南、东南和西南之间，在一定条件下亦可东向或西向。太阳能板还可以作为固定遮阳板之类的材料，既可得光能，又宜散热，可谓最佳组合。

第二章　建筑弱电基础知识

第一节　通信系统基本知识

一、通信基本概念

建筑弱电工程的处理对象是信息和信号，其特点是电压低、电流小、功率小、频率高。建筑弱电系统主要包括：计算机网络系统、电话通信系统、有线电视与卫星电视接收系统、闭路电视监控系统、公共广播系统、安全防范与公共管理系统、火灾自动报警系统、综合布线系统。

数据分为模拟数据与数字数据：在时间和幅度上是连续取值的为模拟数据；在时间和幅度上是离散取值的为数字数据。计算机内部所传送的是离散的数字数据。

数据信息均用信号进行传输，信号分为模拟信号和数字信号，在时间上和幅度上是连续变化的则为模拟信号，在时间上和幅度上是离散变化的则为数字信号。

二、通信网络的拓扑结构

用信道把处于不同位置的通信体连接起来，形成的结构叫通信网络结构。

拓扑结构：把计算机、集线器、电话机、交换机、电视机、混合器、分配器等设备与器件看做网络单元，又把网络单元定义为结点，那么两个结点间的连线称为链路，网络结点和链路形成的几何图形就是网络的拓扑结构。

通信网络的拓扑结构主要有以下几种：星形结构、树形结构、总线形结构、环形结构、网状结构等几种。星形结构在组网时有很大的灵活性和可扩展性，所以，目前的计算机局域网几乎都采用这种结构。

三、计算机网络

计算机网络通常有以下几种分类方法：

（1）按覆盖的地理范围分为广域网（又称为远程网）、局域网（本地网）和城域网（市域网）。

（2）按通信速率分为低速网、中速网和高速网。

(3) 按网络的拓扑结构分为星形网、总线形网、环形网、树形网、网状网和混合形网。

(4) 按传输介质分为双绞线网、同轴电缆网、光纤网、无线介质网和混合介质网。

(5) 按信息交换方式分为电路交换网、分组交换网和综合交换网。

(6) 按使用范围分为公用网和专用网。

1. 局域网的基本组成

局域网涉辖范围与规模较小，一般为一个小区、一个单位、一栋大楼等。局域网的主要硬件设备如下：

(1) 服务器(Server)：服务器是为网络提供共享资源的设备，它是局域网的核心。根据服务器在网络中起的作用不同，可分为文件服务器、数据库服务器、应用服务器、计算服务器、打印服务器等。

(2) 客户机(Clients)：客户机又称为网络工作站。

(3) 网络连接设备：网络连接设备主要指下列硬件设备：集线器、网络适配卡、收发器、网桥、路由器等。

(4) 通信介质：局域网中的通信介质主要有双绞线、同轴电缆、光缆等，但目前主要使用双绞线和光缆。

局域网还有相应的网络操作系统支持。

2. 网络传输介质

传输介质也称为通信媒体，它是网络传输信息的物理通路，主要有以下几种传输介质。

(1) 双绞线：双绞线既能用于传输模拟信号也能用于传输数字信号。

常用的 UTP 双绞线有三类、五类(超五类)、六类之分。

(2) 光缆：光缆由数根光纤组成，由于每根光纤只能单向传输信号，因此，要进行双向通信，光纤必须成对出现，一根用于输入，一根用于输出。

光纤的主要优点有：通带宽度非常宽、误码率极低、抗干扰能力极强、传输损耗很低、保密性强。

光纤的主要缺点有：连接与分支比较困难，需用专门设备。

(3) 无线传输介质：无线传输介质有微波、红外线、激光、卫星电波等。

3. 光纤收发器

距离较远时，需要用光纤时必须采用光纤收发器。光纤收发器是用来将光信号变成电信号，以及将电信号变成光信号的设备。

4. 集线器

集线器又称 HUB，主要用于双绞线组成的局域网中，网络结点通过双绞线以星型方式与 HUB 相连，它是网络的中央结点，是网络的核心。

交换式集线器，通常简称为交换机，它与 HUB 一样，也是作为双绞线星型网络的中央节点设备。但它的工作原理与普通 HUB 不同，它将某一端口收到的数据根据地址传送到指定端口，而不是像 HUB 将数据广播式的传送到所有端口，它比 HUB 的功能更强，工作速率要快得多。

四、电话通信系统

1. 电话通信系统的功能

现代电信业务除常规的电话业务外，其功能已实现多样化，其中包括如下内容：

（1）语言信箱系统：语言信箱是将公用电话网的话音信号经过频带压缩、模数转换后，存储于计算机的RAM，以供用户提取话音信号，用户只要租用一个语音信箱，就可以随时提取语音信件。

（2）传真信箱系统：传真信箱与语音信箱相似，只是传真信箱存储的是经过数字化和压缩处理的传真文件，传真信箱已成为现代商贸业务和办公业务的必要工具。

（3）数据消息处理系统：在电话网络上挂接计算机，就构成了计算机通信网即数据消息处理系统，从而实现传送电子邮件、电子数据交换、传真存储转发、可视图文系统、可视电话系统。

2. 数字程控用户交换机

数字程控用户交换机是目前电话网的核心设备。

数字程控交换机通常按用途分为市话交换机、长话交换机、用户交换机。

市话交换机、长话交换机设置在市话局、长话局内。用户交换机主要是为满足企事业单位内部电话交换需要而设计的小型交换机。一般设置在一个企事业单位的电话站内。智能建筑以及通信功能要求比较高的综合性大型建筑内，一般也设有用户交换机的电话站。

用户交换机通过中继线和市话局交换机相连，单位或建筑内的分机均由用户线连接到用户交换机上。用户交换机的基本功能是完成单位或建筑内部分机用户之间的相互通话，以及分机用户通过中继线与市话局用户的通话。

（1）用户电话机房的供电应符合下列要求：

1）机房电源的负荷等级为相应工程的最高负荷等级。

2）通信设备的直流供电系统，应由整流配电设备和蓄电池组组成，可采用分散或集中供电方式供电；当直流供电设备安装在机房内时，宜采用开关型整流器、阀控式密封铅酸蓄电池。

3）通信设备的直流供电电源应采用在线充电方式，并以全浮充制运行。通信设备的直流基础电源电压为直流48 V。

（2）用户交换机容量的确定：

1）用户交换机除应满足近期容量的需求外，尚应考虑中远期发展扩容新业务功能的应用。

2）用户交换机的实装内线分机的容量，不宜超过交换机容量的80%。

3. 电话传输线路

（1）用户线和中继线：

用户线：用户与交换机之间的线路称为用户线。

中继线：两个交换机之间的线路称为中继线。

在电话通信网中，传输线路指的是用户线路和中继线路。

目前，长途通信线路以及本地网各市话分局之间、用户交换机与市话局之间的中继线，一般均用光缆，而市话局与市话网用户以及用户交换机与分机用户间的用户线一般用电缆。

中继线数量的配置，应根据用户交换机实际容量大小和出入局话务量大小等因素，可按用户交换机容量的 10%～15% 确定。

（2）市话电缆：

1）型号表示结构：

类别用途——导体——绝缘层——内护层——特征——外护层

2）代号的含义：几种常见市话电缆和长话电缆型号表示中的字母与数字代号的含义，见表 2-1。

如：型号为 HYFVJ03－1 800×2×0.4 的通信电缆，表示电缆是铜芯泡沫聚乙烯绝缘、聚氯乙烯内护套、聚氯乙烯外护套的加强型市话通信电缆，其中省略了代表芯线导体是铜材的字母 T。后面几个派生数字表示线组数量为 1 800 对，线组结构为对绞式（若数字为 4 则表示星绞式），芯线导体线径为 0.4 mm。

表 2-1　常见市话电缆和长话电缆型号表示中的字母与数字代号的含义

类别、用途	导体	绝缘层	内护层	特征	外护层	
					铠装层	外被层
H-市话电缆 HP-市话配线电缆 HJ-局用电话电缆 HE-长途对称电缆 NH-农村电话电缆	T-铜 （略） L-铝 HT-铜合金 HL-铝合金	YF-泡沫聚乙烯 Y-聚乙烯 V-实心聚氯乙烯 B-聚苯乙烯 F-聚四氟乙烯	Q-铅包 L-铝包 V-聚氯乙烯	Z-综合电缆 P-屏蔽电缆 C-自承式 L-防雷 J-加强型	0-无 2-双钢带 3-细圆钢丝 4-粗圆钢丝 44-双层粗圆钢丝	0-无 1-纤维 3-聚氯乙烯

型号为 HPVV-200×2×0.5 的通信电缆，铜芯聚氯乙烯绝缘、聚氯乙烯护套、200 对线径为 0.5 mm 市话配线电缆。

地下管道内的通信主干电缆宜选用填充型全塑电缆，电缆宜选用 0.4～0.5 mm 线径的电缆。建筑物内用户电话线宜采用铜芯 0.7 mm 线径的室内一对或多对电话线。

（3）电缆管材：目前常用的电缆管材有塑料管、塑料和金属的复合管和钢管，复合管和钢管一般只在电缆穿越公路、铁路以及其他需承受巨大压力的地方采用，广泛使用的还是塑料管。

1）塑料管的优点：

① 管本身和接头密封性好。

② 管壁光滑，穿放电缆时摩擦小，所以塑料管管道段长可达 200～250 m，管子接续数量减少。

③ 管子重量轻，敷设施工劳动强度小，进度快。

④ 管子有一定的柔性，最大弯曲可达 90°。

⑤ 管子耐电压和绝缘电阻值较高，具有良好的耐化学腐蚀、阻燃性能。

⑥ 生产工艺简单、生产成本低廉。

2）塑料管选用：

① 管径选择：选用管子的管径是根据管材的管径利用率或截面利用率来确定的。

$$电缆管材管径利用率=（电缆外径/管子内径）\times 100\%$$

$$电缆管材截面利用率=（芯线总截面积/管内截面积）\times 100\%$$

管径利用率和截面利用率一般应小于55%～60%。

国内工程中一般按下面经验公式选管：

$$U \geqslant 1.2d$$

式中，U——管子内径；

d——电缆（束）外径。

② 管道段长：两个人（手）孔间的距离称为管道段长，段长的决定要根据地形、电缆分布要求、管道材料、电缆张力强度等因素综合考虑。

4. 电缆的配线方式与用户线路的敷设

（1）电缆的配线方式：电话网电缆线路的配线主要是指主干电缆线路的配线。线路的配线方式可以分为直接配线和交接配线两大类。

1）直接配线：直接配线是指从总配线架出来的电缆直接接到分线设备上，不经过任何用跳线连接的中间设备的配线方式。根据有无复接线对的情况，直接配线又可分为不复接配线和复接配线两种形式。

① 不复接配线：不复接配线是指从总配线架到各分线设备之间有单独的电缆线对，这种配线方式安装施工简单，人为故障发生的机会少。

② 复接配线：复接配线一般是指电缆线路间有一定数量的线对并联连接。复接配线方式备用线较多，通融性也较大，电缆并联的任何配线区或配线用户点都能选这些被复接的电缆线对。这样就能适应用户的迁移变动，使电缆的芯线使用率比不复接配线提高了很多。

经过交接箱以后的配线电缆，一般采用直接配线。

2）交接配线：交接配线是指从总配线架出来的电缆先经过交接箱之类的中间设备，再接到分线设备的配线方式。在交接箱之类的中间设备中，电缆线之间用跳线按一定方式临时跳接。

（2）电缆配线接续设备：为实现电缆的配线，需要使用一些电缆配线接续设备，主要有交接箱、分线箱（盒）等。

1）电缆交接箱：交接箱是设置在用户线路中用于主干电缆和配线电缆的接续装置，主干电缆线对在交接箱内按一定的方式用跳线与配线电缆线对连接。

按安装方式不同交接箱分为落地式、架空式和壁龛式三种，其中落地式又分为室内和室外两种。落地式适用于主干电缆、配线电缆都是地面下敷设或主干电缆是地面下敷设、配线电缆是架空敷设的情况。架空式交接箱适用于主干电缆和配线电缆都是空中杆路架设的情况，它一般安装于电线杆上，300对以下的交接箱一般用单杆安装，600对以上的交接箱安装在H形杆上。壁龛式交接箱的安装是将其嵌入在墙体内的预留洞中，适用于主干电缆和配线电缆敷设在墙内的场合。

交接箱的主要指标是其容量，交接箱的容量是指进、出接线端子的总对数，按行业标准规定，交接箱的容量系列为300、600、900、1 200、1 800、2 400、3 000、3 600对等规格。

2）电缆分线箱与分线盒：分线箱与分线盒是电缆分线设备，一般用在配线电缆的分线点，配线电缆通过分线箱或分线盒与用户线相连。分线箱与分线盒的主要区别在于分线箱带有保险装置，而分线盒没有。分线盒内只装有接线板，而分线箱内还装有一块绝缘瓷板，瓷板上装有金属避雷器及熔丝管，每一回路线上各接 2 只，以防止雷电或其他高压电流进入用户引入线。因此分线箱大多用在用户引入线为明线的情况，而分线盒主要用在不大可能有强电流流入电缆的情况，一般是室内使用。分线箱（盒）的接线端对数有 20、30、50、60、100、200 等几种，安装方式有壁龛式和壁挂式等。

在工程中，用户总配线架、配线箱（分线箱）设备容量宜按远期用户需求量一次性考虑，同时考虑其备用，一般可按用户数的 1.6～2.0 倍配置。

当采用有源通信配线箱（有源分线箱）时，宜在箱内右下角设置 1 只 220 V 单相交流带保护接地的电源插座。

3）用户出线盒：用户出线盒是用户引入线与电话机自带连接线的连接设备，其面板上有 RJ-45 插口。用户出线盒一般暗装于墙内，其底边离地面高度一般为 300 mm 或 1 300 mm。

（3）用户线路敷设：室外地下通信管道与已有建筑物的平行净距不小于 1.5 m。大型建筑物内的配线电缆一般沿上升管路敷设到每个楼层，上升管道一般设置在电缆竖井内。沿楼层敷设的这段电缆习惯上称为楼层电缆。楼层电缆管道的敷设位置可以是楼层地坪下、吊顶内或墙体里，楼层管道的路由应尽量避免穿越建筑物的伸缩隙和沉降缝，若必须穿越时，应采取相应措施。

五、综合布线系统

综合布线系统是将各种不同组成部分构成一个有机的整体，采取模块化结构设计，层次分明，功能强大。

1. 综合布线系统的设计等级

根据《综合布线系统工程设计规范》（GB 50311—2007）的规定，对于建筑物的综合布线系统，一般定为三种不同的布线系统等级。基本型综合布线系统、增强型综合布线系统和综合型综合布线系统。三种不同等级的要求如下：

（1）基本型综合布线系统：它支持语音或综合型语音/数据产品，并能够全面过渡到数据的异步传输或综合型布线系统。

1）基本配置：

① 每一个工作区有 1 个信息插座。

② 每个工作区的配线为 1 条 4 对对绞电缆。

③ 完全采用 110 A 交叉连接硬件，并与未来的附加设备兼容。

④ 每个工作区的干线电缆至少有 2 对双绞线。

2）基本特性：

① 能够支持所有语音和数据传输应用。

② 支持语音、综合型语音/数据高速传输。

③ 便于维护人员维护、管理。

④ 能够支持众多厂家的产品设备和特殊信息的传输。

（2）增强型综合布线系统：增强型综合布线系统不仅支持语音和数据的应用，还支持图像、影像、影视、视频会议等。

1）基本配置：

① 每个工作区有 2 个以上信息插座。

② 每个工作区的配线为 2 条 4 对对绞电缆。

③ 具有 110 A 交叉连接硬件。

④ 每个工作区的干线电缆至少有 3 对双绞线。

2）基本特性：

① 每个工作区有 2 个信息插座，灵活方便、功能齐全。

② 任何一个插座都可以提供语音和高速数据处理应用。

③ 便于管理与维护。

④ 能够为众多厂商提供服务环境的布线方案。

（3）综合型综合布线系统：综合型综合布线系统适用于配置标准较高的场合，是将光缆、双绞电缆或混合电缆纳入建筑物布线的系统。其配置应在基本型和增强型综合布线的基础上增设光缆及相关连接件。

其特点是由于引入了光缆，可以适用于规模较大、功能较多的智能建筑，其余特点与基本型和增强型相同。

2. 综合布线系统的基本构成

综合布线系统由六个子系统组成，它们是工作区子系统、水平干线子系统、管理子系统、垂直干线子系统、建筑群子系统和设备间子系统。各系统的连接见图 2-1。

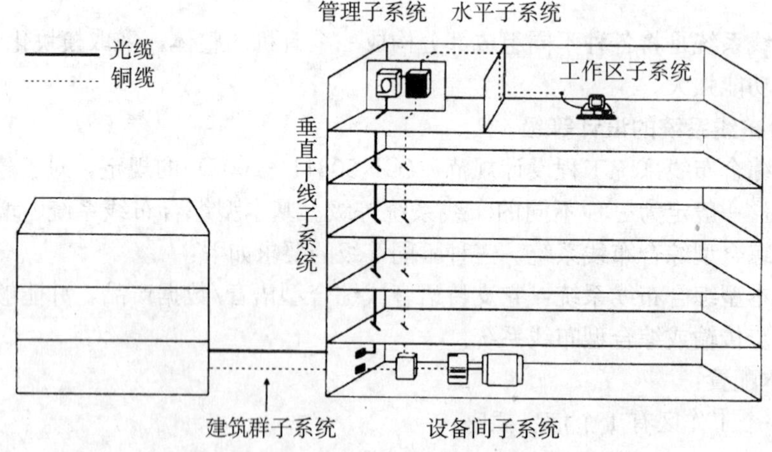

图 2-1　综合布线系统的组成

综合布线系统中需要用到的功能部件，一般有以下几种：

① 建筑群配线架（CD）。

② 建筑群干线电缆或建筑群干线光缆。

③ 建筑物配线架（BD）。

④ 建筑物干线电缆或建筑物干线光缆。

⑤ 楼层配线架（FD）。

⑥ 水平电缆或水平光缆。

⑦ 转接点（选用）（TP）。

⑧ 信息插座（IO）。

⑨ 通信引出端（TO）。

3. 综合布线系统各子系统概述

（1）工作区子系统：工作区子系统由终端设备连接到信息插座的跳线组成。它包括信息插座、信息模块、网卡和连接所需的跳线。并在终端设备和输入/输出（I/O）之间搭接，相当于电话配线系统中连接话机的用户线及话机终端部分。工作区子系统设计要点如下：

① 工作区内线槽的布置要合理、美观。

② 信息插座距离地面 30 cm 以上。

③ 信息插座与计算机设备的距离保持在 5 m 范围内。

④ 购买的网卡类型接口要与线缆类型接口保持一致。

⑤ 所有工作区所需的信息模块、信息座、面板的数量。

（2）水平配线子系统：从楼层配线架到各信息插座的布线属于水平布线子系统。该子系统包括水平电缆、水平光缆及其在楼层配线架上的机械终端、接插软线和跳接线。

水平电缆或水平光缆一般直接连接至信息插座。必要时，楼层配线架和每一个信息插座之间允许有一个转接点。进入和接出转接点的电缆线对或光纤应按 1∶1 连接，以保持对应关系。转接点处的所有电缆或光缆应作为机械终端。转接点处只包括无源连接硬件，应用设备不应在这里连接。转接点处宜为永久连接，不应作配线用。水平配线子系统设计要点如下：

① 确定线路走向。

② 确定线缆、槽、管的数量和类型。

③ 确定电缆的类型和长度。

④ 订购电缆和线槽。

⑤ 如果采用吊杆或托架安装线槽，需要用多少根吊杆或托架。

水平布线系统中常用的线缆有 4 种：

① 100 Ω 非屏蔽双绞线（UTP）。

② 100 Ω 屏蔽双绞线（STP）。

③ 50 Ω 同轴电缆。

④ 62.5/125 μm 光纤电缆。

在水平布线通道内，关于电信电缆与分支电源电缆要说明以下几点：

- 屏蔽的电源导体（电缆）与电信电缆并线时不需要分隔；
- 可以用电源管道障碍（金属或非金属）来分隔电信电缆与电源电缆；
- 对非屏蔽的电源电缆，最小的距离为 10 cm；
- 在工作站的信息口或间隔点，电信电缆与电源电缆的距离最小应为 6 cm。

（3）管理子系统：管理子系统的作用是提供与其他子系统连接的手段，使整个综合布线系统及其所连接的设备、器件等构成一个完整的有机体。管理子系统由交连、互连以及信息插座（I/O）组成。管理应对设备间、交接间和工作区的配线设备、线缆、信息插座等设施，按一定的模式进行标识和记录。

1）综合布线交连系统标记：综合布线系统中标记是管理子系统的一个重要组成部分，标记系统能提供如下的信息：建筑物名称（如果是建筑群）、位置、区号和起始点。

综合布线系统使用了三种标记：电缆标记、场标记和插入标记。其中插入标记最常用。这些标记通常是硬纸片，由安装人员在需要时取下来使用。

2）插入标记所用的底色及其含义如下：

蓝色：对工作区的信息插座（I/O）实现连接。

白色：实现干线和建筑群电缆的连接。端接于白场的电缆布置在设备间与楼层配线间及二级交接间之间或建筑群各建筑物之间。

灰色：配线间与二级交接间之间的连接电缆或二级交接之间的连接电缆。

绿色：来自电信局的输入中继线。

紫色：来自用户交换机（PBX）或数据交换机之类的公用系统设备的连线。

黄色：来自控制台或调制解调器之类的辅助设备的连线。

管理子系统常用的设备主要包括：机柜、集线器或 110 连接块、信息点集线面板、集线器的整压电源线。

管理子系统在干线接线间和二级交接间中的应用，首先应考虑选择 110 型硬件并确定各场的规模。110 A 和 110 P 使用的接线块均是每行端接 25 对线。

（4）干线子系统：干线子系统的功能是通过建筑物内部的传输电缆或光缆，把各接线间和二级交接间的信号传送到设备间，直至传送到最终接口，再通往外部网络。它必须满足当前的需要，又能适应今后的发展。

1）干线子系统常用的介质有如下四类缆线：

① 100 Ω 大对数非屏蔽电缆。

② 150 Ω FTP 电缆。

③ 62.5/125 μm 多模光缆。

④ 8.3/125 μm 单模光缆。

2）干线子系统布线的最大距离：楼层配线架到设备间主配线架之间的最大允许距离，与信息传输速率、信息编码技术以及所选的传输介质和相关连接件有关。

一般来说，采用 62.5/125 μm 多模光纤，传输速率为 1 000 Mbit/s 时，距离可为 2 km；采用 8.3/125 μm 单模光纤，传输速率为 1 000 Mbit/s 时，距离可达 3 km；采用 5 类双绞电缆和相关连接件构成的通道，传输速率为 100 Mbit/s 时，距离不超过 90 m；采用 6 类双绞电缆和相关连接件构成的通道，传输速率为 1 000 Mbit/s 时，距离不超过 90 m。

（5）设备间子系统：设备间子系统是安装公用设备（如电话交换机、计算机主机、进出线设备、网络主交换机、综合布线系统的有关硬件和设备）的场所。

设备间子系统设计内容包括：位置确定、面积确定、结构及环境要求。

1）设备间位置确定：

① 设备间应尽可能设在位于干线综合体的中间位置。

② 不宜设在建筑物的顶层或地下层。

③ 应尽量靠近建筑物电缆引入区和网络接口。

④ 设备间应在服务电梯附近，便于重设备的进出。

⑤ 尽量远离强噪声源和强振动源。

⑥ 不能与用水设备房、卫生间相邻或在其楼下。

⑦ 尽可能避开变电站等有强电磁场干扰源的房间。

⑧ 远离易燃、易爆物及有害气体源。

2）设备间面积确定：使用面积的大小主要与设备数量有关，可以通过设备情况估算，但最小不得小于 20 m^2。

(6) 建筑群干线子系统：一个小区可能有多幢相邻或不相邻的建筑物，彼此之间的语音、数据、图像和监控等系统可用传输介质和各种支持设备（硬件）相连接。连接各建筑物之间的传输介质和各种支持设备（硬件）组成了综合布线建筑群干线子系统。

4. 综合布线系统的电气保护

电气保护的目的是尽量减少电气故障对综合布线线缆和相关连接硬件的损坏，也避免电气故障对综合布线所连接的终端设备或器件的损坏。电气保护主要分为两种：过压保护和过流保护。

在下述的任一种情况下，线路均处于危险环境之中，应对其进行过压、过流保护：

① 雷击引起的雷击过电压。

② 与电力线接触而产生的接触过电压。

③ 感应电势上升到 250 V 以上而引起的感应过电压。

现代通信系统的通信线路在进入建筑物时，一般都采用过压和过流双重保护。

(1) 过压保护：综合布线的过压保护可选用气体放电管保护器或固态保护器。

气体放电管保护器使用断开的放电空隙来限制导体和地之间的电压。当两个电极之间的电位差超过 250 V 交流电源或 700 V 雷电浪涌电压时，气体放电管开始出现电弧，为导体和地电极之间提供一条通路。

固态保护器适用于击穿电压要求较低（60～90 V），且不希望有振铃电压的电路。固态保护器是一种电子开关。其原理是：在电路未达到击穿电压时，能对电路能进行快速、稳定、无噪声、平衡的电压限位。一旦超过击穿电压，它便快速将过压引入地，然后自动恢复到原来的状态。一般情况该过程可以无限重复。因此，固态保护器为综合布线提供了最佳的保护，应推荐使用。

(2) 过流保护：电缆上可能出现这样或那样的电压，如果连接设备为其提供了对地的低阻通路时，有可能不足以使过压保护器动作，而产生的电流可能会损坏设备或打火。因此，必须在采取过压保护的同时，还需采取过流保护。目前，过流保护器有热敏电阻和雪崩二极管，但价格较贵。也可选用热线圈或熔丝，二者都具有保护综合布线的特性，但工作原理不同，热线圈在动作时是将导体接地，而熔丝动作时是将导体断开。

一般情况下，过流保护器动作电流在 350～500 mA。

(3) 屏蔽效应：屏蔽是为了保证综合布线通道不受外来电磁干扰和防止本身向外辐射的措施。

屏蔽有静电屏蔽和磁场屏蔽两种。屏蔽的结构可以将干扰源或受干扰元件用屏蔽罩屏蔽起来。静电屏蔽的原理是，在屏蔽罩接地后干扰电流经屏蔽外层短路入地。因此屏蔽的妥善接地是十分重要的，否则不但不能减少干扰，反而会使干扰增大。

(4) 系统接地：机房或设备间的接地，按作用不同分为直流工作接地、交流工作接地、安全保护接地；此外，为防止雷电危害的接地，叫防雷保护接地；为防止可能产生或聚集静电荷而对用电设备等所进行的接地，叫防静电接地。为实现屏蔽作用而进行的接地，叫屏蔽接地或隔离接地。

综合布线必须有良好的接地系统，单独设置接地体时，接地电阻不应大于 4 Ω。当采取综合接地时，接地电阻不应大于 1 Ω。

5. 综合布线施工与检测

(1) 综合布线施工：综合布线工程施工中，在配线架上连接线缆，常用的连接结构有两种：一种是交叉连接方式（简称交连或交接），另一种是互连连接方式（简称互连或互接）。

交连：使用接插软线或跳线连接电缆、光缆或设备的一种非永久性连接方式。

互连：不用接插软线或跳线，把一根电缆或光缆直接连接到另一根电缆或光缆及设备，是一种永久性的连接方式。

光纤与光纤的连接常用的方法有两种，一种是拼接，另一种是端接。前者常用于长距离光纤连接，后者常用于短距离光纤连接。

光纤拼接：它是将两段断开的光纤永久性地连接起来。这种拼接技术又有两种：一种是熔接，另一种是机械拼接。

光缆端接：光纤端接与拼接不同，它用于需要进行多次拔插的光纤连接部位的接续，属非永久性的光纤互连。常用于配线架的跨接线以及各种插头与应用设备、插座的连接等场合。

(2) 综合布线检测：综合布线的测试是综合布线工程中非常重要的一个环节。测试主要有两个目的，一是检测所安装的通道是否合格和能否支持设计要求的网络速度；二是测试线路连接是否错误。

从工程的角度来说测试可以分为两类，即电缆传输链路验证测试和电缆传输通道认证测试。

电缆传输链路验证测试，是指在施工的过程中由施工人员边施工边测试，主要测试电缆的基本安装情况，以保证所完成的每一个连接的正确性。通常这种测试只注重综合布线的连接性能，而对综合布线电气特性并不关心。

认证测试实际上是对整个综合布线工程的最后检验。电缆除了正确的连接以外，还要检测电缆通道的电气参数，必须使用能满足特定要求的测试仪器并按照相应的测试方法进行，才能确保测试结果有效。认证测试连接图包括基本链路测试和信道（又叫通道）测试两种。

基本链路测试见图 2-2。其中：$G=E=2$ m，$F\leqslant 90$ m。

信道是用来测试端到端的链路整体性能，其连接见图 2-3。其中：$B+C\leqslant 90$ m，$A+D+E\leqslant 10$ m。

认证测试的主要参数有：接线图测试、链路长度、衰减、近端串音。一般对于 5

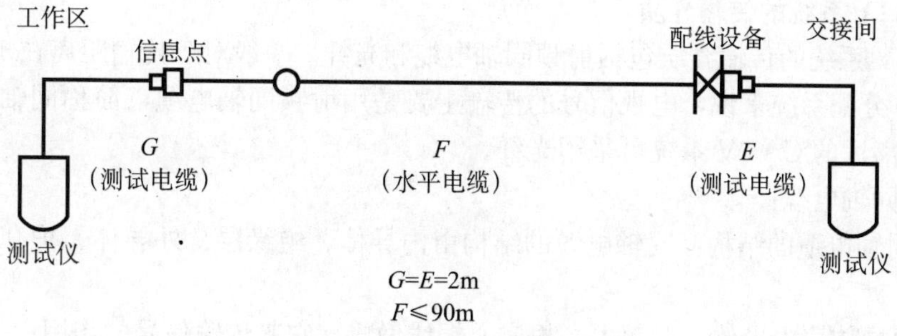

图 2-2　基本链路测试连接

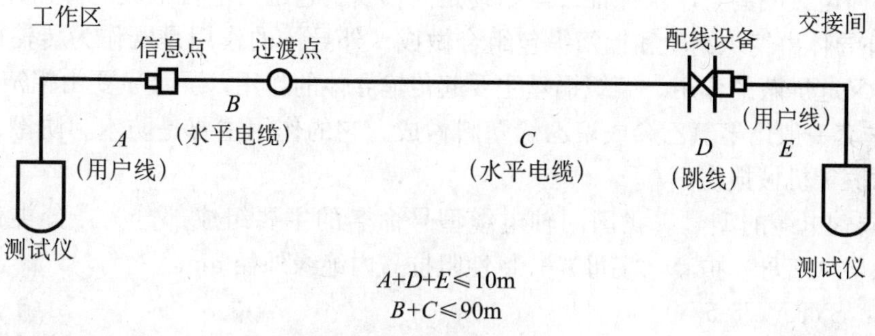

图 2-3　信道测试连接

类线缆链路和信道，需要测试以上四个参数。而对于 6 类线缆链路和信道，一般要求测试八个以上参数，即除以上主要参数外，有时还需测量的参数有：传输延迟、延迟偏差、直流电阻、特性阻抗、远端串扰、回波损耗等。

光纤传输通道是由光纤和连接件（连接器、耦合器、接插板）组成。其传输性能不仅取决于光纤和连接件的质量，还与施工工艺和现场环境有关。光纤通道需测试的主要参数有：光纤的连通性、光纤的衰减、反射损耗。

第二节　有线电视与监控系统基本知识

一、有线电视系统

1. 有线电视系统基本概念

有线电视系统由前端、干线、分配分支三个部分组成。一般建筑工程中只涉及分配分支部分。

分配分支部分的作用：把干线传来的信号尽量不失真地分送给各个用户。

分配分支部分用的主要设备有：分配放大器、线路放大器、分配器、分支器、用户终端。

因为电视信号占用的频率范围很宽，一套电视信号的频带宽度为 8 MHz。

2. CATV 系统的传输介质

CATV 系统的传输介质包括射频同轴电缆和光纤。一般对于传输距离在 1 km 左右的 CATV 分配系统来说，电视信号的传输主要是用射频同轴电缆，简称同轴电缆。对于传输距离远的 CATV 系统可采用光纤。

（1）同轴电缆：

1）同轴电缆的结构：同轴电缆的结构由内导体、绝缘层、外导体、护套四个部分组成。

① 内导体：内导体一般都由一根实心铜线做成。它起传输信号的作用。

② 绝缘层由对电波损耗小、工艺性能好的聚乙烯材料制成。绝缘层的作用主要是使内外导体电气隔离，以及保证二者始终是同轴线。它也是电视电波的传输介质。

③ 外导体由编织铜丝和铝箔纵包组合做成。外导体的作用是既作为传输回路的一根导体，又起屏蔽的作用。编织铜丝主要起传输导体的作用，屏蔽主要由铝箔完成。

④ 护套一般用聚氯乙烯或聚乙烯塑料做成。它的作用主要是防水、防潮、避免电缆受到摩擦等机械损伤。

2）同轴电缆的型号：我国同轴电缆型号命名的主要组成部分为：分类代号（字母）绝缘层（字母）护套（字母）—特性阻抗—内绝缘外径 mm。

例 1：SYKV-75-5

S 表示射频同轴电缆，Y 聚乙烯，K 纵孔半空气绝缘层（藕芯），V 聚氯乙烯护套，特性阻抗为 75 Ω，内绝缘层外径为 5 mm。

例 2：SDGFV-75-7

S 表示射频同轴电缆，D 绝缘介质注入氮气，GF 高发泡处理，V 聚氯乙烯护套，特性阻抗为 75 Ω，内绝缘层外径为 7 mm。

3）同轴电缆的基本性能参数：

① 特性阻抗：在 CATV 系统中一般都使用特性阻抗为 75 Ω 的同轴电缆。

② 衰减常数：衰减常数是指单位长度的衰减量，衰减量单位为 dB，那么衰减常数的单位为 dB/m、dB/hm、dB/km 等。

理论证明，同轴射频电缆当传输的信号频率在 VHF、UHF 频段时，其衰减值与频率的平方根成反比。因此，同样一段电缆对高低频道信号的损耗不同，电缆越长，它对高低频道信号的损耗相差也越大。高频道和低频道信号电平很难同时满足要求。这时，就需要采用加斜率均衡器，或加具有斜率均衡功能的放大器等进行校正和补偿。同一类型的同轴电缆，内绝缘外径越大，衰减越小。

③ 温度系数：电缆对信号的损耗除了和其结构以及传输信号的频率有关外，还与其周围的环境温度有关；温度越高，电缆损耗越大，温度越低，损耗越小，这种现象称为电缆损耗的温度特性。

④ 馈线与负载匹配：馈线的特性阻抗等于负载阻抗，并且二者平衡性一致。

（2）光纤：光纤是光导纤维的简称，它是一种能够传导光信号的传输介质。CATV 系统常用单模光纤。

光纤传输信号有以下优点：

① 频带宽，一根光纤（如单模）的工作频带就达 1 GHz，可以传输所有 68 个标准

电视频道以及增补频道信号。

② 损耗低，目前所采用光缆的传输损耗一般<0.3 dB/km，而且光缆衰减值几乎不随周围环境温度改变而变化。

③ 光纤体积小、重量轻，常用光纤单根外径<1 mm，因此和相同容量的电缆相比，光缆的体积均小和重量轻得多。

④ 光纤抗电磁干扰的能力强，因为光纤不导电，所以它不受电磁辐射的影响，不需要保护和屏蔽接地，其本身就具有抗雷击和各种工业电磁干扰的能力。

⑤ 与同轴电缆相比，传输信号时的载噪比和非线性失真参数得到大大提高。

3. CATV 系统常用的设备和器材

CATV 系统常用的设备和器材分类：按使用场合来分，分为前端用的设备和器材，传输分配系统用的设备和器材；按工作时是否需要用电源分，有源设备器件和无源设备器件。

本书只介绍传输与分配系统的设备和器材。

(1) 干线放大器：干线放大器简称干放，其作用主要是放大干线上的电视信号，以补偿信号在电缆中的衰减。干放的增益和输出电平一般都不太高，标称增益一般为 28 dB 左右，标称输出电平一般为 98 dB 左右，干放还具有自动斜率控制功能。

干放是有源设备，可以采用交流市电分散供电，也可采用集中供电方式通过同轴电缆以交流低压供电。

(2) 线路放大器：线路放大器又简称线放（也叫线路延长放大器），一般用于 CATV 系统的支线或用户分配放大器，以提高信号的电平，满足分配、传输的要求，它的增益、输出电平等参数值一般都要高于干放。线放是有源设备，可采用集中供电方式供电，也可采用交流市电分散供电。

(3) 衰减器和均衡器：

1) 衰减器：在 CATV 系统中，有时信号电平太高时，容易产生非线性失真，就需要加接衰减器对信号进行衰减。衰减器是无源器件。

2) 均衡器：由于电视信号在同轴电缆中传输时产生的衰减量与信号频率的平方根成正比，而均衡器是一个衰减量随信号频率升高而降低的衰减器，正好与电缆衰减频率特性相反，信号通过该器件后，使得输出的各频率信号衰减量一致。均衡器是无源器件。

(4) 电源供给器：电源供给器用来给 CATV 系统中有源器件集中供电。其工作原理是：它通过变压器将 220 V 交流电降为 60 V 交流电向放大器供电，然后通过扼流电感送入同轴电缆中。扼流电感对高频信号的阻抗很大，从而阻止了电视信号进入电源供给器，但它对 50 Hz 的交流电阻抗很小。

(5) 分配器和分支器：

1) 分配器：分配器是 CATV 系统中大量使用的器件之一，其功能是将输入端口的电视信号平均分配到各个输出端口。它是无源器件。分配器有二分配器、三分配器、四分配器等。

分配器的主要性能参数：分配损耗、输出端相互隔离等。分配损耗是指电视信号从输入端到输出端的减少量。分配损耗的单位为 dB。输入端信号电平减去输出端信号电平就等于分配损耗。

为避免信号反射的影响，分配器不用的输出端不应空出，而应接 75 Ω 匹配电阻。

2）分支器：分支器作用是从电缆线路上取出一部分信号给分支输出端输出，而其余信号仍沿原线路传输。它是无源器件。按分支输出端的多少，分支器分为一分支器、二分支器、四分支器等。

分支器的输入端常称为主路输入端，被取出的一部分信号的输出端口称为分支输出端，其余信号沿原线路输出的端口称为主路输出端。

分支器的分支输出一般都送入用户电视机。

主要性能参数：分支损耗、插入损耗、相互隔离、反向隔离等。

分支损耗是指电视信号从主路输入端到分支输出端的衰减量。分支损耗的单位为 dB。主路输入信号电平减去分支输出信号电平就等于分支损耗。

插入损耗是指电视信号从主路输入端到主路输出端的衰减量，其单位为 dB。插入损耗越小越好。主路输入信号电平减去主路输出信号电平就等于插入损耗。

为了使连接在电缆线前后的电视机得到的信号电平基本一致，人为做成分支损耗大的插入损耗小，分支损耗小的插入损耗大。接在电缆前面的分支器选用分支损耗大而插入损耗小，接在后面的选用分支损耗小而插入损耗大，这样就能达到目的。

分支器的相互隔离，是指分支输出端之间的隔离程度，其单位为 dB，相互隔离值越大，各分支输出端之间的影响就越小。

反向隔离是指分支输出端对主路输出端的隔离程度，单位为 dB，反向隔离值越大，则分支输出端对主路输出端的影响就越小。

分支器的相互隔离和反向隔离值一般均较大，所以，接在分支输出端上的各台电视机之间以及接在电缆线不同分支器上的各台电视机之间不易出现相互干扰。

分支器的分支输出端可以空出，但分支器的主路输出端不能空出，而应接 75 Ω 匹配电阻。

（6）用户终端盒与分支串接单元：

1）用户终端盒：用户终端盒是 CATV 系统和电视机或其他用户终端设备之间的接口。

用户终端盒分为单孔和双孔两种。单孔终端盒只有一个插孔（TV），只能输出电视信号，双孔终端盒有 2 个插孔（TV 和 FM），一个输出电视信号，另一个输出调频广播信号。

2）分支串接单元：将分支器和用户终端盒做在一起，终端盒插孔就是分支输出，称为分支串接单元（有些叫串接分支器）。串接单元具有分支器和用户终端盒的作用。

（7）光纤传输 CATV 系统的主要设备：光纤传输 CATV 系统的主要设备有光发送机、光接收机以及光分路器等。

1）光发送机：是将电视信号变成光信号，经接口送入光纤中去的设备。

2）光接收机：是将接收的光信号变成电视射频信号的设备。

3）光分路器：与 CATV 系统中的分配器类似，它可以将光信号分成若干路输出。

4. CATV 系统的设计与计算

（1）CATV 系统的 3 个技术参数及其指标：《有线电视广播系统技术规范》（GY/T 106—1999）（以下简称《技术规范》）中关于 CATV 系统的技术参数有 27 个指标，但其中最重要的也是对电视图像质量影响最大的有 3 个，它们是系统输出口电平、载噪比、载波组合三次差拍比。

1）系统输出口电平：又称用户电平，是指系统输出口能输出的信号电平值。系统输出的信号电平太低，则信号会被系统本身产生的噪声以及用户电视机产生的噪声淹没；输出的信号电平太高，则会使电视机内的电路工作于非线性区，这时电视图像会出现非线性失真干扰，《技术规范》中规定系统输出口电平为 60～80 dBμV。目前在工程上，为尽量避免出现非线性失真干扰，一般按（65±5）dBμV 的电平来设计。

2）载噪比：载噪比是指电视信号经系统传输后，载波功率和噪声功率的比值。载噪比越大，电视图像质量越好。《技术规范》中规定系统的载噪比＞43 dB。

（2）系统设计及计算的基础：

1）分贝的定义及其在 CATV 中的应用：

两个功率之比的常用对数被定义为贝尔(bel)数，即

$$\text{贝尔（bel）数} = \lg \frac{P_o}{P_i}$$

分贝（dB）是贝尔的 1/10，即分贝数是贝尔数的 10 倍，所以有

$$\text{分贝（dB）数} = 10 \lg \frac{P_o}{P_i} \quad \text{（分贝的功率表示）}$$

$$\text{分贝（dB）数} = 20 \lg \frac{U_o}{U_i} \quad \text{（分贝的电压表示）}$$

因为分贝单位在表示、计算上有很多优点，所以 CATV 中各种设备、器材的性能参数，系统的各项指标等一般均用分贝数给出。

2）分配系统的常用接线形式：

CATV 系统常用接线形式有：分配—分配系统、分配—分支系统、分支—分配系统。

一般来说，当民用建筑只接收当地有线电视网节目信号时，系统接收设备宜在分配网络的中心部位，应设在建筑物的首层或地下一层；当民用建筑需接收卫星电视节目信号时，系统接收设备宜设在建筑物的顶层。

有线电视用户分配系统宜采用星形分配方式，减少串接分支器；不得将分配线路的终端直接作为用户终端；每户信号功率应相似。

二、闭路电视监控系统

1. 闭路电视监控系统概述

闭路电视系统主要用于工业、交通、金融、商业、教学、安防以及军事等领域，进行实时监视与监控，所以也叫应用电视系统。

闭路电视系统与广播电视的区别一般有：闭路电视系统服务对象是一个或少数几个特殊用户，因此接收机（显示器）少；闭路电视系统的传输距离一般较近，多数在几十米到几千米的有限范围之内；闭路电视系统一般采用视频直接传输，而且通常不

带伴音。

2. 闭路电视系统的组成及其原理

闭路电视系统的基本组成是下列三个部分：

（1）摄像机：对被监视体进行摄像并将所摄图像变换为电信号（头）。

（2）电缆或光缆：把图像电信号送到监视器。

（3）监视器：将电信号进行还原重现（尾）。

以上三个基本组成部分连接起来便构成了一个基本的单头单尾的闭路电视系统。为了某些需要，还可以构成单头多尾、多头单尾、多头多尾的闭路电视系统。

在闭路电视系统中，一般需要对摄像部分和接收部分进行控制，所以系统中还有控制部分。此外，有些系统还要对图像进行记录、分析、加工等。所以，在这种系统中还包括视频信号的记录，图像信息的处理等部分。

3. 系统主要设备

（1）摄像机：是把光信号变为电信号的设备，摄像机的关键部分是摄像器件。摄像器件分为电真空器件和固态器件两大类。电真空器件又可分为 Vidicon（视像管）和 Newvicon（碘化锌镉）等；固态器件又可分为 CCD（电荷耦合器件）、MOS（金属氧化物）和 CID（电荷注入器件）等。按获得的图像不同，摄像机可分为彩色和黑白两大类。按电视制式不同，又可分为 PAL、NTSC、SECAM 三大类（彩色）和 CCIR，EIR 等。按其供电电压和电流种类不同：可分为 AC220 V、AC110 V、AC24 V、DC12 V 或多功能传输供电等数种。

固态摄像器件中的 CCD 具有很多优点，目前普遍采用 CCD 的摄像机。

黑白摄像机与彩色摄像机性能差别较大，相对来说，黑白摄像机灵敏度高、分解力高、体积小、重量轻、价格低，但彩色摄像机的图像有色彩、真实，如果没有对颜色识别的要求，可以选择黑白摄像机。

（2）摄像机防护罩及其支撑设备：

1）防护罩：对摄像机进行相应保护，保证摄像机正常工作，并延长其使用寿命。摄像机防护罩按用途和型式分为以下几种：

① 室内型：包括简易防尘型，防潮密封型，通风型等。

② 室外型：包括简易防尘、防水型，密封型，通风型等。

③ 特殊类型：包括强制风冷型，水冷型，防爆型，特殊射线防护型等。

2）支撑设备：用于固定和安装摄像机的设备。常见的有三脚架、摄像机托架和云台。摄像机安装在房屋吊顶上或装设在墙壁上时，就需要用摄像机托架。为了能扩大摄像机的监控范围，摄像机的支承设备应选用电动云台。

3）监视器：监视器是闭路电视系统的终端显示设备。闭路电视系统所使用的监视器按功能来分主要有三类，即图像监视器、接收监视两用机、电视接收机。这三类都有黑白和彩色之分，目前用得最多的是图像监视器。电视机比图像监视器价格低，所以也大量被用作监视器。但由于电视机不是专门为监视而设计的，所以其视频通道带宽比图像监视器窄，显示效果不如图像显示器。

4）录像机：把摄像机送来的图像信息记录下来的设备。在保安监视闭路电视系统中，常用一种盒式长时间录像机，其记录时间能达到 24 小时以上。目前，闭路电视系统中更多采用硬磁盘来记录图像信息，记录时间可长达 7 天，而且记录效果很好。

视频安防监控系统中必须配备录像设备，而且录像设备应具有自动录像功能和报警联动实时录像功能，并可显示日期、时间以及摄像机位置编码。

5）视频信号分配器与视频信号切换器：

视频信号分配器：当需要把一路视频信号送给相距较远的多个监视器时，则应采用视频分配器。

视频信号切换器：需要把多路视频信号送给一个或多个监视器，需要进行选切显示时则应采用视频信号切换器。

4. 闭路电视系统的控制

为满足闭路电视系统实际工作时的不同需要，使系统操作简单可靠和易于自动化，就要对系统各部分进行控制。

（1）控制的类型：

1）摄像机的控制：对摄像机的控制主要有，通断电源、快速启动以及对摄像器件的一些控制等。

2）镜头的控制：对镜头的控制主要是对其焦距、光学聚焦、光圈三者进行控制，目前一般均在控制室内控制器对其进行电动遥控。

3）防护罩的控制：对防护罩的控制主要是对其刮水器、降温冷却装置、防霜加热器等的控制。

4）电动云台的控制：对电动云台的控制主要是控制其左、右旋转，上、下俯仰。

5）视频信号切换器的控制：在规模较小且使用要求不高的闭路电视系统中，仍常采用视频信号切换器。对视频信号切换器的控制有按键、继电器以及电子切换单元等多种方式。

（2）控制方式：

1）直接控制方式：直接控制方式是将电压、电流等控制信号直接输入被控设备，即把切换和控制的信号通过专用电缆接到被控点上。这种控制方式没有中间环节，设备简单，成本低廉，但控制效果受传输电缆线路电压降的影响，所以这种方式控制距离较近。进行直接控制时电缆芯数量较多，属于多线控制。

一般情况下，摄像端和监视端之间控制电缆的最大长度通常在 500 m 左右。

2）间接控制方式：当摄像端与监视端相距很远，控制电缆太长时，无法进行直接控制，可以用继电器间接控制。间接控制是在摄像机附近处设置一个继电器控制箱，由监视端控制继电器的动作。所以控制电流就很小，控制线的电压降很低，这样就可以增加控制距离。控制箱内有一个 220 V/24 V 变压器，220 V 交流电源从摄像端处取得，变为 24 V 或再变成直流后，供给被控设备，实现远距离控制。

间接控制的最长电缆长度由所使用的继电器吸动电流决定，一般从几百米到 1 000 m。在工程实际中，间接控制方式使用较多，这种间接控制方式，在控制线制方面与直接控制方式一样是多线制。

还有一种间接控制方式是以多频率调制—解调信号作为驱动信号，实现控制操作。

3）总线控制方式：总线控制方式是对整个传输单线制组网的控制方式。监视端的微处理机将控制指令编码后变成串行数字信号送入传输总线，在摄像端的解码电路对其进行解码识别，然后通过驱动电路执行相应指令，这样，只需两条线就可实现对整个系统的控制，使控制线大大减少。

4）几种控制方式的比较：总线控制方式与直接（间接）控制方式比较，在系统增容、控制项目扩展和实行计数分级控制等方面，具有很大的灵活性，实现起来非常容易，要做的工作主要是更改微处理机的软件，而控制线不需任何变动。因此总线控制方式得到越来越广泛的应用，特别是在远距离、大型系统中更是如此。

但在只有几台摄像机、控制距离较近的小型系统中，使用直接控制方式则比较经济。

5. 闭路电视系统视频信号的传送

电视视频信号的传输方式分为有线和无线两种，而每种方式又包括几种不同的传输方法。有线传输主要有采用同轴电缆、双绞线、光纤等不同种类介质的方法。无线传输主要利用甚高频、超高频等电波的方法。目前闭路电视系统的视频信号几乎均采取有线传输方式。

（1）同轴电缆传输：绝大多数闭路电视系统一般都采用同轴电缆来传送视频信号，这其中又有基带传输方式和调制传输方式两种。调制传输方式就是将视频基带信号用调制器调制到某一高频载波上通过电缆传输，在监视端再解调成视频信号。

基带传输方式就是将视频基带信号不经调制而直接进行传送的方式。因为这种方式简单易行，成本低廉，所以在距离较近的中、小型闭路电视系统中被普遍采用。

一般闭路电视信号传输距离在 500 m 以内时可以不考虑衰减的影响，大于 500 m 时就应加装电缆补偿器，电缆补偿器相当于 CATV 中的均衡器加放大器。通常加入一级电缆补偿器可使传输距离增加 500 m，但一般不能超过五级。

电梯轿厢内设置摄像机时，视频信号电缆应选用屏蔽性能好的电梯专用电缆。

（2）光纤（缆）与双绞线传输：

1）光纤（缆）传输：因为光纤的损耗很小，所以不加中继器的传输距离一般都可达几千米到十几千米，若加中继器则可达到几十千米至数百千米。因此光纤传输方式最适合传输距离远的大型闭路电视系统，例如城市交通管理系统，高速公路、铁路的监视系统以及大型智能建筑内的监视系统等。在有强磁场干扰环境下传输时，也应采用光纤（缆）。

光纤传输时，需在摄像端加装一台光发送机，把电信号变换为光信号，在监视端再接一台光接收机，把光信号变换为电信号。

2）双绞线传输：因为双绞线是平衡传输线，其特性阻抗为 100 Ω 或 120 Ω，而摄像机是不平衡输出，其输出阻抗为 75 Ω。所以，用双绞线传输视频信号时，在摄像端需加接一个变换器，进行不平衡/平衡变换，以及 75 Ω/100 Ω（120 Ω）阻抗变换。

不加中继器双绞线的最大传输距离在 900 m 左右，若加中继器则可达到几千米至十几千米。

目前，在智能建筑综合布线系统中倾向于用双绞线来传输闭路电视视频信号。

闭路电视监控系统选用的设备、部件的视频输入和输出电阻以及电缆的特性阻抗均应为 75 Ω。

(3) 控制信号电缆与电源线：

1）控制信号电缆：控制信号电缆应采用铜芯，其芯线截面积在满足技术要求的前提下，不应小于 0.5 mm^2。穿导管敷设的电缆芯线截面积不应小于 0.75 mm^2。

2）电源线：闭路电视系统的电源线应采用铜芯绝缘电线，电缆芯线截面积不应小于 1.0 mm^2，耐压不应低于 300/500 V。

闭路电视系统线路中的金属保护管、电缆桥架、金属线槽、配线钢管和各种设备金属外壳均应与地线可靠连接，当独立设置接地系统时，系统的接地电阻值不应大于 4 Ω。当采用综合接地系统时，系统的接地电阻值不应大于 1 Ω。

6. 摄像机的设置

摄像机安装距地高度，在室内宜为 2.2～5 m，室外宜为 3.5～10 m。摄像机需要隐蔽安装时，可设置在顶棚或墙壁内。电梯轿厢内设置摄像机，应安装在轿厢门左侧或右侧上角。

第三节　公共广播系统基本知识

一、公共广播系统概述

广播音响系统的主要类型有：公共广播、客房广播、会议室音响、多功能厅音响、同声翻译系统等。

公共广播系统是指企事业单位或建筑物内部自成体系的独立广播系统。因为这种系统服务的区域分散，扬声器与放大设备间的距离远，需要用很长的电线将音频信号送过去，所以，公共广播系统也称为有线广播系统。

公共广播系统设于各种公众场所，可以播放广播电台的节目、自制节目以及播送通知、报告等，当发生火灾等事故时，则兼作紧急广播用。

二、公共广播系统的主要设备

(1) 传声器与扬声器：传声器与扬声器（包括耳机）就是通常说的电声器件，它们是在相同频率下互换电能与声能的换能器。传声器是声—电转换器件，扬声器是电—声转换器件。

1）传声器：传声器俗称话筒或麦克风，它是一种将声音变成电信号的换能器件。

传声器的种类繁多，按工作原理不同分为动圈式、电容式和晶体式等；按使用方式不同分为有线传声器和无线传声器；按外形结构不同分为普通型和特别型。

动圈式传声器是传统传声器，具有结构牢固、使用简便、稳定可靠、寿命长、固有噪声小等优点，广泛用于会议室、歌舞厅、家庭卡拉 OK 等场合。其缺点是灵敏度较低，易产生磁感应噪声，频响稍差等。电容式传声器具有灵敏度高、频响平坦、瞬态特性好、失真小、音质好等优点，大量用于高质量广播、录音和舞台扩声中。其缺点是制造工艺较复杂、成本较高、机械强度较差等。

传声器的主要技术指标有：输出阻抗、灵敏度、频率响应等。

2）扬声器：扬声器俗称喇叭，它是一种将电信号变成声音的换能器件。

扬声器的种类很多，按驱动方式不同分为电动式、静电式、压电式、电离式等；按声波辐射不同分为纸盆式、号筒式等。目前用得最多的是电动式纸盆扬声器和号筒扬声器两种。

扬声器的主要性能参数有：标称功率、额定阻抗、灵敏度、频率响应、失真度、指向性等。

纸盆扬声器具有频率响应范围宽的优点，所以低音扬声器一般均用纸盆扬声器，但其发声效率低。

号筒扬声器具有中高频率响应好、指向性强、发声效率高的优点，一般用作高音扬声器，但其低频响应较差，所以一般常和纸盆扬声器配合使用。

（2）功率放大器：功率放大器（简称功放），它的作用是将传声器或前置放大器输出的音频信号进行功率放大，推动扬声器发声。

功率放大器的主要性能参数有：额定输出功率、频率响应、失真度、信噪比、灵敏度、瞬态响应等。

功率放大器有定电压输出方式和定阻抗输出方式两种。

建筑物内的公共广播系统，由于距离远传输路线长，为了减小线路损耗，功率放大器一般采用定电压输出方式，其功放输出级经变压器输出高电压（70～240 V）、小电流信号，由传输线传输，再经线间变压器降压后推动扬声器。

多功能厅、礼堂、会议室、家庭音响等音响扩声系统，因为功率放大器离扬声器很近，故功率放大器大都采用定阻抗方式低电平输出信号，直接推动扬声器（音箱）。

三、功率放大器和扬声器的配接

功率放大器与扬声器配接的正确与否关系到能不能发挥功率放大器的效能和充分体现扬声器音质音量。功率放大器的输出有定阻抗和定电压两种形式，下面介绍扬声器与这两种输出形式的配接。

1. 定阻抗输出形式的配接

根据功放的工作原理知道，只有在功放输出电路与负载相匹配时，即负载阻抗与功放输出阻抗相同时传输效率最高，失真也很小。

当扬声器由于种种原因而不能与功放匹配时，必须设法选用一定阻值的假负载电阻或多个扬声器，通过适当的串联、并联组合，使总阻抗达到匹配。

定阻抗式功放的输出阻抗又分为低阻抗和高阻抗两种，低阻抗一般为 4 Ω、8 Ω、16 Ω，高阻抗一般为 250 Ω。

低阻抗配接，就是将扬声器直接与功放的低阻抗输出端连接，一般适用于扬声器距离功放较近的场合，例如多功能厅、礼堂、家庭音响等的音响扩声系统，这种配接的优点是：

（1）不需要通过变压器直接连接。

（2）信号衰减小，对传输效率的影响小。

（3）线路中的分布电容对高频信号旁路造成的损失小，信号保真度高。

高阻抗配接适用于功放与扬声器距离较远的情况，这时为了达到阻抗匹配的要求，需要在功放与扬声器之间靠近扬声器的一端加接定阻式输送变压器。

2. 定电压输出形式的配接

目前建筑物的公共广播系统一般都采用定电压式输出的功放。由于定压式功放内采用了较深的负反馈电路，因此使其输出阻抗很低，所以负载阻抗在一定范围内变化时（在最大输出功率范围内），其输出电压能保持恒定。这样在使用时就显得非常灵活方便，与功放相连的扬声器有一定数量的增减对其他扬声器的发声几乎没有影响。定压式功放根据输出电压的高低分为低电压和高电压输出两类，但目前一般均使用 70～240 V 的高电压输出的功放。由于输出电压高，与扬声器配接时就必须在靠近扬声器侧加接定压式输送变压器，将输出电压降低。

为配合定压输出的连接，有专用的定压式输送变压器可供选用，它们的输入和输出端都标明有不同的电压值，每个变压器都有各自的标称功率。

目前使用的扬声器一般只标明阻抗和功率，定压输出与其配接时，需要换算成额定工作电压值，换算公式为：

$$U=\sqrt{PZ}$$

式中，U——扬声器额定电压，V；

P——扬声器额定功率，W；

Z——扬声器标称阻抗，Ω。

在具体配接时，每只（组）扬声器可根据其额定工作电压和输送变压器输出电压相符的原则，找出扬声器应接在哪个抽头上，以保证其正常工作。只要扬声器所承受的工作电压不大于其额定电压，便不会被损坏。扬声器的工作电压过小，则其实得功率就比额定功率小。不论是定压式还是定阻式输出，扬声器负载得到的总功率不能超过功放的额定输出功率。

为了获得好的音质，扬声器功率选择应满足扬声器标称功率为功率放大器输入给扬声器的平均电功率的 1.5～4 倍。

扩声系统的功率馈送时，对于空闲分路或剩余功率应配接阻抗相等的假负载，假负载的功率应不小于所替代的负载功率的 1.5 倍。

四、公共广播系统设计

设备选择：

1）功放设备选择：扩声系统功放设备的配置与选择应符合下列规定：

① 功放设备的单元划分应满足负载的分组要求。

② 扩声系统应有功率储备，语言扩声为 3～5 倍。音乐扩声为 10 倍以上。

2）扬声器选择：扬声器的选择除满足灵敏度、频响、指向性等特性及播放效果的要求外，并应符合下列规定：

① 办公室、生活间、客房等可采用 1～3 W 的扬声器箱。

② 走廊、门厅及公共场所的背景音乐、业务广播等宜采用 3～5 W 的扬声器箱。

③ 在建筑装饰和室内净高允许的情况下，对大空间的场所宜采用声柱或组合音箱。

④ 兼做消防等应急广播室，走廊、门厅及公共场所扬声器的额定功率不应小于

3 W。

3）广播、扩声系统分路及线路敷设：广播、扩声系统线路分路及敷设应符合下列规定：

① 广播系统的分路，应根据用户类别、播音控制、广播线路路由等因素确定，可按楼层或按功能区域划分。当需要将业务性广播系统、服务性广播系统和火灾应急广播系统合并为一套系统或共用扬声器和馈送线路时，广播系统分路宜按建筑防火分区设置。

② 业务性广播、服务性广播和火灾应急广播合用系统，在发生火灾时，应将业务性广播系统、服务性广播系统强制切换到火灾紧急广播状态。

③ 功率馈送回路宜采用二线制。当业务性广播系统、服务性广播系统和火灾应急广播系统合并为一套系统时，馈送回路应采用三线制。有音量调节装置的回路应采用三线制。

④ 室内广播、扩声线路宜采用双绞多股铜芯塑料绝缘软线穿导管或线槽敷设。不同分路的导线宜采用不同颜色的绝缘线区别。

⑤ 室外采用地下排管敷设时，可与其他弱电缆线共管块、共管群，但必须采用屏蔽线并单独穿管，且屏蔽层必须接地。

⑥ 火灾应急广播分路配线，应按疏散楼层或报警区域划分分路配线，同时各输出分路应设有输出显示信号和保护、控制装置，火灾应急广播用扬声器不宜加设开关。

⑦ 火灾应急广播线路应和火警信号、联动控制线路同导管或同线槽敷设。

4）广播、扩声系统电源应符合下列规定：

① 交流电源供电等级应与建筑物供电等级相适应；对重要的广播、扩声系统宜由两路电源供电，并在末端配电箱处自动切换。

② 交流电源的电压偏移值不应大于10%，当不能满足要求时，应加装自动稳压装置，其功率不应小于使用功率的1.5倍。

③ 广播、扩声设备的供电电源，宜由不带晶闸管调光设备的变压器供电，当无法避免时，应对扩声设备的电源采取防干扰措施。

第四节　防盗报警与楼宇对讲系统基本知识

现代建筑的安全技术防范系统由安全管理系统和若干相关子系统组成，相关子系统宜包括入侵报警系统、视频安防监控系统、出入口控制系统、电子巡查系统、停车场管理系统及住宅（小区）安全防范系统等。

一、防盗报警装置

防盗报警装置主要由报警传感器（探测器）、报警控制器和信号传输部分组成。

1. 防盗报警器材的分类与应用

（1）防盗报警器材的分类：防盗报警器材通常按照传感器种类、警戒区域和传输方式进行分类，见表 2-2。

表 2-2 报警器材的分类

按传感器种类（探测的物理量）	开关报警器、感应式报警器、震动报警器、超声波报警器、次声波报警器、红外报警器、激光报警器、视频运动报警器、多技术复合报警器等
按警戒区域	点控制型报警器、面控制型报警器、线控制型报警器、空间控制型报警器，也可分户内、户外型报警器
按传输方式分	本机报警系统、有线报警器、无线报警器

（2）防盗报警器的应用：

1）防盗报警器的主要性能参数：防盗报警器的主要性能参数有探测率及漏报率、误报率、警戒范围、报警传输方式和最大传输距离、工作时间、探测灵敏度、功耗、工作电压、工作电流、工作环境温度等。

2）不同类型入侵探测器的应用场合：

① 微波探测器：主要用于探测运动物体，它又可分为雷达式和微波墙式两类。因为微波对非金属物体具有穿透性，所以微波探测器可以安装在非金属伪装物的后面，具有很好的隐蔽性。

② 红外入侵探测器：红外入侵探测器分为主动式和被动式两种类型。主动式（又叫阻挡式）属于点、线控制型，由红外发射机、红外接收机和报警器组成，其控制范围为一线状的狭长区域。被动式其本身不发射红外光束，只接收探测目标的红外辐射。一般作为空间、线型探测器，大多用于室内的空间范围。

主动式红外入侵探测器按其光束的数量有单光束、双光束和多光束之分；按发射机和接收机设置不同，可分为对向型和反射型安装。

③ 激光入侵探测器：属于线控制型，适合于远距离的线状空间探测，灵敏度很高。

④ 震动入侵探测器（又称震动传感器）：能探测出人的走动，门、窗开闭及撬、敲等产生的震动，可用于背景噪声较大的场所。

⑤ 感应式入侵探测器：主要用于近距离入侵探测，灵敏度相对较低。

⑥ 声控入侵探测器：属于空间控制型。选频式声控报警器可抑制室外噪声，不易引起误报，并且还可做成探测不同声音频率的报警器。例如，玻璃破碎报警器等。

⑦ 超声波探测器：主要用于探测空间内的移动物体，按其结构和安装方法的不同可分为声场型和多普勒型。

⑧ 开关式报警器：这是一种结构简单、成本低廉、使用方便的报警器，它是由开关的通断来控制装置报警与否。

仅利用一种探测技术的报警器为单技术报警器。单技术报警器结构简单、成本低廉，但容易受到各种因素的影响产生误报，有时误报率还相当高。为了较好地解决误报问题，目前很多场合采用多技术复合报警器。多技术复合报警器中用得最多的是双技术报警器，双技术报警器又称双鉴器，它是将两种探测技术结合在一起，以“相与”的关系来触发报警器，即只有当两种探测器同时或在短时间内相继探测到目标时，才发出报警信号。

除双鉴器外，还有三鉴器、四鉴器等，但因其成本较高，所以目前实际使用很少。

2. 防盗报警器材的设置

入侵探测器的设置应符合下列规定：

（1）入侵探测器盲区边缘与防护目标间的距离不应小于 5 m。

（2）入侵探测器的设置宜远离影响其工作的电磁辐射、热辐射、光辐射、噪声、气象方面等不利环境，当不能满足要求时，应采取防护措施。

（3）被动红外探测器的防护区内不应有影响探测的障碍物。

（4）采用室外双束或四束主动红外探测器时，探测器最远警戒距离不应大于其最大射束距离 2/3。

（5）门磁、窗磁开关应安装在普通门、窗的内上侧。无框门、卷帘门可安装在门的下侧。永久磁铁块安装在门或窗页上，干簧管安装在门框或窗框上。

（6）设置在安全疏散口的出入口控制装置，应与火灾自动报警系统联动，紧急情况下应能自动释放出入口控制系统，安全疏散门在出入口控制系统释放后应能随时开启。

二、楼宇对讲系统

1. 楼宇对讲系统概述

楼宇对讲系统，亦称访客对讲系统。目前主要分为单对讲和可视对讲两种类型。从功能上看，又可分为基本功能型和多功能型，基本功能型只具有呼叫、对讲和控制开门功能；多功能型具有通话保密、密码开门、区域联网、报警联网、内部对讲功能。从系统线制上可大致分为多线制、总线多线制和总线制三种。

多线制系统中的通话线、开门线、电源线、地线共用，每户再增加一条门铃线，系统的总线数为 $4+N$（N 为室内机数量）。

总线多线制系统中，采用了数字编码技术，一般每一楼层设有一个解码器（又称楼层分配器），主机与楼层解码器总线连接，解码器与用户室内机多线星形连接。

解码器一般分为四用户、八用户等几种规格，这种系统在目前的大型建筑中应用较多。

总线制系统中，将解码电路设于用户室内机中，而把楼层解码器省去，整个系统完全是总线连接，其功能更强。因为无楼层解码器，在系统配置和连接上更灵活，适应范围更广，安装施工非常简便。

（1）单对讲系统：单对讲系统一般由对讲系统、安全门、控制系统和电源组成。单对讲系统一般具备以下功能：

1）主机（访客在门口机）按键呼叫住户（室内机）。

2）访客与住户对话。

3）住户同意访客进入时，可按动室内机上按钮开启电锁。

4）当访客进入后，大门在弹簧弹力的作用下又恢复关闭。

（2）可视对讲系统：可视对讲系统与单对讲型系统完全一样，只是在室外机上加装了一台摄像机（也可单独设置在另一个地方），摄像机输出的视频信号经视频传输线送到各楼层接线盒内的视频分配器，再进入每一住户室内机中。室内机上有一个图像监视器，住户通过监视器可看见访客容貌及大门口情景。

2. 楼宇对讲设备布置

楼宇访客对讲系统的主机宜安装在单元入口处防护门或墙体上，安装高度宜为1.3～1.5 m；室内分机宜安装在过厅或起居室内，安装高度宜为1.3～1.5 m。

第五节 公共管理与BA系统

一、三表出户计量系统

1. 三表出户计量系统概述

水、电、气三表出户计量系统，是将微机技术和数字通信技术相结合，改变了居民住宅三表入户查表收费的传统形式，实现远距离自动抄表计量。

系统的组成与结构：

1）系统的组成：三表出户计量系统主要由基表、数据采集器、系统服务器和物管中心的微机组成，它是一种智能化多用户数据集中抄收系统，见图2-4。其原理是将住户计量表的数据转换为电脉冲信号，由采集器实时采集并暂存，然后通过总线传输到系统服务器，物业管理中心的微机再对系统服务器中的数据进行抄收、处理和存贮。

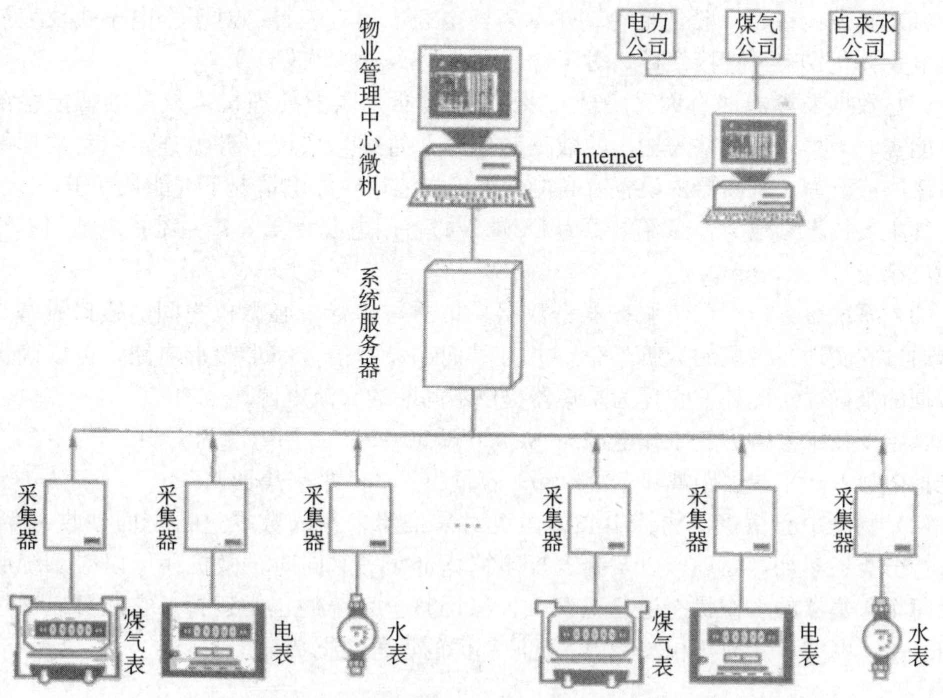

图2-4 三表出户计量系统的组成

2）系统的结构：该系统是由微机和微处理机组成的两级总线制通信网络，是一个四层节点、四级连线构成的宝塔状树形结构。

① 四层节点（节点是指网络中有一定处理能力的单元）：

第一层是基表。基表能输出电脉冲信号，若是普通计量表，则可以在表中加装磁场感应头，将表盘所转圈数转换为电脉冲输出。

第二层是采集器。采集器是以微处理机为核心，有独立电源供电的智能检测装置。它用于接收反映计量表数据的脉冲信号并存贮，而且能被系统服务器读取和改写。

第三层是系统服务器。系统服务器内的微处理机及其外围通信电路，通过系统总线接收物管中心的指令，对采集器的数据进行抄收并传送至微机。系统服务器内还设有直流稳压电源电路，以及备用电瓶，它能为其所辖区域内的采集器提供不间断电源。

第四层是物管中心的微机。各系统服务器收集的计量数据通过通信接口传送至微型计算机，并可提供外部数据通信接口。

② 四级连线：

第一级连线为探头线，即基表至采集器的连线。每个基表都与一个采集器对应，系统通过识别采集器的编码，区分所对应的基表。

第二级连线为用户级总线，即采集器与系统服务器的连线。

第三级连线为系统级总线，即所有系统服务器与物管中心内微机的连线。该连线为两对双绞屏蔽电缆构成的双工通讯链路。

第四级连线为 Internet 网络线，即物管中心与各能源、资源部门的连线。

2. 系统的主要设备

（1）基表：基表一般包括冷、热水表，电表，燃气表等。对于全电子式仪表或其他机电一体化仪表可直接使用，对于普通机械式仪表则须改装。

（2）数据采集器（简称采集器）：数据采集器是以微处理机为核心的智能检测装置，能实时采集、存贮基表输出的数据脉信号。通过与系统服务器连接，其数据能被微机读取或改写。采集器内设置有高能免维护电池，在停电情况下，能长期工作。

其主要技术参数为：工作电源为 DC12 V；备用电源为 4.8 V 免维护电池组；至基表距离小于等于 1.5 m。

（3）系统服务器：系统服务器是数据采集器与物管中心微机之间的接口设备。采集器通过它实现与微机的数据通信，并且其内部设有信号波形整形电路，可以确保通信数据的准确性。此外，它还为采集器提供不间断的直流电源。

其主要技术参数为：工作电源为 AC220 V 50 Hz；备用电源为 DC12 V 12 A，1 h 免维护电瓶；至采集器距离小于 200 m；容量小于 250 个采集器。

（4）物管中心微机：物管中心的微机对采集器采集的数据进行全面抄收、存贮，并进行分类、累加等处理，以及制表打印结算金额等。同时，微机还可以对系统服务器及每个采集器的工作状态进行监测，以保证整个系统的正常运行。它还可以通过构造 Internet 网络，实现与相关能源、资源部门的远程数据传输。

二、停车场管理系统

1. 停车库管理系统的组成及工作过程

（1）系统组成：停车库管理系统是一个分布式的集散控制系统，其组成见图 2-5。出入口设备见图 2-6。

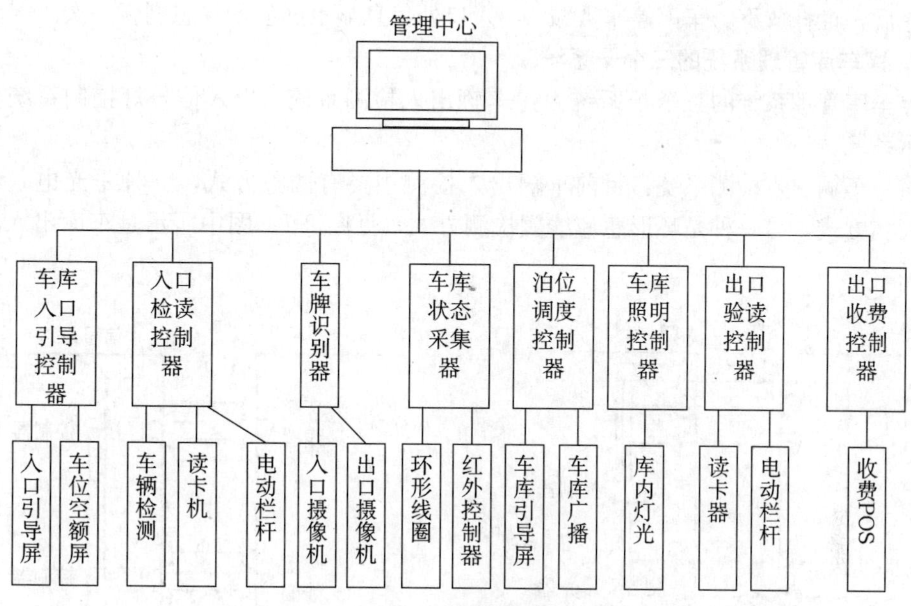

图 2-5　停车库管理系统组成

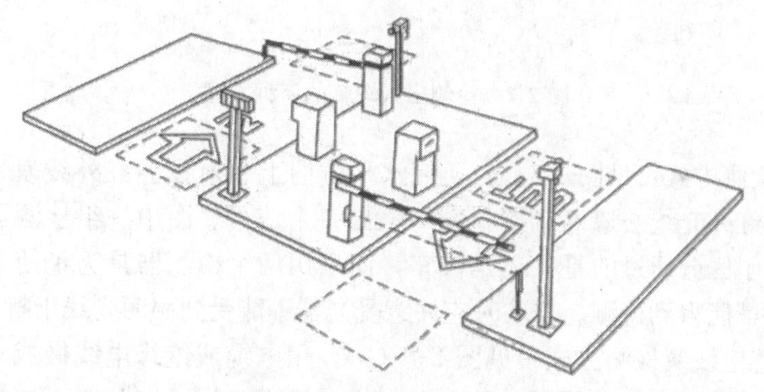

图 2-6　停车库出入口设备

出入口设备主要有：停车库信息显示屏、读卡机、电动栏杆、环形线圈感应器、摄像机、指示灯、计算机等。

（2）工作过程：车辆驶近入口，看到停车库信息显示屏上显示车库内有空余车位才能进入。这时在驾车人须持停车卡经读卡机验读之后，入口电动栏杆才自动升起放行，当车辆驶过复位环形线圈感应器后，栏杆自动放下。在车辆驶入时，车牌摄像机将其车牌摄入，并送到车牌图像识别器，变成进入车辆的车牌数据，车牌数据与停车卡数据（卡的类型、编号、进库时间）一起存入系统的计算机内。进库车辆在指示灯的引导下，停入规定位置，这时车位检测器输出信号，管理中心的显示屏上立即显示该车位已被占用的信息。

车辆离库时，汽车驶近出口，驾车人持卡经读卡机识读，此时，卡号、出库时间以及出口车牌摄像机摄取并经车牌图像识别器输出的数据一起输入系统的计算机内，进行核对与计费，然后从停车卡存储金额中扣出，最后，出口电动栏杆才升起放行。

车出库后，栏杆放下，车库停车数减 1，入口处信息显示屏显示状态刷新一次。

2. 停车库管理系统的三个子系统

停车库管理系统的三个子系统为：车辆出入检测系统、出入信号灯控制系统和车位显示系统。

（1）车辆出入检测系统：目前车辆出入检测主要有两种方式，一种是光电（红外线）检测方式，另一种是环形感应线圈检测方式，见图 2-7。图中所示是车库出入同口的情形。

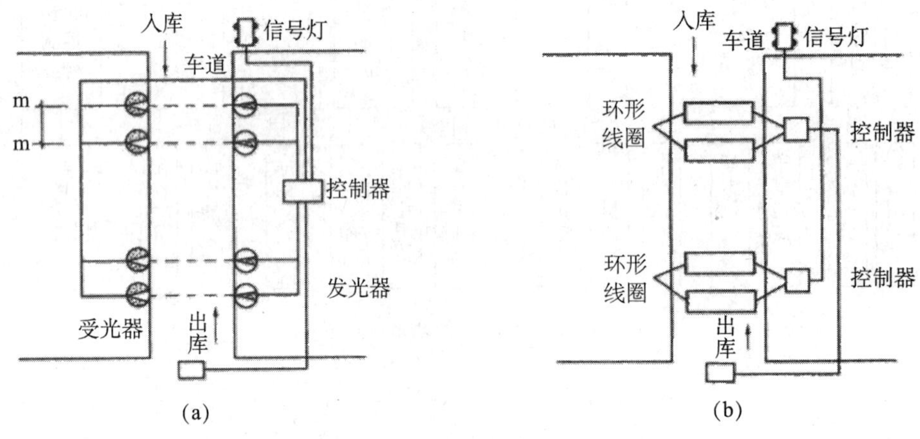

图 2-7 检测出入车辆的两种方式

1）光电检测方式：见图 2-7（a），在水平方向上相对设置红外线发、收装置，当车辆通过时，红外光线被遮断，接收端即输出一个信号。图中一组检测器使用两套收发装置，是为了区分通过的是人还是汽车，而采用两组检测器是为了使当有车辆同时进出出入口时都能得到检测。安装时应注意受光器不能受到照明光线干扰。

2）环形感应线圈检测方式：见图 2-7（b）。用电缆或绝缘电线做成环形，埋在出入口车路地坪下，当车辆驶过时，其金属车体使线圈产生短路效应而输出信号。安装时应注意不能碰触其他金属物体，并在距其 0.5 m 平面范围内不能有其他金属物。

（2）出入信号灯控制系统：出入信号灯控制系统主要是用于检测车辆的入库和出库。

（3）车位显示系统：在每个车位设置探测器，检测是否有车辆存在，探测器输出的信号送给系统的计算机，管理中心的显示屏立即显示车库内车位被占用的情况。常用的探测器有光反射探测器和超声波反射探测器两种，因为超声波反射探测器容易维护，所以使用较多。利用车位探测器还可对车库里的车辆进行计数，当然，也可利用进出口车道上的检测器进行计数，对进出车辆数进行加减，确定车库里的停车数。

三、建筑自动化（BA）系统

1. 建筑自动化（BA）系统基本概念

智能建筑是利用综合布线（Generic Cabling，GC）的方式将建筑自动化（BA）系统、办公自动化（OA）系统、通信自动化（CA）系统中所有分离的设备及信息功能单元有机地组成一个既相互关联又统一协调的整体。

建筑自动化（BA）系统是以中央计算机为核心，对建筑物内的设备运行状况进行实时控制和管理，从而造就一个安全、舒适、高效和节能的环境。按设备的功能、作用及管理模式，该系统可分为以下子系统：

火灾自动报警与消防联动控制系统、保安监控系统、空调与通风监控系统、供配电与备用应急电源监控系统、照明监控系统、给水排水监控系统、电梯与自动扶梯监控系统。

2. 建筑自动化（BA）系统网络结构

建筑设备自动化系统根据规模、功能要求采用单层、两层或三层网络结构。大型系统宜采用由管理、控制、现场设备三个网络层构成的三层网络结构；中型系统宜采用两层或三层的网络结构，其中两层网络结构宜由管理层和现场设备层构成；小型系统宜采用以现场设备层为骨干的单层或两层网络结构。

第一级是现场级采样控制设备，由各类现场智能仪表和现场直接控制器（DDC）组成，第二级或第三级为控制分站或中央管理计算机。

在智能建筑中，需要实时监测与控制的设备品种繁多，而且很分散。集中式计算机控制方案很难实现。目前在建筑自动化系统中主要采用集散型控制方式。

集散型控制系统的基本组成见图 2-8。

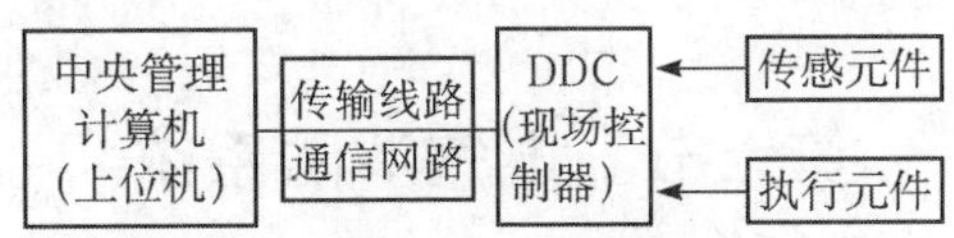

图 2-8　集散型控制系统的基本组成

3. 建筑自动化（BA）系统主要设备

（1）中央管理计算机：智能大楼中的中央管理计算机担负着对整个建筑自动化系统的监测、控制与管理任务，并且连续 24 h 不间断工作，对其可靠性要求很高。提高计算机可靠性通常采用两种方式：

1）工业控制机：尽可能用高可靠性计算机。为提高可靠性，从硬件上、工艺上狠下工夫。这样使工业控制机成本大大提高，因而价高难以推广。而且万一故障，就会死机。

2）容错计算机：目前采用较多的是容错计算机。同时使用两台或多台计算机互为热备份，万一主机故障，备份机自动快速投入，以保障系统继续正常运行，提高整体可靠性。在一定条件下，双机容错系统允许采用性能较好的商用微型计算机。

（2）直接数字控制器（DDC）：直接数字控制器是设备实现全自动化必不可少的计算机装置，属工控范畴，工作环境差，可靠性要求高。尤其当用于机电一体化或强弱电一体化设备时，由于计算机、弱电控制仪表、强电电器与被控设备合而为一，电磁干扰与机械振动等将更加严重，故应正确选型。

直接数字式控制器应具有可靠性高、控制功能强、可编写修改程序、既能独立完成监控有关设备又能联网接受中央管理机统一控制与优化管理。

DDC 作为现场采样控制设备，其采用的信号形式既有数字量的输入和输出，也有模拟量的输入和输出。

(3) 现场仪表：现场仪表主要包括各类传感器（如温度、湿度、压力、流量、液位、风量)、阀门及执行器等。

1）传感器的选择应符合下列规定：

① 传感器的精度和量程，应满足系统控制及参数测量的要求。

② 温度传感器量程应为测点温度的 1.2～1.5 倍，管道内温度传感器热响应时间不应大于 25 s，当在室内或室外安装时，热响应时间不应大于 150 s。

③ 压力（压差）传感器的工作压力（压差）应大于测点可能出现的最大压力（压差）的 1.5 倍，量程应为测点压力（压差）的 1.2～1.3 倍。

④ 流量传感器量程应为系统最大流量的 1.2～1.3 倍，且应耐受管道介质最大压力，并具有瞬态输出；流量传感器的安装部位应满足上游 10*D*（管径）、下游 5*D* 的直管段要求，当采用电磁流量计、涡轮流量计时，其精度宜为 1.5%。

⑤ 液位传感器宜使正常液位处于仪表满量程的 50%。

⑥ 风量传感器宜采用皮托管风量测量装置，其测量的风速范围不宜小于 2～16 m/s，测量精度不应小于 5%。

2）阀门及执行器选择：阀门及传感器的选择参照相关规范及手册。

第六节　电气消防系统

一、建筑消防系统概述

1. 常用的建筑消防系统

不同类型、不同结构、不同功能的建筑物，对消防的标准和要求不同，采用的消防系统功能也有所不同。目前，在建筑物中比较常用的消防系统有自动监测、人工灭火系统和自动监测、自动灭火系统两种。

(1) 自动监测、人工灭火系统属于半自动化消防系统。当系统中的探测器探测到火灾信号时，发出报警信号，同时探测器输出信号送入消防控制室的火灾报警控制器，显示发生火灾的位置，消防人员根据警报情况，采取措施灭火。

(2) 自动监测、自动灭火系统这种系统是全自动化消防系统。这种系统中设置了一套完备的火灾自动报警与自动灭火控制系统。当失火时，探测器立即将探测到的火情变为电信号送给消防中心的火灾报警控制器，火灾报警控制器在输出报警信号的同时，输出控制信号，控制相关灭火设备联动，在发生火灾区域进行灭火，实现消防自动化。

2. 火灾自动报警与自动灭火的基本原理

火灾自动报警与自动灭火系统包含火灾自动报警与自动灭火两个子系统，其组成见图 2-9。

火灾报警控制器是整个系统的心脏，它是一个能分析、判断、记录和显示火灾情

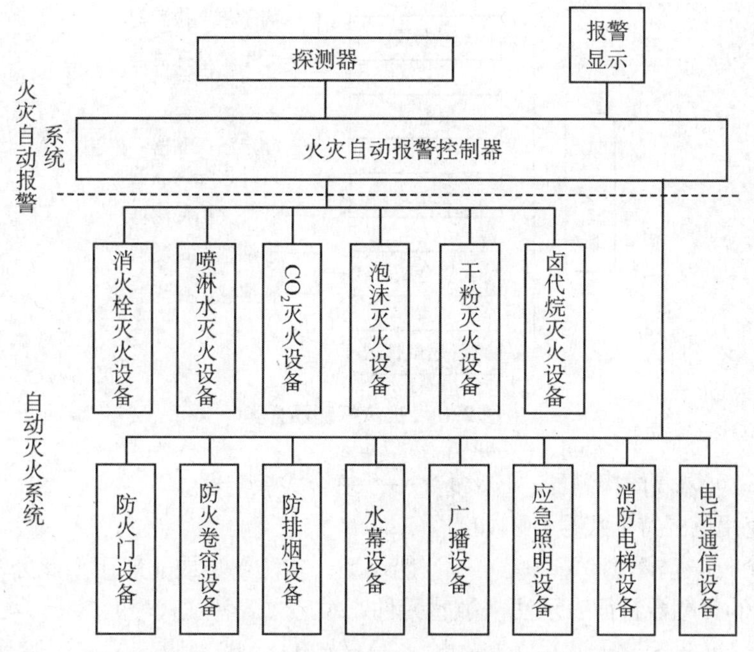

图 2-9 火灾自动报警与消防联动控制系统组成

况的智能化设备。火灾报警控制器不断向探测器（探头）发出巡测信号，探测器则将代表烟雾浓度、温度等量的电信号反馈给报警控制器。当确认出现火灾时，报警控制器发出声光警报，显示火灾区域或楼层房号的地址编码，并把这些值以及火灾发生时间等记录下来。同时向火灾现场以及相邻区域或上下相邻楼层发出声光警报信号。各区域一般还设有手动报警按钮和火灾报警电话等。

当其确认出现火灾时，火灾报警控制器一方面控制报警设备报警，另一方面输出控制信号，联动控制执行机构（继电器、电磁阀等）动作，开启喷洒阀门，启动消防水泵、开启排烟风机、切断非消防电源、点亮应急照明等灭火及减灾设施。

二、火灾探测器

1. 火灾探测器的种类及型号

（1）种类：火灾探测器的种类很多，功能各异，常用的探测器根据其探测的物理量和工作原理不同，进行分类见图 2-10。其中，感烟探测器应用最为广泛，其他类型的火灾探测器，一般作为补充使用。

（2）型号：我国火灾探测器产品型号命名含义如下：

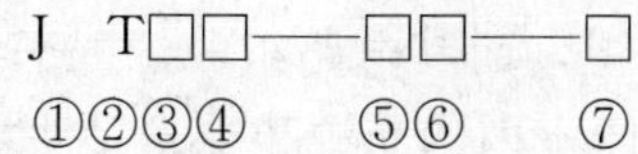

其中，① J（警）——消防产品中的分类代号（火灾报警设备）。

② T（探）——火灾探测器代号。

③ 火灾探测器分类号，各种类型火灾探测器的具体表示方法：

Y（烟）——感烟探测器；W（温）——感温探测器；G（光）——感光探测器；

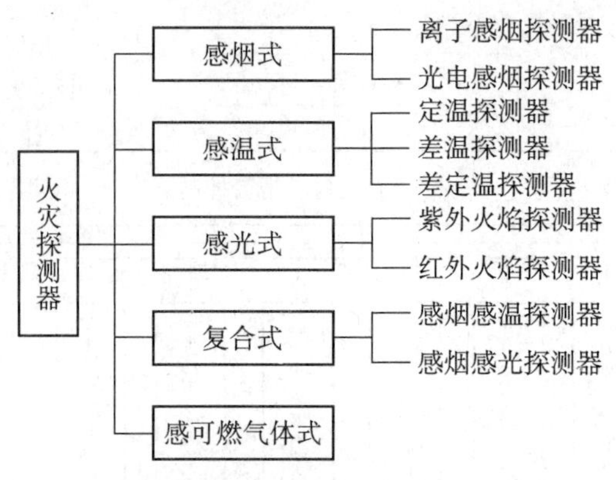

图 2-10　火灾探测器分类

Q（气）——可燃气体探测器；F（复）——复合式探测器。

④ 应用范围特征代号，例如：

B（爆）——防爆型；C（船）——船用型。非防爆型或非船用型此处不表示。

⑤、⑥传感器特征表示法（敏感元件，敏感方式特征代号）：

Lz（离子）——离子；GD（光电）——光电；MD（膜定）——膜盒定温；MC（膜差）——膜盒差温。

复合式探测器，表示方法如下：

GW（光温）——感光感温：GY（光烟）——感光感烟；YW（烟温）——感烟感温；YW-HS（烟温—红束）——红外光束感烟感温。

⑦ 主参数——定温、差定温用灵敏度级别表示。

2. 常用火灾探测器的基本原理

（1）感烟火灾探测器：感烟探测器又可分为光电感烟探测器和离子感烟探测器两类。

1）光电感烟探测器：光电感烟探测器是利用火灾时产生的烟雾要改变光的传播特性，并通过光电效应制作的一种火灾探测器。因为它具有可靠性高、无放射性、寿命长、结构紧凑等优点，近年来得到越来越广泛的使用。光电感烟探测器又分为遮光型和散射型两种。

① 遮光型：遮光型光电感烟探测器的原理见图 2-11（a）。由光束发射器、光电接收器和暗室组成检测室，当有烟雾从暗室上开的小孔进入检测室时，烟粒子将光源发出的光束遮挡，使接收器接收到的光能量减弱，接收到的光能量减弱到一定程度时，接收器输出一个电信号，经放大器放大后送到报警控制器报警。

② 散射型：散射型光电感烟探测器是利用烟离子对光的散射作用而制成的，它和遮光型的主要区别在暗室结构上，而其电路组成，抗干扰方法等与遮光型基本相同。其工作原理见图 2-11（b），在暗室内的光源和受光元件之间设置有遮光块，在无烟进入暗室时，光源发出的光不能直接照射到受光元件上，电路无输出。当有烟雾进入暗室时，由于烟粒子对光的散射作用，受光元件将接收到散射光，烟雾越浓，接收到的散射光就越强，当烟雾达到一定浓度时，光敏二极管导通，电路输出信号。同样由抗干扰电路确认有两次烟雾浓度达到预定值时，则电路输出信号报警。

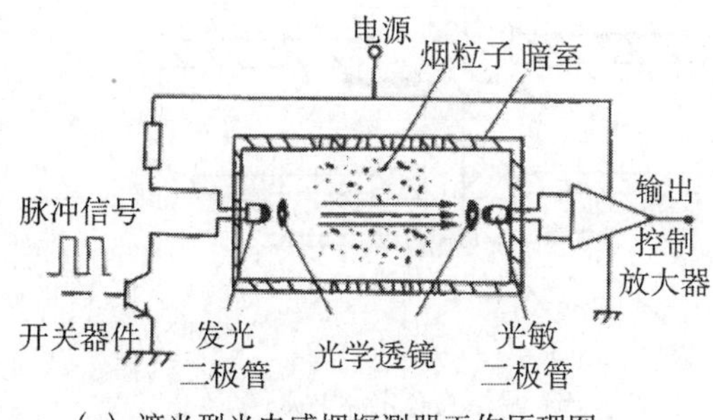

(a) 遮光型光电感烟探测器工作原理图

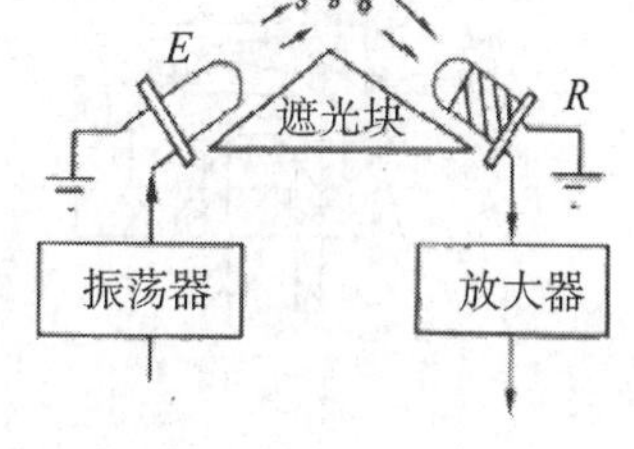

(b) 散射型光电感烟探测器工作原理图

图 2-11 光电感烟探测器原理示意图

③ 线型光电感烟探测器：线型光电感烟探测器由光束发射器和光电接收器组成，二者分开安装在被保护区域的对面墙上。在无烟情况下，光束发射器发出的光束照射到光电接收器上，电路不输出信号。当发生火灾有烟雾进入被保护空间时，光束将被烟雾遮挡，光电接收器收到的光能量会减弱，当减弱到预定值时，光电接收器便向报警器输出报警信号。

2）离子感烟探测器：离子感烟探测器有串联连接的两个电离室，一个是补偿室（也称内电离室），为密封的。另一个是检测室（也称外电离室），开有小孔，烟雾能进入。电离室内有两个相对的电极板，两个极板接上 24 V 直流电源，极板间产生电场。电极板间设置一放射源，通常采用放射电离能力强的镅（Am241），放射源产生持续的 α 射线，将电离室内的空气电离成正、负离子。电离室内的离子在电场的作用下向两个极板运动形成电流，当烟雾粒子进入检测电离室后，会使检测电离室电离子的运动速度大大降低。离子电流减小，等效电阻增大，两电离室相当于两个串联电阻，电阻值的变化，会造成电阻上分压发生变化，使得开关电路动作，发出报警信号。

（2）感温火灾探测器

1）定温火灾探测器：火灾发生时，室内温度将升高，当定温探测器周围的环境温度达到设定温度时，定温探测器就动作。常用的定温火灾探测器有双金属片型和易熔金属型两种。

双金属片型：国产 JTW－SD－1301 型双金属片定温探测器结构示意图见图 2-12（a）。当发生火灾时，探测器周围的温度将升高，双金属片因两种金属的热膨胀系数不同，受热时会发生弯曲，当温度升高到预定值时，双金属片向下弯曲推动触头，于是两个电极被接通，电路输出报警信号。

易熔金属型：易熔金属型定温火灾探测器的结构示意图，见图 2-12（b）。当发生火灾，探测器周围的温度升高到预定值时，低熔点合金迅速熔化，释放顶杆，顶杆立即被弹簧弹起，使触点闭合，电路输出报警信号。

2）膜盒式差定温火灾探测器：

综合差温式和定温式两种探测器的作用原理而制成的典型膜盒式差定温火灾探测器，其结构见图 2-13。当气室 1 内的空气受热迅速膨胀，比从泄气孔 2 泄出的气体要快得多，由此产生的压力使接触螺钉 5 与膜片 3 之间的电触点 4 接通报警。这种报警是差温作用所致。当易熔合金 6 受热，温度达到额定值熔化时，释放弹簧 7，压迫电触

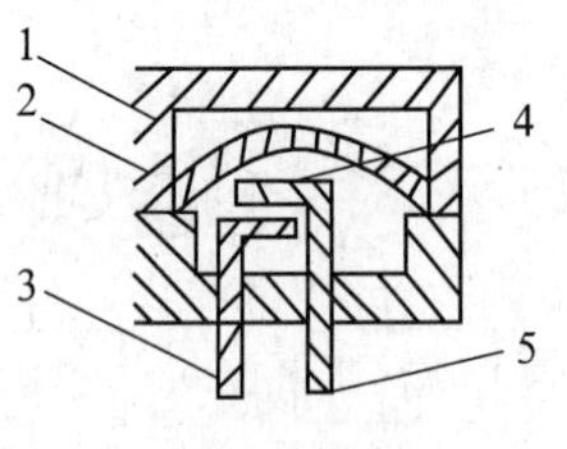

(a) JTW-SD-1301型双金属片定温探测器结构示意图

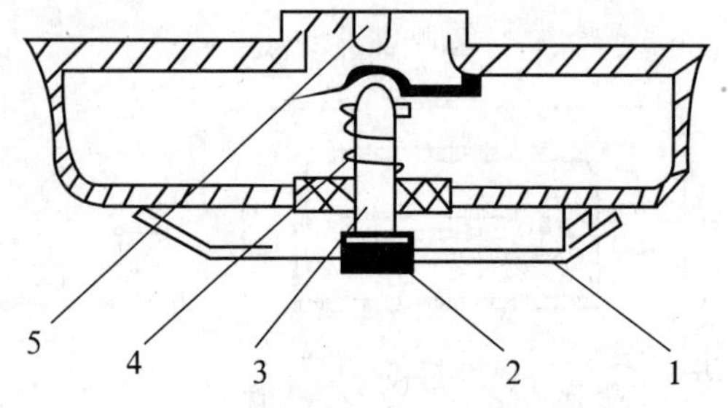

(b) 易熔合金定温火灾探测器结构示意图

图 2-12 定温探测器结构示意图

(a) 1. 外壳；2. 双金属片；3. 电极；4. 触头；5. 电极

(b) 1. 吸热片；2. 易熔合金；3. 顶杆；4. 弹簧；5. 电接点

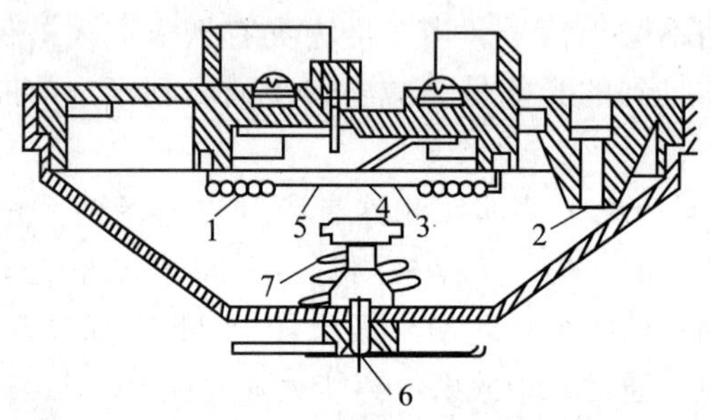

图 2-13 膜盒式差定温火灾探测器结构示意图

1. 感热室；2. 泄气孔；3. 膜片；4. 电触点；5. 接触螺钉；6. 易熔合金；7. 弹簧

点，发出报警信号。这种报警由定温作用导致。

3）电子式差定温探测器：JTW-DC 型电子式差定温探测器的原理图见图 2-14。由图可见，温度敏感元件由三只具有负温度系数的热敏电阻 R_1、R_2、R_5 组成。当发生火灾时，若温度急剧上升，R_2 因直接受热，阻值迅速减小，而 R_1 受热较慢，阻值减小也慢，从而导致 A 点电位很快降低。当降到预定值时，V_1 和 V_3 导通，由差温部分送出报警信号。

当发生火灾时，若温度上升速度缓慢，则差温部分不会动作，但当环境温度升高到 65 ℃时，R_5 阻值的减小已使 B 点电位下降到足够低，从而使 V_2 与 V_3 导通，由定温部分送出报警信号。

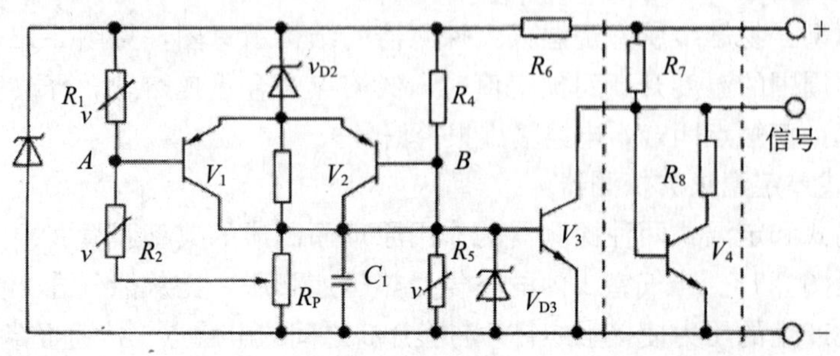

图 2-14 电子式差定温探测器的原理图

三、火灾自动报警与消防联动系统设计

1. 火灾自动报警系统分级与系统形式选择

(1) 火灾自动报警系统分级：火灾自动报警系统的保护对象应根据其使用性质、火灾危险性、疏散和扑救难度等分为特级、一级和二级，具体见《火灾自动报警系统设计规范》(GB 50116—2008)(以下简称《规范》)。

(2) 火灾自动报警系统形式选择：火灾自动报警形式可分为：区域报警系统，宜用于二级保护对象；集中报警系统，宜用于一级和二级保护对象；控制中心报警系统，宜用于特级和一级保护对象。

1) 区域报警系统的设计，应符合下列要求：

① 一个报警区域宜设置一台区域火灾报警控制器或一台火灾报警控制器，系统中区域火灾报警控制器或火灾报警控制器不应超过两台。

② 区域火灾报警控制器或火灾报警控制器应设置在有人值班的房间或场所。

③ 当用一台区域火灾报警控制器或一台火灾报警控制器警戒多个楼层时，应在每个楼层的楼梯口或消防电梯前室等明显部位，设置识别着火楼层的灯光显示装置。

2) 集中报警系统的设计，应符合下列要求：

① 系统中应设置一台集中火灾报警控制器和两台及以上区域火灾报警控制器，或设置一台火灾报警控制器和两台及以上区域显示器。系统中应设置消防联动控制设备。

② 集中火灾报警控制器或火灾报警控制器，应能显示火灾报警部位信号和控制信号，亦可进行联动控制。

③ 集中火灾报警控制器或火灾报警控制器，应设置在有专人值班的消防控制室或值班室内。

3) 控制中心报警系统的设计，应符合下列要求：

① 系统中至少应设置一台集中火灾报警控制器、一台专用消防联动控制设备和两台及以上区域火灾报警控制器；或至少设置一台火灾报警控制器、一台消防联动控制设备和两台及以上区域显示器。

② 系统应能集中显示火灾报警部位信号和联动控制状态信号。

2. 报警区域与探测区域划分

(1) 报警区域划分：应根据防火分区或楼层划分。一个报警区域宜由一个或同层相邻几个防火分区组成。

(2) 探测区域的划分：探测区域的划分应符合下列规定：

1) 探测区域应按独立房（套）间划分。一个探测区域的面积不宜超过 500 m^2；从主要入口能看清其内部，且面积不超过 1 000 m^2的房间，也可划为一个探测区域。

2) 红外光束线型感烟火灾探测器的探测区域长度不宜超过 100 m，缆式感温火灾探测器的探测区域不宜超过 200 m；空气管差温火灾探测器的探测区域长度宜在 20～100 m。

3) 符合下列条件之一的二级保护对象，可将几个房间划为一个探测区域。

① 相邻房间不超过 5 间，总面积不超过 400 m^2，并在门口设有灯光显示装置。

② 相邻房间不超过 10 间，总面积不超过 1 000 m^2，在每个房间门口均能看清其内

部，并在门口设有灯光显示装置。

4）下列场所应分别单独划分探测区域：

① 敞开或封闭楼梯间。

② 防烟楼梯间前室、消防电梯前室、消防电梯与防烟楼梯间合用的前室。

③ 走道、坡道、管道井、电缆隧道。

④ 建筑物闷顶、夹层。

3. 火灾报警探测器选择

（1）根据火灾发生的特点选择：对火灾初期有阴燃阶段，产生大量的烟和少量的热，很少或没有火焰辐射的场所，应选择感烟探测器；对火灾发展迅速，可产生大量热、烟和火焰辐射的场所，可选择感温探测器、感烟探测器、火焰探测器或其组合；对火灾发展迅速，有强烈的火焰辐射和少量的烟、热的场所，应选择火焰探测器；对使用、生产或聚集可燃气体或可燃液体蒸气的场所，应选择可燃气体探测器。具体详见《火灾自动报警系统设计规范》（GB 50116—2008）第 7 条。

（2）根据房间高度选择：在不同高度的房间设置火灾探测器时，可按表 2-3 进行选择。

表 2-3　根据房间高度选择火灾探测器

房间高度 h/m	感烟探测器	感温探测器			火焰探测器
		一级	二级	三级	
$12<h\leqslant 20$	不适合	不适合	不适合	不适合	适合
$8<h\leqslant 12$	适合	不适合	不适合	不适合	适合
$6<h\leqslant 8$	适合	适合	不适合	不适合	适合
$4<h\leqslant 6$	适合	适合	适合	不适合	适合
$h\leqslant 4$	适合	适合	适合	适合	适合

（3）火灾报警探测器设置的相关规定：

1）探测区域内每个房间至少设置一只火灾探测器。

2）感烟、感温探测器的保护面积和保护半径，应按《规范》中表 8.1.2 确定。安装间距应按《规范》中附录 A 极限曲线确定。

3）梁突出顶棚对探测器设置的影响：

① 在梁突出顶棚的高度小于 200 mm 的顶棚上设置感烟、感温探测器时，可不考虑梁对探测器的影响。

② 当梁突出顶棚的高度在 200～600 mm 时，应按《规范》中附录 B 考虑梁对探测器的影响。

③ 当梁突出顶棚的高度超过 600 mm 时，被梁隔断的每个梁间区域至少设一个探测器；当被梁隔断的区域面积超过一只探测器的保护面积时，则应将被隔断的区域视为一个探测区域，并按规定计算探测器的设置数量。

4）在宽度小于 3 m 的内走道顶棚设置探测器时宜居中布置，感温探测器的间距不应超过 10 m，感烟探测器的安装间距不应超过 15 m。探测器至端墙的距离不应大于探测器安装间距的一半。

5）探测器至墙壁、梁边的水平距离不应小于0.5 m；探测器周围0.5 m内不应有遮挡物。

6）房间被书架、设备或隔断等分隔，其顶部至顶棚或梁的距离小于房间净高的5%时，则每个被隔开的部分应至少安装一只探测器。

7）探测器至空调送风口边的水平距离不应小于1.5 m，至多孔送风顶棚孔口的水平距离不应小于0.5 m。

8）探测器应水平安装，如要倾斜安装时，倾斜角不能大于45°。否则，应在顶棚上做一个水平吊面。

9）在电梯井，升降机井设置探测器时，其位置宜在井道上方的机房顶棚上。在楼梯或坡道，可按垂直距离每15 m安装一个探测器。

4. 火灾报警系统其他设备

火灾报警系统其他设备包括：手动报警按钮、警报装置、消防广播、消防电话等，部分要求如下：

（1）手动火灾报警按钮设置：每个防火分区应设置手动火灾报警按钮，从一个防火分区内任何位置到最邻近的一个手动报警按钮的距离不应大于30 m。手动火灾报警按钮宜设置在公共活动场所的出入口处；手动火灾报警按钮应设置在明显的和便于操作的部位。当安装在墙上时，其底边距地高度宜为1.3～1.5 m，且应有明显的标志。

（2）火灾警报装置：未设置火灾应急广播的火灾自动报警系统，应设置火灾警报装置。每个防火分区至少应设一个火灾警报装置，其位置宜设在各楼层走道靠近楼梯出口处。

（3）消防广播：控制中心报警系统应设置火灾应急广播，集中报警系统宜设置火灾应急广播。火灾应急广播扬声器的设置，应符合下列要求：

1）民用建筑内扬声器应设置在走道和大厅等公共场所，每个扬声器的额定功率不应小于3 W，其数量应能保证从一个防火分区的任何部位到最近一个扬声器的距离不大于25 m。走道内最后一个扬声器至走道末端的距离不应大于12.5 m。

2）火灾时应能在消防控制室将火灾疏散层的扬声器和公共广播扩音机强制转入火灾应急广播状态。

（4）消防专用电话：消防专用电话网络应为独立的消防通信系统。电话分机或电话塞孔的设置，应符合下列要求：

1）下列部位应设置消防专用电话分机：消防水泵房、备用发电机房、配变电室、主要通风和空调机房、排烟机房、消防电梯机房及其他与消防联动控制有关的且经常有人值班的机房；灭火控制系统操作装置处或控制室；企业消防站、消防值班室、总调度室。

2）电话塞孔的设置：设有手动火灾报警按钮、消火栓按钮等处宜设置电话塞孔。电话塞孔在墙上安装时，其底边距地面高度宜为1.3～1.5 m。

3）特级保护对象的各避难层应每隔20 m设置一个消防专用电话分机或电话塞孔。

4）消防控制室、消防值班室或企业消防站等处，应设置可直接报警的外线电话。

5. 消防联动控制

消防联动控制包括下列部分或全部装置：

自动灭火系统的控制装置、室内消火栓系统的控制装置、防烟、排烟系统及空调通风系统的控制装置、常开防火门、防火卷帘的控制装置、电梯回降控制装置、火灾应急广播的控制装置、火灾警报装置的控制装置、火灾应急照明与疏散指示标志的控制装置。

消防控制室的控制设备对联动设备控制及显示的功能详见《规范》第 6.3 条。

6. 消防控制室

消防控制室应设置在建筑物的首层或地下一层，当在地下一层时，距通往室外安全出入口不应大于 20 m，且均应有明显标志；消防控制室的门应向疏散方向开启；消防控制室周围不应布置电磁场干扰较强及其他影响消防控制设备工作的设备用房；消防控制室应设专用接地板，并采用专用接地干线引至接地极，专用接地干线应采用铜芯绝缘导线，其线芯截面积不应小于 25 mm^2。消防控制室其他布置要求详见《规范》第 6.2 条。

7. 电气消防系统导线选择及布线要求

(1) 导线选择：

1) 火灾自动报警系统的传输线路和 50 V 以下供电控制线路，应采用电压等级不低于交流 250 V 的铜芯绝缘导线或铜芯电缆。采用交流 220/380 V 的供电和控制线路应采用电压等级不低于交流 500 V 的铜芯绝缘导线或铜芯电缆。

2) 火灾自动报警系统的传输线路的线芯截面选择，除应满足自动报警装置技术条件的要求外，还应满足机械强度的要求。铜芯绝缘导线、铜芯电缆线芯规定的最小截面面积不应小于表 2-4 的规定。

表 2-4 铜芯绝缘导线和铜芯电缆的线芯最小截面面积

序号	类别	线芯的最小截面面积/mm^2
1	穿管敷设的绝缘导线	1.00
2	线槽内敷设的绝缘导线	0.75
3	多芯电缆	0.5

3) 消防设备供电及控制线路电缆选择。火灾自动报警系统保护对象分级为特级的建筑物，其消防设备供电干线及分支干线应采用矿物绝缘电缆；火灾自动报警系统保护对象分级为一级的建筑物，其消防设备供电干线及分支干线宜采用矿物绝缘电缆；火灾自动报警系统保护对象分级为二级的建筑物，其消防设备供电干线及分支干线应采用有机绝缘耐火类电缆。

(2) 布线要求：

1) 火灾自动报警系统的传输线路应采用穿金属管、经阻燃处理的硬质塑料管或封闭式线槽保护方式布线。

2) 消防控制、通信和警报线路采用暗敷设时，宜采用金属管或经阻燃处理的硬质塑料管保护，并应敷设在不燃烧体的结构层内，且保护层厚度不宜小于 30 mm。当采用明敷设时，应采用金属管或金属线槽保护，并应在金属管或金属线槽上采取防火保护措施。采用经阻燃处理的电缆时，可不穿金属管保护，但应敷设在电缆竖井或吊顶内有防火保护措施的封闭式线槽内。

3）火灾自动报警系统用的电缆竖井，宜与电力、照明用的低压配电线路电缆竖井分别设置。如受条件限制必须合用时，两种电缆应分别布置在竖井的两侧。

4）火灾自动报警系统的传输网络不应与其他系统的传输网络合用。火灾应急广播线路不应与火警信号、联动控制线路同管或同线槽敷设。

电气消防线路的布线除应满足如上要求外，还应参照《火灾自动报警系统设计规范》（GB 50116—2008）与《民用建筑电气设计规范》（JGJ 16—2008）相关规定。

8. 系统供电与接地

（1）火灾自动报警系统的供电应满足如下要求：

1）火灾自动报警系统应设有主电源和直流备用电源。主电源应采用消防电源，直流备用电源宜采用火灾报警控制器的专用蓄电池或集中设置的蓄电池。当直流备用电源采用消防系统集中设置的蓄电池时，火灾报警控制器应采用单独的供电回路，并应保证在消防系统处于最大负载状态下不影响报警控制器的正常工作。

2）火灾自动报警系统中的CRT显示器、消防通信设备等的电源，宜由UPS装置供电。

3）火灾自动报警系统主电源的保护开关不应采用漏电保护开关。

4）在设有消火栓按钮的消火栓灭火系统中，消火栓按钮直接接于消防水泵控制回路时，采用的电压不应大于50 V。

（2）火灾自动报警系统的接地应满足如下要求：

1）采用专用接地装置时，接地电阻值不应大于4 Ω；采用共用接地装置时，接地电阻值不应大于1 Ω。

2）火灾自动报警系统应设专用接地干线，并应在消防控制室设置专用接地板。专用接地干线应从消防控制室专用接地板引至接地体。

3）专用接地干线应采用铜芯绝缘导线，其线芯截面面积不应小于25 mm^2。专用接地干线宜穿硬质塑料管埋设至接地体。

4）由消防控制室接地板引至各消防电子设备的专用接地线应选用铜芯绝缘导线，其线芯截面面积不应小于4 mm^2。

5）消防电子设备凡采用交流供电时，设备金属外壳和金属支架等应作保护接地，接地线应与电气保护接地干线（PE）相连接。

第七节　弱电工程施工图

一、弱电施工图概述

1. 建筑弱电工程施工图组成

建筑弱电施工图与供配电工程施工图有相似之处。其组成内容基本包括有设计说明、工程系统图或系统框图、工程平面图、必要的安装详图（或叫大样图），一般不需绘制设备的原理图。

2. 各弱电工程施工图的内容

（1）设计说明：设计说明一般放在图纸的首页位置，在首页中同时还有图纸目录、图例、主要设备及材料表等。设计说明的主要内容包括：工程概况、设计依据、设计范围、设计内容、对于等级及相应技术指标、各系统施工要求和注意事项、设备主要技术要求、与相关专业的技术接口要求、对承包商深化设计图纸的审核要求等。

（2）工程系统图：系统图并不表示设备安装的具体位置，而只是反映出系统的组成与连接关系。

系统图不是在建筑平面图上进行设计，而是以各自弱电系统平面布置图为依据，根据信息（信号）传输分配的结构与过程，综合、整理、设计出各自的系统图。

系统图以图例或框图绘制，图中应绘制整个系统设备器件的连接情况；标注各类设备器件的型号、规格和各连接介质（线路）的型号、规格、根数、敷设方式等。

（3）工程平面图：弱电工程平面图是在建筑平面图上进行设计，就是将建筑每层内的弱电系统设备、器件的布置及连接关系（包括线路介质的型号、规格、根数、敷设方式、穿线导管或线槽等型号规格、回路编号、接线或分线设备编号等）在每层建筑平面内绘制出来，图中的设备、器件、线路的绘制位置基本上为实际安装位置。

（4）安装详图：当需要特别强调而其他图又表达不清的部分安装节点，可以采取安装大样图的方式，如设备房布置大样，设备安装详图等。

二、弱电施工图部分图例

建筑弱电施工图都是采用各系统对应的工程图例、符号文字、标注方式绘制。常用的部分工程图例见表 2-5。相关文字标注具体见各系统中所表示，此处不再重复。

表 2-5　弱电工程图中部分图例

图形符号	名称	备注	图形符号	名称	备注
	感烟火灾探测器		P	压力开关	
	感光火灾探测器		AI	有源界面	
	感温火灾探测器			火警电话	
	可燃气体探测器		T	火警电话插座	
	红外光束感烟探测器（发射）			排烟阀	
	红外光束感烟探测器（接收）			火灾报警控制器	
	复合式火灾探测器			火灾报警分控制器	
	火灾报警按钮			三复合火灾探测器	
B	火灾报警控制器			四复合火灾探测器	

续表

图形符号	名称	备注	图形符号	名称	备注
	楼层显示器			电铃	
	消火栓按钮（带灯）			弱电插座	一般符号
	火警警铃		TP	电话插座	
O	输出模块		TV	电视插座	
IN	输入模块		TX	讯息（电传）插座	
	紧急事故广播			广播插座	
	声光信号报警			室内型传感器	
F	水流指示器			管道型传感器	
	热电阻			混合器	
	热电耦			放大器	一般符号
	盘面安装控制器			二分配器	
	就地安装控制器			三分配器	
M	电动执行器			四分配器	
	连续开关			用户分支器	一分支器
	转换开关			二分支器	
M	电动调节阀			四分支器	
M	电磁阀			系统出线端	
	主配线架			终端电阻	
	分配线架			摄像机	
	配线箱			彩色摄像机	
	分线盒			带云台摄像机	
	双孔信息插座			监听器，声柱	
	单孔信息插座			监视器	

续表

图形符号	名称	备注	图形符号	名称	备注
	天线	一般符号		电视机	
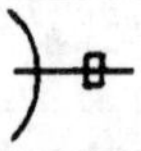	卫星接收抛物面天线			录像机	
	调制器		 R D	解码器	
	光缆		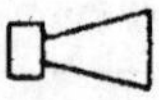	扬声器	号筒式
	防盗探测器		 dB	固定衰减器	
 PT	巡更点		 dB	可变衰减器	音量控制器
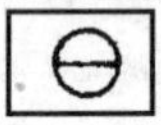	电控锁			放大器	音频
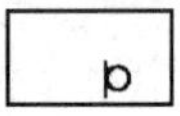 p	对讲门口机			按键电话机	
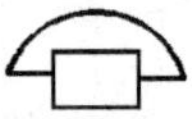	对讲室内机			传真机	
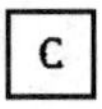 C	读卡器		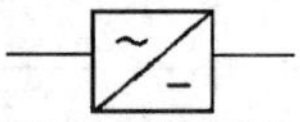	整流器	
	传声器			高通滤波器	
	扬声器	纸盆式		低通滤波器	
	扬声器	吸顶式		带通滤波器	
	扬声器	墙挂箱式	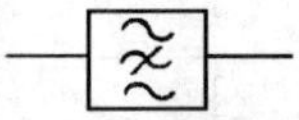	带阻滤波器	

岗位知识和专业实务篇

第三章　建筑强电系统

第一节　变配电设备安装技术要求

一、高压配电柜安装施工要点

1. 设备检查验收

柜体外观检查应无损伤及变形，油漆完整无损。柜内部检查：电器装置及元件、绝缘瓷件齐全，无损伤、裂纹等缺陷。

安装前应核对配电柜编号是否与安装位置相符，按设计图纸检查其柜号、柜内回路号。柜门接地应采用软铜编织线，专用接线端子。箱内接线应整齐，满足设计要求及《建筑电气工程施工质量验收规范》（GB 50303—2002）的规定。

2. 作业条件

配电柜安装场所土建应具备内粉刷完成、门窗已装好的基本条件。预埋管道及预埋件均应清理好；场地具备运输条件，保持道路平整畅通。

3. 配电柜定位

根据设计要求现场确定配电柜位置以及现场实际设备安装情况，按照柜的外形尺寸进行弹线定位。

4. 基础型钢安装

（1）按图纸要求预制加工基础型钢架，并做好防腐处理，按施工图纸所标位置，将预制好的基础型钢架放在预留铁件上，找平、找正后将基础型钢架、预埋铁件、垫片用电焊焊牢。最终基础型钢顶部宜高出抹平地面 10 mm。

（2）基础型钢接地：基础型钢安装完毕后，应将接地线与基础型钢的两端焊牢，焊接面为扁钢宽度的两倍，然后与柜接地排可靠连接，并做好防腐处理。

5. 配电柜安装

（1）柜安装：应按施工图的布置，将配电柜按照顺序逐一就位在基础型钢上。单独柜进行柜面和侧面的垂直度的调整可用加垫铁的方法解决，但不可超过三片，并焊接牢固。成列各柜台就位后，应对柜的水平度及盘面偏差进行调整，应调整到符合施工规范的规定。

（2）配电柜调整结束后，应用螺栓将柜体与基础型钢进行紧固。也可采用电焊焊接，焊接时，焊缝应在柜体内侧，焊接时应把垫在柜下的垫片也一并焊在基础型钢上。每个柜的焊缝不应少于四处，每处焊缝长约 100 mm。主控制盘、继电保护盘和自动装置盘等有移动或更换可能，不宜与基础型钢焊死。

（3）柜接地：每台柜单独与基础型钢连接，可采用铜线将柜内 PE 排与接地螺栓可靠连接，并必须加弹簧垫圈进行防松处理。每扇柜门应分别用铜编织线与 PE 排可靠连接。

（4）柜顶与母线进行连接，注意应采用母线配套扳手按照要求进行紧固，接触面应涂中性凡士林。柜间母排连接时应注意母排是否距离其他器件或壳体太近，并注意相位正确。

（5）控制回路检查：应检查线路是否因运输等因素而松脱，并逐一进行紧固，电器元件是否损坏。原则上柜控制线路在出厂时就进行了校验，不应对柜内线路私自进行调整，发现问题应与供应商联系。

（6）控制线校线后，将每根芯线煨成圆圈，用镀锌螺丝、垫圈、弹簧垫连接在每个端子板上。端子板每侧一般一个端子压一根线，最多不能超过两根，并且两根线间加垫圈。多股线应搪锡，不准有断股。

6. 高压柜试验调整

（1）高压试验应由当地供电部门许可的试验单位进行。试验标准符合国家规范、当地供电部门的规定及产品技术资料要求。

（2）试验内容：高压柜框架、母线、避雷器、高压瓷瓶、电压互感器、电流互感器、各类开关等。

（3）调整内容：过流继电器调整，时间继电器、信号继电器调整以及机械连锁调整。

（4）二次控制小线调整及模拟试验，将所有的接线端子螺丝再紧一次。

（5）绝缘测试：用 500 V 绝缘电阻测试仪器在端子板处测试每条回路的电阻，电阻必须大于 0.5 MΩ。

（6）二次小线回路如有晶体管，集成电路、电子元件时，应使用万用表测试回路是否接通。

（7）接通临时的控制电源和操作电源；将柜内的控制、操作电源回路熔断器上端相线拆掉，接上临时电源。

（8）模拟试验：按图纸要求，分别模拟控制、连锁、操作、继电保护和信号动作，正确无误，灵敏可靠。

（9）拆除临时电源，将被拆除的电源线复位。

7. 送电运行的条件

（1）安装作业应全部完毕，质量检查部门检查全部合格。试验项目全部合格，并有试验报告单。

（2）试验用的验电器、绝缘靴、绝缘手套、临时接地编织铜线、绝缘胶垫、粉末灭火器等应备齐。

（3）检查母线、设备上有无遗留下的杂物。

(4) 做好试运行的组织工作，明确试运行指挥人，操作人和监护人。

(5) 清扫设备及变配电室、控制室的灰尘。用吸尘器清扫电器、仪表元件。

(6) 继电保护动作灵敏可靠，控制、连锁、信号等动作准确无误。

8. 送电

(1) 由供电部门检查合格后，将电源送进建筑物内，经过验电、校相无误。

(2) 由安装单位合进线柜开关，检查 PT 柜上电压表三相是否电压正常。

(3) 合变压器柜开关，检查变压器是否有电。

(4) 合低压柜进线开关，查看电压表三相是否电压正常。

(5) 按以上顺序依次送电。

(6) 在低压联络柜内，在开关的上下侧（开关未合状态）进行同相校核。用电压表或万用表电压挡 500 V，用表的两个测针，分别接触两路的同相，此时电压表无读数，表示两路电同一相。用同样方法，检查其他两相。

(7) 验收：送电空载运行 24 h，无异常现象、办理验收手续，交建设单位使用。同时提交变更洽商记录、产品合格证、说明书、试验报告单等技术资料。

9. 变配电设备安装要点

(1) 带可燃性油的高压配电装置，宜装设在单独的高压配电室内。当高压开关柜的数量为 6 台及以下时，可与低压配电屏设置在同一房间内。

(2) 不带可燃性油的高、低压配电装置和非油浸的电力变压器，可设置在同一房间内。具有符合 IP3X 防护等级外壳的不带可燃性油的高、低压配电装置和非油浸的电力变压器，当环境允许时，可相互靠近布置在车间内。

(3) 室内变电所的每台油量为 100 kg 及以上的三相变压器，应设在单独的变压器室内。

(4) 在同一配电室内单列布置高、低压配电装置时，当高压开关柜或低压配电屏顶面有裸露带电导体时，两者之间的净距不应小于 2 m；当高压开关柜和低压配电屏的顶面封闭外壳防护等级符合 IP2X 级时，两者可靠近布置。

(5) 有人值班的配电所，应设单独的值班室。当低压配电室兼作值班室时，低压配电室面积应适当增大。高压配电室与值班室应直通或经过通道相通，值班室应有直接通向户外或通向走道的门。

(6) 高压配电装置的柜顶为裸母线分段时，两段母线分段处宜装设绝缘隔板，其高度不应小于 0.3 m。

(7) 由同一配电所供给一级负荷用电时，母线分段处应设防火隔板或有门洞的隔墙。供给一级负荷用电的两路电缆不应通过同一电缆沟，当无法分开时，该电缆沟内的两路电缆应采用阻燃性电缆，且应分别敷设在电缆沟两侧的支架上。

(8) 室内、外配电装置的最小电气安全净距，应符合表 3-1 的规定。

(9) 露天或半露天变电所的变压器四周应设不低于 1.7 m 高的固定围栏（墙）。变压器外廓与围栏（墙）的净距不应小于 0.8 m，变压器底部距地面不应小于 0.3 m，相邻变压器外廓之间的净距不应小于 1.5 m。

(10) 当露天或半露天变压器供给一级负荷用电时，相邻的可燃油油浸变压器的防火净距不应小于 5 m，若小于 5 m 时，应设置防火墙。防火墙应高出油枕顶部，且墙两

表 3-1　室内、外配电装置的最小电气安全净距　　单位：mm

符号	适用范围		额定电压/kV			
			＜0.5	3	6	10
	无遮栏裸带电部分至地（楼）面之间	室内	屏前 2 500 屏后 2 300	2 500	2 500	2 500
		室外	2 500	2 700	2 700	2 700
	有 IP2X 防护等级遮栏的通道净高	室内	1 900	1 900	1 900	1 900
A	裸带电部分至接地部分和不同相的裸带电部分之间	室内	20	75	100	125
		室外	75	200	200	200
B	距地（楼）面 2 500 mm 以下裸带电部分的遮栏等级为 IP2X 时，裸带电部分与遮护物之间水平净距	室内	100	175	200	225
		室外	175	300	300	300
	不同时停电检修的无遮栏裸导体之间的水平距离	室内	1 875	1 875	1 900	1 925
		室外	2 000	2 200	2 200	2 200
	裸带电部分至无孔固定遮栏	室内	50	105	130	155
C	裸带电部分至用钥匙或工具才能打开或拆卸的栅栏	室内	800	825	850	875
		室外	825	950	950	950
	低压母线排引出线或高压引出线的套管至屋顶外人行通道地面	室外	3 650	4 000	4 000	4 000

端应大于挡油设施各 0.5 m。

（11）可燃油油浸变压器外廓与变压器室墙壁和门的最小净距，应符合表 3-2 的规定。

表 3-2　可燃油油浸变压器外廓与变压器室墙壁和门的最小净距　　单位：mm

变压器容量/kVA	100～1 000	1 250 及以上
变压器外廓与后壁、侧壁净距	600	800
变压器外廓与门净距	800	1 000

（12）设置于变电所内的非封闭式干式变压器，应装设高度不低于 1.7 m 的固定遮栏，遮栏网孔不应大于 40 mm×40 mm。变压器的外廓与遮栏的净距不宜小于 0.6 m，变压器之间的净距不应小于 1.0 m。

（13）配电装置的长度大于 6 m 时，其柜（屏）后通道应设两个出口，低压配电装置两个出口间的距离超过 15 m 时，尚应增加出口。

（14）高压配电室内各种通道最小宽度，应符合表 3-3 的规定。

表 3-3　高压配电室内各种通道最小宽度　　单位：mm

开关柜布置方式	柜后维护通道	柜前操作通道	
		固定式	手车式
单排布置	800	1 500	单车长度＋1 200
双排面对面布置	800	2 000	双车长度＋900
双排背对背布置	1 000	1 500	单车长度＋1 200

注：①固定式开关柜为靠墙布置时，柜后与墙净距应大于 50 mm，侧面与墙净距应大于 200 mm；

②通道宽度在建筑物的墙面遇有柱类局部凸出时，凸出部位的通道宽度可减少 200 mm。

（15）当电源从柜（屏）后进线且需在柜（屏）正背后墙上另设隔离开关及其手动操动机构时，柜（屏）后通道净宽不应小于 1.5 m，当柜（屏）背面的防护等级为 IP2X 时，可减为 1.3m。

（16）低压配电室内成排布置的配电屏，其屏前、屏后的通道最小宽度，应符合表 3-4的规定。

表 3-4　屏前、屏后的通道最小宽度　　单位：mm

形式	布置方式	屏前通道	屏后通道
固定式	单排布置	1 500	1 000
	双排面对面布置	2 000	1 000
	双排背对背布置	1 500	1 500
抽屉式	单排布置	1 800	1 000
	双排面对面布置	2 300	1 000
	双排背对背布置	1 800	1 000

注：当建筑物墙面遇有柱类局部凸出时，凸出部位的通道宽度可减少 200 mm。

（17）室内高压电容器装置宜设置在单独房间内，当电容器组容量较小时，可设置在高压配电室内，但与高压配电装置的距离不应小于 1.5 m，低压电容器装置可设置在低压配电室内，当电容器总容量较大时，宜设置在单独房间内。

（18）安装在室内的装配式高压电容器组，下层电容器的底部距地面不应小于 0.2 m，上层电容器的底部距地面不宜大于 2.5 m，电容器装置顶部到屋顶净距不应小于 1.0 m。高压电容器布置不宜超过三层。

（19）电容器外壳之间（宽面）的净距，不宜小于 0.1 m。电容器的排间距离，不宜小于 0.2 m。

（20）装配式电容器组单列布置时，网门与墙距离不应小于 1.3 m；当双列布置时，网门之间距离不应小于 1.5 m。

（21）成套电容器柜单列布置时，柜正面与墙面距离不应小于 1.5 m；当双列布置时，柜面之间距离不应小于 2.0 m。

（22）当露天或半露天变电所采用可燃油油浸变压器时，其变压器外廓与建筑物外墙的距离应大于或等于 5 m。当小于 5 m 时，建筑物外墙在下列范围内不应有门、窗或通风孔：

1）油量大于 1 000 kg 时，变压器总高度加 3 m 及外廓两侧各加 3 m。

2）油量在 1 000 kg 及以下时，变压器总高度加 3 m 及外廓两侧各加 1.5 m。

（23）民用主体建筑内的附设变电所和车间内变电所的可燃油油浸变压器室，应设置容量为 100％变压器油量的贮油池。

（24）高压配电室宜设不能开启的自然采光窗，窗台距室外地坪不宜低于 1.8 m；低压配电室可设能开启的自然采光窗。配电室临街的一面不宜开窗。

（25）变压器室、配电室、电容器室等应设置防止雨、雪和蛇、鼠类小动物从采光窗、通风窗、门、电缆沟等进入室内的设施。

（26）长度大于 7 m 的配电室应设两个出口，并宜布置在配电室的两端。长度大于 60 m 时，宜增加一个出口。当变电所采用双层布置时，位于楼上的配电室应至少设一个通向室外的平台或通道的出口。

(27) 在配电室内裸导体正上方，不应布置灯具和明敷线路。当在配电室内裸导体上方布置灯具时，灯具与裸导体的水平净距不应小于 1.0 m，灯具不得采用吊链和软线吊装。

(28) 固定式开关柜为靠墙布置时，柜后与墙净距应大于 0.05 m，侧面与墙净距应大于 0.2 m。

(29) 手车、抽屉式成套配电柜推拉应灵活，无卡阻碰撞现象。动触头与静触头的中心线应一致，且触头接触紧密，投入时，接地触头先于主触头接触；退出时，接地触头后于主触头脱开。

二、干式变压器的安装要点及验收

变压器安装按《电气装置安装工程电气设备交接试验标准》(GB 50150—2006) 规定交接试验合格。安装位置正确，附件齐全。接地装置引出的接地干线与变压器的低压侧中性点直接连接；变压器箱体、干式变压器的外壳可靠接地；所有连接可靠，紧固件及防松零件齐全。

1. 施工流程

施工流程见图 3-1。

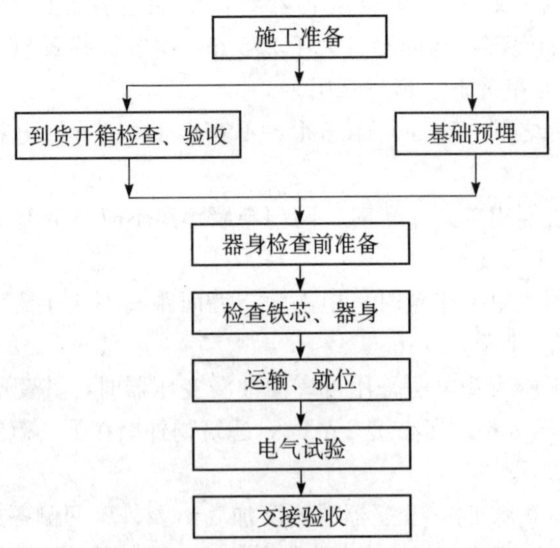

图 3-1　干式变压器施工流程

2. 安装前的准备工作及安装要点

(1) 准备好专用工器具、作业服、所需的试验仪器以及安装所需的材料。

(2) 对变压器器身进行常规检查，对干式变压器器身作常规检查时不得碰伤变压器的内部部件。

(3) 现场运输就位：

1) 用吊车将待安装的变压器就位。

2) 就位运输时核对变压器高、低压侧的方向，避免安装时调换方向困难。

3）待安装的变压器就位后，将其永久接地点与地可靠连接。并测试其接地点接地电阻值小于 4 Ω。

3. 变压器的装卸及运输

变压器被卸车前，准备两块 50 mm 厚的木方，长度与变压器包装箱尺寸相同，在通往封闭仓库仓储点的方向上先放置三根 1 000 mm 长 Φ32 钢管，在把木方放在三根钢管所在的平面上。变压器卸车时，将变压器放在已准备好的木方上，再在变压器的前进方向上再放一根或两根钢管，利用人力向前水平推动变压器包装箱，注意变压器下的钢管被滚出来后要将其放在变压器前进方向处，这样，不断地推动，不断地放钢管，逐步将变压器移至封闭仓库适当位置。变压器就位后，在木板下方垫三块与钢管直径一样厚的木块，再将钢管抽出，检查变压器放置稳固。

变压器安装时，在变压器底座即木板下方放置三根与木块同厚的钢管，利用上述方法将变压器推出至封闭仓库门外的适当位置（吊车能起吊的位置），利用 5 t 吊车将变压器吊放在 5 t 汽车上（变压器放在汽车车厢内中央处），通过到厂房的临建道路将变压器运至厂房安装间，再利用厂房行车将变压器吊放在安装现场就近处。再利用上述同样的方法将变压器推至安装点现场。

装卸作业要求：

（1）变压器装卸时，防止由于卸载时车辆弹簧力的变化引起变压器倾斜。

（2）变压器在装卸和运输过程中，不能发生冲击或严重振动。

（3）利用机械牵引时，牵引的着力点在变压器重心以下，以防倾倒。

（4）运输倾斜角不超过 15°。

（5）变压器起吊时，将钢丝绳系在箱盖吊耳上，此吊耳可吊起该干式变压器。起吊时钢丝绳必须经吊耳导向，防止变压器倾倒，保护变压器高/低压瓷套，不被钢丝绳损伤。

4. 干式变压器的安装的质量技术要求

干式变压器的安装的质量技术要求见表 3-5。

干式变压器可直接安装在基础上，卸去小轮，用螺栓固定。IP20 外壳适用于户内，用 12 mm 网孔铝合金板制成，既可防止异物进入，又给带电部分提供安全屏障。

5. 安全注意事项

（1）变压器的卸装和运输，由起重工负责指挥，电工配合，措施得当，应保证人身和变压器的安全。

（2）变压器就位时人力应足够，指挥应统一，以防倾倒伤人；狭窄处应防止挤伤。

（3）对重心偏在一侧的变压器，在安装固定好以前，应有防止倾倒的措施。

（4）安装变压器上设备时应有人扶持。

（5）临时电源布置合理可靠，电动工具的电源线必须绝缘良好。

变压器在送电试运前应达到下列条件：

（1）变压器及其设备接地系统完善，接地良好可靠。

（2）各项电气检查与试验均完毕并经验收合格，再进行清扫，设备封闭完善。

（3）各设备名称编号应明显正确，并备有各种作业、送电警告指示牌和遮栏，同时备有防火器具。

表 3-5　干式变压器的安装的质量技术要求

<table>
<tr><th>工序</th><th colspan="2">检验项目</th><th>性质</th><th>质量标准</th><th>检验方法及器具</th></tr>
<tr><td rowspan="15">设备检查</td><td rowspan="3">外壳及附件</td><td>铭牌及接线图标志</td><td></td><td>齐全清晰</td><td>观察检查</td></tr>
<tr><td>附件清点</td><td></td><td>齐全</td><td>对照设备装箱单检查</td></tr>
<tr><td>绝缘子外观</td><td></td><td>光滑，无裂纹</td><td>观察检查</td></tr>
<tr><td rowspan="4">铁芯检查</td><td>外观检查</td><td></td><td>无碰伤变形</td><td>观察检查</td></tr>
<tr><td>铁芯紧固件检查</td><td></td><td>紧固，无松动</td><td>用扳手检查</td></tr>
<tr><td>铁芯绝缘电阻</td><td>主要</td><td>绝缘良好</td><td>打开夹件与铁芯接地片用兆欧表检查</td></tr>
<tr><td>铁芯接地</td><td>主要</td><td>1 点</td><td>观察检查</td></tr>
<tr><td rowspan="3">绕阻检查</td><td>绕阻接线检查</td><td>主要</td><td>牢固正确</td><td>扳动检查</td></tr>
<tr><td>表面检查</td><td></td><td>无放电痕迹及裂纹</td><td>观察检查</td></tr>
<tr><td>绝缘电阻</td><td>主要</td><td>绝缘良好</td><td>检查试验报告</td></tr>
<tr><td rowspan="5">引出线</td><td>绝缘层</td><td></td><td>无损伤、裂纹</td><td rowspan="2">观察检查</td></tr>
<tr><td>裸露导体外观</td><td>主要</td><td>无毛刺尖角</td></tr>
<tr><td>裸导体相间及对地距离</td><td>主要</td><td>按《电气装置安装工程母线装置施工及验收规范》（GBJ 149—1990）规定</td><td>对照规范检查</td></tr>
<tr><td>防松件</td><td>主要</td><td>齐全、完好</td><td rowspan="2">扳动检查</td></tr>
<tr><td>引线支架</td><td></td><td>固定牢固、无损伤</td></tr>
<tr><td rowspan="4">本体附件安装</td><td colspan="2">本体固定</td><td></td><td>牢固、可靠</td><td>用扳手检查</td></tr>
<tr><td colspan="2">温控装置</td><td>主要</td><td>动作可靠、指示正确</td><td rowspan="2">扳动及送电试转</td></tr>
<tr><td colspan="2">风机系统</td><td></td><td>牢固、转向正确</td></tr>
<tr><td colspan="2">相色标志</td><td></td><td>齐全、正确</td><td>观察检查</td></tr>
<tr><td rowspan="5">接地</td><td colspan="2">外壳接地</td><td></td><td rowspan="2">牢固、导通良好</td><td rowspan="2">扳动且导通检查</td></tr>
<tr><td colspan="2">本体接地</td><td></td></tr>
<tr><td colspan="2">温控器接地</td><td></td><td rowspan="3">用软导线可靠接地，且导通良好</td><td rowspan="3">观察及导通检查</td></tr>
<tr><td colspan="2">风机接地</td><td></td></tr>
<tr><td colspan="2">开启门接地</td><td></td></tr>
</table>

（4）变压器间照明系统完善、通信设备完善。

（5）严格执行工作票制度。

（6）编写试运行技术安全措施，并进行详细交底，试运人须经系统培训合格后，才能上岗操作。

三、油浸变压器安装要点及验收

1. 设备及材料准备

变压器应装有铭牌。铭牌上应注明制造厂名、额定容量，一二次额定容量，一二次额定电压，电流，阻抗及接线组别等技术数据。

变压器的容量、规格及型号必须符合设计要求。附件备件齐全，并有出厂合格证及技术文件。

型钢：各种规格型钢应符合设计要求，并无明显锈蚀。

螺栓：除地脚螺栓及防震装置螺栓外，均应采用镀锌螺栓，并配相应的平垫圈和弹簧垫。

其他材料：电焊条，防锈漆，调和漆等均应符合设计要求，并有产品合格证。

2. 主要机具

搬运吊装机具：汽车吊、汽车、卷扬机、吊链、三步搭、道木、钢丝绳、带子绳、滚杠。

安装机具：台钻、砂轮、电焊机、气焊工具、电锤、台虎钳、活扳子、榔头、套丝板。

测试器具：钢卷尺、钢板尺、水平尺、线坠、摇表、万用表、电桥及测试仪器。

3. 作业条件

施工图及技术资料齐全无误。

土建工程基本施工完毕，标高、尺寸、结构及预埋件强度符合设计要求。

屋面、屋顶喷浆完毕，屋顶无漏水，门窗及玻璃安装完好。

室内地面工程结束，场地清理干净，道路畅通。

4. 操作工艺

(1) 设备检查：设备器件检查应由安装单位、供货单位、会同建设单位代表共同进行，并做好记录。按照设备清单、施工图纸及设备技术文件核对变压器本体及附件备件的规格型号是否符合设计图纸要求。是否齐全，有无丢失及损坏。

变压器本体外观检查无损伤及变形，油漆完好无损伤。

绝缘瓷件及环氧树脂铸件有无损伤、缺陷及裂纹。

(2) 变压器二次搬运：变压器二次搬运应由起重工作业，电工配合。最好采用汽车吊装，也可采用吊链吊装。变压器搬运时，应注意保护瓷瓶，最好用木箱或纸箱将高、低压瓷瓶罩住，使其不受损伤。

变压器搬运过程中，不应有冲击或严重震动情况，利用机械牵引时，牵引的着力点应在变压器重心以下，以防倾斜，运输倾斜角不得超过15°，防止内部结构变形。大型变压器在搬运或装卸前，应核对高、低压侧方向，以免安装时调换方向发生困难。

(3) 变压器安装：小型电力变压器在安装现场可以用汽车起重机等吊至基础就位。大、中型电力变压器较重，现场的起吊设备已无法将其吊起就位，因而多采用拖运就位的方法。滚动拖运电力变压器工作要统一指挥，把各项操作协调起来，以保证变压器安全、顺利地拖运到位。

变压器就位前应检查基础上的铁轨是否水平，变压器的轮距与铁轨的轨距是否相同。变压器就位后，就可以安装垫铁和止轮器。变压器就位安装应注意以下问题：

1) 变压器推入室内时，要注意高、低压侧方向应与变压器室内的高、低压电气设备的装设位置一致，否则变压器推入室内之后再调转方向就困难了。

2) 变压器基础导轨应水平，轨距应与变压器轮距相吻合。装有瓦斯继电器的变压器，应使其顶盖沿瓦斯继电器气流方向有1%～1.5%的升高坡度（制造厂规定不需安装坡度者除外）。

3) 变压器就位符合要求后，应用止轮器将变压器固定。

4) 装接高、低压母线。母线与变压器套管连接时，应用两把扳手。一把扳手固定套管压紧螺母，另一把扳手旋转压紧母线的螺母，以防止套管中的连接螺栓跟着转动。

应特别注意不能使套管端部受到额外的力。

5）在变压器的接地螺栓上，接上地线。如果变压器的接线组别是 Y/Y，则还应将接地线与变压器低压侧的零线端子相连。变压器基础轨道也应和接地干线连接。接地线的材料可用铜绞线（16 mm^2 或 25 mm^2）或扁钢（25 mm×4 mm），其接触处应搪锡，以免锈蚀，并应连接牢固。

6）当需要在变压器顶部工作时，必须用梯子上下，不得攀拉变压器的附件。变压器顶盖应用油布盖好，严防工具材料跌落，损坏变压器附件。

7）变压器油箱外表面如有油漆剥落，应进行喷漆或补刷。

（4）附件安装：

1）套管安装：安装前先进行外观检查、绝缘检测和严密性试验。

外观检查如发现瓷伞严重损坏或表面有裂痕，必须更换。对于小的局部掉瓷，可以用环氧树脂等黏合剂修补。纯瓷套管应测量绝缘电阻。对于充油套管，还要进行介质损失正切试验。

以上测试结果均应符合有关标准的规定，如果不合格，则需要对套管进行干燥。严密性检查按套管的不同形式采用不同的方法。对于充油套管，垂直竖立三天之后，检查各密封部位有无渗油。

2）散热器安装：检查整个散热器没有显著的机械缺陷后，可开始做严密性检查。用油泵将绝缘油压进散热器的冷却管内，保持管内压强为 $1.47\times10^5\sim2.45\times10^5$ Pa，延续 30 min 以上，观察有无渗漏油现象。散热器的渗漏大多发生在冷却管与集油箱的焊接处及风扇支架与冷却管的焊接处，对于渗漏处可以进行补焊接。

用吊车或支撑把散热器竖立起来，用合格的绝缘油冲洗内部，连续冲洗 2～3 次，直到放出的油中没有金属屑末和脏污为止。

散热器安装完毕后，再安装相互之间的支撑刚带和风扇。安装风扇前要检查风扇电动机的转动是否灵活，引线是否损坏，风扇叶片是否完整。若风扇出厂的时间较长，应更换轴承内的润滑油。然后将组装好的风扇安装在支持架上，按制造厂的装配图安装进线盒。最后用 500 V 摇表测量电动机的绝缘电阻，阻值不得低于 0.5 MΩ。接通电源，检查风扇的旋转方向是否正确。

3）油枕部分安装：油枕部分是指油枕、吸湿器、瓦斯继电器、防爆管等部件。安装之前，先对内外部进行清扫去污，并用合格的绝缘油冲洗。如果有锈蚀，在除锈之后，应在内部涂刷耐油清漆，在外部涂刷瓷漆。然后进行严密性检查，合格后分别对指油枕、吸湿器、瓦斯继电器、防爆管进行安装。

4）最后将剩下的附件净油器和温度计安装。注意，水银温度计安装在电力变压器的低压侧，以便于监测温度。

（5）工程交接验收：

1）变压器启动试运行，是指设备开始带电，并带一定的负荷（可能的最大负荷）连续运行 24h 所经历的过程。

2）变压器在试运行前，应进行全面检查，确认其符合运行条件时，方可投入试运行，检查项目如下：

① 本体、冷却装置及所有附件应无缺陷，且不渗油。

② 轮子的制动装置应牢固。

③ 油漆应完整，相色标志正确。

④ 变压器顶盖上应无遗留杂物。

⑤ 事故排油设施应完好，消防设施齐全。

⑥ 储油柜、冷却装置、净油器等油系统上的油门均应打开，且指示正确。

⑦ 接地装置引出的接地干线与变压器中性点直接连接，变压器箱体，干式变压器的支架或外壳应接地（PE）；所有连接应可靠，紧固件及防松零件齐全。

铁芯和夹件的接地引出套管、套管的接地小套管及电压抽取装置不用时其抽出端子均应接地，备用电流互感器二次端子应短接接地；套管顶部结构的接触及密封应良好。

⑧ 储油柜和充油套管的油位应正常。

⑨ 分接头的位置应符合运行要求；有载调压切换装置的远方操作应动作可靠，指示位置正确。

⑩ 变压器的相位及绕组的接线组别应符合并列运行要求。

⑪ 测温装置指示应正确，整定值符合要求。

⑫ 冷却装置试运行应正常，联动正确，水冷装置的油压应大于水压；强迫油循环的变压器、电抗器应启动全部冷却装置，进行循环 4h 以上，放完残留空气。

⑬ 变压器、电抗器的全部电气试验应合格，保护装置整定值符合规定，操作及联动试验正确。

3）在验收时应移交下列资料和文件：

① 变更设计部分的实际施工图，变更设计的证明文件。

② 制造厂提供的产品说明书、试验记录、合格证件及安装图纸等技术文件。

③ 安装技术记录、器身检查记录、干燥记录、试验报告、备品备件移交清单等。

四、成套配电柜、配电箱安装要点及验收

配电柜种类很多，按电压分，有高压和低压之分；按用途分，有照明、动力和计量箱等之分；按安装形式分，有明装和暗装之分；按大小分，有悬挂式和落地式之分；按制作工艺分，有标准和非标准之分。

1. 低压配电柜的安装

（1）低压配电柜的安装工艺：

低压配电柜的安装工艺流程见图 3-2。

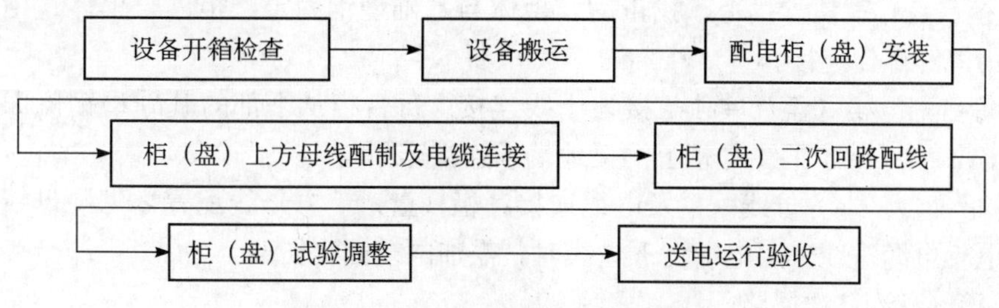

图 3-2　低压配电柜的安装工艺流程

1）设备开箱检查：

① 施工单位、供货单位、监理单位共同验收，并做好进场检验记录。

② 按设备清单、施工图纸及设备技术资料，核对设备及附件、备件的规格型号是否符合设计图纸要求；核对附件、备件是否齐全；检查产品合格证、技术资料、设备说明书是否齐全。

③ 检查箱、柜（盘）体外观有无划痕、变形、油漆是否完整无损等。

④ 箱、柜（盘）内部检查：电气装置及元件等规格、型号、品牌是否符合设计要求。

⑤ 柜、箱内的计量装置必须全部检测，并有法定部门的检测报告。

2）设备搬运：

① 设备运输：由起重工作业，电工配合。根据设备重量、距离长短采用人力推车运输或卷扬机、滚杠运输，也可采用汽车吊配合运输。采用人力车搬运，注意保护配电柜外表油漆，配电柜指示灯不受损。

② 道路要事先清理，保证平整畅通。

③ 设备吊点：柜（盘）顶部有吊环者，吊索应穿在吊环内，无吊环者吊索应挂在主要承力结构处，不得将吊索吊在设备部位上。吊索的绳长应一致，以防柜体变形或损坏部件。

④ 汽车运输时，必须用麻绳将设备与车身固定，开车要平稳，以防撞击损坏配电柜。

3）配电柜安装：

① 基础型钢安装：

a. 将型钢的弯曲部分调直，然后按图纸、配电柜（盘）技术资料提供的尺寸预制加工型钢架，并刷防锈漆做防腐处理。

b. 按设计图纸将预制好的基础型钢架放于预埋铁上，用水平尺找平、找正，可采用加垫片方法，但垫片不得多于 3 片，再将预埋铁、垫片、基础型钢焊接一体。最终基础型钢顶部应高于抹平地面 100 mm 以上为宜。

c. 基础型钢与地线连接：基础型钢安装完毕后，将室外或结构引入的镀锌扁钢引入室内（与变压器安装地线配合）与型钢两端焊接，焊接长度为扁钢宽度的 2 倍，再将型钢刷两道灰漆。

② 配电柜（盘）安装：

a. 按设计图纸布置将配电柜放于基础型钢上，然后根据配电柜安装固定螺栓的尺寸在基础型钢上用手电钻钻孔。一般无要求时，钻 ϕ16.2 孔，用 M16 镀锌螺丝固定。

b. 柜（盘）就位、找平、找正后，柜体与基础型钢固定，柜体与柜体、柜体与侧挡板均用镀锌螺栓连接。

c. 每台配电柜（盘）单独与接地干线连接。每台柜从下部的基础型钢侧面上焊上 M10 螺栓，用 6 mm^2 铜线与柜上的接地端子连接牢固。

4）柜（盘）上方母线配置及电缆连接：柜（盘）上方母线配置详见硬母线安装要求。配电柜电缆进线采用电缆沟下进线时，需加电缆固定支架。

5）柜（盘）二次回路配线：

① 按原理图逐台检查柜（盘）上的全部电器元件是否相符，其额定电压和控制、

操作电源电压必须一致。

② 按图敷设柜与柜之间的控制电缆连接线。

③ 控制线校线后，将每根芯线煨成圆圈，用镀锌螺丝、平垫圈、弹簧垫连接在每个端子板上。

6）柜（盘）试验调整：

① 所有接线端子螺丝再紧固一遍。

② 绝缘摇测：用 500～1 000 V 绝缘电阻摇表在端子板处测试每回路的绝缘电阻，保证大于 0.5 兆欧。

③ 接临时电源：将配电柜内控制、操作电源回路的熔断器上端相线拆下，接上临时电源。

④ 模拟试验：按图纸要求，分别模拟控制、连锁、操作、继电器保护动作使其正确无误、灵敏可靠。

⑤ 拆除临时电源，将被拆除的电源线复位。

7）送电运行验收：

① 送电前准备：

a. 备齐试验合格的验电器、绝缘靴、绝缘手套、临时接地编织线、绝缘胶垫、粉末灭火器等。

b. 彻底清扫全部设备及清理配电室内的灰尘、杂物，室内除送电需用的设备用具外，其他物品不得堆放。

c. 检查柜箱内外上下是否有遗留的工具、金属材料及其他杂物。

d. 做好试运行组织工作，明确试运行指挥者、操作者、监护人。

e. 安装作业全部完毕、质量检查部门检查全部合格。

f. 试验项目全部合格，并有试验报告单。

g. 继电保护动作灵敏可靠，控制、连锁、信号等动作准确无误。

h. 箱、柜内所有漏电元器件均应做模拟漏电试验，全部合格并做记录。

② 送电：

a. 将电源送至室内，经验电、校相无误。

b. 对各路电缆摇测合格后，检查受电柜总开关处于“断开”位置，再进行送电，开关试送 3 次。

c. 检查受电柜三相电压是否正常。

③ 验收：送电空载 24h 无异常现象，办理验收手续，收集好产品合格证、说明书、试验报告。

（2）低压配电柜安装的一般规定：

1）配电箱上的母线其相线应用颜色标出，L_1 相应用黄色；L_2 相应用绿色；L_3 相应用红色；中性线 N 相应用蓝色；保护地线（PE）应用黄绿相间双色。

2）柜（盘）与基础型钢间连接紧密，固定牢固，接地可靠，柜（盘）间接缝平整。

3）盘面标志牌、标志框齐全，正确并清晰。

4）小车、抽屉式柜推拉灵活，无卡阻碰撞现象；接地触头接触紧密，调整正确；推入时接地触头比主触头先接触，退出时接地触头比主触头后脱开。

5）有两个电源的柜（盘）母线的相序排列一致，相对排列的柜（盘）母线的相序排列对称，母线色标正确。

6）盘内母线色标均匀完整；二次结线排列整齐，回路编号清晰、齐全，采用标准端子头编号，每个端子螺丝上接线不超过两根。柜（盘）的引入、引出线路整齐。

7）柜、屏、台、箱、盘的金属框架及基础型钢必须接地（PE）或接零（PEN）可靠；装有电器的可开门，门和框架的接地端子间应用裸编织铜线连接，且有标识。

8）低压成套配电柜、控制柜（屏、台）和动力、照明配电箱（盘）应有可靠的电击保护。柜（屏、台、箱、盘）内保护导体应有裸露的连接外部保护导体的端子。当设计无要求时，柜（屏、台、箱、盘）内保护导体最小截面积 S_p 规定见表 3-6。

表 3-6　相应的保护导体的最小截面积 S_p

装置的相、导线的截面积 S	相应的保护导体的最小截面积 S_p
$S \leqslant 16$	$S_p = S$
$16 < S \leqslant 35$	$S_p = 16$
$35 < S \leqslant 400$	$S_p = S/2$

9）柜内相间和相对地间的绝缘电阻值应大于 0.5 MΩ。

2. 照明配电箱（板）的安装

（1）照明配电板的安装工艺及要求：

照明配电板的安装工艺流程见图 3-3。

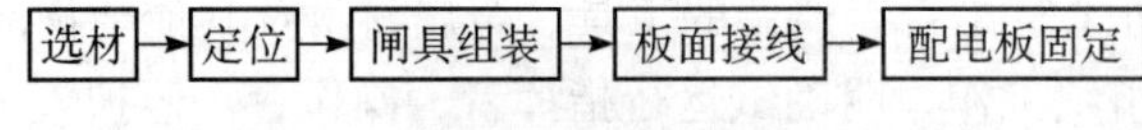

图 3-3　照明配电板的安装工艺流程

1）选材：配电板的材料可选择木制板和塑料板。

木制板：其规格取 400 mm×250 mm×30 mm 为宜，不应有劈裂、霉蚀、变形等现象，油漆均匀，其板厚不应小于 20 mm，并应用条木做框架。

塑料板：其规格应为 300 mm×250 mm×30 mm 为宜，并具有一定强度，断、合闸时不颤动，板厚一般不应小于 8 mm（有肋成型的合格产品除外），不得刷油漆，并有产品合格证。

2）定位：配电板位置应选择在干燥无尘埃的场所，且应避开暖卫管、窗门及箱柜门。在无设计要求时，配电板底边距地高度不应小于 1.8 m。

3）闸具组装：板面上闸具的布置应便于观察仪表和便于操作，通常是仪表在上，开关在下，总电源开关在上，负荷开关在下。板面排列布置时必须注意各电器之间的尺寸。将闸具在表板上首先作实物排列，量好间距，画出水平线，均分线孔位置，然后画出固定闸具和表板的孔径。撤去闸具进行钻孔，钻孔时，先用尖錾子准确点冲凹窝，无偏斜后，再用电钻进行钻孔。为了便于螺丝帽与面板表面平齐，再用一个钻头直径与螺丝帽直径相同钻头，进行第二次扩孔，深度以螺丝帽埋入面板与表面平齐为准。闸具必须用镀锌木螺丝拧装牢固。

4）板面接线：配电板接线有两种方法。第一种方法是打孔接线法，打好孔，固定好闸具后，将板后的配线穿出表板的出线孔，并套上绝缘嘴，然后剥去导线的绝缘层，并与闸具的接线柱压牢。第二种方法是板前接线法，这种方法无需打孔，导线直接在板前明敷，要求导线横平竖直，且不得交叉。明敷应采用硬制铜芯线。

5）配电板固定：根据配电板的固定孔位，在墙面上选定的位置上留下孔位记号，用电钻打出四孔，塞入直径不小于 8 mm 的塑料胀管或金属膨胀螺栓。钻孔时应注意孔不要钻在砖缝中间，如在砖缝中间应做处理。固定配电板前，应先将电源线及支路线正确地穿出表板的出线孔，并套好绝缘嘴，导线预留适当余量，然后再固定配电板。

（2）悬挂式照明配电箱的安装工艺及要求：

1）悬挂式照明配电箱的安装工艺：

悬挂式照明配电箱的安装流程见图 3-4。

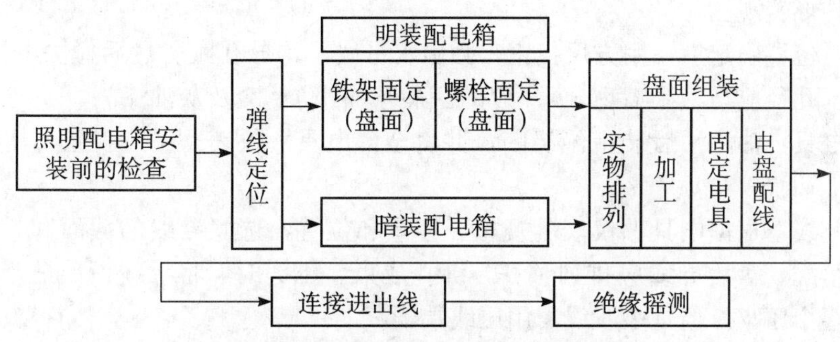

图 3-4　悬挂式照明配电箱的安装流程

2）照明配电箱安装前的检查：一般工程中，照明配电箱的数量较多，品种也繁多，所以在安装前，一定要核对图纸确定配电箱型号，并检查配电箱内部器件的完好情况；明确安装的形式；进出线的位置；接地的方式等。

3）弹线定位：根据设计要求找出配电箱位置，并按照配电箱的外形尺寸进行弹线定位；弹线定位的目的在对有预埋木砖或铁件的情况下，可以更准确地找出预埋件，或者可以找出金属胀管螺栓的位置。

4）配电箱安装：照明配电箱有明敷和暗敷两种，明装配电箱时，土建装修的抹灰、喷浆及油漆应全部完成。

① 膨胀螺栓固定配电箱：小型配电箱可直接固定在墙上。按配电箱的固定螺孔位置，常用电钻或冲击钻在墙上钻孔，且孔洞应平直不得歪斜。根据箱体重量选择塑料膨胀螺栓或金属膨胀螺栓的数量和规格。螺栓长度应为埋设深度（一般为 120～150 mm）加箱壁厚度以及螺栓和垫圈的厚度，再加上 3～5 扣螺纹的余量长度。也可用预埋木砖，用木螺丝固定配电箱。

② 铁架固定配电箱：中大型配电箱可采用铁支架，铁支架可采用角钢和圆钢制作。安装前，应先将支架加工好，并将埋注端做成燕尾，然后除锈，刷防锈漆。再按照标高用水泥砂浆将铁架燕尾端埋注牢固，待水泥砂浆凝固后方可进行配电箱的安装。在柱子上安装时，可用抱箍固定配电箱。

暗装配电箱时，按设计指定位置，在土建砌墙时先把去掉盘芯的配电箱箱底预埋在墙内。然后用水泥砂浆填实周边并抹平，如箱底与外墙平齐时，应在外墙固定金属网后再做墙面抹灰。不得在箱底板上抹灰。预埋前应需要砸下敲落孔压片，配电箱宽度超过 300 mm 时，应考虑加过梁，避免安装后箱体变形。应根据箱体的结构形式和墙面装饰厚度来确定突出墙面的尺寸。预埋时应做好线管与箱体的连接固定，线管露出长度应适中。安装配电箱盘芯，应在土建装修的抹灰、喷浆及油漆工作全部完成后进行。

当墙壁的厚度不能满足嵌入式要求时，可采用半嵌入式安装，使配电箱的箱体一半在墙面外，一半嵌入墙内，其安装方法与嵌入式相同。

5）盘面组装：盘面组装主要包括实物排列、加工、固定电具和电盘配线。

实物排列：将盘面板放平，再将全部电具、仪表置于其上，进行实物排列。对照设计图及电具、仪表的规格和数量，选择最佳位置使之符合间距要求，并保证操作维修方便及外形美观。

加工：位置确定后，用方尺找正，画出水平线，均分孔距。然后撤去电具、仪表，进行钻孔（孔径应与绝缘嘴吻合）。钻孔后除锈，刷防锈漆及灰油漆。

固定电具：油漆干后装上绝缘嘴，并将全部电具、仪表摆平、找正，用螺丝固定牢固。

电盘配线：根据电具、仪表的规格、容量和位置，选好导线的截面和长度，加以剪断进行组配。盘后导线应排列整齐，绑扎成束。压头时，将导线留出适当余量，削出线芯，逐个压牢。但是多股线需用压线端子。

6）连接进出线：配电箱的进出线有三种形式：第一种是暗配管明箱进出线形式，第二种是明配管明箱进出线形式，第三种是暗配管暗箱进出线形式，三种形式各有特点。

7）绝缘摇测：柜、屏、台、箱、盘间线路的线间和线对地间绝缘电阻值，馈电线路必须大于 0.5 MΩ；二次回路必须大于 1 MΩ。柜、屏、台、箱、盘间二次回路交流工频耐压试验，当绝缘电阻值大于 10 MΩ 时，用 2 500 V 兆欧表摇测 1 min，应无闪络击穿现象；当绝缘电阻值在 1～10 MΩ 时，做 1 000 V 交流工频耐压试验，时间 1 min，应无闪络击穿现象。

配电箱全部电器安装完毕后，用 500 V 兆欧表对线路进行绝缘摇测。摇测项目包括相线与相线之间，相线与中性线之间，相线与保护地线之间，中性线与保护地线之间。两人进行摇测，同时做好记录，作为技术资料存档。

（3）照明配电箱安装的一般规定：

1）配电箱（板）不应采用可燃材料制作，在干燥无尘场所采用的木制配电箱（板）应阻燃处理。

2）配电箱（盘）安装时，其底口距地一般为 1.5 m；明装时底口距地 1.2 m；明装电度表板底口距地不得小于 1.8 m。

3）配电箱（板）内的交流，直流或不同电压等级的电源，应具有明显的标志。

4）配电箱（板）内，应分别设置中性线（N）和保护地线（PE 线）汇流排，中性线（N）和保护地线应在汇流排上连接，不得绞接，并应有编号。

5）配电箱（板）内装设的螺旋熔断器其电源线应接在中间触点的端子上，负荷线应接在螺纹的端子上。

6）箱（盘）内开关动作灵活可靠，带有漏电保护的回路，漏电保护装置动作电流不大于 30 mA，动作时间不大于 0.1 s。

7）配电箱上的电源指示灯，其电源应接至总开关的外侧，并应装单独熔断器（电源侧）。盘面闸具位置与支路相对应，其下面应装设卡片框，标明路别及容量。

五、常用低压电器的安装及验收

低压电气种类繁多，按它在电气线路中所处的地位和作用可分为低压配电电器和低压控制电器两大类。低压配电电器包括刀开关、转换开关、熔断器和自动开关。低压控制电器包括接触器、继电器、启动器、主令电器、控制器、电阻器、变阻器和电磁铁等。

1. 低压负荷开关选用及安装

低压负荷开关常用的有 HK 系列胶盖闸刀开关和 HH 系列封闭式负荷开关两种。低压负荷开关可作为电源隔离开关，也可接通或分断小容量负荷。

（1）胶盖闸刀开关的规格及选用：刀开关按极数可分为单极、两极和三极。两极的额定电压为 250 V，三极的额定电压为 500 V，常用瓷底胶盖闸刀开关的额定电流为 10～60 A，产品型号主要有 HK、HK2。

瓷底胶盖闸刀开关的选用：

1）对于普通负载：胶盖闸刀开关额定电压大于或等于线路的额定电压；额定电流等于或稍大于线路的额定电流。

2）对于电动机：胶盖闸刀开关额定电压大于或等于线路的额定电压，额定电流可选电动机额定电流的 3 倍左右。

（2）胶盖闸刀开关的安装技术要求：

1）胶盖闸刀开关必须垂直安装，在开关接通状态时，瓷质手柄应朝上，不能有其他位置，否则容易产生误操作。

2）电源进线应接入规定的进线座，出线应接入规定的出线座，不得接反。否则易引发触电事故。

（3）安装铁壳开关时，应注意以下事项：

1）铁壳开关必须垂直安装，安装高度按设计要求，若设计无要求，可取操作手柄中心距地面 1.2～1.5 m。

2）铁壳开关的外壳应可靠接地或接零。

3）铁壳开关进出线孔的绝缘圈（橡皮、塑料）应齐全。

4）采用金属管配线时，管子应穿入进出线孔内，并用管螺帽拧紧。如果电线管不能进入进出线孔内，则可在接近开关的一段，用金属软管（蛇皮管）与铁壳开关相连。金属软管两端均应采用管接头固定。

5）外壳完好无损，机械连锁正常，绝缘操作连杆固定可靠，可动触片固定良好，接触紧密。

2. 熔断器的选用及安装

熔断器俗称保险丝，使用时其串联在所保护的电路中，当该电路发生严重过载或短路故障时通过熔断器的电流达到或超过了某一规定值，以其自身产生的热量使熔体熔断而自动切断电路，起到保护作用。

(1) 螺旋式熔断器的选用：

1）熔断器的额定电压和额定电流应不小于线路的额定电压和所装熔体额定电流。

2）熔体的额定电流应等于或大于电路的最大正常工作电流，既要使电路中的电器正常工作，又要能保证用电安全。

(2) 螺旋式熔断器安装技术要求：

1）确定熔断器规格后，要根据负载情况选用合适的熔体。

2）进入熔断器的电源线应接在中心舌片的端子上，电源出线应接在螺纹的端子上，切勿反接。

3）熔体的熔断指示端应置于熔断器的可见端，以便及时发现熔体的熔断情况。

4）瓷帽瓷套连接平整、紧密。

(3) 螺旋式熔断器的使用注意事项：

1）熔体熔断后，应先查明故障原因，排除故障后方可换上原规格的熔体，不能随意更改熔体规格，更不能用铜丝代替熔体。

2）在配电系统中，选各级熔断器时要互相配合，以实现选择性。

3）对于动力负载，因其启动电流大，故熔断器主要起短路保护作用，其过载保护应选择热继电器。

3. 热继电器选用及安装

热继电器是一种利用电流的热效应来切断电路的保护电器，通常用来做电动机的过载保护。

(1) 热继电器的选用：

1）根据负载的额定电流选择继电器的额定电流和整定电流范围。

2）根据负载性质，选择热继电器的极数和复位形式。

(2) 热继电器的安装技术要求：

1）热继电器在接线时，其发热元件串联在电路当中，接线螺钉应拧紧，不得松动。辅助触头连接导线的最大截面积不得超过 2.5 mm^2。

2）为使热继电器的额定电流与负载电流相符，可以旋动调节旋钮使所需的电流值对准红色的箭头，旋钮上指示额定电流值和所需电流值之间可能有些误差。若需要可在实际使用时按情况微调。

(3) 热继电器的使用注意事项：

1）热继电器整定电流必须与被保护的电动机额定电流相同，若不符合将失去保护作用。

2）除了接线螺钉外，热继电器的其他螺钉均不得拧动，否则其保护性将会改变。

3）热继电器在出厂时均调整为自动复位形式，如需要手动复位，可在购货时提出要求，或进行有关的调整。

4. 低压断路器选用及安装

低压断路器又称自动开关、空气开关，它具有短路、过载、失压与欠压等多种保护，是低压配电系统中应用最多的保护电器之一。它还可作为电源开关用来不频繁地启动电动机或接通、断开电路。

(1) 低压断路器的选用：

1）根据不同用途和控制对象选择不同型号和规格的低压断路器。

2）对不同容量的设备，选择合适的整定电流，否则不能起到应有的保护作用。

（2）低压断路器的安装技术要求：

1）低压断路器一般应垂直安装，但也可根据产品允许情况横装。

2）低压断路器必须符合上进下出的原则，无特殊情况，不允许倒进线，以免发生触电事故。

3）低压自动断路器上、下、左、右的距离应满足有关规定，有利于散热，保证开关的正常工作。

（3）低压断路器使用注意事项：

1）低压断路器的整定脱扣电流一般指的是在常温下的动作电流，在高温或低温时会有相应的变化。

2）有欠压脱扣器的断路器应使欠压脱扣器通以额定电压，否则会损坏。

3）断路器手柄可以处于三个位置，分别表示合闸，断开、脱扣三种状态，当手柄处于脱扣位置时，应向下扳动手柄，使断路器再扣，然后合闸。

5. 漏电保护器选用及安装

漏电保护器用于人体触电和设备绝缘破坏等接地漏电故障的保护。漏电保护除漏电保护器外，还可采用漏电附件和漏电断路器。漏电附件与相应断路器配合使用，除了具有漏电保护外，还具有断路和过载保护，具有拆卸方便，使用灵活。漏电断路器是一种同时具有两者的保护功能的电器，同样具有双重保护功能。

（1）漏电保护器的选用：

1）根据使用场合选择合适的漏电保护器件。

2）根据保护对象不同，按规范选择适当的漏电动作电流和动作时间。

（2）漏电保护器的安装技术要求：

1）安装在干燥、无尘的场所，安装位置应垂直，各方向倾斜度不应超过5°。

2）对于电子式漏电附件，电子端与负载端不能接反，否则将损坏漏电附件。

3）安装场所附近的外磁场，在任何方向不应超过地磁场的5倍。

（3）漏电保护器件的使用注意事项：

1）通常正常工作电流的相线和零线接在漏电保护器上，而保护接地线绝不能接在漏电保护器上，否则，若相线与设备外壳搭接时，故障电流会通过保护线流过漏电保护器，零序电流互感器检测不出故障电流，即零序电流仍为零，漏电保护器不会动作。

2）在使用漏电保护器时，用电设备侧的零线与保护线也不可接错，若误把保护线当零线用，则漏电保护器无法合闸。

3）当选用断路器加漏电附件作为漏电保护时，若发生断路或过载时，小型断路器的把手动作，附件把手不动作。若发生漏电现象时，附件把手和断路器把手同时动作。复位时，必须先复位漏电附件把手。

4）漏电测试按钮应每月测试一次，以检验漏电保护器的功能。

6. 单相电度表选用及安装

单相电度表俗称电表，是一种计量用户电量的仪表，电表有单相、三相之分，单相电度表是专门为家庭使用而设计的。

（1）单相电度表的选用：

1）单相电度表有感应式和电子式之分，在接线方面有直接式和经互感器式两种接线方式。应根据负荷容量进行选择。

2）使用负载的总容量不得超过电度表额定值的25%，以免损坏内部元件，但也不得经常低于电度表额定值的10%以下，以免影响计量的准确度。

3）采用经互感器的接线方法，应选择合适的电度表和互感器。互感器按负荷容量选择，电度表额定电流按互感器二次侧电流选择。

（2）单相电度表的安装技术要求：

1）电度表不得安装过高，一般以距地面1.8～2.2 m为宜。

2）电度表不得倾斜，其垂直方向的偏移不大于1°，否则会增大计量误差。

3）电度表应安装在室内通风、干燥、无振动的场所，其环境温度不可超出范围，湿度不超过85%，否则会影响读数的准确性。

4）电度表的进线出线，应使用铜芯线，芯线截面不得小于1 mm^2。接线要牢固，但不可焊接，裸露的线头部分不可露出接线盒。

5）电度表应按电度表接线盒上的电路接线。如单相电度表有4个接线桩头，从左到右按1、2、3、4顺序，通常是1、3进，2、4出；但1应接入火线，3接入地线，切记不可接错。

6）电度表中的电压线圈和电流线圈是有极性的，不按规定极性接线，电度表会引起反转，影响正常计量。

（3）电度表使用注意事项：

1）若作为总计量电度表，在使用前应交有资质的检验部门进行检验，合格后方可使用，并应定期复验。

2）发现电度表有异常现场，不得私自拆卸，必须通过有关部门，做妥善处理。

3）电度表正常工作时，由于电磁感应的作用，有时会发出轻微的“嗡嗡”响声，这是正常现象。

7. 低压电器安装规范要求

（1）低压电器设备和器材在安装前的保管期限，应为一年及以下；当超期保管时，应符合设备和器材保管的专门规定。

（2）采用的设备和器材，均应符合国家现行技术标准的规定，并应有合格证件，设备应有铭牌。

（3）具有主触头的低压电器，触头的接触应紧密，采用0.05 mm×10 mm的塞尺检查，接触两侧的压力应均匀。

（4）落地安装的低压电器，其底部宜高出地面50～100 mm。

（5）操作手柄转轴中心与地面的距离，宜为1 200～1 500 mm；侧面操作的手柄与建筑物或设备的距离，不宜小于200 mm。

（6）紧固件应采用镀锌制品，螺栓规格应选配适当，电器的固定应牢固、平稳。

（7）固定低压电器时，不得使电器内部受额外应力。

（8）电源侧进线应接在进线端，即固定触头接线端；负荷侧出线应接在出线端，即可动触头接线端。

（9）电器的接线应采用铜质或有电镀金属防锈层的螺栓和螺钉，连接时应拧紧，且应有防松装置。

（10）外部接线不得使电器内部受到额外应力。

（11）母线与电器连接时，接触面应符合《电气装置安装工程 母线装置施工及验收规范》（GB 50149—2010）的有关规定。连接处不同相的母线最小电气间隙，应符合表3-7的规定。

表 3-7 不同相的母线最小电气间隙

额定电压/V	最小电气间隙/mm	额定电压/V	最小电气间隙/mm
$U \leqslant 500$	10	$500 < U \leqslant 1\ 200$	14

8. 低压电器安装工程交接验收

（1）工程交接验收时，应符合下列要求：

1）电器的型号、规格符合设计要求。

2）电器的外观检查完好，绝缘器件无裂纹，安装方式符合产品技术文件的要求。

3）电器安装牢固、平正，符合设计及产品技术文件的要求。

4）电器的接零、接地可靠。

5）电器的连接线排列整齐、美观。

6）绝缘电阻值符合要求。

7）活动部件动作灵活、可靠，连锁传动装置动作正确。

8）标志齐全完好、字迹清晰。

（2）通电后，应符合下列要求：

1）操作时动作应灵活、可靠。

2）电磁器件应无异常响声。

3）线圈及接线端子的温度不应超过规定。

4）触头压力、接触电阻不应超过规定。

（3）验收时，应提交下列资料和文件：

1）变更设计的证明文件。

2）制造厂提供的产品说明书、合格证件及竣工图纸等技术文件。

3）安装技术记录。

4）调整试验记录。

5）根据合同提供的备品、备件清单。

第二节 配电线路安装技术要求

一、低压母线、封闭式母线安装要点及验收

1. 封闭式母线的安装方法

（1）施工顺序：

母线槽检查→测量定位→支吊架制作安装→绝缘测试→母线槽拼接→相位校验

(2) 主要施工方法及技术措施：

1) 母线槽的检查，应严格检查母线槽的质量，重点检查以下内容：

① 母线槽外壳应完整、无损坏。母线槽和配电箱型号、规格符合设计要求。附件配套正确、数量足。

② 母线接头的连接面平整，连接孔对称，离边缘距离一致。

③ 母线之间的绝缘板不能缺损破裂。

④ 应用 500 V 兆欧表全数测量每节母线槽的相间、相与中性排、PE 排、相与外壳之间的绝缘，不低于 20 MΩ。施工现场应清洁，并尽量减少现场搁置时间。做好防水、防潮工作。

2) 母线槽测量定位：

① 母线槽的走向，要按设计图和工程实际综合确定，原则是不与大口径管道、桥架有矛盾，尽量按直线最短路径敷设，至地面的距离不宜低于 2.5 m。与建筑物表面，其他电气线路和各种管道的最小净距按国家现行标准。

② 水平安装母线槽支吊架间距一般为 2～3 m，按母线槽每米重量决定。母线槽转弯和配电箱连接处应增设支架。

3) 支吊架制作安装：

① 支吊架的形式按母线槽安装部位和重量决定。一般用槽钢、角钢、全螺纹吊杆和扁钢制作，并做好防腐处理。支吊架间距均匀，支吊架的水平度应满足母线槽水平度偏差的要求。

② 母线槽垂直安装，一般采用母线槽生产厂的定型弹簧支架。

4) 母线槽拼接：

① 吊装拼接时必须注意不损坏母线槽，吊装时应用尼龙绳，用钢丝绳必须套橡皮或塑料套管。接头部位要包扎好，防止杂物、垃圾落入。

② 拼装顺序可按母线槽的排列图和母线槽编号。拼装连接时，垫上配套的绝缘板，穿入绝缘套管及连接螺栓，加垫圈、弹簧垫圈，用手拧上螺母。在紧固前调整水平度和垂直度，使水平度和垂直度不超差，全长误差不超过 10 mm。用力矩扳手紧固，达到规定值，及时装上盖板和接地带（板）。

③ 为防止偶然因素，使之绝缘能力降低，每拼装连接一节，要再次测量绝缘电阻，及时发现问题及时处理。

④ 弹簧支架上的弹簧要处于能上下自由的伸缩状态。

5) 相位校验：

母线槽拼接完成后必须要进行相位校核和电源系统相位一致。

(3) 试运行验收：

1) 试运行条件：变配电室已达到送电条件，土建及装饰工程及其他工程全部完工，并清理干净。与插接式母线连接设备及连线安装完毕，绝缘良好。

2) 对封闭式母线进行全面的整理，清扫干净，接头连接紧密，相序正确，外壳接地良好。绝缘摇测符合设计要求，并做好记录。

3) 送电空载运行 24 h 无异常现象，办理验收手续，交建设单位使用，同时提交验收资料。

4）验收资料包括：交工验收单、变更洽商记录、设备材料检验记录、产品合格证、证明书、测试记录、绝缘摇测记录、自互检记录、运行记录、质量评定记录等。

2. 低压母线安装

母线的安装工序主要包括母线的矫正、测量、下料、弯曲、钻孔、接触面加工，连接、安装固定和涂漆等。

（1）母线加工：

1）加工前的检查：母线在进行加工前，首先应按照施工图纸对母线的材质与规格进行检查，均应符合设计要求，然后对母线的外观进行检查，母线表面应光洁平整，不得有裂纹、折叠及夹杂物。用千分尺抽查母线的厚度和宽度是否符合标准截面的要求。母线缺陷所引起的截面误差，铜母线不应超过计算截面的1%，铝母线不应超过3%，否则应将母线缺陷部分割弃。

2）母线矫正：安装前母线必须进行矫正。矫正的方法有手工矫正和机械矫正两种。手工矫正时，把母线放在平台上或平直的型钢上，用硬木锤直接敲打平直；也可以用垫块（铜、铝、木垫块）垫在母线上，再用铁锤间接敲打平直，敲打时，用力要均匀适当，不能过猛，否则会引起变形。更不准用铁锤直接敲打。对于截面较大的母线，可用母线矫正机进行矫正。

3）母线测量：施工图纸一般不给出母线的加工尺寸，因此，施工人员在下料前，应到现场测量母线的实际安装尺寸，然后画出大样或作出样板，作为弯曲母线的依据。在测量母线加工尺寸和下料时，要合理地使用母线原有长度，避免浪费，这就要求母线在室内的安装位置和走向必须合理，必须符合室内配电装置安全距离的要求。

4）母线切割和弯曲：

① 母线切割：切割母线时，先按预先测得的尺寸，用铅笔在矫正好的母线上画好线，然后再进行切割，切割工具可用钢锯或手动剪切机。母线切断面应平整，无毛刺，否则应用锉刀或其他刮削工具将毛刺除掉。为了使切割尺寸准确，对要弯曲的母线，可在母线弯曲后再进行切割。

母线切割后最好立即进行下一道工序，否则应将母线平直地堆放起来，防止弯曲及碰伤。如截下来的母线规格很多，可用油漆编号分别存放，以利施工。

② 母线弯曲：母线的安装，除了必要的弯曲外，应尽量减少弯曲。矩形硬母线的弯曲宜进行冷弯，如需热弯时，加热温度不应超过以下规定：铜——350 ℃，铝——250 ℃，钢——600 ℃。弯曲形式有平弯、立弯、扭弯三种，可分别用平弯机、立弯机及扭弯器进行弯曲。母线弯制时，应符合下列规定：

a. 母线开始弯曲处距最近绝缘子的母线支持夹板边缘不应大于0.25L（L为母线支持点之间的距离），但不得小于50 mm。

b. 母线开始弯曲处距母线连接位置不应小于50 mm。

c. 母线弯曲处不得有裂纹及显著的折皱。

d. 多片母线的弯曲程度应一致。

（2）母线连接：硬母线连接应采用焊接或搭接。对于需要拆卸的接头或与设备的连接多用搭接。

1）搭接：首先将母线在平台上调直，选择较平的一面作基础面，进行钻孔。钻孔前根据孔距尺寸，先在母线上画出孔位，并用冲子在孔中心冲出印记，用电钻钻孔。孔径一般不应大于螺栓直径 1 mm，钻孔应垂直，孔与孔中心距离的误差不应大于 0.5 mm，钻好孔后，将孔口毛刺除去，使其保持光洁。搭接表面要除去氧化膜并保持清洁，涂上电力复合脂，用精制的镀锌紧固件拧紧，保证接触严密可靠。矩形母线采用螺栓搭接时，连接处距支柱绝缘子的支持夹板边缘应不小于 50 mm，上片母线端头与其下片母线平弯开始处的距离应不小于 25 mm。

当母线平放时，紧固螺栓应由下向上穿，在其余情况下螺母应置于维护侧，螺栓长度宜露出螺母 2～3 扣。贯穿螺栓连接的母线两侧均应有平垫圈，相邻螺栓垫圈间应有 3 mm 以上净距，螺母侧应装有弹簧垫圈或锁紧螺母。螺栓受力应均匀，不应使电器的接线端子受到额外应力。连接螺栓应用力矩扳手紧固，其紧固力矩值应符合规定。

2）焊接：母线焊接的方法很多，常用的有气焊、碳弧焊和氩弧焊等方法。在母线加工和安装前，应根据施工条件和具体要求选择适当的焊接方法。母线焊接前，应将母线对口两侧表面各 20 mm 范围内用钢丝刷清刷干净，不得有油漆、斑疵及氧化膜等。

母线对接焊缝设置部位应符合下列要求：

① 离支持绝缘子母线夹板边缘不小于 50 mm。

② 同一片母线上宜减少对接焊缝，两焊缝间的距离应不小于 200 mm。

③ 同相母线不同片上的直线段的对接焊缝，其错开位置应不小于 50 mm。

母线与母线，母线与分支线，母线与电器接线端子搭接时，其搭接面的处理应符合以下规定：

① 铜与铜：室外、高温且潮湿或对母线有腐蚀性气体的室内，必须搪锡，在干燥的室内可直接连接。

② 铝与铝：直接连接。

③ 钢与钢：必须搪锡或镀锌，不得直接连接。

④ 铜与铝：在干燥的室内，铜导体应搪锡，室外或空气相对湿度接近 100％的室内，应采用铜铝过渡板，铜端应搪锡（因铜与铝用螺栓连接，会引起接头电化学腐蚀和热弹性变形，将接头损坏，故要使用铜铝过渡板，过渡板的焊缝应离开设备端子 3～5 mm，以免产生过度腐蚀）。

⑤ 钢与铜或铝：钢搭接面必须搪锡。

⑥ 封闭母线螺栓固定搭接面应镀银。

（3）母线安装：

1）母线支架安装：母线安装前，应依据母线敷设方式及敷设部位确定支架的形式及装设位置，然后将加工好的支架埋设在墙上或固定在建筑构件上。

支架要采用 50 mm×50 mm×5 mm 的角钢制作，角钢断口必须锯断（或冲压断），不得采用电、气焊切割。支架上的螺孔宜加工成长孔，螺孔中心距离偏差应小于 5 mm，螺孔应用电钻钻孔，不应用气焊割孔或电焊吹孔。

支架在墙上安装固定时，需在土建施工中预先埋入墙内或预留安装孔。支架埋入深度要大于 150 mm，采用螺栓固定时，要使用 M12×150 mm 开叉燕尾镀锌螺栓，安装在户外时应使用热镀锌制品。在梁上或柱子上装设支架多用螺栓抱箍固定，也可以将支架焊接在预先埋设的铁件上。

当母线水平敷设时，支架架设间距不超过 3 m，垂直敷设时，不超过 2 m。成排支架的安装应排列整齐，间距应均匀一致，两支架之间的距离偏差不大于 50 mm。支架的装设应平正、牢固。

2）绝缘子安装：绝缘子与穿墙套管安装前应进行检查，瓷件、法兰应完整无裂纹，胶合处填料完整、结合牢固。

安装在同一平面或垂直面上的支柱绝缘子或穿墙套管的顶面，应位于同一平面上，其中心线位置应符合设计要求。母线直线段的支柱绝缘子的安装中心线应在同一直线上。其底座或法兰盘不得埋入混凝土或抹灰层内。支柱绝缘子叠装时，中心线应一致，固定应牢固，紧固件应齐全。无底座和顶帽的内胶装式的低压支柱绝缘子与金属固定件的接触面之间应垫以厚度不小于 1.5 mm 的橡胶或石棉纸等缓冲垫圈。

3）穿墙套管和穿墙板安装：安装穿墙套管的孔径应比嵌入部分大 5 mm 以上，混凝土安装板的最大厚度不得超过 50 mm。额定电流在 1 500 A 及以上的穿墙套管直接固定在钢板上时，套管周围不应成闭合磁路。穿墙套管垂直安装时，法兰应在上；水平安装时，法兰应在外。600 A 及以上母线穿墙套管端部的金属夹板（紧固件除外）应采用非磁性材料，其与母线之间应有金属相连，接触应稳固，金属夹板厚度不应小于 3 mm，当母线为两片或两片以上时，母线间应予固定。

穿墙板可采用硬质聚氯乙烯板（厚度不应小于 7 mm）或耐火石棉板制成，下部夹板上开洞让母线通过。低压母线穿墙夹板应装在固定支架角钢的内侧，上下夹板合成后中间空隙不得大于 1 mm，夹板孔洞缺口处与母线应保持 2 mm 空隙。夹板的固定螺栓上须装橡胶垫圈，轮流拧紧螺栓。

4）母线安装：母线安装时，室内、室外配电装置安全净距应符合规定。当电压值超过本级电压，其安全净距应采用高一级电压的安全净距规定值。

母线水平安装时两支持点间高度误差不宜大于 3 mm，全长的误差不宜大于 10 mm。垂直安装时，两支持点间垂直误差不宜大于 2 mm，全长的误差不宜大于 5 mm，母线排列间距应均匀一致，误差不大于 5 mm。

母线在绝缘子上的固定方法有用螺栓固定、夹板固定和卡板固定三种不同形式。母线用螺栓固定在支柱绝缘子上，母线的固定孔应为事先钻好的椭圆形孔，孔的长轴部分应顺着母线方向。母线在用卡板固定时，把母线放入卡板内，待母线连接调整后，将卡板沿顺时针方向水平旋转，以卡住母线。母线用夹板固定时，在夹板两边用螺栓固定。母线在夹板内水平放置时，上夹板与母线之间要保持有 1～1.5 mm 的间隙；母线在夹板内立置时，上部夹板应与母线保持 1.5～2 mm 的间隙。

5）母线补偿装置的安装：为使母线在温度变化时有伸缩的自由。当母线长度超过一定限度时，应按设计安装补偿装置（又称伸缩节）。一般在建筑物的伸缩缝处和两端不采用拉紧装置水平安装的母线中间，宜设置补偿装置。若设计无规定时，宜每隔以下长度设置一个：铝母线 20～30 m；铜母线 30～50 m，钢母线 35～60 m。补偿装置可用 0.2～0.5 mm 厚的铜片或铝片叠成后焊接或铆接而成。

6）母线排列涂色：

① 母线排列顺序：母线安装顺序的排列和涂色应按设计规定。如无设计规定时，

应遵守下列规定（以面对柜或设备正视方向为准）：

a. 上下布置的母线

交流：L1、L2、L3 相排列应由上向下；

直流：正、负极的排列应由上向下。

b. 水平布置的母线

交流：L1、L2、L3 相排列应由内向外；

直流：正、负极的排列应由内向外。

c. 引下线的母线

交流：L1、L2、L3 相排列应从左向右；

直流：正、负极的排列从左至右。

d. 交流三相四线时，中性母线的位置应分别在相线的下面、外面或右面。

② 导线应按下列规定涂刷相色油漆：

a. 三相交流母线：L1 相——黄色、L2 相——绿色、L3 相——红色。

b. 单相交流母线：从三相母线分支来的应与引出相颜色相同。

c. 直流母线：正极——赭色，负极——蓝色。

d. 直流均衡汇流母线及交流中性汇流母线不接地者——紫色；接地者——紫色带黑色条纹。

e. 母线在下列各处应涂刷相色油漆：单片母线的所有各面，多片母线的所有可见面，钢母线的所有表面。

f. 母线在下列各处不应涂相色漆。母线的螺栓连接处及支持连接处、母线与电器的连接以及距所有连接处 10 mm 以内的地方，供携带型接地线连接用的接触面上，不刷色部分的长度应为母线的宽度，但不应小于 50 mm，并应以宽度为 10 mm 的黑色带与母线相色部分隔开。

g. 母线刷相色漆应符合以下要求：室外软母线、封闭母线应在两端和中间适当部位涂相色漆；单片母线的所有面及多片、槽形、管形母线的所有可见面均应涂相色漆；钢母线的所有表面应涂防腐相色漆；刷漆应均匀、无起层、皱皮等缺陷，并应整齐一致。

7）母线接地：绝缘子的底座、套管的法兰、保护网（罩）及母线支架等可接近裸导体金属件应接地（PE）或接零（PEN）可靠，不应作为接地（PE）或接零（PEN）的接地导体。接地线宜排列整齐、方向一致。

8）防火要求：在火灾危险环境内安装裸铜、裸铝母线，应符合下列要求：不需拆卸检修的母线连接宜采用熔焊；螺栓连接应可靠，并应有防松装置；在火灾危险环境 21 区和 23 区内的母线宜装设金属网保护罩，其网孔直径不应大于 12 mm；在火灾危险环境 22 区内的母线应有 IP5X 型结构的外罩，并应符合《外壳防护等级的分类》（GB 4208—84）中的有关规定。

二、电缆桥架的安装要点及验收

1. 电缆桥架安装程序

电缆桥架安装和桥架内电缆敷设应按以下程序进行：

（1）定位画线：安装桥架前要根据桥架的走向画好线，并定好支架的位置。

（2）固定支架：在混凝土梁、板、柱上预埋螺栓，或用膨胀螺丝把支架固定在所设定的空间位置。

（3）安装桥架：支架安装好后，把桥架组装并固定在支架上。

（4）桥架接地：金属电缆桥架及其支架和引入或引出的金属电缆导管必须接地（PE）或接零（PEN）可靠，在金属电缆桥架及其支架全长应不少于两处与接地（PE）或接零（PEN）干线相连接。非镀锌电缆桥架间连接板的两端跨接铜芯接地线，接地线最小允许截面积不小于 4 mm^2；镀锌电缆桥架间连接板的两端不跨接接地线，但连接板的两端应有不少于两个带防松螺母或防松垫圈的连接固定螺栓。

多层桥架当利用桥架的接地保护干线时，应将每层桥架的端部用 16 mm^2 的软铜线分别连接起来，并与总接地干线相通。长距离的电缆桥架每隔 30～50 m 接地一次。安装在具有爆炸危险场所的电缆桥架，如无法与已有的接地干线连接时，必须单独敷设接地干线进行接地。沿桥架全长敷设接地保护干线时，每段（包括非直线段）托盘、梯架应至少有一点与接地保护干线可靠连接。对于振动场所，在接地部位的连接处应装置弹簧垫圈，防止因振动引起连接螺栓松动，而造成接地电气通路中断。

（5）桥架穿墙或楼板：电缆桥架在穿过防火墙及防火楼板时，应采取防火隔离措施，需在土建施工中预留洞口，在洞口处预埋好护边角钢。根据电缆敷设的根数和层数将 50 mm×50 mm×5 mm角钢制作固定框焊在护边角钢上。电缆过墙处应尽量保持水平，每放一层电缆垫一层厚 60 mm 的泡沫石棉毡，用泡沫石棉毡把洞堵平，小洞用电缆防火堵料堵塞。墙洞两侧应用隔板将泡沫石棉毡保护起来。在防火墙两侧1 m以内对塑料、橡胶电缆直接涂防火涂料 3～5 次达到 0.5～1 mm。对铠装油浸纸绝缘电缆，包一层玻璃丝布后，再涂涂料 0.5～1 mm 或直接涂涂料 1～1.5 mm。

电缆桥架安装相关规范：《电气装置安装工程电缆线路施工及验收规范》（GB 50168—2006）。

2. 电缆桥架安装规定

电缆桥架安装应符合下列规定：

（1）直线段钢制电缆桥架长度超过 30 m、铝合金或玻璃钢制电缆桥架长度超过 15 m设有伸缩节；电缆桥架跨越建筑物变形缝处设置补偿装置。

（2）电缆桥架转弯处的弯曲半径，不小于桥架内电缆最小允许弯曲半径，电缆最小允许弯曲半径见表 3-8。

表 3-8　电缆最小允许弯曲半径

序号	电缆种类	最小允许弯曲半径
1	无铅包钢铠护套的橡皮绝缘电力电缆	10*D*
2	有铅包钢铠护套的橡皮绝缘电力电缆	20*D*
3	聚氯乙烯绝缘电力电缆	10*D*
4	交联聚氯乙烯绝缘电力电缆	15*D*
5	多芯控制电缆	10*D*

注：*D* 为电缆外径。

3. 电缆桥架安装要求

（1）电缆桥架作为布线工程的一个配套项目，目前尚无专门的规范指导，各生产厂家的规格程式缺乏通用性。因此，设计选型过程应根据弱电各个系统电缆的类型、数量，合理选定适用的桥架。

1）确定方向：根据建筑平面布置图，结合空调管线和电气管线等设置情况、方便维修及电缆路由的疏密来确定电缆桥架的最佳路由。在室内，尽可能沿建筑物的墙、柱、梁及楼板架设，如需利用综合管廊架设时，则应在管道一侧或上方平行架设，并考虑引下线和分支线尽量避免交叉，如无其他管架借用，则需自设立（支）柱。

2）荷载计算：计算电缆桥架主干线纵断面上单位长度的电缆重量。

3）确定桥架的宽度：根据布放电缆条数、电缆直径及电缆的间距来确定电缆桥架的型号、规格，托臂的长度，支柱的长度、间距，桥架的宽度和层数。

4）确定安装方式：根据场所的设置条件确定桥架的固定方式，选择悬吊式、直立式、侧壁式或是混合式，连接件和紧固件一般为配套供应。此外，根据桥架结构选择相应的盖板。

5）绘出电缆桥架平、剖面图，局部部位还应绘出空间图，开列材料表。

（2）如与电力电缆桥架合用时，应将电力电缆和弱电电缆各置一侧，中间采用隔板分隔。

（3）弱电电缆与其他低电压电缆合用桥架时，应严格执行选择具有外屏蔽层的弱电系统的弱电电缆，避免相互间的干扰。

（4）其他安装要求：

1）电缆桥架由室外进入建筑物内时，桥架向外的坡度不得小于1/100。

2）电缆桥架与用电设备交叉敷设时，其间的净距不小于0.5 m。

3）两组电缆桥架在同一高度平行敷设时，其间净距不小于0.6 m。

4）在平行图上绘出桥架的路由，要注明桥架起点、终点、拐弯点、分支点及升降点的坐标或定位尺寸、标高，如能绘制桥架敷设轴侧图，则对材料统计将更精确。直线段，注明全长、桥架层数、标高、型号及规格。拐弯点和分支点，注明所用转弯接板的型号及规格。升降段，注明标高变化，也可用局部大样图或剖面图表示。

5）桥架支撑点，如立柱、托臂或非标准支、构架的间距、安装方式、型号规格、标高，可同意在平面上列表说明，也可分段标出用不同的剖面图、单线图或大样图表示。

6）电缆引下点位置及引下方式，一般而言，大批电缆引下可用垂直弯接板和垂直引上架，少量电缆引下可用导板或引管，注明引下方式即可。

7）电缆桥架宜高出地面2.5 m以上，桥架顶部距顶棚或其他障碍物不应小于0.3 m，桥架宽度不宜小于0.1 m，桥架内横断面的填充率不应超过50%。

8）电缆桥架内缆线垂直敷设时，把缆线的上端和每间隔1.5 m处应固定在桥架的支架上，水平敷设时，在缆线的首、尾、转弯及每间隔3～5 m处进行固定。

9）在吊顶内设置时，槽盖开启面应保持80 mm的垂直净空，线槽截面利用率不应超过50%。

10）布放在线槽的缆线可以不绑扎，槽内缆线应顺直，槽内缆线应顺直，尽量不交叉，缆线不应溢出线槽，在缆线进出线槽部位，转弯处应绑扎固定。垂直线槽布放缆线应每间隔1.5 m固定在缆线支架上。

11）在水平、垂直桥架和垂直线槽中敷设线时，应对缆线进行绑扎。4 对线电缆以 24 根为束，25 对或以上主干线电缆、光缆及其他信号电缆应根据缆线的类型、缆径、缆线芯数分束绑扎。绑扎间距不宜大于 1.5 m，扣间距应均匀，松紧适度。

12）桥架水平敷设时，支撑间距一般为 1.5～3 m，垂直敷设时固定在建筑物构体上的间距宜小于 2 m。

4. 工程的交接与验收

（1）电缆桥架安装和桥架内电缆敷设时的工序交接确认：

1）测量定位，安装桥架的支架，经检查确认，才能安装桥架。

2）桥架安装检查合格，才能敷设电缆。

3）电缆敷设前绝缘测试合格，才能敷设。

4）电缆电气交接试验合格，且对接线去向、相位和防火隔堵措施等检查确认，才能通电。

（2）电缆桥架工程施工完成后，在交接验收时应按下列要求进行验收：

1）电缆规格应符合规定；电缆应排列整齐、无机械损伤；标志牌应装设齐全、正确、清晰。

2）电缆的固定、弯曲半径、有关距离和单芯电力电缆的金属护层的接线、相序排列等应符合要求。

3）电缆桥架的接地应良好。

4）电缆桥架的金属部件防腐层应完好。

5）防火措施应符合设计，且施工质量合格。

（3）电缆桥架工程在交接验收时，应提交下列资料和技术文件：

1）设计资料图样、电缆清单、变更设计的证明文件和竣工图。

2）制造厂提供的产品说明书、试验记录、合格证件及安装图样等技术文件。

3）试验记录。

三、线槽配线安装要点及验收

1. 金属线槽敷设布线

（1）明敷金属线槽布线：金属线槽布线一般适用于正常环境的室内场所明敷，但对金属线槽有严重腐蚀的场所不应采用。具有槽盖的封闭式金属线槽，可在建筑顶棚内敷设。线槽应平整、无扭曲变形，内壁应光滑、无毛刺。金属线槽应做防腐处理。

1）金属线槽布线要求：同一回路的所有相线和中性线（如果有中性线时），应敷设在同一金属线槽内。同一路径无防干扰要求的线路，可敷设于同一金属线槽内。线槽内电线或电缆的总截面积（包括外护层）不应超过线槽内截面积的 20%，载流导线不宜超过 30 根。控制、信号或与其相类似线路（控制、信号等线路可视为非载流导线）的电线或电缆，其总截面积不应超过线槽内截面积的 50%，电线或电缆根数不限。

电线或电缆在金属线槽内不宜有接头，但在易于检查的场所，可允许在线槽内有分支接头，电线、电缆和分支接头的总截面积（包括外护层）不应超过该点线槽内截面积的 75%。

金属线槽不宜敷设在腐蚀性气体管道和热力管道的上方及腐蚀性液体管道的下方，

当有困难时，应采取防腐、隔热措施。

金属线槽布线与各种管道平行或交叉时，其最小净距应符合表 3-9 的规定。

表 3-9　金属线槽和电缆桥架与各种管道的最小净距　　单位：m

管道类别		平行净距	交叉净距
一般工艺管道		0.4	0.3
具有腐蚀性气体管道		0.5	0.5
热力管道	有保温层	0.5	0.3
	无保温层	1.0	0.5

金属线槽垂直或大于 45°倾斜敷设时，应采取措施防止电线或电缆在线槽内滑动。金属线槽敷设时，宜在下列部位设置吊架或支架：直线段不大于 2 m 及线槽接头处；线槽首端、终端及进出接线盒 0.5 m 处；线槽转角处。金属线槽不得在穿过楼板或墙体等处进行连接。

金属线槽及其支架应可靠接地，且全长不应少于 2 处与接地干线（PE）相连。金属线槽布线的直线段长度超过 30 m 时，宜设置伸缩节；跨越建筑物变形缝处宜设置补偿装置。

2）金属线槽的安装：金属线槽在墙上安装时，可采用 8 mm×35 mm 半圆头木螺钉配木砖或半圆头木螺钉配塑料胀管。当线槽的宽度 $b \leqslant 100$ mm，可采用一个胀管固定；若线槽的宽度 $b > 100$ mm，则用两个胀管并列固定。线槽在墙上固定点安装的固定点间距为 0.5 m，每节线槽的固定点不应少于两个。线槽固定用的螺钉，紧固后其端部应与线槽内表面光滑相连，线槽槽底应紧贴墙面固定。线槽的连接应连续无间断，线槽接口应平直、严密，线槽在转角、分支处和端部均应有固定点。

金属线槽敷设时，吊点及支持点的距离，应根据工程具体条件确定，一般应在直线段不大于 3 m 或线槽接头处、线槽首端、终端及进出接线盒 0.5 m 处、线槽转角处设置吊架或支架。

金属线槽在墙上水平架空安装可使用托臂支承。托臂在墙上的安装方式可采用膨胀螺栓固定。当金属线槽宽度 $b < 100$ mm 时，线槽在托臂上可采用一个螺栓固定。线槽在墙上水平架空安装也可使用扁钢或角钢支架支撑。

线槽用吊架悬吊安装，采用吊架卡箍吊装吊杆为 Φ10 mm 圆钢制成，吊杆和建筑物预制混凝土楼板或梁的固定可采用膨胀螺栓及螺栓套筒进行连接。吊杆也可以使用不小于 Φ8 mm 圆钢制作，圆钢上部焊接在 40 mm×4 mm 角形扁钢上，角形扁钢上部用膨胀螺栓与建筑物结构固定。

在吊顶内安装时，吊杆可用膨胀螺栓与建筑结构固定。当与钢结构固定时，不允许进行焊接，将吊架直接吊在钢结构的指定位置处。也可以使用万能吊具与角钢、槽钢、工字钢等钢结构进行安装。金属线槽在吊顶下吊装时，吊杆应固定在吊顶的主龙骨上，不允许固定在副龙骨或辅助龙骨上。

线槽敷设应平直整齐，水平或垂直允许偏差为其长度的 2‰，且全长允许偏差为 20 mm。并列安装时，槽盖应便于开启。

由金属线槽引出的线路，可采用金属管、硬质塑料管、半硬塑料管、金属软管或电缆等布线方式。电线或电缆在引出部分不得遭受损伤。在线路连接、转角、分支及终端处应采用相应的附件。

3）接地：金属线槽应可靠接地或接零，所有非导电部分的铁件均应相互连接，金属外壳不应作为设备的接地导体。线槽的变形缝补偿装置处应用导线搭接，使之成为一连续导体。在强电金属线槽内，应设置4 mm^{2}铜导线做接地干线用，线槽内分支或配出的接地（PE）线支线，应从接地（PE）干线上引出。当线槽内敷设导线回路，不需接地保护时，或线槽底板对地距离高于2.4 m时，线槽内可不设保护（PE）线。当线槽底板低于 2.4 m 时，线槽本身和线槽盖板均必须加装接地保护（PE）线。

（2）地面内暗装金属线槽布线：地面内暗装金属线槽布线，适用于正常环境下大空间且隔断变化多、用电设备移动性大或敷有多种功能线路的场所，暗敷于现浇混凝土地面、楼板或楼板垫层内。

同一回路的所有导线应敷设在同一线槽内。同一路径无防干扰要求的线路可敷设于同一线槽内。线槽内电线或电缆的总截面积（包括外护层）不应超过线槽内截面积的 20%。当暗装线槽敷设在现浇混凝土楼板内时，楼板厚度不应小于 200 mm；当敷设在楼板垫层内时，垫层的厚度不应小于 70 mm，并避免与其他管路相互交叉。

地面内暗装金属线槽安装时应根据单线槽或双线槽不同结构形式，选择单压板或双压板与线槽组装并上好卧脚螺栓，将组合好的线槽及支架，沿线路走向水平放置在地面或楼（地）面的找平层或楼板的模板上，然后再进行线槽的连接。地面线槽的支架应安装在距离直线段不大于 3 m 处或在线槽接头处、线槽进入分线盒 200 mm 处。

穿线时在线槽中间导线或电缆不得有接头，接头应在分线盒内进行。导线若在分线盒内无分支接头时，应直接通过不断线。盒内导线接头断线连接时，导线的预留长度出盒口不应小于 150 mm，导线在箱（盘）内的预留长度不应小于箱（盘）面的半周长。

当设计无要求时，金属线槽全长应有不少于 2 处与接地（PE）或接零（PEN）干线连接。非镀锌金属线槽连接板的两端跨接铜芯接地线，镀锌线槽间的连接板的两端不跨接接地线，但连接板两端应有不少于 2 处有防松螺母或防松垫圈的连接固定螺栓。

2. 塑料线槽布线

塑料线槽布线一般适用于正常环境的室内场所，在高温和易受机械损伤的场所不宜采用。弱电线路可采用难燃型带盖塑料线槽在建筑顶棚内敷设。

塑料线槽必须选用阻燃型的，外壁应有间距不大于 1 m 的连续阻燃标记和制造厂标。线槽应平整、无扭曲变形，内壁应光滑、无毛刺。难燃型塑料线槽明敷设安装。

塑料线槽敷设时，宜沿建筑物顶棚与墙壁交角处的墙上及墙角和踢脚板上端边上敷设。先固定槽底，在分支时应做成“T”字分支，在转角处槽底应锯成 45°对接，连接面应严密平整，无缝隙。在线路连接、转角、分支及终端处应采用相应附件。

塑料线槽敷设时，槽底固定点间距应根据线槽规格而定，一般不应大于表 3-10 所列数值。塑料线槽槽底可用伞形螺栓固定或用塑料胀管固定，也可用木螺钉固定在预先埋入在墙体内的木砖上。在石膏板或其他护板墙上及预制空心板处，可用伞形螺栓固定。固定线槽时，应先固定两端再固定中间，端部固定点距槽底终点不应小于 50 mm。

表 3-10　塑料线槽明敷时固定点最大间距

固定点形式	线槽宽度/mm	固定点最大间距/m			
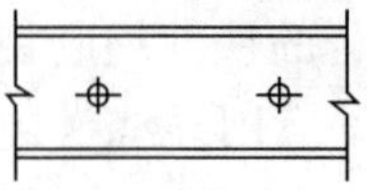	20～40	0.8			
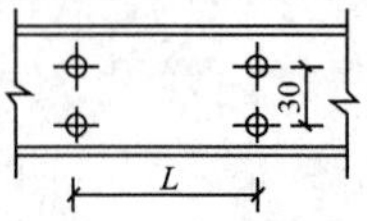 30 L	60		1.0		
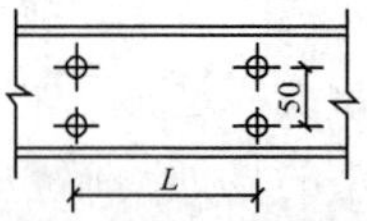 50 L	80～120			0.8	

在线槽内敷设塑料导线时的环境温度不应低于－15 ℃。强、弱电线路不应同时敷设在同一根线槽内。同一路径无抗干扰要求的线路，可以敷设在同一根线槽内。线槽内导线的规格和数量应符合设计规定；当设计无规定时，包括绝缘层在内的导线总截面积不应大于线槽截面积的 20%。

四、塑料管配线安装要点及验收

1. 硬质塑料管敷设

硬质塑料管布线一般适用于室内场所和有酸碱腐蚀性介质的场所，但在易受机械损伤的场所不宜采用明敷设。在高层建筑中不建议使用此敷设方式。

（1）暗敷：在现浇混凝土柱内敷设管径不大于 Φ20 mm 的硬塑料管时，管子可在柱中间部位每隔 1 m 处与主筋用箍筋绑扎，距离管进盒前绑扎点不宜大于 0.3 m。配管管径较大时，管子应沿柱中心垂直通过。穿越柱平面的两相邻直角边时，应做成沿柱截面两中线呈 90°弯曲穿越。

在现浇混凝土梁内垂直通过时，应在梁受剪力较小的部位，即梁的净跨度的 1/3 中跨的区域内通过，可在土建施工缝处预埋内径比配管外径粗的钢管做套管。

在现浇混凝土墙体两层钢筋网中间，每隔 1 m 把管子绑扎在内壁钢筋的内侧，多根管子并列敷设时，管子之间应有不小于 25 mm 的间距。

管子在框架结构空心砖墙内水平敷设时，配管层可用普通砖砌筑，或者浇注一段砾石混凝土保护管子。卧砌空心砖时，管子由空心砖的空心洞中穿过。管子在空心砖墙内垂直敷设时，在管路经过处应改为局部使用普通砖立砌，或进行空心砖与砖之间的钢筋拉结，也可现浇一条垂直的混凝土带将管子保护起来。

在框架结构加气混凝土砌块隔墙内配管，剔槽宽不宜大于管外径加 15 mm，槽深应比管外径大 15 mm，每隔 0.5 m 用钉子将管两侧绑线固定，用不小于 M10 水泥砂浆抹平沟槽，保护层厚度不应小于 15 mm，在现浇混凝土楼板内配管，管路应在两层钢筋中间与混凝土表面距离不小于 15 mm。管路应尽量不交叉，否则交叉点两根管子的外径之和比楼板的厚度小 40 mm。

在预制空心楼板板缝内配管应沿预制板端部之间的横向板缝敷设，一般只能敷设一根管子。

在楼（屋）面垫层内配管，管保护层厚度不应小于 15 mm，楼（屋）面焦渣垫层内配管时，应在垫层施工前，管路周围应用水泥砂浆加以保护，防止管路受机械损伤。

管子垂直跨越地沟时应敷设在地沟盖板层内。若为预制地沟盖板时，局部改为现浇板。地沟热力管外应包扎保温材料，进行隔热处理。管口露出地面不宜小于 200 mm。塑料管在穿过建筑物基础时，外套保护管内径不应小于配管外径的 2 倍。外套钢管内外要涂多层防腐漆，埋地端应锯成斜口，宜垂直通过基础，无法垂直时，管路与基础水平交角不宜小于 45°。

（2）明敷：硬质塑料管明敷时，其固定点间距最大限值见表 3-11。

表 3-11　管卡间最大距离

敷设方式	导管种类	导管直径/mm				
		15～20	25～32	32～40	50～65	65 以上
		管卡间最大距离/m				
支架或沿墙明敷	壁厚＞2 mm 刚性钢导管	1.5	2.0	2.5	2.5	3.5
	壁厚≤2 mm 刚性钢导管	1.0	1.5	2.0	—	—
	刚性绝缘导管	1.0	1.5	1.5	2.0	2.0

明配单根硬质塑料管可用塑料管卡子、开口管卡固定，用木螺钉或塑料胀管把管卡固定住，把管子压入管卡的开口处内部。两根及以上配管并列敷设时，可用管卡沿墙敷设或在吊架、支架上敷设。管卡与终端、转弯中点、电气器具或盒（箱）边缘的距离为 150～500 mm。

对于多根明配管或较粗的明管安装时，应先固定两端后再固定中间的支架或吊架。墙垛处用角钢托架安装。预制楼板采用吊装方法时需在楼板板缝处固定吊架。明配管在沿柱或沿屋架下沿及沿钢屋架敷设时，可以用抱箍固定支架。多管水平吊装和沿墙吊装，可使用 2 mm 厚的夹板式管卡固定在支、吊架上。

管径较大或并列管子数量较多时，管子可直接吊挂固定在楼板顶部或梁的固定支架或吊杆上。

（3）补偿装置：暗配管路通过建筑物变形缝时，要在其两侧各埋设接线盒（箱）做补偿装置。在接线盒（箱）相邻面，穿一短钢保护管，管内径应大于塑料管外径的 2 倍，套在塑料管外面起保护作用。直筒式和拐角式接线箱，分别适用于在不同轴线的墙体上安装和在同一轴线墙体上安装。明配硬质塑料管沿建筑物的表面敷设时，在直线段上每隔 30 m 应装设补偿装置（在支架上架空敷设除外）。PVC 补偿装置接头的大头与直管套入并粘牢，小头与直管套上一部分并粘牢，连接管可在接头内滑动。

（4）连接：难燃型硬质塑料管的管与管或管与盒连接，应使用专用的管接头、管卡头并涂以专用的胶黏剂粘结。管子的连接常使用插入法连接，将阴管端部加热软化后，将阳管管端涂上胶合剂，迅速插入阴管，插接长度为连接管外径 1.1～1.8 倍，待两管同心后冷却。套接法连接，即用比连接管管径大一级塑料管做套管，长度宜为连接管外径的 1.5～3 倍，把涂好胶合剂的连接管，从两端插入套管内，连接管对口处应在套管中心，且紧密牢固。硬质 PVC 管的连接，也可以采用成品管接头，连接管两端须涂套管专用的胶合剂粘结。在建筑物顶层暗配管施工中允许采用不涂胶合剂直接套接的方法（在混凝土中则必须使用专用的胶合剂粘结）。

硬质塑料管与盒（箱）连接时，管外径应与盒（箱）敲落孔一致，管口平整、光滑，一管一孔顺直进入盒（箱），露出长度应不小于 5 mm。多根管进入配电箱时应长度一致、排列间距均匀。管与盒（箱）连接应固定牢固。硬质塑料管与盒（箱）的连接，可以采用成品管盒连接件，管插入深度宜为管外径的 1.1～1.8 倍，连接处结合面涂专用胶合剂。

（5）管内穿线：

1）对穿管敷设的绝缘导线，其额定电压不应低于 500 V。

2）管内穿线宜在建筑物抹灰、粉刷及地面工程结束后进行；穿线前，应将电线保护管内的积水及杂物清除干净。

3）不同回路、不同电压等级和交流与直流的导线，不得穿在同一根管内，但下列几种情况或设计有特殊规定的除外：

① 电压为 50 V 及以下的回路。

② 同一台设备的电机回路和无抗干扰要求的控制回路。

③ 照明花灯的所有回路。

④ 同类照明的几个回路，可穿入同一根管内，但管内导线总数不应多于 8 根。

4）同一交流回路的导线应穿于同一钢管内。

5）导线在管内不应有接头和扭结，接头应设在接线盒（箱）内。

6）管内导线包括绝缘层在内的总截面积不应大于管子内空截面积的 40%。

7）导线穿入钢管时，管口处应装设护线套保护导线；在不进入接线盒（箱）的垂直管口，穿入导线后应将管口密封。

2. 半硬塑料管的敷设

半硬塑料管及混凝土板孔布线适用于正常环境一般室内场所，潮湿场所不应采用。半硬塑料管布线应采用难燃平滑塑料管及塑料波纹管。建筑物顶棚内，不宜采用塑料波纹管。混凝土板孔布线应采用塑料护套电线或塑料的绝缘电线穿半硬塑料管敷设。在现浇钢筋混凝土中敷设半硬塑料管时，应采取预防机械损伤措施。塑料护套电线及塑料绝缘电线在混凝土板孔内不得有接头，接头应布置在接线盒内。

半硬塑料管在现浇混凝土框架结构中、在楼（屋）面垫层内、地面内、预制空心楼板内、轻质砌块墙内的敷设方法与硬塑料管基本相同。

半硬塑料管暗敷设，在通过建筑物变形缝处时，应设置变形缝接线箱，其中一侧箱开长孔。

平滑半硬塑料管的连接应采用套管连接，用比连接管管径大一级且长度不小于连接管外径 2 倍的管子做套管，也可采用专用管接头。两连接管端部应涂好胶合剂，将连接管插入套管内粘结牢固，连接管对口处应在套管中心。波纹管进行连接时，可以用套管连接和绑接连接。用大一级管径的波纹管做套管，套管长度不宜小于连接管外径的 4 倍，将套管顺长向切开，把连接管插入套管内（应注意连接管的管口应平齐，对口处在套管中心），在套管外用铁（铝）绑线斜向绑扎牢固、严密。管的弯曲可以用手随时弯曲，平滑塑料管在 90°弯曲时，可使用定弯套固定。当线路直线长度超过 15 m 或直角弯超过 3 个时，均应装设中间接线盒。为了便于穿线，管子弯曲半径应不小于 6

倍管外径，弯曲角度应大于 90°。

五、钢管配线安装要点及验收

钢管布线一般适用于室内、外场所，但对钢管有严重腐蚀的场所不宜采用。建筑物顶棚内，宜采用金属管布线。钢管不应有折扁和裂缝，管内应无铁屑及毛刺，切断口应平整，管口应光滑。

1. 明敷

明敷于潮湿场所或埋地敷设的钢管布线，应采用水、煤气钢管。明敷或暗敷于干燥场所的钢管布线可采用电线管。明配钢管应排列整齐，固定点间距应均匀。管卡与终端、弯头中点、电气器具或盒（箱）边缘的距离宜为 150～500 mm。

明配单根钢管可采用金属管卡固定，两根及以上配管并列敷设时，可用管卡子沿墙敷设或在吊架、支架上敷设。

明配钢管在管端部和弯曲处两侧也需要有管卡固定，不能用器具设备和盒（箱）来固定管端。明配管沿墙固定时，当管孔钻好后，放入塑料胀管，待管固定时，先将管卡的一端螺钉拧进一半，然后将管敷于管卡内，再将管卡用木螺钉拧牢固定。沿楼板下敷设固定时，应先固定一个 16 mm×4 mm 的底板，在底板上用管卡子固定钢管。明配钢管在拐角处敷设时，应该使用拐角盒，多根明管排列敷设时，在拐角处应使用中间接线箱进行连接，也可按管径的大小弯成排管敷设。所有管子应排列整齐，转弯部分应按同心圆弧的形式进行排列。

易燃材料吊顶内应使用钢管敷设，管与管或管与盒的连接，均应采用螺纹连接。管与盒连接时，应在盒的内、外侧均套锁紧螺母与盒体固定。吊顶内敷设钢管直径为 Φ25 mm及以下时，管子允许利用轻钢龙骨吊顶的吊杆和吊顶的轻钢龙骨上边进行敷设，并应使用吊装卡具吊装。

钢管管内壁除锈，可用圆形钢丝刷，两头各绑一根钢丝，来回拉动钢丝刷，把管内铁锈清除干净。管子外壁可用钢丝刷或电动除锈机除锈。

2. 暗敷

绝缘电线不宜穿金属管在室外直接埋地敷设。必要时对于次要用电负荷且较短的线路（15 m 以下），可穿金属管埋地敷设，但应采取可靠的防水、防腐蚀措施。

钢管在现浇混凝土框架结构中、在楼（屋）面垫层内、地面内、预制空心楼板内、轻质砌块墙内的敷设方法与硬塑料管基本相同。

在现浇混凝土构件内敷设管子，可用铁丝将管子绑扎在钢筋上，也可以用钉子将管子钉在木模板上，将管子用垫块垫起，用铁线绑牢。垫块可用碎石块，垫高 15 mm 以上。此项工作是在浇灌前进行的。当线管配在砖墙内时一般是随土建砌砖时预埋；否则，应事先在砖墙上留槽或砌砖后开槽。线管在砖墙内的固定方法，可先在砖缝里打入木楔，再在木楔上钉钉子，用铁丝将管子绑扎在钉子上，再将钉子打入，使管子充分嵌入槽内。应保证管子离墙表面净距不小于 15 mm。在地坪内，须在土建浇制混凝土前埋设，固定方法可用木桩或圆钢等打入地中，用铁丝将管子绑牢。为使管子全部埋设在地坪混凝土层内，应将管子垫高，离土层 15～20 mm，这样，可减少地下湿土对管子的腐蚀作用。当许多管子并排敷设在一起时，必须使其离开一定距离，以保证其间也灌上混凝土。为避免管口堵塞影响穿线，管子配好后应将管口用木塞或牛皮纸堵好。管子连接处以及钢管与接线盒连接处，要做好接地处理。

暗敷设工程中应尽量使用镀锌钢管。除了埋入混凝土内的钢管外壁不需防腐处理外，钢管内外壁均应涂樟丹油一道。埋入焦渣层中的钢管，用水泥砂浆全面保护，厚度不应小于 50 mm。直埋于土层内的钢管应刷两层沥青漆并用厚度不小于 50 mm 的混凝土保护层保护。埋入有腐蚀性土层内的钢管应刷沥青油后缠麻布或玻璃丝布，外面再刷一道沥青油。包缠要紧密妥实不得有空隙，刷油要均匀。使用镀锌钢管时，在镀锌层剥落处，也应涂防腐漆。设计有特殊要求时，应按设计规定进行防腐处理。

3. 连接

明配钢管或暗配的镀锌钢管与盒（箱）连接应采用锁紧螺母或护圈帽固定，用锁紧螺母固定的管端螺纹宜外露锁紧螺母 2～3 扣。钢管与盒（箱）连接时，钢管管口使用金属护圈帽（护口）保护导线时，应将套螺丝后的管端先拧上锁紧螺母（根母），顺直插入盒与管外径相一致的敲落孔内，露出 2～3 扣的管口螺纹，再拧上金属护圈帽（护口），把管与盒连接牢固。当配管管口使用塑料护圈帽（护口）保护导线时，由于塑料护圈帽机械强度不足以固定管盒，应在盒内外管口处均拧紧锁紧螺母固定盒子，留出管口螺纹 2～3 扣，再拧紧塑料护圈帽（也可在管内穿线前拧好护圈帽）。钢管与设备直接连接时，应将钢管敷设到设备的接线盒内。对室内干燥场所和设备间内，钢管端部宜增设电线保护软管或可挠金属电线保护管（普利卡金属套管）后引入到设备的接线盒内，且钢管管口应包扎紧密。对室外或室内潮湿场所，钢管端部应增设防水弯头，导线应加套保护软管，经弯成滴水弧状后，再引入到设备的接线盒。与设备连接的钢管管口与地面的距离宜大于 200 mm。

钢管与钢管的连接用螺纹连接和焊接连接两种方法。镀锌钢管和薄壁钢管应用螺纹连接或套管紧定螺钉连接，不应采用熔焊连接。钢管与钢管间用螺纹连接时，管端螺纹长度不应小于管接头长度的 1/2；连接后，螺纹宜外露 2～3 扣。

钢管与钢管间用套管连接时，套管长度宜为管外径的 1.5～3 倍，管与管的对口处应位于套管的中心。套管采用焊接连接时，焊缝应牢固严密。暗配黑色钢管管径在 Φ80 mm及其以上时，将两连接管端打喇叭口再进行管与管之间对口焊。两连接管应在同一条管子轴线上，周围焊严密，应保证对口处管内光滑，无焊渣。

采用紧定螺钉连接时，螺钉应拧紧。在振动的场所，紧定螺钉应有防松动措施。钢管连接处的管内表面应平整、光滑。

暗配的黑色钢管与盒（箱）连接可采用焊接连接，管口宜高出盒（箱）内壁 3～5 mm，且焊后应补涂防腐漆。在管与盒的外壁焊接的累计长度不宜小于管外周长的 1/3。也可以用 Φ6 mm 钢筋与钢管横向焊牢，另一端焊在盒的棱边上。

4. 接地

镀锌钢管、可挠性金属管和金属线槽不得熔焊跨接接地线，应采用专用接地跨接卡，两卡间连线若为铜芯软导线，截面积应不小于 4 mm^2。非镀锌钢管采用螺纹连接时，连接处的两端焊跨接接地线；当镀锌钢管采用螺纹连接时，连接处的两端用专用接地卡固定跨接接地线。

黑色钢管之间及管与盒（箱）之间采用螺纹连接时，为了使管路系统接地（接零）

良好、可靠，要在管接头的两端及管与盒（箱）连接处，用相应圆钢或扁钢焊接好跨接接地线，使整个管路可靠地连成一个导电的整体。

镀锌钢管或可挠金属电线保护管（普利卡金属套管）的跨接接地线直径应根据钢管的管径来选择，见表 3-12。管接头两端跨接线管箍长度，不小于跨接线直径的 6 倍，跨接线在连接管箍处距管接头两端距离不应小于 50 mm。盒（箱）上焊接面积，不应小于跨接线截面积，且应在盒（箱）的棱边上焊接。严禁将管接头（管箍）与连接管焊死。

表 3-12　接地跨接线规格

直径/mm		跨接线/mm	
电线管	钢管	圆钢	扁钢
≤32	≤25	Φ6	
40	32	Φ8	
50	40～50	Φ10	
70～80	70～80	Φ12 以上	25×4

明配钢管的连接、管与盒（箱）的连接应采用螺纹连接，使用全扣管接头，并应在管接头两端箍好接地跨接线。不应将管接头焊死。

5. 补偿装置

配管管路通过建筑物变形缝时，要在其两侧各埋设接线盒（箱）做补偿装置，接线盒（箱）相邻面穿一短钢管，短管一端与盒（箱）固定，另一端应能活动自如，此端盒（箱）开长孔不应小于管外径的 2 倍。管道通过变形缝处时，在同一轴线墙体上安装拐角接线箱；在不同轴线上，安装直筒式接线箱。对变形缝中的伸缩缝和抗震缝，由于缝下基础没有断开，施工中配管应尽量在基础内水平通过，避免在墙体上设置补偿装置。

在建筑物伸缩、沉降缝两侧暗设或吊杆固定明设两个接线盒（箱），两侧的接线盒（箱）以金属软管连接。将伸缩、沉降缝的另一侧的接线箱省去不装，金属软管加过渡接头直接连接钢管。使用金属管的线路应做好跨接地线。金属软管的地线连接，可采用铜导线与金属软管缠绕并焊锡的方法连接。

钢管暗配管路在通过建筑物变形缝处无法设置接线盒（箱）时，还可外套钢保护管。保护管内径不宜小于配管管外径的 2 倍，保护管中间应断开，以便适应建筑物的变形。

6. 工程的交接与验收

（1）电线管和线槽敷设时工序的交接确认：

1）除埋入混凝土中的非镀锌钢导管外壁不做防腐处理外，其他场所的非镀锌钢导管内外壁均做防腐处理，经检查确认，才能配管。

2）现浇混凝土板内配管在底层钢筋绑扎已完成且上层钢筋未绑扎前敷设，经检查确认，才能绑扎上层钢筋和浇捣混凝土。

3）现浇混凝土墙体内的钢筋网片绑扎完成，门、窗等位置已放线，经检查确认，才能在墙体内配管。

4）被隐蔽的接线盒和导管在隐蔽前检查合格，才能隐蔽。

5）在梁、板、柱等部位明配管的导管套管、埋件、支架等检查合格，才能配管。

6）吊顶上的灯位及电气器具的位置先放样，且与土建及各专业施工单位商定，才能在吊顶内配管。

7）顶棚和墙面的喷浆、油漆或壁纸等基本完成，才能敷设线槽、槽板。

（2）电线、电缆穿管及线槽敷线时工序的交接确认：

1）接地（PE）或接零（PEN）及其他焊接施工完成，经检查确认，才能穿入电线或电缆以及线槽内敷线。

2）与导管连接的柜、屏、台、箱、盘安装完成，管内积水及杂物清除干净，经检查确认，才能穿入电线、电缆。

3）电缆穿管前绝缘测试合格，才能穿入导管。

4）电线、电缆交接试验合格，且对接线去向和相位等检查确认，才能通电。

（3）导线接线时工序的交接确认：

1）控制电缆绝缘电阻测试和校线合格，才能接线。

2）电线、电缆交接试验和相位核对合格，才能接线。

（4）工程交接验收时应对下列项目进行检查：

1）各种规定的距离。

2）各种支持件的固定。

3）配管的弯曲半径，盒（箱）设置的位置。

4）明配线路的允许偏差值。

5）导线的连接和绝缘电阻。

6）非带电金属部分的接地或接零。

7）黑色金属附件防腐情况。

8）施工中造成的孔、洞、沟、槽的修补情况。

（5）工程交接验收时应提交下列技术资料和文件：

1）竣工图。

2）变更设计的证明文件。

3）安装技术记录（包括隐蔽工程记录）。

4）各种试验记录。

5）主要器材、设备的合格证。

六、电气竖井配线安装要点及验收

竖井内高压、低压和应急电源的电气线路，相互之间应保持 0.30 m 及以上距离或采取隔离措施，并且高压线路应设有明显标志。强电和弱电线路有条件时宜分别设置在不同竖井内。如受条件限制必须合用时，强电与弱电线路应分别布置在竖井两侧或采取隔离措施以防止强电对弱电的干扰。

竖井内不应有与其无关的管道等通过。

采用金属管布线时，配管由配电室引出后，一般可采用水平吊装的方式进入电气竖井内，然后沿支架在竖井内垂直敷设。当导线截面积在 50 mm^2 及以下，导线长度为

30 m 时要装设接线盒（箱）；导线截面积为 120～240 mm^2，导线长度为 18 m 时就要装设中间接线盒（箱）。在竖井内，绝缘导线穿钢管布线穿过楼板处，把钢管直接预埋在楼层间，不必留置洞口，也不再需要进行防火封堵了。由电气竖井内引至各用户的金属管，若管口向上时，应高出地坪一定距离。

对于消防用电设备的配电线路，在竖井内明敷设时，必须在金属管上采取防火保护措施。专供消防设备的电源配电箱，其全部器件、导线等均应采用耐火、耐热型。

线槽水平吊装可以用角钢支架支撑，角钢支架可以用膨胀螺栓固定在建筑物楼板下方。吊装线槽的吊杆与膨胀螺栓的连接，可使用 M10×40 mm 连接螺母进行。在金属线槽通过墙壁处，应用防火隔板进行隔离。在离墙 1 m 范围内的金属线槽外壳应涂防火涂料。在电气竖井内金属线槽沿墙穿楼板安装时，使用 M10×80 mm 膨胀螺栓与墙体固定，线槽槽底与扁钢支架之间用 M6×10 mm 开槽盘头螺钉固定。金属线槽底部固定线槽的扁钢支架距楼地面距离为 0.5 m，固定支架中间距离为 1～1.5 m，金属线槽的支架应该用 Φ12 mm 镀锌圆钢进行焊接连接作为接地干线。金属线槽穿过楼板处应设置预留洞，并预埋 40 mm×40 mm×4 mm 固定角钢做边框，用 4 mm 厚钢板做防火隔板与预埋角钢边框固定，预留洞处用防火堵料密封。

金属线槽布线，电线或电缆在引出线槽时要穿金属管，电线或电缆不得有外露部分。管与线槽连接时，应在金属线槽侧面开孔，孔径与管径应相吻合，线槽切口处应整齐光滑，严禁用电、气焊开孔，金属管应用锁紧螺母和护口与线槽连接孔连接。

七、电缆线路施工要点及验收

电缆的敷设方式很多，在室外，有电缆直埋式、电缆沟、排管、隧道、穿管等。在室内，有电缆明敷、电缆在桥架上敷设等。采用哪种敷设方式，应根据电缆的根数、电缆线路的长度以及周围环境条件等因素决定。

1. 电缆的直埋敷设

电缆直埋敷设就是沿选定的路线挖沟，然后将电缆埋设在沟内。此种方式一般适用于沿同一路径，线路较长且电缆根数不多（8 根以下）的情况。电缆直埋敷设具有施工简便，费用较低，电缆散热好等优点，但土方量大，电缆还易受到土壤中酸碱物质的腐蚀。

（1）挖沟：电缆直埋敷设时，首先应根据选定的路径挖沟，电缆沟的宽度与电缆沟内埋设电缆的电压和根数有关。电缆沟的形状基本上是一个梯形，对于一般土质，沟顶应比沟底宽 200 mm。

（2）敷设电缆：敷设前应清除沟内杂物，在铺平夯实的电缆沟底铺一层厚度不小于 100 mm 的细沙或软土，敷设完毕后，在电缆上面再铺以一层厚度不小于 100 mm 的细沙或软土，并盖以混凝土保护板（保护板也可用砖块代替），其覆盖宽度应超过电缆两侧各 50 mm。

（3）回填土：电缆敷设完毕，应请建设单位、监理单位及施工单位的质量检查部门共同进行隐蔽工程验收，验收合格后方可覆盖、填土。填土时应分层夯实，覆土要高出地面 150～200 mm，以备松土沉陷。

（4）埋标桩：直埋电缆在直线段每隔 50～100 m 处、电缆的拐弯、接头、交叉、进出建筑物等地段应设标桩。标桩露出地面以 15 cm 为宜。

直埋电缆敷设的一般规定：

① 电缆的埋设深度一般要求电缆的表面距地面的距离不应小于 0.7 m。穿越农田时不应小于 1 m。在寒冷地区，电缆应埋设于冻土层以下。在电缆引入建筑物、与地下建筑物交叉及绕过地下建筑物时，可埋设浅些，但应采取保护措施。

② 当电缆与铁路、公路、城市街道、厂区道路交叉时，应敷设于坚固的保护管或隧道内。

③ 同沟敷设两条及以上电缆时，电缆之间，电缆与管道、道路、建筑物之间平行或交叉时的最小净距见表 3-13。电缆之间不得重叠、交叉和扭绞。

表 3-13 电缆之间，电缆与管道、道路、建筑物之间平行或交叉时的最小净距

项目		最小净距/m	
		平行	交叉
电力电缆间及其与控制电缆间	10 kV 及以下	0.10	0.50
	10 kV 以上	0.25	0.50
控制电缆间		—	0.50
不同使用部门的电缆间		0.50	0.50
热管道（管沟）及热力设备		2.00	0.50
油管道（管沟）		1.00	0.50
可燃气体及易燃液体管道（沟）		1.00	0.50
其他管道（管沟）		0.50	0.50
铁路路轨		3.00	1.00
电气化铁路路轨	交流	3.00	1.00
	直流	10.0	1.00
公路		1.50	1.00
城市街道路面		1.00	0.70
电杆基础（边线）		1.00	—
建筑物基础（边线）		0.60	—
排水沟		1.00	0.50

注：①电缆与公路平行的净距，当情况特殊时可酌减。

②当电缆穿管或者其他管道有保温层等保护设施时，表中净距应从管壁或保护设施的外壁算起。

④ 电缆直埋敷设时，严禁在管道上面或下面平行敷设。与管道（特别是热力管道）交叉不能满足距离要求时，应采取隔热措施。

⑤ 电缆在沟内敷设应有适量的蛇形弯，电缆的两端、中间接头、电缆井内、过管处、垂直位差处均应留有适当的余度。

2. 电缆在电缆沟和隧道内敷设

电缆沟敷设方式主要适用于在厂区或建筑物内地下电缆数量较多但不需采用隧道时以及城镇人行道开挖不便，且电缆需分期敷设时。电缆隧道敷设方式主要适用于同一通道的地下中低压电缆达 40 根以上或高压单芯电缆多回路的情况，以及位于有腐蚀性液体或经常有地面水流溢出的场所。电缆沟和电缆隧道敷设具有维护、保养和检修方便等特点。

电缆沟和电缆隧道敷设的施工工艺：砌筑沟道→制作、安装支架→电缆敷设→盖盖板。

(1) 砌筑沟道：电缆沟和电缆隧道通常由土建专业人员用砖和水泥砌筑而成。其尺寸应按照设计图的规定，沟道砌筑好后，应有 5～7 d 的保养期。电缆隧道内净高不应低于 1.9 m，有困难时局部地区可适当降低。

电缆沟和电缆隧道应采取防水措施，其底部应做成坡度不小于 0.5%的排水沟，积水可及时直接接入排水管道或经积水坑、积水井用水泵抽出，以保证电缆线路在良好环境下运行。

(2) 制作、安装支架：常用的支架有角钢支架和装配式支架，角钢支架需要自行加工制作，装配式支架由工厂加工制作。支架的选择、加工要求一般由工程设计决定。也可以按照标准图集的做法加工制作。安装支架时，宜先找好直线段两端支架的准确位置，先安装固定好，然后拉通线再安装中间部位的支架，最后安装转角和分岔处的支架。支架制作、安装一般要求如下：

① 制作电缆支架所使用的材料必须是标准钢材，且应平直无明显扭曲。

② 电缆支架制作中，严禁使用电、气焊割孔。

③ 在电缆沟内支架的层架（横撑）的长度不宜超过 0.35 m，在电缆隧道内支架的层架（横撑）的长度不宜超过 0.5 m。保证支架安装后在电缆沟内、电缆隧道内留有一定的通路宽度。

④ 电缆沟支架组合和主架安装尺寸、支架层间垂直距离和通道宽度的最小净距、电缆支架最上层及最下层至沟顶和沟底的距离、电缆支架间或固定点间的最大距离等应符合设计要求或有关规定。

⑤ 支架在室外敷设时应进行镀锌处理，否则，宜采用涂磷代底漆一道，过氧乙烯漆两道。如支架用于湿热、盐雾以及有化学腐蚀地区时，应根据设计作特殊的防腐处理。

⑥ 为防止电缆产生故障时危及人身安全，电缆支架全长均应有良好的接地，当电缆线路较长时，还应根据设计进行多点接地。接地线应采用直径不小于 12 mm 镀锌圆钢，并应在电缆敷设前与支架焊接。

(3) 电缆敷设：按电缆沟或电缆隧道的电缆布置图敷设电缆并逐条加以固定，固定电缆可采用管卡子或单边管卡子，也可用 U 形夹及 Π 形夹固定。

电缆沟或电缆隧道电缆敷设的一般规定：

① 各种电缆在支架上的排列顺序：高压电力电缆应放在低压电力电缆的上层；电力电缆应放在控制电缆的上层；强电控制电缆应放在弱电控制电缆的上层。若电缆沟和电缆隧道两侧均有支架时，1kV 以下的电力电缆与控制电缆应与 1kV 以上的电力电缆分别敷设在不同侧的支架上。

② 电力电缆在电缆沟或电缆隧道内并列敷设时，水平净距应符合设计要求，一般可为 35 mm，但不应小于电缆的外径。

③ 敷设在电缆沟的电力电缆与热力管道、热力设备之间的净距，平行时不小于

1 m，交叉时不应小于 0.5 m。如果受条件限制，无法满足净距要求，则应采取隔热保护措施。

④ 电缆不宜平行敷设于热力设备和热力管道上部。

（4）盖盖板：电缆沟盖板的材料有水泥预制块、钢板和木板。采用钢板时，钢板应作防腐处理。采用木板时，木板应作防火、防蛀和防腐处理。电缆敷设完毕后，应清除杂物，盖好盖板，必要时尚应将盖板缝隙密封。

3. 电缆在排管内敷设

电缆排管敷设方式，适用于电缆数量不多（一般不超过 12 根），而与道路交叉较多，路径拥挤，又不宜采用直埋或电缆沟敷设的地段。穿电缆的排管大多是水泥预制块。排管也可采用混凝土管或石棉水泥管。

电缆排管敷设的施工工艺：挖沟→人孔井设置→安装电缆排管→覆土→埋标桩→穿电缆。

（1）挖沟：电缆排管敷设时，首先应根据选定的路径挖沟，沟的挖设深度为 0.7 m 加排管厚度，宽度略大于排管的宽度。排管沟的底部应垫平夯实，并应铺设厚度不小于 80 mm 的混凝土垫层。垫层坚固后方可安装电缆排管。

（2）人孔井设置：为便于敷设、拉引电缆，在敷设线路的转角处、分支处和直线段超过一定长度时，均应设置人孔井。一般人孔井间距不宜大于 150 m，净空高度不应小于 1.8 m，其上部直径不小于 0.7 m。人孔井内应设集水坑，以便集中排水。人孔井由土建专业人员用水泥砖块砌筑而成。人孔井的盖板也是水泥预制板，待电缆敷设完毕后，应及时盖好盖板。

（3）安装电缆排管，将准备好的排管放入沟内，用专用螺栓将排管连接起来，既要保证排管连接平直，又要保证连接处密封。排管安装的要求如下：

① 排管孔的内径不应小于电缆外径的 1.5 倍，但电力电缆的管孔内径不应小于 90 mm，控制电缆的管孔内径不应小于 75 mm。

② 排管应倾向人孔井侧有不小于 0.5%的排水坡度，以便及时排水。

③ 排管的埋设深度为排管顶部距地面不小于 0.7 m，在人行道下面可不小于 0.5 m。

④ 在选用的排管中，排管孔数应充分考虑发展需要预留备用。一般不得少于 1～2 孔，备用回路配置于中间孔位。

（4）覆土：与直埋电缆的方式类似。

（5）埋标桩：与直埋电缆的方式类似。

（6）穿电缆：穿电缆前，首先应清除孔内杂物，然后穿引线，引线可采用毛竹片或钢丝绳。在排管中敷设电缆时，把电缆盘放在井坑口，然后用预先穿入排管孔眼中的钢丝绳，将电缆拉入管孔内，为了防止电缆受损伤，排管口应套以光滑的喇叭口，井坑口应装设滑轮。

4. 电缆明敷

电缆在室内采用明敷时，电缆不应有黄麻或其他易燃的外保护层。在有腐蚀性介质的房屋内明敷的电缆，宜采用塑料护套电缆。

无铠装的电缆在室内水平明敷时距地面不应小于 2.5 m，垂直敷设时距地面不应小于 1.8 m，否则应有防止机械损伤的措施。在电气专用房间（如电气竖井、配电室、电机室等）内敷设时除外。

相同电压的电缆并列明敷时，电缆之间的净距不应小于 35 mm，并不应小于电缆外径。

1 kV 以下电力电缆及控制电缆与 1 kV 以上电力电缆宜分开敷设，当并列明敷设时，其净距不应小于 0.15 m。

为了防止热力管道对电缆产生热效应以及在施工和检修管道时对电缆可能造成的损坏，电缆明敷时，电缆与热力管道的净距不应小于 1 m，否则应采取隔热措施。电缆与非热力管道的净距不应小于 0.50 m，否则应在与管道接近的电缆段上，以及由接近段两端向外延伸不小 0.50 m 以内的电缆段上，采取防止机械损伤的措施。

电缆水平悬挂在钢索上时，电力电缆固定点间的间距不应大于 0.75 m，控制电缆固定点间的间距不应大于 0.6 m。

电缆在室内埋地敷设或电缆通过墙、楼板时，应穿钢管保护，穿管内径不应小于电缆外径的 1.5 倍。

5. 电缆敷设的一般规定

电缆敷设过程中，一般按下列程序：先敷设集中的电缆，再敷设分散的电缆；先敷设电力电缆，再敷设控制电缆；先敷设长电缆，再敷设短电缆；先敷设难度大的电缆，再敷设难度小的电缆。电缆敷设的一般规定如下：

（1）施工前应对电线进行详细检查；规格、型号、截面、电压等级均符合设计要求。

（2）每轴电缆上应标明电缆规格、型号、电压等级、长度及出厂日期。电缆轴应完好无损。

（3）电缆外观完好无损，铠装无锈蚀、无机械损伤，无明显皱折和扭曲现象。油浸电缆应密封良好，无漏油及渗油现象。橡套及塑料电缆外皮及绝缘层无老化及裂纹。

（4）电缆敷设前进行绝缘测定。如工程采用 1 kV 以下电缆，用 1 kV 摇表摇测线间及对地的绝缘电阻不低于 10 MΩ。摇测完毕，应将芯线对地放电。

（5）冬季电缆敷设，温度达不到规范要求时，应将电缆提前加温。

（6）电缆短距离搬运，一般采用滚动电缆轴的方法。滚动时应按电缆轴上箭头指示方向滚动。如无箭头时，可按电缆缠绕方向滚动，切不可反缠绕方向滚运，以免电缆松弛。

（7）电缆支架的架设地点应选好，以敷设方便为准，一般应在电缆起止点附近为宜。架设时，应注意电缆轴的转动方向，电缆引出端应在电缆轴的上方，敷设方法可用人力或机械牵引。

（8）有麻皮保护层的电缆，进入室内部分，应将麻皮剥掉，并涂防腐漆。

（9）电缆穿过楼板时，应装套管，敷设完后应将套管用防火材料封堵严密。

（10）电缆两端头处的门窗装好，并加锁、防止电缆丢失或损毁。

（11）三相四线制系统中必须采用四芯电力电缆，不可采用三芯电缆加一根单芯电缆或以导线、电缆金属护套等作中性线，以免损坏电缆。

（12）电缆敷设时，不应破坏电缆沟、隧道、电缆井和人孔井的防水层。

（13）并联使用的电力电缆，应使用型号、规格及长度都相同的电缆。

(14）电缆敷设时，不应使电缆过度弯曲，电缆的最小弯曲半径应符合规范的规定。

(15）电缆进入电缆沟、隧道、竖井、建筑物、盘（柜）以及穿入管子时，出入口应封闭，管口应密封。

6. 电缆线路的竣工验收

(1）电力电缆的试验：

1）橡塑电力电缆试验的内容：

① 测量绝缘电阻。

② 交流耐压试验。

③ 测量金属屏蔽层电阻和导体电阻比。

④ 检查电缆线路两端的相位。

⑤ 交叉互联系统试验。

2）电力电缆试验的规定：

① 对电缆的主绝缘做耐压试验或测量绝缘电阻时，应分别在每一相上进行。对一相进行试验或测量时，其他两相导体、金属屏蔽或金属套和铠装层一起接地。

② 对金属屏蔽或金属套一端接地，另一端装有护层过电压保护器的单芯电缆主绝缘做耐压试验时，必须将护层过电压保护器短接，使这一端的电缆金属屏蔽或金属套临时接地。

③ 对额定电压为 0.6/1 kV 的电缆线路应用 2 500 V 兆欧表测量导体对地绝缘电阻代替耐压试验，试验时间 1 min。

④ 测量各电缆导体对地或对金属屏蔽层间和各导体间的绝缘电阻，应符合下列规定：

a. 耐压试验前后，绝缘电阻测量应无明显变化。

b. 橡塑电缆外护套、内衬层的绝缘电阻不低于 0.5 MΩ/km。

c. 0.6/1 kV 电缆用 1 000 V 兆欧表；0.6/1 kV 以上电缆用 2 500 V 兆欧表；6/6 kV 及以上电缆也可用 5 000 V 兆欧表；橡塑电缆外护套、内衬层的测量用 500 V 兆欧表。

⑤ 测量金属屏蔽层电阻和导体电阻比。测量相同温度下的金属屏蔽层和导体的直流电阻。

⑥ 检查电缆两端的相位应一致，并与电网相位相符合。

(2）电缆线路的竣工验收，电缆线路竣工后的验收，应由有监理、设计、使用和安装单位的代表参加验收小组来进行。验收要求如下：

1）在验收时，施工单位应将全部资料交给电缆运行单位。

2）电缆运行单位对要投入运行的电缆进行电气验收项目如下：

① 电缆各导电芯线必须完好连接。

② 按《电气装置安装工程施工及验收规范》（GB 50255—96）中的有关规定进行绝缘测定和直流耐压试验。

③ 校对电缆两端相位，应与电力系统的相位一致。

3）电缆的标志应齐全，其规格、颜色应符合规程规定的统一标准要求。

第三节　照明及动力设备安装技术要求

一、灯具、吊扇、插座、面板开关的安装要点及验收

1. 灯具安装有关规范要求

（1）普通灯具安装的规范要求：

1）灯具的固定应符合下列规定：

① 灯具重量大于 3 kg 时，固定在螺栓或预埋吊钩上。

② 软线吊灯，灯具重量在 0.5 kg 及以下时，采用软电线自身吊装；大于 0.5 kg 的灯具采用吊链，且软电线编叉在吊链内，使电线不受力。

③ 灯具固定牢固可靠，不使用木楔。每个灯具固定用螺钉或螺栓不少于 2 个；当绝缘台直径在 75 mm 及以下时，采用 1 个螺钉或螺栓固定。

2）花灯吊钩圆钢直径不应小于灯具挂销直径，且不应小于 6 mm。大型花灯的固定及悬吊装置，应按灯具重量的 2 倍做过载试验。

3）当钢管做灯杆时，钢管内径不应小于 10 mm，钢管厚度不应小于 1.5 mm。

4）固定灯具带电部件的绝缘材料以及提供防触电保护的绝缘材料，应耐燃烧和防明火。

5）当设计无要求时，灯具的安装高度和使用电压等级应符合下列规定：

① 一般敞开式灯具，灯头对地面距离不小于下列数值（采用安全电压时除外）：

a. 室外：2.5 m（室外墙上安装）；

b. 厂房：2.5 m；

c. 室内：2 m；

d. 软吊线带升降器的灯具在吊线展开后：0.8 m。

② 危险性较大及特殊危险场所，当灯具距地面高度小于 2.4 m 时，使用额定电压为 36 V 及以下的照明灯具，或有专用保护措施。

6）当灯具距地面高度小于 2.4 m 时，灯具的可接近裸露导体必须接地（PE）或接零（PEN）可靠，并应有专用接地螺栓，且有标识。

7）灯具的外形、灯头及其接线应符合下列规定：

① 灯具及其配件齐全，无机械损伤、变形、涂层剥落和灯罩破裂等缺陷。

② 软线吊灯的软线两端做保护扣，两端芯线搪锡；当装升降器时，套塑料软管，采用安全灯头。

③ 除敞开式灯具外，其他各类灯具灯泡容量在 100 W 及以上者采用瓷质灯头。

④ 连接灯具的软线盘扣、搪锡压线，当采用螺口灯头时，相线接于螺口灯头中间的端子上。

⑤ 灯头的绝缘外壳没有破损和漏电；带有开关的灯头，开关手柄无裸露的金属部分。

⑥ 变电所内，高低压配电设备及裸母线的正上方不应安装灯具。

⑦ 装有白炽灯泡的吸顶灯具，灯泡不应紧贴灯罩，当灯泡与绝缘台间距离小于5 mm时，灯泡与绝缘台间应采取隔热措施。

⑧ 安装在重要场所的大型灯具的玻璃罩，应采取防止玻璃罩碎裂后向下溅落的措施。

⑨ 投光灯的底座及支架应固定牢固，枢轴应沿需要的光轴方向拧紧固定。

⑩ 安装在室外的壁灯应有泄水孔，绝缘台与墙面之间应有防水措施。

（2）专用灯具安装的规范要求：

1）36 V及以下行灯变压器和行灯安装必须符合下列规定：

① 行灯电压不大于36 V，在特殊潮湿场所或导电良好的地面上以及工作地点狭窄、行动不便的场所行灯电压不大于12 V。

② 变压器外壳、铁芯和低压侧的任意一端或中性点，接地（PE）或接零（PEN）可靠。

③ 行灯变压器为双圈变压器，其电源侧和负荷侧有熔断器保护，熔丝额定电流分别不应大于变压器一次、二次的额定电流。

④ 行灯灯体及手柄绝缘良好，坚固耐热耐潮湿；灯头与灯体结合紧固，灯头有开关，灯泡外部有金属保护网、反光罩及悬吊挂钩，挂钩固定在灯具的绝缘手柄上。

⑤ 行灯变压器的固定支架牢固，油漆完整。

⑥ 携带式局部照明灯电线采用橡套软线。

2）游泳池和类似场所灯具（水下灯及防水灯具）的等电位连接应可靠，且有明显标识，其电源的专用漏电保护装置应全部检测合格。自电源引入灯具的导管必须采用绝缘导管，严禁采用金属或有金属护层的导管。

3）手术台无影灯安装应符合下列规定：

① 固定灯座的螺栓数量不少于灯具法兰底座上的固定孔数，且螺栓直径与底座孔径相适配；螺栓采用双螺母锁固；底座紧贴顶板，四周无缝隙。

② 在混凝土结构上螺栓与主筋相焊接或将螺栓末端弯曲与主筋绑扎锚固。

③ 配电箱内装有专用的总开关及分路开关，电源分别接在两条专用的回路上，开关至灯具的电线采用额定电压不低于750 V的铜芯多股绝缘电线。

④ 无影灯表面保持整洁、无污染，灯具镀、涂层完整无划伤。

4）应急照明灯具安装应符合下列规定：

① 应急照明灯的电源除正常电源外，另有一路电源供电；或者是独立于正常电源的柴油发电机组供电；或由蓄电池柜供电或选用自带电源型应急灯具。

② 疏散照明由安全出口标志灯和疏散标志灯组成。安全出口标志灯距地高度不低于2 m，且安装在疏散出口和楼梯口里侧的上方。

③ 疏散标志灯安装在安全出口的顶部，楼梯间、疏散走道及其转角处应安装在1 m以下的墙面上。不易安装的部位可安装在上部。疏散通道上的标志灯间距不大于20 m（人防工程不大于10 m）。

④ 疏散标志灯的设置，不影响正常通行，且不在其周围设置容易混同疏散标志灯的其他标志牌等。

⑤ 应急照明灯具、运行中温度大于60℃的灯具，当靠近可燃物时，采取隔热、散热等防火措施。当采用白炽灯、卤钨灯等光源时，不直接安装在可燃装修材料或可燃物件上。

⑥ 应急照明线路在每个防火分区有独立的应急照明回路，穿越不同防火分区的线路有防火隔堵措施。

⑦ 疏散照明线路采用耐火电线、电缆，穿管明敷或在非燃烧体内穿刚性导管暗敷，暗敷保护层厚度不小于 30 mm。电线采用额定电压不低于 750 V 的铜芯绝缘电线。

5）防爆灯具安装应符合下列规定：

① 灯具的防爆标志、外壳防护等级和温度组别与爆炸危险环境相适配。当设计无要求时，灯具种类和防爆结构的选型应符合表 3-14 的规定。

② 灯具配套齐全，不用非防爆零件替代灯具配件（金属护网、灯罩、接线盒等）。

③ 灯具的安装位置离开释放源，且不在各种管道的泄压口及排放口上下方安装灯具。

④ 灯具及开关安装牢固可靠，灯具吊管及开关与接线盒螺纹啮合扣数不少于 5 扣，螺纹加工光滑、完整、无锈蚀，并在螺纹上涂以电力复合酯或导电性防锈酯。

⑤ 开关安装位置便于操作，安装高度 1.3 m。

⑥ 灯具及开关的外壳完整，无损伤、无凹陷或沟槽，灯罩无裂纹，金属护网无扭曲变形，防爆标志清晰。

⑦ 灯具及开关的紧固螺栓无松动、锈蚀，密封垫圈完好。

表 3-14　灯具种类和防爆结构的选型

爆炸危险区域防爆结构 照明设备种类	Ⅰ区		Ⅱ区	
	防爆型 d	增安型 e	防爆型 d	增安型 e
固定式灯	O	×	O	O
移动式灯	△	—	O	—
携带式电池灯	O	—	O	—
镇流器	O	△	O	O

注：O 为适用；△为慎用；×为不适用。

2. 灯具及附件的验收

（1）照明灯具及附件进场验收时，应符合下列规定：

1）查验合格证：新型气体放电灯具有随带技术文件。

2）外观检查：灯具涂层完整，无损伤，附件齐全。防爆灯具铭牌上有防爆标志和防爆合格证号，普通灯具有安全认证标志。

3）对成套灯具的绝缘电阻、内部接线等性能进行现场抽样检测。灯具的绝缘电阻值不小于 2 MΩ，内部接线为铜芯绝缘电线，芯线截面积不小于 0.5 mm^2，橡胶或聚氯乙烯（PVC）绝缘电线的绝缘层厚度不小于 0.6 mm。对游泳池和类似场所灯具（水下灯及防水灯具）的密闭和绝缘性能有异议时，按批抽样送有资质的实验室检测。

（2）钢制灯柱进场验收时应符合下列规定：

1）按批查验合格证。

2）外观检查：涂层完整，根部接线盒盒盖紧固件和内置熔断器、开关等器件齐全，盒盖密封垫片完整。钢柱内设有专用接地螺栓，地脚螺栓孔位置按提供的附图尺寸，允许偏差为±2 mm。

3. 普通灯具安装

（1）吸顶灯的安装：大（重）型灯具预埋件设置，在楼（屋）面板上安装大（重）型灯具时，应在楼板层管子敷设的同时，预埋悬挂吊钩。吊钩圆钢的直径不应小于灯具吊挂销钉的直径，且不应小于6 mm，吊钩应弯成“T”字形或“Γ”形，吊钩应由盒中心穿下。

现浇混凝土楼板内预埋吊钩，应将“Γ”形吊钩与混凝土中的钢筋相焊接，如无条件焊接时，应与主筋绑扎固定。

在预制空心板板缝处预埋吊钩，应将“Γ”形吊钩与短钢筋焊接，或者使用“T”形吊钩，吊扇吊钩在板面上与楼板垂直布置，使用“T”形吊钩还可以与板缝内钢筋绑扎或焊接。固定大（重）型灯具除了有的需要预埋吊钩外，还有的需要预埋螺栓。

（2）白炽灯的安装：白炽灯平灯座在灯位盒上安装时，把平灯座与绝缘台先组装在一起，相线（即来自开关控制的电源线）通过绝缘台的穿线孔由平灯座的穿线孔穿出，接到与平灯座中心触点的端子上，零线应接在灯座螺口的端子上，应将固定螺钉或铆钉拧紧，余线盘圆放入盒内。装有白炽灯泡的吸顶灯具，灯泡不应紧贴灯罩；当灯泡与绝缘台间距小于5 mm时，灯泡与绝缘台间应采取隔热措施。在潮湿场所应使用瓷质平灯座，在绝缘台与建筑物墙面或顶棚之间垫橡胶垫防潮，胶垫厚2～3 mm，比绝缘台大5 mm。

（3）荧光灯的安装：圆形（也可称环形）吸顶灯可直接到现场安装。成套环形日光灯吸顶安装是直接拧到平灯座上，可按白炽灯平灯座安装的方法安装。方形、矩形荧光吸顶灯，须按国家标准进行安装。

安装时，在进线孔处套上软塑料管保护导线，将电源线引入灯箱内，灯箱紧贴建筑物表面上固定后，将电源线压入灯箱的端子板（或瓷接头）上，反光板固定在灯箱上，装好荧光灯管，安装灯罩。

（4）高压汞灯的安装：

安装高压汞灯时应注意下列事项：

1）高压汞灯有两种，一种是带镇流器的，先查明。带镇流器的高压汞灯一定要注意使镇流器与灯泡的功率相匹配。否则，灯泡会立即烧坏或使灯泡启动困难。

2）高压汞灯一般垂直安装，因为水平点燃时，光通量输出减少7%，而且容易自灭。

3）由于高压汞灯的外玻壳温度很高，所以必须配备散热好的灯具，否则会影响灯泡的性能和寿命。

4）当外玻壳因某种原因而破碎后，灯虽仍能点燃，但大量的紫外线会烧伤人的眼睛，所以外壳破碎的高压汞灯应立即换下。

5）安装高压汞灯的线路电压应尽量保持稳定，当电压降低5%时，灯泡可能会自灭，而再启动的时间又较长，所以汞灯不宜接在电压波动较大的线路上。当采用高压汞灯作为路灯或高大厂房照明时，应考虑调压措施。

（5）碘钨灯的安装：碘钨灯的接线与普通的白炽灯一样，不需要任何附件，只要将电源引线分别接在碘钨灯的引线瓷接线座上即可。碘钨灯的安装，必须保持水平位置，一般倾斜角不得大于4°。因为倾斜时，灯管底部将积聚较多的卤素和碘化钨，使引线腐蚀损坏，而灯的上部由于缺少卤素，不能维持正常的碘化钨循环，使玻璃壳很快发黑、烧断灯丝。

碘钨灯正常工作时，管壁温度约为600℃，所以安装时不能与易燃物接近，且一定要加灯罩。在使用时，应用酒精擦去灯管外壁油污，否则会在高温下形成污点而降低亮度。另外，碘钨灯的耐震性能差，不能用在震动较大的场所，更不宜作为移动光源使用。碘钨灯功率在1 000 W以上时，应使用胶盖瓷底刀开关。

（6）吊灯的安装：

1）位置的确定：成套（组装）吊链荧光灯，灯位盒埋设，应先考虑好灯具吊链开档的距离；安装直管吊链荧光灯的两个灯位盒中心之间的距离应符合下列要求：

① 20 W荧光灯为600 mm。

② 30 W荧光灯为900 mm。

③ 40 W荧光灯为1 200 mm。

2）吊式白炽灯的安装：重量在0.5 kg及以下的灯具可以使用软线吊灯安装。当灯具重量大于0.5 kg时，应增设吊链。软线吊灯由吊线盒、软线和吊式灯座及绝缘台组成。软吊线带升降器的灯具，在吊线展开后距离地面高度应为0.8 m，并套塑料软管，且采用安全灯头。除敞开式灯具外，其他各类灯具灯泡容量在100 W及以上者采用瓷质灯头。

使用胶木吊线盒时，导线需直接通过吊线盒与防水吊灯座软线相连接，把绝缘台及橡胶垫（连同线盒）固定在灯位盒上。接线时，把电源线与防水吊灯座的软线两个接头错开30～40 mm。软线吊灯的软线两端应作保护扣，两端芯线应搪锡。

吊链白炽灯一般由绝缘台、上下法兰、吊链、软线和吊灯座及灯罩或灯伞等组成。

拧下灯座将软线的一端与灯座的接线柱进行连接，把软线由灯具下法兰穿出，拧好灯座。将软线相对交叉编入链孔内，穿入上法兰，把灯具线与电源线进行连接包扎后，将灯具上法兰固定在绝缘台上，拧上灯泡安装好灯罩或灯伞。

吊杆安装的灯具由吊杆、法兰、灯座或灯架及白炽灯等组成。导线与灯座连接好后，另一端穿入吊杆内，由法兰（或管口）穿出，导线露出吊杆管口的长度不小于150 mm。安装时先固定木台，把灯具用木螺钉固定在木台上。超过3 kg的灯具，吊杆应吊挂在预埋的吊钩上。灯具固定牢固后再拧好法兰顶丝，使法兰在木台中心，偏差不应大于2 mm。灯具安装好后吊杆应垂直。

3）荧光灯的安装：组装式吊链荧光灯包括铁皮灯架、起辉器、镇流器，灯管管座和起辉器座等附件。现在常用电子镇流、启动荧光灯，不另带起辉器、镇流器。

同一室内或场所成排安装的灯具，其中心线偏差不应大于5 mm。日光灯和高压汞灯及其附件应配套使用，安装位置应便于检查和维修。灯具固定应牢固可靠，每个灯具固定用的螺钉或螺栓不应少于2个（当绝缘台直径为75 mm及以下时，可采用1个螺钉或螺栓固定）。

吊杆安装荧光灯与白炽灯安装方法相同。双吊杆荧光灯安装后双杆应平行。

（7）壁灯安装：

1）位置的确定：在室外壁灯安装高度不可低于2.5 m，室内一般不应低于2.4 m。

住宅壁灯灯具安装高度可以适当降低，但不宜低于 2.2 m，旅馆床头灯不宜低于 1.5 m，成排埋设安装壁灯的灯位盒，应在同一条直线上，高低差不应大于 5 mm。

壁灯若在柱上安装，灯位盒应设在柱中心位置上。在柱或窗间墙上设置时，应防止灯位盒被采暖管遮挡。卫生间壁灯灯位盒应躲开给、排水管及高位水箱的位置。

2）壁灯安装：壁灯装在砖墙上时用预埋螺栓或膨胀螺栓固定。壁灯若装在柱上，应将绝缘台固定在预埋柱内的螺栓上，或打眼用膨胀螺栓固定灯具绝缘台。

将灯具导线一线一孔由绝缘台出线孔引出，在灯位盒内与电源线相连接，塞入灯位盒内，把绝缘台对正灯位盒紧贴建筑物表面固定牢固，将灯具底座用木螺钉直接固定在绝缘台上。

安装在室外的壁灯应有泄水孔，绝缘台与墙面之间有防水措施。

3）应急灯安装：疏散照明宜设在安全出口的顶部、疏散走道及其转角处距地 1 m 以下的墙面上，当交叉口处墙面下侧安装难以明确表示疏散方向时也可将疏散标志灯安装在顶部。标志灯应有指示疏散方向的箭头标志，灯间距不宜大于 20 m（人防工程不宜大于 10 m）。在疏散灯周围不应设置容易混同疏散标志灯的其他标志牌等。当靠近可燃物体时，应采取隔热、散热等防火措施。当采用白炽灯、卤钨灯等光源时，不能直接安装在可燃装修材料或可燃物体上。

楼梯间内的疏散标志灯宜安装在休息平台板上方的墙角处或壁装，并应用箭头及阿拉伯数字清楚标明上、下层层号。安全出口标志灯宜安装在疏散门口的上方，在首层的疏散楼梯应安装于楼梯口的里侧上方，距地高度宜不低于 2 m。

疏散走道上的安全出口标志灯可明装，而厅室内宜采用暗装。安全出口标志灯应有图形和文字符号，在有无障碍设计要求时，宜同时设有音响指示信号。可调光型安全出口标志灯宜用于影剧院的观众厅，在正常情况下减光使用，火灾事故时应自动接通至全亮状态。无专人管理的公共场所照明宜装设自动节能开关。

应急照明线路在每个防火分区有独立的应急照明回路，穿越不同防火分区的线路应有防火隔堵措施。其线路应采用耐火电线、电缆，明敷设或在非燃烧体内穿刚性导管暗敷，暗敷保护层厚度不小于 30 mm。电线采取额定电压不低于 750 V 的铜芯绝缘电线。

（8）嵌入式灯具安装：

小型嵌入式灯具安装在吊顶的顶板上或吊顶内龙骨上，大型嵌入式灯具应安装在混凝土梁、板中伸出的支撑铁架、铁件上。

重量超过 3 kg 的大（重）型灯具在楼（屋）面施工时就应把预埋件埋设好，在与灯具上支架相同的位置上另吊龙骨，上面需与预埋件相连接的吊筋连接，下面与灯具上的支架连接。支架固定好后，将灯具的灯箱用机用螺栓固定在支架上连线、组装。

嵌入顶棚内的灯具，灯罩的边框应压住罩面板或遮盖面板的板缝，并应与顶棚面板贴紧。矩形灯具的边框边缘应与顶棚面的装修直线平行，如灯具对称安装时，其纵横中心轴线应在同一条直线上，偏差不应大于 5 mm。日光灯管组合的开启式灯具，灯管排列应整齐，其金属或塑料的间隔片不应有扭曲等缺陷。

4. 霓虹灯安装

（1）霓虹灯安装要求：

1）霓虹灯管完好，无破裂。

2）灯管采用专用的绝缘支架固定，且牢固可靠。灯管固定后，与建筑物、构筑物表面的距离不小于 20 mm。

3）霓虹灯专用变压器采用双圈式，所供灯管长度不大于允许负载长度，露天安装的有防雨措施。

4）霓虹灯专用变压器的二次电线和灯管间的连接线采用额定电压大于 15 kV 的高压绝缘电线。二次电线与建筑物、构筑物表面的距离不小于 20 mm。

5）当霓虹灯变压器明装时，高度不小于 3 m，低于 3 m 采取防护措施。

6）霓虹灯变压器的安装位置方便检修，且隐蔽在不易被非检修人员触及的场所，不装在吊顶内。

7）当橱窗内装有霓虹灯时，橱窗门与霓虹灯变压器一次侧开关有连锁装置，确保开门不接通霓虹灯变压器的电源。

8）霓虹灯变压器二次侧的电线采用玻璃制品绝缘支持物固定，支持点距离不大于下列数值：

水平线段：0.5 m；

垂直线段：0.75 m。

（2）霓虹灯安装：安装霓虹灯灯管一般用角铁做成框架，用专用的绝缘支架固定牢固。灯管与建筑物、构筑物表面的最小距离不宜小于 20 mm。安装灯管时可将灯管直接卡入绝缘支持件，用螺钉将灯管支持件固定在难燃材料上。

霓虹灯变压器必须放在金属箱内，两侧开百叶窗孔通风散热。变压器一般紧靠灯管安装，或隐蔽在霓虹灯板后，不可安装在易燃品周围，也不宜装在吊顶内。室外的变压器明装时高度不宜小于 3 m，否则应采取保护措施和防水措施。霓虹灯变压器离阳台、架空线路等距离不宜小于 1 m。变压器的铁芯、金属外壳、输出端的一端以及保护箱等均应进行可靠的接地。当橱窗内装有霓虹灯时，橱窗门与霓虹灯变压器一次侧开关应有连锁装置，确保开门不接通霓虹灯变压器的电源。

霓虹灯专用变压器的二次导线和灯管间的接线，应采用额定电压不低于 15 kV 的高压尼龙绝缘线。二次导线与建筑物、构筑物表面的距离不宜小于 20 mm。导线支持点间的距离，在水平敷设时为 0.5 m，垂直敷设时为 0.75 m。二次导线穿越建筑物时，应穿双层玻璃管加强绝缘，玻璃管两端须露出建筑物两侧长度各为 50～80 mm。

霓虹灯控制箱内一般装设有电源开关、定时开关和控制接触器。控制箱一般装设在邻近霓虹灯的房间内。在霓虹灯与控制箱之间应加装电源控制开关和熔断器，在检修灯管时，先断开控制箱开关再断开现场的控制开关，以防止造成误合闸而使霓虹灯管带电的危险。

5. 风扇安装

（1）风扇安装要求：

1）吊扇安装应符合下列规定：

① 吊扇挂钩安装牢固，吊扇挂钩的直径不小于吊扇挂销直径，且不小于 8 mm，有防振橡胶垫，挂销的防松零件齐全、可靠。

② 吊扇扇叶距地高度不小于 2.5 m。

③ 吊扇组装不改变扇叶角度，扇叶固定螺栓防松零件齐全。

④ 吊杆间、吊杆与电机间螺纹连接，啮合长度不小于 20 mm，且防松零件齐全紧固。

⑤ 吊扇接线正确，当运转时扇叶无明显颤动和异常声响。

⑥ 涂层完整，表面无划痕、无污染，吊杆上下扣碗安装牢固到位。

⑦ 同一室内并列安装的吊扇开关高度一致，且控制有序不错位。

2）壁扇安装应符合下列规定：

① 壁扇底座采用尼龙塞或膨胀螺栓固定；尼龙塞或膨胀螺栓的数量不少于 2 个，且直径不小于 8 mm，固定牢固可靠。

② 壁扇防护罩扣紧。固定可靠，当运转时扇叶和防护罩无明显颤动和异常声响。

③ 壁扇下侧边缘距地面高度不小于 1.8 m。

④ 涂层完整，表面无划痕、无污染，防护罩无变形。

（2）风扇的安装：对电扇及其附件进场验收时，应查验合格证。防爆产品应有防爆标志和防爆合格证号，实行安全认证制度的产品应有安全认证标志。风扇应无损坏，涂层应完整，调速器等附件应适配。

1）吊扇安装：吊扇组装时应根据产品说明书进行，且应注意不能改变扇叶角度。扇叶的固定螺钉应装防松装置。吊扇吊杆之间、吊杆与电动机之间，螺纹连接啮合长度不得小于20 mm，并必须有防松装置。吊扇吊杆上的悬挂销钉必须装设防振橡皮垫；销钉的防松装置应齐全、可靠。

吊钩不应小于悬挂销钉的直径，且应用不小于 8 mm 的圆钢制作。

吊扇调速开关安装高度应为 1.3 m。同一室内并列安装的吊扇开关高度应一致，且控制有序不错位。吊扇运转时扇叶不应有明显的颤动和异常声响。

2）壁扇安装：壁扇底座应固定牢固。在安装的墙壁上找好挂板安装孔和底板钥匙孔的位置，安装好尼龙塞。先拧好底板钥匙孔上的螺钉，把风扇底板的钥匙孔套在墙壁螺钉上，然后用木螺丝把挂板固定在墙壁的尼龙塞上。壁扇的下侧边线距地面高度不宜小于1.8 m，且底座平面的垂直偏差不宜大于 2 mm。壁扇的防护罩应扣紧，固定可靠。

壁扇宜使用带开关的插座。

壁扇在运转时，扇叶和防护罩均不应有明显的颤动和异常声响。

6. 插座安装

（1）插座安装要求：

1）当交流、直流或不同电压等级的插座安装在同一场所时，应有明显的区别，且必须选择不同结构、不同规格和不能互换的插座；配套的插头应按交流、直流或不同电压等级区别使用。

2）插座接线应符合下列规定：

① 单相两孔插座，面对插座的右孔或上孔与相线连接，左孔或下孔与零线连接；单相三孔插座，面对插座的右孔与相线连接，左孔与零线连接。

② 单相三孔、三相四孔及三相五孔插座的接地（PE）或接零（PEN）线接在上孔。插座的接地端子不与零线端子连接。同一场所的三相插座，接线的相序一致。

③ 接地（PE）或接零（PEN）线在插座间不串联连接。

④ 暗装的插座面板紧贴墙面，四周无缝隙，安装牢固，表面光滑整洁、无碎裂、划伤，装饰帽齐全。

3）特殊情况下插座安装应符合下列规定：

① 当接插有触电危险家用电器的电源时，采用能断开电源的带开关插座，开关断开相线。

② 潮湿场所采用密封型并带保护地线触头的保护型插座，安装高度不低于 1.5 m。

③ 当不采用安全型插座时，托儿所、幼儿园及小学等儿童活动场所安装高度不小于 1.8 m。

④ 车间及试（实）验室的插座安装高度距地面不小于 0.3 m；特殊场所暗装的插座不小于 0.15 m；同一室内插座安装高度一致。

⑤ 地插座面板与地面齐平或紧贴地面，盖板固定牢固，密封良好。

（2）插座的安装：住宅内插座盒距地 1.8 m 及以上时，可采用普通型插座。若使用安全插座时，安装高度可为 0.3 m。

开关的垂直上方或拉线开关的垂直下方，不应设置插座。插座与开关的水平距离不宜小于 250 mm。插座盒不应设在水池、水槽（盆）及散热器的上方，更不能被挡在散热器的背后。住宅厨房内设置供排油烟机使用的插座盒应设在煤气台板的侧上方，距立管边缘 600 mm 以上。在窗口两侧插座盒应设在与采暖立管相对应的窗口另一侧墙垛上。插座盒不应设在室内墙裙或踢脚板的上口线上，也不应设在室内最上边瓷砖的上口线上。插座盒不宜设在宽度小于 370 mm 的墙垛（或混凝土柱）上。墙垛或柱宽度为 370 mm 时，插座应设在中心处。

暗装的插座应采用专用盒，专用盒的四周不应有空隙，且盖板应端正，并紧贴墙面。暗装插座与面板连成一体，接线柱上接好线后，将面板安装在插座盒上。当暗装插座芯与盖板为活装面板式时，应先接好线后，把插座芯安装在安装板上，最后安装插座盖板。

明装插座应安装在绝缘台上，接线完毕后把插座盖固定在插座底上。

当交流、直流或不同电压等级的插座安装在同一场所时，应有明显的区别，且必须选择不同结构、不同规格和不能互换的插座。其配套的插头，应按交流、直流或不同电压等级区别使用。

双联及以上的插座接线时，相线、工作零线应分别与插孔接线柱并接或进行不断线整体套接，不应进行串接。插座进行不断线整体套接时，插孔之间的套接线长度不应小于 150 mm。插座的接地（零）线应采用铜芯导线，其截面积不应小于相线的截面积。

7. 开关安装

（1）开关安装要求：

1）同一建筑物、构筑物的开关采用同一系列的产品，开关的通断位置一致，操作灵活、接触可靠。

2）相线经开关控制。

3）开关安装位置便于操作，开关边缘距门框边缘的距离 0.15～0.2 m，开关距地面高度 1.3 m；拉线开关距地面高度 2～3 m，层高小于 3 m 时，拉线开关距顶板不小于 100 mm，拉线出口垂直向下。

4）相同型号并列安装及同一室内开关安装高度一致，且控制有序不错位。并列安装的拉线开关的相邻间距不小于 20 mm。

5）暗装的开关面板应紧贴墙面，四周无缝隙，安装牢固，表面光滑整洁、无碎裂、划伤，装饰帽齐全。

(2) 开关的安装：跷板（扳把）开关在建筑墙体上设置开关，墙体上有墙裙时，不应把盒位设在墙裙的上口线上。在同一室内预埋的开关（插座）盒，相互间高低差不应大于 5 mm；成排埋设时不应大于 2 mm；并列安装高低差不大于 1 mm。并列埋设时开关盒应以下沿对齐。

在住宅门的开启一侧，门旁墙垛在 300 mm 及以下时，应将开关设在门开启方向与门垂直的墙体上，距离同门平行的墙体内侧 250 mm，或在门后距与门垂直的墙体内侧 1 m 处。

当门后墙体有拐角墙且长为 1.2 m 时，开关应设在距墙拐角 0.25 m 处；拐角墙长度小于 1.2 m 时，开关设在拐角另一面的墙上，开关边距墙角处 0.25 m。

厨房、厕所（卫生间）、洗漱室等潮湿场所的开关应设在房间的外墙处。

走廊灯的开关，应在距灯位较近处设置。壁灯或起夜灯的开关，应设在灯位的正下方，并在同一条垂直线上。

室外门灯、雨棚灯的开关应设在建筑物的内墙上。

扳把开关不允许横装。扳把开关接线时，把电源相线接到静触点接线柱上，动触点接线柱接灯具导线。扳把向上时表示开灯，向下表示关灯。开关芯连同支持架固定到盒上，扳把上的白点应朝下面安装，盖好开关盖板，用机用螺栓将盖板与支持架固定牢固，盖板应紧贴建筑物表面。

明装开关需要先把绝缘台固定在墙上，将导线甩出绝缘台，在绝缘台上安装开关和接线。

拉线开关暗装时把电源的相线和到灯的导线接到开关的两个接线柱上，固定在预埋好的盒体上，面板上的拉线出口应垂直朝下。

明配线路中安装拉线开关，应先固定好绝缘台，拧下拉线开关盖，把两个线头分别穿入开关底座的两个穿线孔内，用木螺钉将开关底座固定在绝缘台上，导线分别接到接线柱，拧上开关盖。双联及以上明装拉线开关并列安装时，应使用长方空心木台，开关间距不宜小于 20 mm。瓷质防水拉线开关安装时，应先安装好瓷座（外壳），开关芯接线完成后再装入到瓷座（外壳）内，拧好开关芯的固定螺栓。

8. 照明工程交接与验收

(1) 照明灯具安装工序交接确认：

1）安装灯具的预埋螺栓、吊杆和吊顶上嵌入式灯具安装专用骨架等完成，按设计要求做承载试验合格，才能安装灯具。

2）影响灯具安装的模板、脚手架拆除；顶棚和墙面喷浆、油漆或壁纸等及地面清理工作基本完成后，才能安装灯具。

3）导线绝缘测试合格，才能进行灯具接线。

4）高空安装的灯具，地面通断电试验合格，才能安装。

(2) 照明开关、插座、风扇安装工序交接确认：吊扇的吊钩预埋完成，电线绝缘测试应合格，顶棚和墙面的喷浆、油漆或壁纸等应基本完成，才能安装开关、插座和风扇。

(3) 照明系统的测试和通电试运行工序交接确认：

1) 电线绝缘电阻测试前电线的接续应完成。

2) 照明箱（盘）、灯具、开关、插座的绝缘电阻测试在就位前或接线前应完成。

3) 备用电源或事故照明电源做空载自动投切试验前应拆除负荷。空载自动投切试验合格，才能做有载自动投切试验。

4) 电气器具及线路绝缘电阻测试合格，才能通电试验。

5) 照明全负荷试验必须在本条的1)、2)、4) 完成后进行。

(4) 建筑物照明通电试运行：

1) 照明系统通电，灯具回路控制应与照明配电箱及回路的标识一致。开关与灯具控制顺序相对应，风扇的转向及调速开关应正常。

2) 公用建筑照明系统通电连续试运行时间应为24 h，民用住宅照明系统通电连续试运行时间应为8 h。所有照明灯具均应开启，且每2 h记录运行状态1次，连续试运行时间内无故障。

(5) 工程交接验收时应对下列项目进行检查：

1) 并列安装的相同型号的灯具、开关、插座及照明配电箱（板），其中心轴线、垂直偏差、距地面高度。

2) 暗装开关、插座的面板，盒（箱）周边的间隙，交流、直流及不同电压等级电源插座的安装。

3) 大型灯具的固定，吊扇、壁扇的防松、防震措施。

4) 照明配电箱（板）的安装和回路编号。

5) 回路绝缘电阻测试和灯具试亮及灯具控制性能。

6) 接地或接零。

(6) 工程交接验收时应提交下列技术资料和文件：

1) 竣工图。

2) 变更设计的证明文件。

3) 产品的说明书、合格证等技术文件。

4) 安装技术记录。

5) 试验记录，包括灯具程序控制记录和大型、重型灯具的固定及悬吊装置的过载试验记录。

二、电动机及控制线路安装要点及验收

1. 电动机安装

电动机安装工作主要包括电动机的基础制作、安装和校正。

(1) 电动机基础制作：电动机通常安装在机座上，机座固定在基础上，电动机的基础通常有混凝土、砖砌和金属支架三种，采用混凝土浇筑的多。混凝土基础的保养期一般为15 d，整个基础表面应平整。浇灌基础时，应根据电动机地脚螺栓的间距，

将地脚螺栓预埋入基础内，为保证地脚螺栓预埋位置正确无误，可采用两种方法，其一，将四颗地脚螺栓先固定在一块定型铁板上，然后整体再埋入基础，待混凝土达到标准强度后，再拆去定型铁板。其二，根据电动机安装孔尺寸，在混凝土基础上预留孔洞（100 mm×100 mm），待安装电动机时，再将地脚螺栓穿过机座，放在预留孔内，进行二次浇注。地脚螺栓埋设不可倾斜，等电动机紧固后应高出螺帽 3～5 扣。

（2）电动机的安装：电动机安装时，应审核电动机安装的位置是否满足检修操作运输的方便。固定在基础上的电动机，一般应有不小于 1.2 m 维护通道。采用水泥基础时，如无设计要求，基础重量一般不小于电动机重量的 3 倍。基础各边应超出电机底座边缘 100～150 mm。安装电机垫片一般不超过三块，垫片与基础面接触应严密。电动机安装后，应做数圈人力转动试验。电机外壳保护接地（或接零）必须良好。

（3）电动机的校正：电动机就位后，即可进行纵向和横向的水平校正。如果不平，可用 0.5～5 mm 厚的垫铁垫在电动机机座下，找平、找正直到符合要求为止。

当电动机与被驱动的机械通过传动装置相互连接之前，必须对传动装置进行校正。由于传动装置的种类不同，校正的方法也各不相同。

① 皮带传动的校正：皮带传动时，为了使电动机和它所驱动的机器得到正常运行，就必须使电动机皮带轮的轴和被驱动机器的皮带轮的轴保持平行，同时还要使两个皮带轮宽度的中心线在同一直线上。

② 联轴器的找正：联轴器也称靠背轮。当电动机与被驱动的机械采用联轴器连接时，必须使两轴的中心线保持在一条直线上；否则，电动机转动时将产生很大的振动，严重时会损坏联轴器，甚至扭弯、扭断电动机轴或被驱动机械的轴。另外，由于电动机转子的重量和被驱动机械转动部分重量的作用，使轴在垂直平面内有一挠度，使轴发生弯曲。

③ 齿轮传动校正：齿轮传动必须使电动机的轴与被驱动机器的轴保持平行；大小齿轮啮合适当。如果两齿轮的齿间间隙均匀，则表明两轴达到了平行，间隙大小可用塞尺进行检查。也可通过运行，听齿轮转动的声音来判别啮合情况。

2. 电动机的接线

电动机接线在电动机安装中是一项非常重要的工作，如果接线不正确，不仅电动机不能正常运行，还可能造成事故。接线前应查对电动机铭牌上的说明或电动机接线板上接线端子的数量与符号，然后根据接线图接线。

三相感应电动机共有三个绕组，计有六个端子，各相的始端用 U_1、V_1、W_1 表示，终端用 U_2、V_2、W_2 表示。标号 U_1～U_2 为第一相，V_1～V_2 为第二相，W_1～W_2 为第三相。

如果三相绕组接成星形，U_2、V_2、W_2 连在一起，U_1、V_1、W_1 接电源线；如果接成三角形，U_1 和 W_2，V_1 和 U_2，W_1 和 V_2 相连。

电动机及其执行机构的可接近裸露导体必须接地（PE）或接零（PEN）。

在电动机接线盒内裸露的不同相导线间和导线对地间最小距离应大于 8 mm，否则应采取绝缘防护措施。

电动机及其执行机构绝缘电阻值应大于 0.5 MΩ。

3. 控制、保护和启动设备安装

电动机的控制和保护设备安装前应检查是否与电动机容量相符。控制和保护设备的安装应按设计要求进行。一般应装在电动机附近。电动机、控制设备和所拖动的设备应对应编号。

引至电动机接线盒的明敷导线长度应小于0.3 m，并应加强绝缘，易受机械损伤的地方应套保护管。

高压电动机的电缆终端头应直接引进电动机的接线盒内。达不到上述要求时，应在接线盒外加装保护措施。

直流电动机、同步电动机与调节电阻回路及励磁回路的连接，应采用铜导线。导线不应有接头。调节电阻器应接触良好，调节均匀。

电动机应装设过流和短路保护装置，并应根据设备需要装设断相和低电压保护装置。

电动机保护元件的选择：

(1) 采用热元件时，热元件一般按电动机额定电流的1.1～1.25倍选择。

(2) 采用熔丝（片）时，熔丝（片）一般按电动机额定电流的1.5～1.25倍选择。

4. 工程的交接与验收

(1) 试运行前的检查：

1) 土建工程全部结束，现场清扫整理完毕。

2) 电动机本体安装检查结束。

3) 冷却、调速、润滑等附属系统安装完毕，验收合格，分部试运行情况良好。

4) 电动机的保护、控制、测量、信号、励磁等回路的调试完毕动作正常。

5) 电动机应做下列试验。

① 测定绝缘电阻：

a. 1 kV以下电动机使用1 kV摇表摇测，绝缘电阻值不低于0.5 MΩ。

b. 1 kV及以上电动机，使用2.5 kV摇表摇测绝缘电阻值在75 ℃时，定子绕组不低于每千伏1 MΩ，转子绕组不低于每千伏0.5 MΩ，并做吸收比试验。

② 1 kV及以上电动机应做交流耐压试验。

③ 1 kV以上或1 000 kW以上、中性关连线已引出至出线端子板的定子绕组应分项做直流耐压及泄漏试验。

6) 电刷与换向器或滑环的接触应良好。

7) 盘动电动机转子应转动灵活，无碰卡现象。

8) 电动机引出线应相位正确，固定牢固，连接紧密。

9) 电动机外壳油漆完整，保护接地良好。

10) 照明、通信、消防装置应齐全。

(2) 试运行及验收：

1) 电动机试运行一般应在空载的情况下进行，空载运行时间为2 h，并做好电动机空载电流电压记录。

2) 电动机试运行接通电源后，如发现电动机不能启动和启动时转速很低或声音不正常等现象，应立即切断电源检查原因。

3) 启动多台电动机时，应按容量从大到小逐台启动，不能同时启动。

4) 电动机试运行中应进行下列检查：

① 电动机的旋转方向符合要求，声音正常。

② 换向器、滑环及电刷的工作情况正常。

③ 电动机的温度不应有过热现象。

④ 滑动轴承温升不应超过 80 ℃，滚动轴承温升不应超过 95 ℃。

⑤ 电动机的振动应符合规范要求。

5）交流电动机带负荷启动次数应尽量减少，如产品无规定时按在冷态时可连续启动 2 次；在热态时，可启动 1 次。

6）电动机验收时，应提交下列资料和文件。

① 设计变更洽商。

② 产品说明书、试验记录、合格证等技术文件。

③ 安装记录（包括电动机抽芯检查记录、电动机干燥记录等）。

④ 调整试验记录。

第四节　防雷及接地装置安装技术要求

一、建筑物防雷设施安装要点及验收

1. 防雷装置的安装

（1）接闪器安装：

1）接闪器安装要求：

① 建筑物顶部的避雷针、避雷带等必须与顶部外露的其他金属物体连成一个整体，形成电气通路，且与避雷引下线连接可靠。

② 避雷针、避雷带应位置正确，焊接固定的焊缝饱满无遗漏，螺栓固定的应连接牢固，防松零件齐全，焊接部分补刷的防腐油漆完整。

③ 避雷带应平正顺直，固定点支持件间距均匀、固定可靠，每个支持件应能承受大于 49 N（5 kg）的垂直拉力。当设计无要求时，水平直线部分支持间距为 0.5～1.5 m；弯曲部分为 0.3～0.5 m。

2）避雷针的安装：

① 屋顶（面）避雷针的安装：避雷针一般采用镀锌圆钢或焊接钢管制作，焊接处应涂防腐漆。其直径不小于下列数值：

针长 1 m 以下：圆钢 Φ12 mm，钢管 Φ20 mm；

针长 1～2 m：圆钢 Φ16 mm，钢管 Φ25 mm；

烟窗顶上的避雷针：圆钢 Φ20 mm，钢管 Φ40 mm。

避雷针在屋面安装时，先组装好避雷针，在避雷针支座底板上相应的位置，焊上一块肋板，将避雷针立起，找直、找正后进行点焊、校正，焊上其他三块肋板，并与引下线焊接牢固，屋面上若有避雷带（网），还要与其焊接成一个整体。避雷针针体各节尺寸，见表 3-15。

表 3-15　避雷针针体各节尺寸　　单位：m

避雷针全高		1.00	2.00	3.00	4.00	5.00
避雷针各节尺寸	A (SC25)	1.00	2.00	1.50	1.00	1.50
	B (SC40)	—	—	1.5	1.50	1.50
	C (SC50)	—	—	—	1.50	2.00

避雷针安装后针体应垂直，其允许偏差不应大于顶端针杆直径。设有标志灯的避雷针，灯具应完整，显示清晰。

② 水塔避雷针安装：水塔按第三类构筑物设计防雷。一般在塔顶中心装一支1.5 m高的避雷针，水塔顶上周围铁栏栅也可作为接闪器，或在塔顶装设环形避雷带保护水塔边缘。要求其冲击接地电阻小于 30 Ω，引下线一般不少于两根，间距不大于30 m。若水塔周长和高度在 40 m 以下，可只设一根引下线，或利用铁爬梯作引下线。

③ 烟囱避雷针的安装：烟囱也按第三类构筑物设计防雷。砖烟囱和钢筋混凝土烟囱靠装设在烟囱上的避雷针或避雷环（环形避雷带）进行保护，多根避雷针应用避雷带连接成闭合环。当非金属烟囱无法采用单支或双支避雷针保护时，应在烟囱口装设环形避雷带，并应对称布置三支高出烟囱口且不低于 0.5 m 的避雷针。金属烟囱本身可作为接闪器和引下线。

当烟囱直径在 1.2 m 以下，高度≤35 m 时，采用一根 2.5 m 高的避雷针保护；当烟囱直径在 1.2～1.7 m，35 m<高度≤50 m 时，用两根 2.2 m 高的避雷针保护；当烟囱直径大于等于 1.7 m，高度≥60 m 时，用环形避雷带保护；高度 100 m 以上烟囱，在离地面 30 m 处及以上每隔 12 m 加装一个均压环并与引下线连接。

烟囱高度小于等于 40 m 时只设一根引下线，40 m 以上设两根引下线，铁扶梯可作引下线，也可利用螺栓连接或焊接的一座金属爬梯作为两根引下线。

钢筋混凝土烟囱的钢筋应在其顶部和底部与引下线和贯通连接的金属爬梯相连，利用钢筋作为引下线和接地装置，可不另设专用引下线。

当烟囱上采用避雷环时，其圆钢直径不应小于 12 mm。扁钢截面积不应小于 100 mm^2，其厚度不应小于 4 mm。

3）避雷网（带）安装：避雷网适用于建筑物的屋脊、屋檐（坡屋顶）或屋顶边缘及女儿墙上（平屋顶），对建筑物的易受雷击部位进行重点保护。不同防雷等级的避雷网的规格见表 3-16。

表 3-16　不同防雷等级的避雷网的规格　　单位：m

建筑物的防雷等级	滚球半径 h_r	避雷网尺寸
一类	30	5×5 或 6×4
二类	45	10×10 或 12×8
三类	60	20×20 或 24×16

① 明装避雷网（带）安装：避雷带明装时，要求避雷带距屋面边缘的距离不应大于 500 mm。在避雷带转角中心严禁设置支座。

避雷带的支座可以在屋面层施工中现场浇制，也可预制再砌牢或与屋面防水层进行固定。女儿墙上设置的支架应垂直预埋或在墙体施工时预留不小于 100 mm×

100 mm×100 mm 的孔洞。埋设时先埋设直线段两端的支架，然后由两端拉线后，埋设中间支架。水平直线段支架间距为 1～1.5 m，转弯处间距为 0.5 m，距转弯中点处的距离为 0.25 m，垂直间距为 1.5～2 m，相互间距离应均匀分布。

避雷带在建筑物屋脊上安装，使用混凝土支座或支架固定。现场浇制支座时，将脊瓦敲去一角，使支座与脊瓦内的砂浆连成一体；用支架固定时，用电钻将脊瓦钻孔，将支架插入孔内，用水泥砂浆填塞牢固。固定支座和支架水平间距为 1～1.5 m，转弯处为 0.25～0.5 m。

避雷带沿坡形屋面敷设时，使用混凝土支座固定，且支座应与屋面垂直。

明装避雷带应采用镀锌圆钢或扁铁制成，镀锌圆钢直径应为 ϕ12 mm，镀锌扁铁截面为 25 mm×4 mm 或 40 mm×4 mm。避雷带敷设时，应与支座或支架进行卡固或焊接连成一体，引下线的上端与避雷带交接处，应弯曲成弧形再与避雷带并齐进行搭接焊接。

避雷带沿女儿墙及电梯机房或屋顶水池顶部四周敷设时，不同平面的避雷带应至少有两处互相焊接连接。建筑物屋顶上突出的金属物体，如旗杆、透气管、铁栏杆、爬梯、冷却水塔、电视天线杆等金属导体都必须与避雷网焊成一体。

避雷带在转角处不宜小于 90°，弯曲半径不宜小于圆钢直径的 10 倍，或扁钢宽度的 6 倍。

明装避雷带采用建筑物金属栏杆或敷设镀锌钢管时，支架的钢管管径不应大于避雷带钢管管径，其埋入混凝土或砌体内的下端应焊短圆钢做加强筋，埋设深度不应小于 150 mm。中间支架距离不应小于 1 m，间距应均匀相等，在转角处距转弯中点为 0.25～0.5 m，弯曲半径不宜小于管径的 4 倍。避雷带与支架应采用焊接连接固定。焊接处应打磨光滑，无凸起高度，经处理后应涂刷樟丹防腐漆和银粉漆防腐。避雷带之间连接处，管内应设置管外径与连接管内径相吻合的钢管做衬管，衬管长度不应小于管外径 4 倍。避雷带通过建筑物伸缩、沉降缝处时，避雷带应向侧面弯成半径为 100 mm的弧形，且支持卡子中心距建筑物边缘距离减至 400 mm；或将避雷带向下部弯曲；还可以用裸铜软绞线连接避雷带。

② 暗装避雷网（带）安装：暗装避雷网是利用建筑物内的钢筋做避雷网。用建筑物 V 形折板内钢筋做避雷网时，将折板插筋与吊环和网筋绑扎，通长筋与插筋、吊环绑扎。为便于与引下线连接，折板接头部位的通长筋应在端部预留钢筋头 100 mm。对于等高多跨搭接处，通长筋之间应采用绑扎，不等高多跨交接处，通长筋之间应用 ϕ8 mm圆钢连接焊牢，绑扎或连接的间距为 6 m。

当女儿墙上压顶为现浇混凝土时，可利用压顶板内的通长钢筋作为建筑物的暗装防雷接闪器，防雷引下线可采用不小于 ϕ10 mm 的圆钢，引下线与接闪器（即压顶内钢筋）应焊接连接。当女儿墙上压顶为预制混凝土板时，应在顶板上预埋支架做接闪器，或女儿墙上有铁栏杆时，防雷引下线应由板缝引出顶板与接闪器连接，引下线在压顶处同时应与女儿墙顶内通长钢筋之间，用 ϕ10 mm 圆钢做连接线进行焊接。

当女儿墙设圈梁，圈梁与压顶之间有立筋时，女儿墙中相距 500 mm 的两根 ϕ8 mm或一根 ϕ10 m 立筋可用做防雷引下线，将立筋与圈梁内通长钢筋绑扎。引下线的下端既可以焊到圈梁立筋上，将圈梁立筋与柱主筋连接，也可以直接焊到女儿墙下的柱顶预埋件上或钢屋架上。

当屋顶上部有女儿墙时，将女儿墙上明装避雷带和所有金属导体与暗装避雷网焊接成一个整体作为接闪装置时，就构成了建筑物整体防雷。

（2）防雷引下线的敷设：

1）一般要求：引下线可分明装和暗装两种。明装时一般采用 Φ8 mm 的圆钢或截面 30 mm×4 mm 的扁钢。在易受腐蚀部位，截面应适当加大。引下线应沿建筑物外墙敷设，距墙面15 mm，固定支点间距不应大于 2 m，敷设时应保持一定松紧度。从接闪器到接地装置，引下线的敷设应尽量短而直。若必须弯曲时，弯角应大于 90°。引下线敷设于人们不易触及之处。地上 1.7 m 以下的一段引下线应加保护设施。以避免机械损坏。如用钢管保护，钢管与引下线应有可靠电气连接。

引下线应镀锌，焊接处应涂防锈漆，但利用混凝土中钢筋作引下线除外。

一级防雷建筑物专设引下线时，其根数不少于 2 根，沿建筑物周围均匀或对称布置，间距不应大于 12 m，防雷电感应的引下线间距应介于 18～24 m；二级防雷建筑物引下线数量不应少于 2 根，沿建筑物周围均匀或对称布置，平均间距不应大于18 m；三级防雷建筑物引下线数量不宜少于 2 根，平均间距不应大于 25 m；但周长不超过 25 m，高度不超过 40 m 的建筑物可只设一根引下线。

当引下线长度不足，需要在中间接头时，引下线应进行搭接焊接。

装有避雷针的金属筒体，当其厚度不小于 4 mm 时，可做避雷针引下线。筒体底部应有两处与接地体对称连接。暗装时引下线的截面应加大一级，应用卡钉分段固定。

2）避雷引下线和变配电室接地干线敷设的有关规范要求：

① 建筑物抹灰层内的引下线应有卡钉分段固定；明敷的引下线应平直、无急弯，与支架焊接处，油漆防腐且无遗漏。

② 金属构件、金属管道做接地线时，应在构件或管道与接地干线间焊接金属跨接线。

③ 接地线的焊接应符合接地装置一样的焊接要求，材料采用及最小允许规格、尺寸和接地装置的要求相同。

④ 明敷引下线及室内接地干线的支持件间距应均匀，水平直线部分 0.5～1.5 m；垂直直线部分 1.5～3 m；弯曲部分 0.3～0.5 m。

⑤ 接地线在穿越墙壁、楼板和地坪处应加套钢管或其他坚固的保护套管，钢套管应与接地线做电气连通。

3）明敷引下线：明敷引下线应预埋支持卡子，支持卡子应突出外墙装饰面 15 mm 以上，露出长度应一致，将圆钢或扁钢固定在支持卡子上。一般第一个支持卡子在距室外地面 2 m 高处预埋，距第一个卡子正上方 1.5～2 m 处埋设第二个卡子，依此向上逐个埋设，间距均匀相等，并保证横平竖直。

明敷引下线调直后，从建筑物最高点由上而下，逐点与预埋在墙体内的支持卡子套环卡固，用螺栓或焊接固定，直到断接卡为止。

引下线通过屋面挑檐板处，应做成弯曲半径较大的慢弯，弯曲部分线段总长度，应小于拐弯开口处距离的 10 倍。

4）暗敷引下线：沿墙或混凝土构造柱暗敷设的引下线，一般使用直径不小于 Φ12

镀锌圆钢或截面为25 mm×4 mm的镀锌扁铁。钢筋调直后先与接地体（或断接卡子）用卡钉固定好，垂直固定距离为1.5～2 m，由下至上展放或一段一段连接钢筋，直接通过挑檐板或女儿墙与避雷带焊接。

利用建筑物钢筋做引下线时，钢筋直径为16 mm及以上时，应利用两根钢筋（绑扎或焊接）作为一组引下线；当钢筋直径为10～16 mm时，应利用四根钢筋（绑扎或焊接）作为一组引下线。

引下线上部（屋顶上）应与接闪器焊接，中间与每层结构钢筋需进行绑扎或焊接连接，下部在室外地坪下0.8～1 m处焊出一根Φ12 mm的圆钢或截面40 mm×4 mm的扁钢，伸向室外距外墙面的距离不小于1 m。

（3）断接卡子：为了便于测试接地电阻值，接地装置中自然接地体和人工接地体连接处和每根引下线应有断接卡子。断接卡子应有保护措施。引下线断接卡子应在距地面1.5～1.8 m高的位置设置。

断接卡子的安装形式有明装和暗装两种。可利用不小于40 mm×4 mm或25 mm×4 mm的镀锌扁钢制作，用两根镀锌螺栓拧紧。引下线圆钢或扁钢与断接卡的扁钢应采用搭接焊。

明装引下线在断接卡子下部，应外套竹管、硬塑料管等非金属管保护。保护管深入地下部分不应小于300 mm。明装引下线不应套钢管，必须外套钢管保护时，必须在保护钢管的上、下侧焊跨接线与引下线连接成一整体。

用建筑物钢筋做引下线，由于建筑物从上而下钢筋连接成一整体，因此不能设置断接卡子，需在柱（或剪力墙）内作为引下线的钢筋上，另焊一根圆钢引至柱（或墙）外侧的墙体上，在距地面1.8 m处，设置接地电阻测试箱。

2. 工程的交接验收

（1）接闪器安装工序交接确认：接地装置和引下线应施工完成，才能安装接闪器，其与引下线连接。

（2）引下线安装工序交接确认：

1）利用建筑物柱内主筋做引下线，在柱内主筋绑扎后，按设计要求施工，经检查确认，才能支模。

2）直接从基础接地体或人工接地体暗敷埋入粉刷层内的引下线，经检查确认其不外露后，才能贴面砖或刷涂料等。

3）直接从基础接地体或人工接地体引出明敷的引下线，先埋设或安装支架，经检查确认，才能敷设引下线。

（3）防雷接地系统检测：接地装置施工完成测试应合格；避雷接闪器安装完成，整个防雷接地系统连成回路，才能进行系统测试。

（4）防雷及引下线安装工程在验收时，避雷针（带、网）的安装位置及高度符合设计要求。

（5）在工程验收时，应提交下列资料和文件：

① 实际施工的竣工图。

② 变更设计的证明文件。

③ 安装技术记录（包括隐蔽工程记录等）。

④ 测试记录。

二、接地装置安装要点及验收

1. 接地装置安装要求

（1）人工接地装置或利用建筑物基础钢筋的接地装置必须在地面以上按设计要求位置设测试点。

（2）测试接地装置的接地电阻值必须符合设计要求。

（3）防雷接地的人工接地装置的接地干线埋设，经人行通道处埋地深度不应小于1 m，且应采取均压措施或在其上方铺设卵石或沥青地面。

（4）接地模块顶面埋深不应小于0.6 m，接地模块间距不应小于模块长度的3～5倍。接地模块埋设基坑，一般为模块外形尺寸的1.2～1.4倍，且应在开挖深度内详细记录地层情况。

（5）接地模块应垂直或水平就位。不应倾斜设置，保持与原土层接触良好。

（6）当设计无要求时，接地装置顶面埋设深度不应小于0.6 m。圆钢、角钢及钢管接地极应垂直埋入地下，间距不应小于5 m。接地装置的焊接应采用搭接焊，搭接长度应符合下列规定：

1）扁钢与扁钢搭接为扁钢宽度的2倍，不少于三面施焊。

2）圆钢与圆钢搭接为圆钢直径的6倍，双面施焊。

3）圆钢与扁钢搭接为圆钢直径的6倍，双面施焊。

4）扁钢与钢管、扁钢与角钢焊接，紧贴角钢外侧两面，或紧贴3/4钢管表面，上下两侧施焊。

5）除埋设在混凝土中的焊接接头外，有防腐措施。

（7）当设计无要求时，接地装置的材料采用为钢材，热浸镀锌处理，最小允许规格、尺寸符合表3-17中的规定。

表3-17　钢接地装置材料最小规格、尺寸

<table>
<tr><th colspan="2" rowspan="3">种类、规格及单位</th><th colspan="4">敷设位置及使用类别</th></tr>
<tr><th colspan="2">地上</th><th colspan="2">地下</th></tr>
<tr><th>室内</th><th>室外</th><th>交流电流回路</th><th>直流电流回路</th></tr>
<tr><td colspan="2">圆钢直径/mm</td><td>6</td><td>8</td><td>10</td><td>12</td></tr>
<tr><td rowspan="2">扁钢</td><td>截面/mm²</td><td>60</td><td>100</td><td>100</td><td>100</td></tr>
<tr><td>厚度/mm</td><td>3</td><td>4</td><td>4</td><td>6</td></tr>
<tr><td colspan="2">角钢厚度/mm</td><td>2</td><td>2.5</td><td>4</td><td>6</td></tr>
<tr><td colspan="2">钢管管壁厚度/mm</td><td>2.5</td><td>2.5</td><td>3.5</td><td>4.5</td></tr>
</table>

注：电力线路杆塔的接地体引出线的截面积不应小于50 mm^2，引出线应热镀锌。

（8）接地模块应集中引线，用干线把接地模块并联焊接成一个环路，干线的材质与接地模块焊接点的材质应相同，钢制的采用热浸镀锌扁钢，引出线不少于2处。

（9）在地下不得采用裸铝导体作为接地体或接地线。不得利用金属软管、管道保温层的金属外皮或金属网以及电缆金属护层做接地线。

2. 人工接地体的安装

人工接地体分为垂直接地体和水平接地体。

（1）垂直接地体安装：垂直埋设的接地体一般采用 Φ25 mm 的圆钢；钢管用 SC50 mm；角钢用 40 mm×40 mm×4 mm 或 50 mm×50 mm×5 mm。通常 2～5 根为一组，每根长 2.5 m，每两根相距 5 m。也可沿建筑物四周装一圈垂直接地体，再用扁钢做接地母线将其焊接，这种周圈接地体效果较好。

为便于接地体垂直打入土中，应将打入地下的一部分加工成尖形。为了防止将钢管或角钢打劈，可用圆钢加工一种护管帽套入钢管端，或用一块短角钢（约长 100 mm）焊在接地角钢的一端。

施工时，在要装设接地体的位置挖沟，在接地极沟内接地极应沿沟的中心线垂直打入。接地体顶面埋设深度应符合设计要求，当无规定时，不宜小于 0.6 m，间距不小于接地体长度两倍，当受地方限制时，一般不小于接地体长度。垂直接地体连接多用扁钢，扁钢应立放，这样既便于焊接，也可以减小其散流电阻。扁钢应连接在距接地体顶端不小于 50 mm 的位置，焊接应牢靠。

接地线应防止发生机械损伤和化学腐蚀。敷设在腐蚀性较强的场所或土壤电阻率大于 10 Ω·m 的土壤中接地装置应适当加大截面或热镀锌。

（2）水平接地体安装：敷设在建筑物四周闭合环状的水平接地体，可埋设在建筑物散水及灰土基础以外的基础槽边，常用 40 mm×4 mm 镀锌扁钢，最小截面积不应小于 100 mm^2，厚度不应小于 4 mm。将扁钢垂直敷设在地沟内，顶部埋设深度距地面不应小于 0.6 m，多根平行敷设时水平间距不小于 5 m。

（3）铜板接地体安装：铜板接地体一般采用 900 mm×900 mm×1 500 mm 的铜板。铜板与接地线的连接一般是在接地铜板上打孔，用单股 Φ1.5～Φ2.5 mm 铜线将铜接地线（铜绞线）绑扎在铜板上，在铜绞线两侧焊接，或采取将铜接地绞线分开拉直，搪锡后分四处用单股 Φ1.5～Φ2.5 mm 铜线绑扎在铜板上，逐根与铜板焊接。也可以用 Φ5 mm×6 mm 的铜铆钉将端子与铜板铆紧，在接线端子周围进行锡焊，或使用 25 mm×1.5 mm 的扁铜板进行铜焊固定连接。

（4）接地模块安装：接地模块应垂直或水平就位，不应倾斜设置，并保持与原土层接触良好。

接地模块应集中引线，用干线包围接地模块并联焊接成一个环路，干线材质与接地模块焊接的焊接点材质相同，铜质的采用热浸镀锌扁钢，引出线不应少于 2 处。

接地体敷设完后的土沟其回填土内不应夹有石块和建筑垃圾等，外取的土壤不得有较强的腐蚀性，回填土应分层夯实。

3. 接地母线安装

从引下线断接卡子或换线处至接地体和连接垂直接地体之间的连接线称为接地母线，一般使用 40 mm×4 mm 的镀锌扁钢。

扁钢调直后垂直放在地沟内，依次在距接地体顶端大约 50 mm 处与接地体焊接。扁钢与钢管或角铁接地极焊接时，将接地扁钢弯成弧形或三角形与接地钢管或角钢进行焊接；也可将扁钢在焊接过程中弯成弧形或三角形；还可以先用扁钢另外煨制为弧形或三角形卡子，在扁钢与接地体相互接触部位表面两侧焊接后，再用卡子与接地体及扁钢进行焊接。

接地母线之间的连接应采用搭接焊接。除接地体外，从地表下 0.6 m 引至地面外的垂直接地母线的引出线的垂直部分和接地装置焊接部位应作防腐处理。在作防腐处理前，表面必须除锈并去掉焊接处残留的焊渣。

4. 建筑物基础接地装置的安装

利用钢筋混凝土基础内的钢筋作为接地装置时，敷设在钢筋混凝土中的单根钢筋或圆钢直径不应小于 10 mm。被利用作为防雷装置的混凝土构件的钢筋，其截面积总和不应小于一根直径 10 mm 钢筋的截面积。

利用建筑物钢筋混凝土基础内的钢筋作为接地装置时，应在与防雷引下线相对应的室外埋深 0.8～1 m，由被利用作为引下线的钢筋上焊出一根 Φ12 mm 圆钢或 40 mm×4 mm 的镀锌扁钢，伸向室外距外墙的距离不宜小于 1 m，以便补装人工接地体。

5. 工程的交接验收

（1）接地装置安装工序交接确认：

1）建筑物基础接地体：底板钢筋敷设完成，按设计要求做接地施工，经检查确认，能支模或浇捣混凝土。

2）人工接地体：按设计要求位置开挖沟槽，经检查确认，才能打入接地极和敷设地下接地干线。

3）接地模块：按设计位置开挖模块坑，并将地下接地干线引到模块上，经检查确认，才能相互焊接。

4）装置隐蔽：检查验收合格，才能覆土回填。

（2）在验收时应按下列要求进行检查：

1）整个接地网外露部分的连接应可靠，接地线规格应正确，防腐层应完好，标志应齐全明显。

2）避雷针（带）的安装位置及高度应符合设计要求。

3）供连接临时接地线用的连接板的数量和位置应符合设计要求。

4）工频接地电阻值及设计要求的其他测试参数应符合设计规定，雨后不应立即测量接地电阻。

（3）在验收时应提交下列资料和文件：

1）实际施工的竣工图。

2）变更设计的证明文件。

3）安装技术记录（包括隐蔽工程记录等）。

4）测试记录。

三、等电位连接安装要点及验收

1. 等电位连接线截面的选择

（1）连接线的截面：等电位连接线的截面积见表 3-18。等电位连接端子板的截面应满足力学性能的要求，并不得小于所接连接线的截面。

表 3-18　等电位连接线的截面积

<table>
<tr><th>截面积</th><th>总等电位连接</th><th>局部等电位连接</th><th colspan="2">辅助等电位连接</th></tr>
<tr><td rowspan="2">一般值</td><td rowspan="2">大于等于进线 PE（PEN）线截面积的一半</td><td rowspan="2">大于等于场所内最大 PE（PEN）线截面积的一半</td><td>两电气设备外露导电部分间</td><td>较小 PE 线截面</td></tr>
<tr><td>电气设备与装置外露导电部分间</td><td>PE 线截面的一半</td></tr>
<tr><td rowspan="3">最小值</td><td>6 mm² 铜线</td><td rowspan="3">与辅助等电位连接线相同</td><td>有机械保护时</td><td>2.5 mm² 铜线或 4 mm² 铝线</td></tr>
<tr><td>16 mm² 铝线</td><td>无机械保护时</td><td>4 mm² 铜线</td></tr>
<tr><td>50 mm² 铁</td><td colspan="2">16 mm² 铁线</td></tr>
<tr><td>最大值</td><td>25 mm² 铜线或相同电导值的导线</td><td colspan="3"></td></tr>
</table>

（2）防雷等电位连接的最小截面积：连接各等电位连接线或将其连到接地装置的导体，以及流过的电流大于或等于总雷电流 25%的等电位连接导体（干线），其最小截面积符合表 3-19 的规定。

表 3-19　连接各等电位连接线或将其连到接地装置的导体的最小截面积

防雷建筑物的类别	材　料	截面积/mm²
一、二、三类	铜	16
	铝	25
	铁	50

当建筑物内有信息系统时，在那些要求雷击电磁脉冲影响最小处，等电位连接线宜采用金属板，并与钢筋或其他屏蔽构件作多点连接。

不允许金属水管、输送爆炸气体或液体的金属管道、正常情况下承受机械压力的结构部分、易弯曲的金属部分、钢索配线的钢索部分做连接线。

2. 等电位连接的施工

等电位系统必须与所有设备的保护线（包括插座的保护线）连接。

（1）总等电位连接端子排：总等电位连接端子排可利用截面为 100 mm×10 mm，长度为 1 m 的铜排，每隔50 mm钻 φ12 mm 的孔，设置在变配电所便于接引线的位置，至少三处与接地体可靠连接（变压器中性点、附近接地体、变配电所内接地网格），确保总等电位铜排的电位是地电位（接地电阻≤1 Ω），若未满足，必须增加与接地体的连接。

在 TN-S 系统中，中性线 N 与变压器中性点一起接地，也可以接在总等电位铜排上，此外 N 线严禁与任何"地"有电气连接。

（2）等电位连接干线：建筑物等电位连接干线应从与接地装置有不少于 2 处直接连接的接地干线或总等电位箱引出。等电位连接干线或局部等电位箱间的连接线形成环形网路，环形网路应就近与等电位连接干线或局部等电位箱连接。支线间不应串联连接。

（3）PE 干线：交流设备外壳保护接地 PE 干线可以采用五芯电缆或五芯封闭母线槽，其中一芯作为 PE 干线，多用在 PE 线无分支的场所，它的接地阻抗较小，提高接地故障保护灵敏度，但难以做到与防雷系统绝缘隔离，引接线不方便。

PE 干线也可以采用在四芯电缆或四芯封闭母线槽近旁单独设置 PE 干线，采用镀锡铜排，下端与总等电位连接铜排连接，每隔 0.5 m 钻 Φ12 mm 的孔，供 PE 分支线连接用，易做到与防雷接地系统绝缘隔离。

在每一楼层，接近用电设备的地方，设置一辅助等电位铜排，用绝缘子支承铜排，与防雷系统隔离。设备外壳及设备附近非带电导体，用 6 mm^2 及以上铜芯黄绿色绝缘线连接到辅助等电位铜排上。PE 干线下端与总等电位铜排连接。

（4）等电位连接线：当外来导电物、电力线、通信线在不同地点进入建筑物时，宜设若干等电位连接线，并应将其就近连到环形接地体、内部环形导体或此类钢筋上，它们在电气上是贯通的并连通到接地体（含基础接地体）。环形接地体和内部环形导体应连到钢筋或其他屏蔽构件上（如金属立面），宜每隔 5 m 连接一次。

（5）等电位接地网：一般用直径 10 mm 的圆钢或 10 mm×4 mm 的扁钢焊接成接地网，网孔不应小于4 m。布置应尽量均匀，使接地网范围内电位尽量相近，在故障时同时触及两点不致造成电击。

（6）变电所内接地网：在变电所内为防止跨步电压的产生，用 25 mm×4 mm 的镀锌扁钢，组成 1.5 m×1.5 m 网格，敷设在变（配）电所地坪 0.5 m 下，网格与接地体直接连接，再与变压器中性点和总等电位连接铜排连接，沿变（配）电所内墙适当位置，多处设置接地端子，供所内设备外壳及金属构件保护接地。

3. 金属装置的等电位连接

（1）等电位连接点：所有电梯轨道、吊车、金属地板、金属门框架、设施管道、电缆桥架等大尺寸的内部导电物体，其等电位连接应以最短路径连到最近的等电位连接线或其他已做了等电位连接的金属物体。各导电物体之间宜附加多次互相连接。

在地下室或在靠近地平面处，连接导线应连到连接板（连接母线）上，连接板的构成和安装要易于接近检查。连接板应与接地装置连接，对于大型建筑物，如果连接板之间有连接，可装设多块连接板。高度超过 20 m 的建筑物，在地面以上垂直每隔不大于 20 m 处，连接板应与连接各引下线的水平环形导体连接。在那些满足不了安全距离的地方应设等电位连接。对有电气贯通钢筋网的钢筋混凝土建筑物、钢构架建筑物、有等效屏蔽作用的建筑物，建筑物内的金属装置通常不需要做等电位连接。

（2）各种管道的等电位连接：建筑物内的金属管道的连接处一般不需加接跨接线，对金属管道系统中的小段塑料管需做跨接。给水系统的水表需加接跨接线，以保证水管的等电位连接和接地的有效。装有金属外壳排风机、空调器的金属门、窗框或靠近电源插座的金属门、窗框以及距外露可导电部分伸臂范围内的金属栏杆、吊顶龙骨等金属体需做等电位连接。为避免用燃气管道做接地板，燃气管入户后应插入一绝缘段（例如在法兰盘间插入绝缘板）以与户外埋地的燃气管隔离。为防雷电流在燃气管道内产生电火花，在绝缘段两端应跨接火花放电间隙。

一般场所离人站立处不超过 10 m 的距离内如有地下金属管道或结构即可认为满足地面等电位的要求，否则应在地下加埋等电位带。

（3）等电位连接线的连接：等电位连接内各连接导体间的连接可采用焊接，焊接处不应有夹渣、咬边、气孔及未焊透等情况；也可采用压接，这时应注意接触面的光洁、足够的接触压力和接触面积；也可采用熔接。在腐蚀性场所应采取防腐措施，如热镀锌或加大导线截面积等。

等电位连接端子板采取螺栓连接，以便拆卸进行定期检测。等电位连接线及端子板宜采用铜质材料，但与基础钢筋或地下的钢材管道相连时，铜和铁具有不同的电位。铜的标准电位是＋0.35 V，铁的标准电位是－0.44 V，由于土壤中的水分和盐类形成原电池，产生电化学腐蚀，基础钢筋和钢管将被腐蚀。因此，在土壤中应避免使用裸铜线或带铜皮的钢线作为接地极引入线，宜用钢材与基础钢筋做连接，以与基础钢筋的电位一致，避免引起电化学腐蚀。

等电位连接线采用钢材焊接时，应采用搭接焊并应按照接地线连接的方法和要求施工。

当等电位连接线采用不同材质的导体连接时，可采用熔接法进行连接，也可采用压接法，压接时压接处应进行热搪锡处理。

等电位连接线在地下暗敷时，其导体之间的连接禁止采用螺栓压接。等电位连接用的螺栓、垫圈、螺母等应进行热镀锌处理。

等电位连接线应有黄绿相间的色标，在等电位连接端子板上应刷黄色底漆并标以黑色记号，其符号为“≐”。

对于暗敷的等电位连接线及其连接处，电气施工人员应做隐检记录及检测报告，对于隐藏部分的等电位连接线及其连接处应在竣工图上注明其实际走向和部位。

为保证等电位连接的顺利施工和安全运行，电气、土建、水暖等管道检修时，应由电气人员在断开管道前预先接通跨接线，以保证等电位连接的始终导通。

4. 潮湿场所局部辅助等电位连接

(1) 卫生间局部辅助等电位连接：卫生间局部辅助等电位连接必须将卫生间内所有装置外可导电部分，与位于房间内的外露可导电部分的保护线连接起来，并经过总接地端子与接地装置相连。如果浴室内原无 PE 线，浴室内的局部等电位连接不得与浴室外的 PE 线相连；若室内有 PE 线，浴室内的局部等电位连接必须与该 PE 线相连。

(2) 游泳池局部辅助等电位连接：游泳池局部辅助等电位连接必须将游泳池内所有装置外可导电部分，与位于池内的外露可导电部分的保护线连接起来，并经过总接地端子与接地装置相连。具体应包括如下部分：

1) 水池构筑物的所有金属部件，包括水池外框，石砌挡墙和跳水台中的钢筋。

2) 所有成型外框。

3) 固定在水池构筑物上或水池内的所有金属配件。

4) 与池水循环系统有关的电气设备的金属配件，包括水泵电动机。

5) 水下照明灯的电源及灯盒、爬梯、扶手、给水口、排水口及变压器外壳等。

6) 采用永久性间壁将其与水池地区隔离的所有固定的金属部件。

7) 采用永久性间壁将其与水池地区隔离的金属管道和金属管道系统等。

5. 等电位连接导通性的测试和工程交接验收

(1) 等电位连接导通性的测试：等电位连接安装完毕后应进行导通性测试。测试用电源可采用空载电压为 4～24 V 的直流或交流电源，测试电流不应小于 0.2 A，当测得等电位连接端子板与等电位连接范围内金属管道等金属体末端之间的电阻不超过 3 Ω

时，可认为等电位连接是有效的。若发现导通不良的管道连接处，应作跨接线，在投入使用后应定期做导通性测试。

对等电位连接进行导通性测试，即是对等电位用的管夹、端子板、连接线、有关接头、截面和整个路径上的色标进行检验，等电位连接的有效性必须通过测定来证实。

（2）工程的交接验收：

1）等电位连接的工序交接确定：

① 总等电位连接：对可作导电接地体的金属管道入户处和供总等电位连接的接地干线的位置检查确认，才能安装焊接总等电位连接端子板，按设计要求做总等电位连接。

② 辅助等电位连接：对供辅助等电位连接用的接地母线的位置检查确认，才能安装焊接辅助等电位连接端子板，按设计要求做辅助等电位连接。

③ 对有特殊要求的建筑金属屏蔽网箱，网箱施工完成，经检查确认，才能与接地线连接。

2）在验收时应按下列要求进行检查：

① 整个等电位连接网的连接可靠，等电位连接线规格正确，防腐层完好，标志齐全明显。

② 等电位连接的位置符合设计要求。

③ 等电位连接端子板的数量和位置符合设计要求。

3）在验收时应提交下列资料和文件：

① 实际施工的竣工图。

② 变更设计的证明文件。

③ 安装技术记录（包括隐蔽工程记录等）。

④ 测试记录。

第五节　测量仪器与施工测量

一、水准仪、经纬仪、全站仪、测距仪的使用

1. 水准仪的使用

找正设备水平度的基本量具是各种水平仪。安装中经常使用的水平仪有框式水平仪（方水平）、长方形水平仪（水平尺）、玻管水平仪和光学合像水平仪四种。

框式水平仪应用最多，读数精度高，刻度值为 0.02 mm/m。框式水平仪的结构由框架、主水准管和横水准管等组成。水准管是一个玻璃制成的圆管，里面装满了一定容积的酒精或乙醚，加热后即将另一端封闭起来，当管子冷却后，里面便出现一个气泡。由于气泡的重量特别轻，它总是处于水准管内液体的最高处，而且当水准管处于水平放置时，它又总是居于管内中央的位置上。

长方形水平仪读数精度低，设备安装中应用较少。

在大型设备安装中，经常用到玻管水平仪。玻管水平仪实际上就是一个液体连通器，采用橡皮管或塑料管将两个带有刻度的玻璃杯或玻璃管连接起来，构成液体和气体的通道（玻管水平仪也可在安装现场临时制作，只要准备两支玻璃管就行了）。玻管水平仪主要用于检测大型设备上相互隔开或间断的两个以上平面的水平度或等高度的测定。为了提高该水平仪的读数精度，在每个玻璃杯或玻璃管的顶部装了一个测微千分尺（测微千分尺又可制成测微螺钉形式通过支架单独放置在被测平面上），并用于电池与耳机构成一个电回路，拧动千分杆，使其端部与液面正好接触，耳机内有声响时，便从测微千分尺上读出读数，并据此判断被测的水平误差。玻管水平仪内的液体为清水，只灌满 1/3～1/2 高度。

光学合像水平仪测量精度更高。它是通过棱镜把偏移的气泡合成图像，并通过放大镜示出。当水平仪置于水平位置时，水准盒中的气泡处于中央位置，此时从放大镜看到两半气泡重合，当水平仪倾斜时，气泡就偏高中央位置，从放大镜中可看到两半气泡偏移的图像。当水准管水平时，气泡居中，气泡左右两端的半个影像通过多面棱镜上的 A 面反射到 B 面上，再由 B 面反射到 C 面，最后通过凸透镜放大获得合成气泡影像。如果水准管左端较高，水准气泡左移，这时通过棱镜系统反射后，就出现左边半个气泡影像长，右边半个气泡影像短的现象。

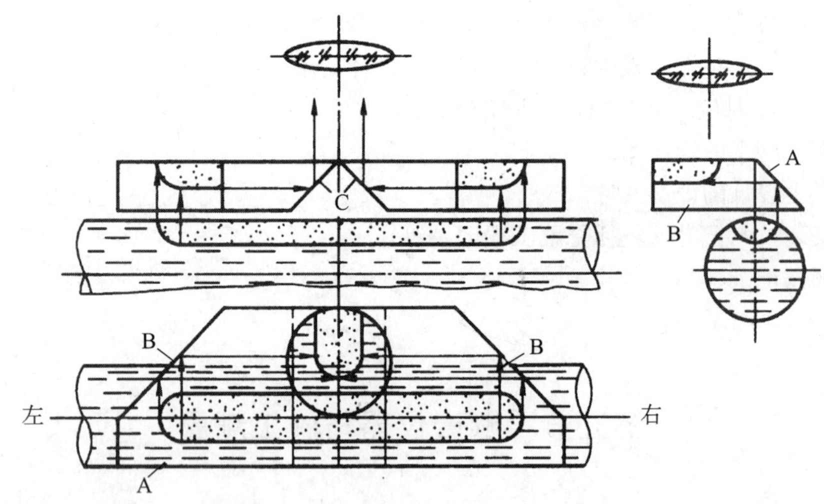

图 3-5　合像水平仪合像原理和读数示意图

使用光学合像水平仪测量时，首先将水平仪的读数盘和标尺调至零位，再将水平仪置于被测平面上，如果气泡像影不能合为一体，就旋转水平仪的调节细丝，使两半气泡合为一体，此后便从读数盘上读出水平误差数值，同使用普通方水平一样，也要在同一测点正反测量一次，得到两个读数，结合气泡偏离的方向，就可以计算出被检测表面的水平误差和水平仪自身的误差。

光学合像水平仪的读数精度可达 0.01 mm/m。

2. 经纬仪的使用

用经纬仪测角，先在所测角顶点（即测站点）安置经纬仪，经纬仪的安置包括对中和整平两项工作。

（1）对中：对中的目的是使仪器中心与测站点位于同一铅垂线上，对中前张开三脚架按观测者适合的高度架于测站点上，目测架头水平，在连接螺旋上挂垂球；移动三脚架使垂球尖端大致对准点位，并将三脚架的各架腿踩紧入地；装上仪器，旋紧连接螺旋。由于三脚架顶面圆孔直径约 6 cm，仪器在架顶面可向任何方向移动约 3 cm。当垂球尖偏离测站点较大（大于 3 cm），则需提起整个三脚架平行移动，使垂球尖尽量接近测站点标志；若偏离较小，可稍松连接螺旋，使仪器在三脚架顶面上平移，当垂球尖准确对准测站点后，拧紧中心连接螺旋。用垂球对中时，悬挂垂球的线长要调节合适，对中误差一般可小于 3 mm。在有风天气，使用垂球困难或要求精确对中时，应使用光学对中器。

应用光学对中器来安置经纬仪。首先将三脚架放在测站上，使架头大致水平并使架头中心大致位于测站点，装上经纬仪，拧紧中心螺旋。观测光学对点器并移动脚架，使光学对中器分划圆圈在测站点上，伸缩脚架使气泡居中，再精平。这时对点器偏离测站点很小，可移动基座精密对中和置平，最后拧紧连接螺旋。一般光学对中误差应小于 1 mm。

（2）整平：整平是使仪器的水平度盘处于水平位置，即使仪器的竖轴处于铅垂位置。整平时，先转动仪器照准部，使照准部水准管平行任意两个脚螺旋的连线，两手同时向内（或向外）转动脚螺旋，使水准管气泡居中，气泡移动方向与左手大拇指运动的方向一致。再将照准部转 90°，使水准管垂直于原来两个脚螺旋连线位置，用另一只脚螺旋使水准管气泡居中。这样反复进行几次，到照准部转到任何位置水准管气泡都居中为止。

（3）瞄准：经纬仪安置完毕，先松开照准部和望远镜制动螺旋，用望远镜上的推星（或瞄准器）瞄准目标，在望远镜内看见目标后固定水平和竖直两个制功螺旋，转动物镜对光螺旋进行物镜对光，看清楚目标并注意消除视差，最后用照准部和望远镜微动螺旋使十字竖丝准确对准目标，对目标时尽量对在目标底部。

3. 全站仪的使用

全站仪的三种常规测量模式为：角度测景模式、距离测量模式和坐标测量模式，另外还具备菜单测量模式（下面均以南方全站仪和拓普康全站仪的使用为例进行介绍）。

全站仪的测量方法与光学经纬仪的安置步骤基本相同。一般采用光学对中器完成对中，利用长水准管精平仪器。对于带有激光对中器的全站仪，其安置过程则更为方便。

仪器安置好后，即可按电源开关［Power］键，完成仪器的正常开机。一般来说，开机即进入到标准的测角模式，并且可以切换到菜单模式或其他标准测量模式。

操作者旋动仪器，减小角差直至为 0，并用固定螺旋锁定方向，并用微动螺旋精确调整使角差达到要求；方向定准后，指挥跑尺员在地面标记该方向，随后按对应功能键，进入距离放样状态，在界面中可选择坐标或是测距模式，以便通过实际测量，计算出 dHD（水平距离差值），根据该数值即可指挥跑尺员在该方向上移动棱镜，直至 dHD 为零，最后用校标定该待测点，得到待放样点的平面位置。若还需进行高度放样，参照仪器说明书继续进行。

放完一点后，必须进行检核，最终保证点位误差在施工对象的建筑限差所允许的限度内，即应满足建筑限差对放样工作的要求。

在进行放样工作之前，如果没有建立坐标文件，那么在设置测站点和后视方向时，便不能采用坐标调用的方式来输入控制点坐标，而只能采用键盘输入方式来输入站点坐标（或定向点坐标）进行设置，测站点的设置方法与上述介绍的方法基本相同。

全站仪使用的注意事项：

（1）全站仪的物镜不可对着阳光或其他强光源（如探照灯等），在阳光下作业时需撑伞。

（2）全站仪应远离变压器、高压线等，以防止强电磁场的干扰。

（3）测线应高出地面和离开障碍物 1.3 m 以上。

（4）应避免测线两侧及镜站后方有反光物体（如房屋玻璃窗、汽车挡风玻璃等），以免背景干扰产生较大测量误差。

（5）旋转照准部时应匀速旋转，切忌急速转动。

（6）防止雨淋湿仪器，以免发生短路现象，烧毁电气元部件。

（7）任何温度的突变都会缩短仪器测程或使仪器受潮，注意使仪器有一个适应环境温度的缓变过程。

（8）选择有利的观测时间，一天当中，上午日出后 0.5～1.5 h，下午日落前三四小时至半小时为最佳观测时间，阴天、有微风时，全天都可观测。

（9）电池要经常进行充、放电的保养。依季节每 1～3 个月长期不用仪器时应定期充电。通电一次，每次约 1 h。

（10）仪器在运输时必须注意防潮、防水和防高温。测量完毕应立即关机。迁站时应切断电源，切忌带电搬动。

4. 红外线测距仪的使用

在待测边一端设置测距仪（对中、整平），另一端设置棱镜（对中、整平），可测得单侧斜距，在测距作业过程中应注意事项如下：

（1）测距前应先检查电池电压是否符合要求。在气温较低的条件下作业时，应有一定的预热时间。

（2）测距时应使用相配套的反射棱镜。未经检验，不能与其他型号的设备互换棱镜。

（3）反射棱镜背面应避免有散射光的干扰，镜面应保持清洁。

（4）测距应在成像清晰、稳定的情况下进行。

（5）当观测数据出现错误（如分群现象等）时，应分析原因，待仪器及环境稳定后重新进行观测。

二、水准、距离、角度测量的要点

1. 水准测量的要点

使用水平仪时，如不能确认它的本身误差是大还是较小时，就应将水平仪放在标准平面上校正读数误差。当水平仪精确适用时，为了避免它自身的微小误差对检测读数的影响，要将水平仪在被测平面上同一测点处正反测量各一次，取其平均值作为被测平面的水平度误差。两次读数差的一半即是水平仪自身的误差数值。

2. 距离测量的要点

为方便量距工作，需分成若干尺段进行丈量，这就需要在直线的方向上插上一些标杆，在同一直线上定出若干点，则称为直线定线，定线工作一般用目估或用仪器进行。在钢尺量距的一般方法中，量距的精度要求较低，所以只用目估法进行直线定线。

为了防止错误和提高丈量结果的精度，需进行往返测量，一般用相对误差来表示成果的精度。计算相对误差时，往、返测量数之差取绝对值，分母取往返测量的平均值，并化为分子为 1 的分数形式。

3. 角度测量的原理及要点

（1）水平角的定义：地面上一点至任意两个目标的方向线垂直投影到水平面所成的角称为水平角。它也是过这两条方向线的铅垂面所夹的两面角。

（2）水平角的测量原理：为测定水平角 β 的大小，可在过 O 点的铅垂线 OO_1 点上任意点位置上放置一个水平的、有刻度的、带注记的圆盘（水平度盘），并使其圆心 O_2 过 OO_1，此时过 OA、OB 的铅垂面与水平度盘的交线为 O_2A_2、O_2B_2，则$\angle O_2A_2B_2$即为 β。

（3）竖直角的定义：在测量学中将测站点至目标点的视线与同一竖直面内的水平线之间的夹角称为竖直角，也称为倾斜角或高度角。

竖直角有仰角和俯角之分。夹角在水平线以上称为仰角，角值为正，夹角在水平线以下称为俯角，角值为负。

视线与测站点大顶方向之间的夹角称为天顶距。

（4）竖直角的测量原理：为测得竖直角的大小，假想亦过 O 点的铅垂线上安置一个竖直刻度竖盘，通过瞄准设备和度数设备可分别读出目标视线的读数 m 和水平视线的读数 n，则竖直角 δ 为（$m-n$）。

根据以上原理设计的经纬仪，就是可以完成观测水平角和竖直角的测角仪器。

三、绝缘电阻测定仪、接地电阻测定仪的选择与检测

1. 兆欧表的选择与使用

兆欧表又称高阻表，俗称摇表，用来测量大电阻值，主要是用来测量绝缘电阻的直读式仪表。它是专用于检查和测量电气设备和供电线路的绝缘电阻的可携式仪表。

（1）兆欧表的选用：选择兆欧表要根据所测量的电气设备的电压等级和测量绝缘电阻范围而确定。选用其额定电压一定要与被测电气设备或电气设备线路的工作电压相对应。

测量额定电压在 500 V 以下的电气设备时宜选用 500 V 或 1 000 V 的兆欧表。如果测量高压电气设备或电缆时，可选用 1 000～2 500 V 的兆欧表，量程可选 0～2 500 MΩ 的兆欧表。

（2）兆欧表使用前的检查：首先将被测的设备断开电源，并进行 2～3 min 的放电，以保证人身和设备的安全，这一要求对具有电容的高压设备尤其重要，否则绝不进行测量。

兆欧表测量之前应做一次短路和开路试验。当兆欧表表笔“地”（E）、“线”（L）

处于断开的状态，转动摇把，观察指针是否在“∞”处。再将兆欧表表笔“地”（E）、“线”（L）两端短接起来，缓慢转动摇把，观察指针是否在“0”。如果上述检查时发现指针不能指到“∞”或“0”，则表明兆欧表有故障，应检修后再用。

（3）兆欧表测量接线的方法：兆欧表有三个端钮，即接地E端、线路L端和保护环G端。测量电路绝缘电阻时，“E”端接大地，“L”端接电线，即测的是电线与大地之间的电阻；测量电动机的绝缘电阻时，“E”端接电动机的外壳，“L”端接电动机的绕组；测量电缆线绝缘电阻时，除“E”端接电缆外壳，“L”端接电缆芯外，还需要将电缆壳芯之间的内层绝缘接至“G”端，以消除应表面漏电而引起的测量误差。

（4）兆欧表的使用注意事项：

① 绝缘电阻表在不使用时应放于固定的橱内，环境气温不宜太冷或太热，切忌放于污秽、潮湿的地面上，并避免置于含腐蚀作用的空气（如酸、碱等蒸气）之中。

② 应尽量避免剧烈、长期的震动。

③ 接线柱与被测物间连接的导线不能用绞线，应分开单独连接不致因绞线绝缘不良而影响读数。

④ 在进行测量前后对被测物一定要进行充分放电，以保障设备及人身安全。

⑤ 在雷电及邻近带高压导体的设备时，禁止用绝缘电阻表进行测量，只有在设备不带电又不可能受其他电源感应而带电时才能进行。

⑥ 转动摇手柄时由慢渐快，如发现指针指零时不许继续用力摇动，以防线圈损坏。

2. 接地电阻测试仪的选择与使用

接地装置的接地电阻是接地体的对地电阻和接地线电阻的总和。接地电阻的数值等于接地装置对地电压与通过接地体流入地中电流的比值。

（1）接地电阻测试仪的结构：接地电阻测试仪有ZC-8型和ZC-9型两种。

ZC-8型接地电阻测量仪主要由手摇发电机、电流互感器、滑线电阻及零位指示器等组成。全部机构都装在铝合金铸造的携带式外壳内。外形与普通摇表差不多，所以称接地摇表。测量仪带有一个附件袋，装有接地探针两根，导线三条：其中5 m长一条用于接地极，20 m长一条用于接电位探测针，40 m长一条用于接电流探测针。

（2）接地电阻测试仪的使用：

① 按要求接好线。沿被测接地极E′，使电位探针P′和电流探针C′依直线彼此相距20 m，插入地中，且电位探针P′要插于接地极E′和电流探针C′之间。

② 用导线将E′、P′和C′分别接到仪表上对应的端钮E、P、C上。

③ 将仪表放置水平位置，检查零指示器的指针是否指于中心线上，否则用零位调整器将其调整指于中心线。

④ 将“倍率标度”置于最大倍数，慢慢转动发动机的手柄，同时旋动“测量标度盘”，使零指示器的指针指于中心线。当零指示器指针接近平衡时，加快发电机手柄的转速，使其达到120 r/min以上，调整“测量标度盘”，使指针指于中心线上。

⑤ 如果“测量标度盘”的读数小于1时，应将“倍率标度”置于较小的倍数，再重新调整“测量标度盘”，以得到正确读数。

⑥ 当指针完全平衡在中心线上以后，用“测量标度盘”的读数乘以倍率标度，即为所测的接地电阻值。

(3) 使用接地电阻测量仪时，应注意以下几个问题：

① 当“零指示器”的灵敏度过高时，可将电位探测针插入土壤中浅一些；若灵敏度不够时，可沿电位探针和电流探针注水使之湿润。

② 测量时，接地线路要与被保护的设备断开，以便得到准确的数据。

③ 接地极 E′和电流探测针 C′之间的距离大于 20 m 时，电位探针 P′插在 E′、C′之间距 E′几米的直线上时，其测量误差可以不计；但当接地极 E′和电流探测针 C′之间的距离小于 20 m 时，则应将电位探针 P′插于 E′、C′连线中间。当用 0～1/10/100 规格的接地电阻测量仪测量小于 1 Ω 的接地电阻时，应将 E 的连接片打开，分别用导线连接到被测接地体上，以消除测量时连接导线电阻附加的误差。

第六节　施工现场临时用电

一、施工现场供电线路的结构形式及施工要求

施工现场配电线路的结构形式可分为电缆配线和架空线配线两种。

1. 架空线配线

架空线必须架设在专用电杆上，即木杆和钢筋混凝土杆，严禁架设在树木、脚手架及其他设施上，钢筋混凝土杆不得有露筋、宽度大于 0.4 mm 的裂纹和扭曲，木杆不得腐朽，其梢径不应小于 140 mm。

架空线必须采用绝缘导线。导线截面的选择应符合下列要求：

(1) 导线中的计算负荷电流不大于其长期连续负荷允许载流量；

(2) 线路末端电压偏移不大于其额定电压的 5%；

(3) 三相四线制的 N 线和 PE 线截面不小于相线截面的 50%，单相线路的零线截面与相线截面相同；

(4) 按机械强度要求，绝缘铜线截面积不小于 10 mm^2，绝缘铝线截面积不小于 16 mm^2；

(5) 在跨越铁路、公路、河流、电力线路档距内，绝缘铜线截面积不小于16 mm^2；绝缘铝线截面积不小于 25 mm^2，且中间不得有接头。

架空线路相序排列应符合下列规定：

(1) 动力、照明线在同一横担上架设时导线相序排列是：面向负荷从左侧起依次为 L_1、N、L_2、L_3、PE。

(2) 动力、照明线在二层横担上分别架设时，导线相序排列是：上层横担面向负荷从左侧起依次为 L_1、L_2、L_3；下层横担面向负荷从左侧起依次为 L_1（L_2、L_3）、N、PE。

(3) 架空线的档距不得大于 35 m，在一个档距内，每层导线的接头数不得超过该层导线条数的 50%，且一条导线应只有一个接头。

(4) 架空线路的线间距不得小于 0.3 m，靠近电杆的两导线的间距不得小于

0.5 m。

(5) 架空线路横担间的最小垂直距离、横担长度、架空线路与邻近线路或固定物的距离等应符合规定。

电杆埋设深度宜为杆长的1/10加上0.6 m，回填土应分层夯实。在松软土质处宜加大埋入深度或采用卡盘等加固。

架空线路绝缘子应按下列原则选择：第一，直线杆采用针式绝缘子；第二，耐张杆采用蝶式绝缘子。

电杆的拉线宜采用不少于3根Φ4.0 mm的镀锌钢丝。拉线与电杆夹角应在30°～45°。拉线埋设深度不得小于1 m。电杆拉线如从导线之间穿过，应在高于地面2.5 m处装设拉线绝缘子。

接户线在档距内不得有接头，进线处离地高度不得小于2.5 m。接户线最小截面积应符合表3-20的规定。接户线间及与邻近线路间的距离应符合表3-21的要求。

表3-20 接户线的最小截面积

接户线架设方式	接户线长度/m	接户线截面积/mm²	
		铜线	铝线
架空或沿墙敷设	10～25	6.0	10.0
	≤10	4.0	6.0

表3-21 接户线间及与邻近线路间的距离

接户线架设方式	接户线档距/m	接户线线间距离/mm
架空敷设	≤25	150
	>25	200
沿墙敷设	≤6	100
	>6	150
架空接户线与广播电话线交叉时的距离/mm		接户线在上部，600 接户线在下部，300
架空或沿墙敷设的接户线零线和相线交叉时的距离/mm		100

架空线路必须有短路保护。采用熔断器做短路保护时，其熔体额定电流不应大于明敷绝缘导线长期连续负荷允许载流量的1.5倍。采用断路器做短路保护时，其瞬时过流脱扣器脱扣电流整定值应小于线路末端单相短路电流。

架空线路必须有过载保护。采用熔断器或断路器做过载保护时，绝缘导线长期连续负荷允许载流量不应小于熔断器熔体额定电流或断路器长延时过流脱扣器脱扣电流整定值的1.25倍。

2. 电缆配线

电缆中必须包含全部工作芯线和用作保护零线或保护线的芯线。需要三相四线制配电的电缆必须采用五芯电缆。五芯电缆必须包含淡蓝、绿/黄两种颜色绝缘芯线。淡蓝色芯线必须用作N线；绿/黄双色芯线必须用作PE线，严禁混用。

电缆线路应采用埋地或架空敷设，严禁沿地面明设，并应避免机械损伤和介质腐蚀。埋地电缆路径应设方位标志。

电缆类型应根据敷设方式、环境条件选择。埋地敷设宜选用铠装电缆；当选用无铠装电缆时，应能防水、防腐。架空敷设宜选用无铠装电缆。

电缆直接埋地敷设的深度不应小于 0.7 m，并应在电缆紧邻上、下、左、右侧均匀敷设不小于 50 mm 厚的细砂，然后覆盖砖或混凝土板等硬质保护层。

埋地电缆在穿越建筑物、构筑物、道路、易受机械损伤、介质腐蚀场所及引出地面从 2.0 m 高到地下 0.2 m 处，必须加设防护套管，防护套管内径不应小于电缆外径的 1.5 倍。

在建工程内的电缆线路必须采用电缆埋地引入，严禁穿越脚手架引入。电缆垂直敷设应充分利用在建工程的竖井、垂直孔洞等，并宜靠近用电负荷中心，固定点每楼层不得少于一处。电缆水平敷设宜沿墙或门口刚性固定，最大弧垂距地不得小于 2.0 m。

装饰装修工程或其他特殊阶段，应补充编制单项施工用电方案。电源线可沿墙角、地面敷设，但应采取防机械损伤和防火措施。

室内配线必须采用绝缘导线或电缆，非埋地明敷主干线距地面高度不得小于 2.5 m。

室内配线所用导线或电缆的截面应根据用电设备或线路的计算负荷确定，但铜线截面积不应小于 1.5 mm^2，铝线截面积不应小于 2.5 mm^2。

电缆配线必须有短路保护和过载保护，整定值要求与架空线相同。

二、施工现场配电箱及开关箱的设置

配电系统应设置配电柜或总配电箱、分配电箱、开关箱，实行三级配电。

配电系统宜使三相负荷平衡。220 V 或 380 V 单相用电设备宜接入 220/380 V 三相四线系统；当单相照明线路电流大于 30 A 时，宜采用 220/380 V 三相四线制供电。

室内配电柜的设置应符合有关规范规定：

(1) 总配电箱以下可设若干分配电箱：分配电箱以下可设若干开关箱。

总配电箱应设在靠近电源的区域，分配电箱应设在用电设备或负荷相对集中的区域，分配电箱与开关箱的距离不得超过 30 m，开关箱与其控制的固定式用电设备的水平距离不宜超过 3 m。

(2) 每台用电设备必须有各自专用的开关箱，严禁用同一个开关箱直接控制 2 台及 2 台以上用电设备（含插座）。

(3) 动力配电箱与照明配电箱宜分别设置。当合并设置为同一配电箱时，动力和照明应分路配电；动力开关箱与照明开关箱必须分设。

(4) 配电箱、开关箱周围应有足够 2 人同时工作的空间和通道，不得堆放任何妨碍操作维修的物品，不得有灌木、杂草。

(5) 配电箱、开关箱应装设端正、牢固。固定式配电箱、开关箱的中心点与地面的垂直距离应为 1.4～1.6 m。移动式配电箱、开关箱应装设在坚固、稳定的支架上，其中心点与地面的垂直距离宜为 0.8～1.6 m。

(6) 配电箱、开关箱内的电器（含插座）应先安装在金属或非木质阻燃绝缘电器安装板上，然后方可整体紧固在配电箱、开关箱箱体内。

（7）配电箱的电器安装板上必须分设N线端子板和PE线端子板。N线端子板必须与金属电器安装板绝缘；PE线端子板必须与金属电器安装板做电气连接。进出线中的N线必须通过N线端子板连接；PE线必须通过PE线端子板连接。

（8）配电箱、开关箱的金属箱体、金属电器安装板以及电器正常不带电的金属底座，外壳等必须通过PE线端子板与PE线做电气连接。金属箱门与金属箱体必须通过采用编织软铜线做电气连接。

（9）总配电箱应装设电压表、总电流表、电度表及其他需要的仪表。专用电能计量仪表的装设应符合当地供用电管理部门的要求。装设电流互感器时，其二次回路必须与保护零线有一个连接点，且严禁断开电路。

（10）开关箱必须装设隔离开关、断路器或熔断器，以及漏电保护器。当漏电保护器是同时具有短路、过载、漏电保护功能的漏电断路器时，可不装设断路器或熔断器。隔离开关应分断时具有可见分断点，能同时断开电源所有极的隔离电器，并应设置于电源进线端。当断路器是具有可见分断点时，可不另设隔离开关。

（11）开关箱中的隔离开关只可直接控制照明电路和容量不大于3.0 kW的动力电路，但不应频繁操作。容量大于3.0 kW的动力电路应采用断路器控制，操作频繁时还应附设接触器或其他启动控制装置。

（12）漏电保护器应装设在总配电箱、开关箱靠近负荷的一侧，且不得用于启动电气设备的操作。

（13）开关箱中漏电保护器的额定漏电动作电流不应大于30 mA，额定漏电动作时间不应大于0.1 s。使用于潮湿或有腐蚀介质场所的漏电保护器应采用防溅型产品，其额定漏电动作电流不应大于15 mA，额定漏电动作时间不应大于0.1 s。

（14）总配电箱中漏电保护器的额定漏电动作电流应大于30 mA，额定漏电动作时间应大于0.1 s，但其额定漏电动作电流与额定漏电动作时间的乘积不应大于30 mA·s。

（15）总配电箱和开关箱中漏电保护器的极数和线数必须与其负荷侧负荷的相数和线数一致。

（16）配电箱、开关箱的电源进线端严禁采用插头和插座做活动连接。

（17）对配电箱、开关箱进行定期维修、检查时，必须将其前一级相应的电源隔离开关分闸断电，并悬挂“禁止合闸、有人工作”停电标志牌，严禁带电作业。

三、施工现场的照明装置及照明供电

（1）照明变压器必须使用双线组型安全隔离变压器，严禁使用自耦变压器。

（2）照明系统宜使三相负荷平衡，其中每一单相回路上，灯具和插座数量不宜超过25个，负荷电流不宜超过15 A。

（3）照明灯具的金属外壳必须与PE线相连接，照明开关箱内必须装设隔离开关、短路与过载保护电器和漏电保护器。

（4）室外220 V灯具距地面不得低于3 m，室内220 V灯具距地面不得低于2.5 m。

普通灯具与易燃物距离不宜小于300 mm；聚光灯、碘钨灯等高热灯具与易燃物距离不宜小于500 mm，且不得直接照射易燃物。达不到规定安全距离时，应采取隔热措施。

(5) 碘钨灯及钠、铊、铟等金属卤化物灯具的安装高度宜在 3 m 以上，灯线应固定在接线柱上，不得靠近灯具表面。

(6) 灯具的相线必须经开关控制，不得将相线直接引入灯具。

(7) 对夜间影响飞机与车辆通行的在建工程及机械设备，必须设置醒目的红色信号灯，其电源应设在施工现场总电源开关的前侧，并应设置外电线路停止供电时的应急自备电源。

四、施工现场的接地与防雷

(1) 建筑施工现场临时用电工程专用的电源中性点直接接地的 220/380 V 三相四线制低压电力系统，必须符合下列规定：

1) 采用三级配电系统。

2) 采用 TN-S 接零保护系统。

3) 采用二级漏电保护系统。

(2) 在施工现场专用变压器供电的 TN-S 接零保护系统中，电气设备的金属外壳必须与保护零线连接。保护零线应由工作接地线、配电室（总配电箱）电源侧零线处引出。

(3) 当施工现场与外电线路共用同一供电系统时，电气设备的接地、接零保护应与原系统保持一致。不得一部分设备做保护接零，另一部分设备做保护接地。

(4) 在 TN 接零保护系统中，通过总漏电保护器的工作零线与保护零线之间不得再做电气连接。

(5) 使用一次侧由 50 V 以上电压的接零保护系统供电，二次侧为 50 V 及以下电压的安全隔离变压器时，二次侧不得接地，并应将二次线路用绝缘管保护或采用橡皮护套软线。

(6) 施工现场的临时用电电力系统严禁利用大地做相线或零线。

(7) 接地装置的设置应考虑土壤干燥或结冻等季节变化的影响，并符合规范规定。

(8) 保护零线必须采用绝缘导线。配电装置和电动机械相连接的 PE 线应为截面积不小于 2.5 mm^2 的绝缘多股铜线，手持式电动工具的 PE 线应为截面积不小于 1.5 mm^2 的绝缘多股铜线。

(9) PE 线上严禁装设开关或熔断器，严禁通过工作电流，且严禁断线。

(10) 相线、N 线、PE 线的颜色标记必须符合以下规定：相线 L_1 (A)、L_2 (B)、L_3 (C) 相序的绝缘颜色依次为黄、绿、红色；N 线的绝缘颜色为淡蓝色；PE 线的绝缘颜色为绿/黄双色。任何情况下上述颜色标记严禁混用和互相代用。

(11) 在 TN 系统中，手持式电动工具的金属外壳，以及城防、人防、隧道等潮湿或条件特别恶劣施工现场的电气设备必须采用保护接零。

(12) 单台容量超过 100 kVA 或使用同一接地装置并联运行且总容量超过 100 kVA 的电力变压器或发电机的工作接地电阻值不得大于 4 Ω。

单台容量不超过 100 kVA 或使用同一接地装置并联运行且总容量不超过 100 kVA 的电力变压器或发电机的工作接地电阻值不得大于 10 Ω。

在土壤电阻率大于1000 Ω·m的地区，当达到上述接地电阻值有困难时，工作接地电阻值可提高到30 Ω。

（13）TN系统中的保护零线除必须在配电室或总配电箱处做重复接地外，还必须在配电系统的中间处和末端处做重复接地。

在TN系统中，保护零线每一处重复接地装置的接地电阻值不应大于10 Ω。在工作接地电阻值不允许达到10 Ω的电力系统中，所有重复接地的等效电阻值不应大于10 Ω。

（14）每一接地装置的接地线应采用两根及以上导体，在不同点与接地体做电气连接。不得采用铝导体做接地体或地下接地线，垂直接地体宜采用角钢、钢管或光面圆钢，不得采用螺纹钢。接地体可利用自然接地体，但应保证其有可靠的电气连接和热稳定。

第四章　建筑弱电系统

第一节　通信系统安装技术

一、电话通讯系统分线箱（盒）、电话插座及线路安装及验收

1. 施工现场配合要点

（1）与土建结构工程施工配合：

1）建筑物设有地下层，通信电缆由外墙进户至地下一层时，在通信电缆进户的外墙位置自然地坪下 0.8 m 处，预埋带有止水翼环的刚性套管，一般套管比过管直径大 2 级。

2）建筑物无地下层，通信电缆进户管可直接预埋在墙体内暗敷，其管路可接至明装交接箱或明装分线箱背面中心位置预埋暗盒处。

3）依据通信部门设计的人孔井或手孔井几何尺寸及位置尺寸施工图，由土建专业协助砌筑，并配置铸铁井圈和铸铁井盖。

4）通信电缆管路埋深应在自然地坪下 0.8 m 以下，距建筑物散水 1 m 以上。

5）通信电缆管路穿过外墙套管，进入内墙管路长度不小于 30 cm，以便管路连接时，便于施工操作。

6）通信电缆过管与套管之间的间隙，应用油麻缠绕后，再用沥青膏进行封堵，外墙与内墙两面都应封堵好，然后由土建做外墙防水处理。

7）随土建结构施工，电信专业施工人员配合预埋楼层内暗配管、暗装接头箱、过路箱分线盒、用户出线盒等。

8）提供给土建落地式交接箱基础底座安装施工图，由土建专业协助完成基础施工。其底座应采用不小于 C10 混凝土制作，高度不小于 20 cm。并在底座四个角上预埋 4 根 M10×100 长的镀锌地脚螺栓，用来固定交接箱，并在底座中央预留通信电缆进出线孔洞。

（2）与土建外线工程施工配合要点：

1）直埋通信电缆敷设：沟槽开挖、找平、回填等土方工程由土建专业协助施工完工，通信专业人员配合施工。

① 民用建筑通信线路直埋电缆时，要求在电缆四周各铺 50～100 mm 的砂土或细土，用砖和混凝土块进行覆盖和再回填。

② 埋地电缆通过交通干道时，应用管路保护，并应预留备用管路。

③ 直埋电缆的直线段每段 200～300 m 处，电缆接续点、分支点、盘留点、电缆路由方向改变处及管线交叉处，应设置电缆标志。

④ 通信电缆不得直接埋入室内，直埋电缆需引入建筑物室内分线设备时，应换接裸铅包电缆穿管引入。如引至分线设备的距离在 15 m 之内，则可将铠装层脱去后穿管引至分线设备。

2）架空电缆敷设：架空电缆敷设立杆时，应及时向土建外线施工人员及其他专业外线管路施工人员了解通信电缆所经过的路由处，各种管路预埋的情况，对于管路重叠、相碰、交叉、水平与垂直间距不符合规范规定等，进行相互协调后再施土。同时，应注意下列事项：

① 通信电缆架空时，距地面的最小距离为 4.5 m、距地面最小距离为 5.5 m。

② 通信电缆与电力电缆不宜同杆架设。如采用同杆架设时，其通信架空与其他线路的垂直间距应符合规范要求。

③ 采用吊线吊挂通信电缆时，每条通信架空电缆的容量小于等于 100 对；如一条吊线上吊挂两条通信电缆时，则两条电缆的总容量不大于 20 对。

④ 通信电缆架空敷设一般采用水泥电杆，在不与电力线路同杆敷设时，一般杆距为 35～45 m。

(3) 与土建装饰工程施工配合要点：

1）程控交换机房由交换机室、话务员室、蓄电池室或 UPS 室（免维护铅酸电池）三部分组成。对土建装饰施工要求如下：

① 交换机室楼层净高大于等于 3 m，如果采用 2.6～2.9 m 高架机架，则净高大于等于 3.5 m；楼板荷载采用低架机架时，大于等于 450 kg/m^2，采用高架机架时，大于等于 600 kg/m^2；地面采用活动地板或塑料地面应能防静电、防火阻燃；轻钢龙骨吊顶或水泥石灰砂浆粉刷，表面涂环保型无光油漆，门宽 1.2～1.5 m，采用铝合金或外开双扇门；双层窗密封严实、防尘；温度与湿度通过设置通风空调系统进行控制。

② 话务员室楼层净高大于等于 3 m；楼板荷载大于等于 300 kg/m^2；墙面水泥砂浆粉刷，表面涂环保型油漆；吊顶采用水泥砂浆粉刷，表面涂环保型油漆；门、窗应能防尘；室内温、湿度控制由通风空调系统来实现。

③ 蓄电池室楼层净高大于等于 3 m；地面采用耐酸瓷砖；楼板荷载大于等于 600 kg/m^2；墙面水泥石灰砂浆粉刷，表面涂刷耐酸（或耐碱）油漆；门良好防尘；采用双层窗，外层窗装磨砂玻璃；室内温度控制在 10 ℃以上，并设置通风排气装置。

2）通信专业施工人员配合土建专业进行活动地板施工。依据施工图通信电缆路由敷设金属线槽，一般在机柜下面沿活动地板下为宜，如地板下面通信电缆敷设有难度，可在地板上面用金属线槽敷设电缆。

3）在吊顶内敷设金属线槽时，应与其他专业协调金属线槽的路由是否有碍其他管路布置，经各专业管路协调好管路布置标高与位置坐标后，再按先后程序顺序施工。

4）通信专业施工人员明敷盒（箱）、管路施工时，注意成品保护，不准随意损坏其他专业已经施工完毕成品、半成品等。

2. 施工现场控制重点

（1）审核通信系统施工图系统图、平面图、设备安装图、大样图等是否由具有法人资质证明的设计单位设计，确认施工图有效方可施工使用。

（2）认真阅读施工图，将发现的问题集中汇总，提供给设计单位，组织设计交底，把提出的问题形成解决方案，进行会签确认，并及时办理设计变更手续。

（3）审核通信系统工程的施工组织设计：

1）重点了解通信系统工程在该工程中，所包含的工程内容，做好施工准备工作，控制施工工艺及质量控制管理程序等。

2）审核通信系统施工所用材料设备加工订货计划、劳动力安排计划、施工进度计划等应与土建总的施工进度计划相对应，确保总工期进度计划顺利完成。

3）通信系统工程施工技术交底：通信程控交换机电话站房建筑物内垂直与水平通信电缆施工（特别是光缆施工）、末端设备如盒（箱）等，对工艺过程要求、质量管理控制要求、安全保障及成品保护是否全部进行技术交底。

4）必须按邮电部规定，凡接入国家通信网使用的程控用户交换机，必须有邮电部颁发的进网许可证。因此，用户在选型购机时，一定要购买有邮电部颁发进网许可证的程控交换机。

5）为了避免交流市电进入程控交换机，烧坏电路板，应在综合布线系统配线架与通信接入网交接处，安装具有常开接点的保安单元。

6）对电缆、接线端子板等主要通信器材的电气性能应抽样测试。当相对湿度在75%以下用 250 V 兆欧表测试时，电缆芯线绝缘电阻值不应小于 200 MΩ；接线端子板相邻端子绝缘电阻值不应低于 500 MΩ。

7）程控交换机房接地装置可采用共用接地极。共用接地网应满足接触电阻、接触电压和跨步电压的要求。机房保护接地可采用三相五线制或单相三线制接地方式。

8）程控交换机房内，为了减少高频电阻，设备的接地引线应该用铜导线敷设。

9）程控交换机房内，应设置直流接地线，一般用 120 mm×0.35 mm 的紫铜带进行敷设。

10）当使用 200 门以下的程控交换机时，接地电阻值应小于等于 5 Ω。当各种接地装置采用联合接地时，接地电阻值等于 1 Ω。

3. 民用建筑通信工程规范要求

（1）多层建筑物中竖向垂直主干管道，宜采用墙内暗管敷设方式，也可根据实际需求，采用通信线缆竖井敷设方式。

（2）当采用通信线缆竖井敷设方式时，电话、数据以及光缆等通信线缆不应与水管、燃气管、热力管等管道共用同一竖井。

（3）通信线缆竖井的各层楼板上，应预留孔洞或预埋外径不小于 76 mm 的金属管群或套管；孔洞或金属管群在通信线缆敷设完毕后，应采用相当于楼板耐火极限的不燃烧材料做防火封堵。

（4）暗装通信配线箱（分线箱），箱底距地宜为 0.5～1.3 m；明装通信配线箱（分线箱），箱底距地宜为 1.3～2.0 m；暗装通信过路箱，箱底距地宜为 0.3～0.5 m。

(5) 建筑物内通信配线电缆的保护导管，在地下层、首层和潮湿场所宜采用壁厚不小于 2 mm 的金属导管，在其他楼层、墙内和干燥场所敷设时，宜采用壁厚不小于 1.5 mm 的金属导管。穿放电缆时直线管的管径利用率宜为 50%～60%，弯曲管的管径利用率宜为 40%～50%。

(6) 建筑物内用户电话线的保护导管宜采用管径 25 mm 及以下的管材，在地下室、底层和潮湿场所敷设时宜采用壁厚大于 2 mm 金属导管；在其他楼层、墙内和干燥场所敷设时，宜采用壁厚不小于 1.5 mm 的薄壁钢导管或中型难燃刚性聚乙烯导管。穿放对绞用户电话线的导管截面利用率宜为 20%～25%，穿放多对用户电话线或 4 对对绞电缆的导管截面利用率宜为 25%～30%。

(7) 建筑物内敷设的通信配线电缆或用户电话线宜采用金属线槽，线槽内不宜与其他线缆混合布放，其布放线缆的总截面利用率宜为 30%～50%。

(8) 建筑物内通信插座、过路盒，宜采用暗装方式，其盒体安装高度宜距地 0.3 m，卫生间内安装高度宜距地 1.0～1.3 m；电话亭中通信插座暗装时，盒体安装高度宜距地 1.1～1.4 m；当进行无障碍设计时，其通信插座盒体安装高度宜距地 0.4～0.5 m，并应符合《城市道路和建筑物无障碍设计规范》（JGJ50—2001）的有关要求。

(9) 建筑物内用户电话线，宜采用铜芯 0.5 mm 或 0.6 mm 线径的室内一对或多对电话线。

(10) 地下通信管道应有一定的坡度，以利渗入管内的地下水流向人（手）孔。管道坡度宜为 3‰～4‰，当室外道路已有坡度时，可利用其地势获得坡度。

(11) 当通信管道在排水管下部穿越时，净距不宜小于 0.4 m，通信管道应做包封，包封长度自排水管的两侧各加长 2.0 m。

(12) 当受地形限制，塑料管道的路由无法取直或避让地下障碍物时，可敷设弯管道，其弯曲的曲率半径不得小于 15 m。

(13) 地下通信配线管孔利用率应符合下列规定：

1) 当一个管孔中只穿放一条主干电缆时，主干电缆外径不应大于管孔有效内径的 80%。

2) 当一个钢管或混凝土管孔中穿放外径较细的多条配线电缆时，其多条电缆组合的外径不应大于管孔有效内径的 40%。

3) 当一个塑料管孔中穿放外径较细的多条配线电缆时，其多条电缆组合的外径不应大于管孔有效内径的 70%。

(14) 建筑物通信的引入管道应由建筑物内伸出外墙 2.0 m，并宜以 3‰～4‰的坡度朝下向室外（人孔）倾斜做防水坡度处理。

(15) 地下通信管道人（手）孔间距不宜超过 120 m，且同一段管道不得有“S”弯。

(16) 室外直埋式通信电缆的埋深宜为 0.7～0.9 m，并应在电缆上方加设覆盖物保护和设置电缆标志；直埋式电缆穿越沟渠、车行道路时，应穿放在保护导管内。

(17) 通信光缆的最小曲率半径，敷设过程中不应小于光缆外径的 20 倍，敷设固定后不应小于光缆外径的 10 倍。

（18）进入建筑物通信机房或通信交接间（电信间）的通信光缆应盘留，长度应不小于 10 m 或按实际需求确定。

（19）进出人（手）孔中的管道通信光缆弯曲预留长度不宜小于 1.0 m；光缆接头箱（盒）中的光缆宜预留长度不宜小于 6～8 m。

二、光缆（纤）、对绞线安装要点及验收

1. 架空光缆敷设要点

（1）架空光缆在平地敷设时，使用挂钩吊挂，山地或陡坡敷设光缆，使用绑扎方式敷设光缆。光缆接头应选择易于维护的直线杆位置，预留光缆用预留支架固定在电杆上。

（2）架空杆路的光缆每隔 3～5 档杆要求做 U 形伸缩弯，大约每 1 km 预留 15 m。

（3）引上架空（墙壁）光缆用镀锌钢管保护，管口用防火泥堵塞。

（4）架空光缆每隔 4 档杆左右及跨路、跨河、跨桥等特殊地段应悬挂光缆警示标志牌。

（5）架空吊线与电力线交叉处应增加三叉保护管保护，每端伸长不得小于 1 m。

（6）靠近公路边的电杆拉线应套包发光棒，长度为 2 m。

（7）为防止吊线感应电流伤人，每处电杆拉线要求与吊线电气连接，各拉线位应安装拉线式地线，要求吊线直接用衬环接续，在终端直接接地。

2. 管道光缆敷设要点

（1）光缆敷设前管孔内穿放子管，光缆选 1 孔同色子管始终穿放，空余所有子管管口应加塞子保护。

（2）按人工敷设方式考虑，为了减少光缆接头损耗，管道光缆应采用整盘敷设。

（3）为了减少布放时的牵引力，整盘光缆应由中间分别向两边布放，并在每个人孔安排人员作中间辅助牵引。

（4）光缆穿放的孔位应符合设计图纸要求，敷设管道光缆之前必须清刷管孔。子管在人（手）孔中的余长应露出管孔 15 cm 左右。

（5）手孔内子管与塑料纺织网管接口用 PVC 胶带缠扎，以避免泥沙渗入。

（6）光缆在人（手）孔内安装，如果手孔内有托板，光缆在托板上固定，如果没有托板则将光缆固定在膨胀螺栓上，膨胀螺栓要求钩口向下。

（7）光缆出管孔 15 cm 以内不应作弯曲处理。

（8）每个手孔内及机房光缆和配线架上均采用塑料标志牌以示区别。

3. 墙壁光缆敷设要点

（1）除地下光缆引上部分外，严禁在墙壁上敷设铠装或油麻光缆。

（2）跨越街坊或院内通道等，其缆线最低点距地面应不小于 4.5 m。

（3）吊线程式采用 7/2.2、7/2.6，支撑间距为 8～10 m，终端固定与第一只中间支撑间距应不大于 5 m。

（4）吊线在墙壁上水平或垂直敷设时，其终端固定、吊线中间支撑应符合《本地网通信线路工程验收规范》（YD 5051—97）。

（5）钉固螺丝必须在光缆的同一侧。光缆不宜以卡钩式沿墙敷设。

（6）应在光缆上加套子管予以保护。光缆沿室内楼层凸出墙面的吊线敷设时，卡钩距离为 1 m。

4. 局内光缆敷设要点

（1）局内光缆在经由走线架、拐弯点（前、后）应予绑扎，垂直上升段应分段（段长不大于 1 m）绑扎，上下走道或墙壁应每隔 50 cm 用 2～3 圈绑扎，绑扎部位应垫胶管，避免受到侧压力。

（2）局内光缆不改变程式时，采用 PVC 阻燃胶带包扎作防火处理，进线孔洞要求用防火泥堵塞。

（3）配线架端子板上应清楚注明各端子的局向和序号。

（4）局内光缆预留盘圈绑扎固定在走线架或墙壁上，基站光缆可预留在基站外的终端杆上。

（5）局内光缆一般从局前手井经地下进线室引至光传输设备。局内光缆应挂按相关规定制作的标识牌以便识别。

（6）光缆在进线室内应选择安全的位置，当处于易受外界损伤的位置时，应采取保护措施。

（7）局内光缆应布放整齐美观，沿上线井布放的光缆应绑扎在上线加固横铁上。

（8）按规定预留在设备侧的光缆，可以留在传输设备机房或进线室。有特殊要求预留的光缆，应按设计要求留足。

（9）光缆引入局站后应堵塞进线管孔，不得渗水、漏水。

5. 光缆成端要点

（1）应根据规定或设计要求留足预留光缆。

（2）在设备机房的光缆终端接头安装位置应稳定安全，远离热源。

（3）成端光缆和自光缆终端接头引出的单芯软光纤应按照说明书进行。

（4）走线并按设计要求进行保护和绑扎。

（5）单芯软光纤所带的连接器，应按设计要求顺序插入光缆配线架（分配盘）。

（6）未连接软光纤的光缆配线架（分配盘）的接口端部应盖上塑料防尘帽。

（7）软光纤在机架内的盘线应大于规定的曲率半径。

（8）光缆在光纤配线架成端处，将金属构件用铜芯聚氯乙烯护套电缆引出，并将其连接到保护地线上。

（9）软光纤应在醒目部位标明方向和序号。

6. 光缆施工

光缆施工大致分为以下几步：准备→路由工程→光缆敷设→光缆接续→工程验收。

（1）准备工作：

1）检查设计资料、原材料、施工工具和器材是否齐全。

2）组建一支高素质的施工队伍。这一点至关重要，因为光纤施工比电缆施工要求要严格得多，任何施工中的疏忽都将可能造成光纤损耗增大，甚至断芯。

（2）路由工程：

1）光缆敷设前首先要对光缆经过的路由做认真勘察，了解当地道路建设和规划，尽量避开坑塘、打麦场、加油站等这些潜在的隐患。路由确定后，对其长度做实际测量，精确到50 m之内。还要加上布放时的自然弯曲和各种预留长度，各种预留还包括插入孔内弯曲、杆上预留、接头两端预留、水平面弧度增加等其他特殊预留。为了使光缆在发生断裂时再接续，应在每百米处留有一定裕量，裕量长度一般为5%～10%，根据实际需要的长度订购，并在绕盘时注明。

2）画路径施工图。在预先栽好的电杆上编号，画出路径施工图，并说明每根电杆或地下管道出口电杆的号码以及管道长度，并定出需要留出裕量的长度和位置。这样可有效地利用光缆的长度，合理配置，使熔接点尽量减少。

3）两根光纤接头处最好安设在地势平坦、地质稳固的地点，避开水塘、河流、沟渠及道路，最好设在电杆或管道出口处，架空光缆接头应落在电杆旁0.5～1 m，这一工作称为“配盘”。合理的配盘可以减少熔接点。另外，在施工图上还应说明熔接点位置，当光缆发生断点时，便于迅速用仪器找到断点进行维修。

（3）光缆敷设：

1）同一批次的光纤，其模场直径基本相同，光纤在某点断开后，两端间的模场可视为一致，因而在此断开点熔接可使模场直径对光纤熔接损耗的影响降到最低程度。所以要求光缆生产厂家用同一批次的裸纤，按要求的光缆长度连续生产，在每盘上顺序编号，并分别标明a（红色）、b（绿色）端，不得跳号。架设光缆时需按编号沿确定的路由顺序布放，并保证前盘光缆的b端要和后一盘光缆的a端相连，从而保证接续时两光纤端面模场直径基本相同，使熔接损耗值达到最小。

2）架空光缆可用72.2 mm的镀锌钢绞线作悬挂光缆的吊线。吊线与光缆要良好接地，要有防雷、防电措施，并有防震、防风的机械性能。架空吊线与电力线的水平与垂直距离要2 m以上，离地面最小高度为5 m，离房顶最小距离为1.5 m。架空光缆的挂式有3种：吊线托挂式、吊线缠绕式与自承式。自承式不用钢绞吊线，光缆下垂，承受风荷力较差，因此常用吊挂式。

3）架空光缆布放。由于光缆的卷盘长度比电缆长得多，长度可能达几千米，故受到允许的额定拉力和弯曲半径的限制，在施工中特别注意不能猛拉和发生扭结现象。一般光缆可允许的拉力为150～200 kg，光缆转弯时弯曲半径应大于或等于光缆外径的10～15倍，施工布放时弯曲半径应大于或等于20倍。为了避免由于光缆放置于路段中间，离电杆约20 m处向两反方向架设，先架设前半卷，在把后半卷光缆从盘上放下来，按“8”字形方式放在地上，然后布放。

4）在光缆布放时，严禁光缆打小圈及折、扭曲，并要配备一定数量的对讲机，“前走后跟，光缆上肩”的放缆方法，能够有效地防止背扣的发生，还要注意用力均匀，牵引力不超过光缆允许的80%，瞬间最大牵引力不超过100%。另外，架设时，在光缆的转弯处或地形较复杂处应有专人负责，严禁车辆碾压。架空布放光缆使用滑轮车，在架杆和吊线上预先挂好滑轮（一般每10～20 m挂一个滑轮），在光缆引上滑轮、引下滑轮处减少垂度，减小所受张力。然后在滑轮间穿好牵引绳，牵引绳系住光缆的牵引头，用一定牵引力让光缆爬上架杆，吊挂在吊线上。光缆挂钩的间距为40 cm，挂钩在吊线上的搭扣方向要一致，每根电杆处要有凸形滴水沟，每盘光缆在接头处应留有杆长加3 m的余量，以便接续盒地面熔接操作，并且每隔几百米要有一定的盘留。

（4）光缆接续：常见的光缆有层绞式、骨架式和中心束管式光缆，纤芯的颜色按顺序分为本、橙、绿、棕、灰、白、黑、红、黄、紫、粉红、青绿，这称为纤芯颜色的全色谱，有些光缆厂家用“蓝”替换色谱中的某颜色。多芯光缆把不同颜色的光纤放在同一束管中称为一组，这样一根多芯光缆里就可能有好几个束管。正对光缆横截面，把红束管看做光缆的第一束管，顺时针依次为白一、白二、白三……最后一根是绿束管。光纤接续，应遵循的原则是：芯数相等时，相同束管内的对应色光纤对接，芯数不同时，按顺序先接芯数大的，再接芯数小的。

通信光缆施工后应进行相应的初验和终验。在初验测试阶段应对技术文件进行移交，技术文件应包括以下内容：设备资料、系统测试记录、局数据文件和施工图设计文件。

三、综合布线分接设备安装要点及验收

1. 管道材料选择和施工要求

（1）水平子系统：水平子系统的走线管道由两部分构成：一部分是每层楼内放置水平传输介质的总线槽，另一部分是将传输介质引向各房间信息接口的分线管或线槽。从总线槽到分线槽或线管需要有过渡连接。

总线槽要求宽度与高度的比例为 3∶1，在线槽中放置的双绞线应不超过三层。在线槽中放置的双绞线密度过大会影响底层双绞线的传输性能。

水平线槽一般有多处转弯，在转弯处应留有足够大的空间以保证双绞线有充分的弯曲半径。根据 EIA/TIA569 标准，超五类 4 对非屏蔽双绞线的弯曲半径应不小于线径的 8 倍。最新的标准认为，弯曲半径大于线径的 4 倍已可以满足传输要求了。但有一点是重要的，即保持足够大的弯曲半径可以保证系统的传输性能。

在水平线槽的转弯处，应有垫衬以减小拉线时的摩擦力。

水平子系统线槽或线管应采用镀锌铁槽或铁管。

双绞线和光纤对安装有不同的要求，双绞线垂直放置于竖井之内，由于自身的重量牵拉，日久之后会使双绞线的绞合发生一定程度的改变，这种改变对传输语音的三类线来说影响不是太大，但对需要传输高速数据的超五类线，这个问题是不能被忽略的，因此设计垂直竖井内的线槽时应仔细考虑双绞线的固定。双绞线固定时的力的大小是应该受到重视的一种技巧，如果扎线太紧可能会降低近端串音（NEXT）值，从而影响线缆的传输性能。

1）缆线一般应按下列要求敷设：

① 缆线的形式、规格应与设计规定相符。

② 缆线的布放应自然平直，不得产生扭绞、打圈接头等现象，不应受外力的挤压和损伤。

③ 缆线两端应贴有标签，应标明编号，标签书写应清晰、端正和正确。标签应选用不易损坏的材料。

④ 缆线终接后，应有余量。交接间、设备间对绞电缆预留长度宜为 0.5～1.0 m，工作区为 100～300 mm；光缆布放宜盘留，预留长度宜为 3～5 m，有特殊要求的应按设计要求预留长度。

2）缆线的弯曲半径应符合下列规定：

① 非屏蔽 4 对对绞线电缆的弯曲半径应至少为电缆外径的 4 倍。

② 屏蔽 4 对对绞线电缆的弯曲半径应至少为电缆外径的 6～10 倍。

③ 主干对绞电缆的弯曲半径应至少为电缆外径的 10 倍。

④ 光缆的弯曲半径应至少为光缆外径的 15 倍。

电源线、综合布线系统缆线应分隔布放，缆线间的最小净距应符合设计要求。

在暗管或线槽中缆线敷设完毕后，宜在信道两端出口处用填充材料进行封堵。

3）预埋线槽和暗管敷设缆线应符合下列规定：

① 敷设线槽的两端宜用标志表示出编号和长度等内容。

② 敷设暗管宜采用钢管或阻燃硬质 PVC 管。布放多层屏蔽电缆、扁平缆线和大对数主干光缆时，直线管道的管径利用率为 50%～60%，弯管道应为 40%～50%。暗管布放 4 对对绞电缆或 4 芯以下光缆时，管道的截面利用率应为 25%～30%。预埋线槽宜采用金属线槽，线槽的截面利用率不应超过 50%。

4）设置电缆桥架和线槽敷设缆线应符合下列规定：

① 电缆线槽、桥架宜高出地面 2.2 m 以上。线槽和桥架顶部距楼板不宜小于 30 mm；在过梁或其他障碍物处，不宜小于 50 mm。

② 槽内缆线布放应顺直，尽量不交叉，在缆线进出线槽部位、转弯处应绑扎固定，其水平部分缆线可以不绑扎。垂直线槽布放缆线应每间隔 1.5 m 固定在缆线支架上。

③ 电缆桥架内缆线垂直敷设时，在缆线的上端和每间隔 1.5 m 处应固定在桥架的支架上；水平敷设时，在缆线的首、尾、转弯及每间隔 5～10 m 处进行固定。

④ 在水平、垂直桥架和垂直线槽中敷设缆线时，应对缆线进行绑扎。对绞电缆、光缆及其他信号电缆应根据缆线的类别、数量、缆径、缆线芯数分束绑扎。绑扎间距不宜大于 1.5 m，间距应均匀，松紧适度。

⑤ 楼内光缆宜在金属线槽中敷设，在桥架敷设时应在绑扎固定段加装垫套。

⑥ 采用吊顶支撑柱作为线槽在顶棚内敷设缆线时，每根支撑柱所辖范围内的缆线可以不设置线槽进行布放，但应分束绑扎，缆线护套应阻燃，缆线选用应符合设计要求。

⑦ 建筑群子系统采用架空、管道、直埋、墙壁及暗管敷设电、光缆的施工技术要求应按照本地网通信线路工程验收的相关规定执行。

5）保护措施：水平子系统缆线敷设保护应符合下列要求。

① 预埋暗管保护要求如下：

a. 预埋在墙体中间的最大管径不宜超过 50 mm，楼板中暗管的最大管径不宜超过 25 mm。

b. 直线布管每 30 m 处应设置过线盒装置。

c. 暗管的转弯角度应大于 90°，在路径上每根暗管的转弯角度不得多于 2 个，并不应有 S 弯出现，有弯头的管段长度超过 20 m 时，应设置管线过线盒装置；在有 2 个弯时，不超过 15 m 应设置过线盒。

d. 暗管转弯的曲率半径不应小于该管外径的 6 倍；如暗管外径大于 50 mm 时，不应小于 10 倍。

e. 暗管管口应光滑，并加有护口保护，管口伸出部位宜为25～50 mm。

② 网络地板缆线敷设保护要求如下：

a. 线槽之间应沟通。

b. 线槽盖板应可开启。

c. 主线槽的宽度由网络地板盖板的宽度而定，一般宜在200 mm左右，支线槽宽不宜小于70 mm。

d. 地板块应抗压、抗冲击和阻燃。

塑料线槽槽底固定点间距一般宜为1 m。

铺设活动地板敷设缆线时，活动地板内净空应为150～300 mm。

采用公用立柱作为顶棚支撑柱时，可在立柱中布放缆线。立柱支撑点宜避开沟槽和线槽位置，支撑应牢固。立柱中电力线和综合布线缆线合一布放时，中间应有金属板隔开，间距应符合设计要求。

③ 干线子系统缆线敷设保护方式应符合下列要求：

a. 缆线不得布放在电梯或供水、供气、供暖管道竖井中，亦不应布放在强电竖井中。

b. 干线通道间应沟通。

（2）主干子系统：主干子系统用于大楼之间的传输，一般采用多对数双绞线或多模光纤，光纤有极强的抗干扰能力，所以安装后不会发生如双绞线那样的问题，但光纤本身较为脆弱，强力牵拉或弯折会使纤芯折断，因此安装时应有有经验的工程师在现场指导。

光纤的架设可以采用架空、直埋、管道等方法，直埋时应在光纤经过的地方做警告标志，以防以后的施工破坏。

由于光纤的纤芯是石英玻璃极易弄断，所以在施工时绝对不允许超过允许的最小弯曲半径。捆扎时至少为光纤外径的10倍；拉线时至少为光纤外径的15倍。光纤的抗拉强度比铜缆小，因此在施工时，绝不允许超过抗拉强度（46 N）。

光纤配线架分挂墙式、机架式两种，根据端接光纤数目可分为24口、48口、72口几种，配线架上有适配板，用来安装耦合器。

光纤进入配线架前要适当地捆扎，进入配线架之后要预留有一定备用线缆，以方便安装、维护。备用的线缆应盘在光纤配线架的卷轴上。

（3）管理区子系统：管理区子系统是工程施工中考虑最复杂的部分。这部分施工应充分考虑环境影响和端接工艺的影响。

电磁辐射是考虑管理区子系统安装环境的主要因素。电磁辐射的影响主要来自两个方面，一是环境对系统传输的影响，二是系统在信息传输过程中对环境设备的影响。在建筑物内，环境对系统传输的影响主要来自强电磁辐射源，如电台，建筑物内的电梯，马达，UPS电源等。如果环境中这些干扰源的影响较大，应考虑采取屏蔽措施，或选择距离较远的位置。

布线系统的端接工艺是直接影响系统性能的重要因素。连接配件的安装工艺主要影响布线系统的近端串扰和衰减，而这两个参数是判断系统性能的重要依据。在管理区子系统还要考虑环境的通风、照明、酸碱度、湿度等条件，这些因素将对端接配件造成腐蚀和老化，日久之后会影响系统的性能。管理区子系统内的安全性也要加以考虑，端接配件最好安装在布线机柜或墙柜内。

（4）工作区子系统：工作区子系统在施工时要考虑的因素较多，因为不同的房间环境要求不同的信息墙座与其配合。在施工设计时，应尽可能考虑用户对室内布局的需要，同时又要考虑从信息墙座连接应用设备（如计算机、电话等）方便和安全。

墙上安装型信息墙座一般考虑嵌入式安装。在国内采用的是标准的 86 型墙盒，该墙盒为正方形，规格 80 mm×80 mm，螺丝孔间距 60 mm。信息墙盒与电源墙座的间距应大于 20 cm。

桌上型墙座应考虑和家具，办公桌协调，同时应考虑安装位置的安全性。信息墙盒与电源墙座的间距应大于 20 cm。

抬高式地板安装在预制的地板盒内，盒内可以安装信息墙座和电源墙座。

信息墙座接头的端接安装必须由专业工程师完成。与管理区子系统的端接一样，它的安装工艺对系统的性能有直接的影响。

2. 施工过程要求

施工过程由三个方面完成：管道安装、拉线安装和配件端接。

（1）管道安装：由具有电信部门二级通信工程安装资格的工程队完成，工艺质量满足国家电信部门有关的施工规范和 EIA/TIA569 标准。布线桥架的焊接，线槽的过渡连接满足国家电工标准中对强电安装的工艺和安全要求。

（2）线路安装：开放式布线系统对拉线施工的技能要求较其他布线高得多，这主要是由传输介质的特点决定的。在开放式布线系统中，采用的传输介质一般有两种类型，一类为双绞线，另一类为光纤，它们的材料构成和传输特征虽然不同，但在拉线时都要求轻拉轻放，不规范的施工操作有可能导致传输性能的降低，甚至线缆损伤。

在施工中经常可以看到下列情况：

① 双绞线外包覆皮起皱或撕裂，这是由于拉力过大和线槽的转角，过渡连接不符合要求造成的。

② 双绞线外包覆皮光滑，看不出问题，但用仪表测量时发现传输性能达不到要求，这是由于拉线时拉力过大，使双绞线的长度拉长，绞合拉直造成的。这种情况用于语音和 10 Mbit/s 以下的数据传输时，影响也许不太大，但用于高速数据传输时则会产生严重的问题。

③ 光纤没有光信号通过，这是由于拉线时操作不当，线缆严重弯折使纤芯断裂造成的。这种情况常见于光纤布线的弯折之处。

为了避免施工中出现上述问题，在 ISO/IEC 11801 标准 EIA/TIA 569 标准中规定：

双绞线（尤其是超五类双绞线）拉线时的拉力不能超过 13 磅（约 20 kg）。光纤的拉力不能超过 5 磅（约 8 kg）。为了保证施工的质量，规定：

① 拉线时每段线的长度不超过 20 m，超过部分必须有人接送。

② 在线路转弯处必须有人接送。

（3）配件端接：配件端接的工艺水平将直接影响布线系统的性能。公司对其严格把关，所有的端接操作都将由专业工程师完成。

3. 施工工艺技术要求

（1）基本要求：

1）严格按图纸施工，在保证系统功能质量的前提下，提高工艺标准要求，确保施工质量。

2）预埋（留）位置准确、无遗漏。

3）管路两端设备处导线应根据实际情况留有足够的冗余。导线两端应按照图纸提供的线号用标签进行标识，根据线色来进行端子接线，并应在图纸上进行标识，作为施工资料进行存档。

4）设备安装牢固、美观、预装设备、竖成列，墙装设备端正一致，资料整理正规完整无遗漏，各种现场变更手续齐全有效。

（2）电缆（线）的敷设，在布线系统中，大多信号都是电流信号或数字信号，故对电缆（线）的敷设工作应注意以下几点：

1）电缆敷设必须设专人指挥，在敷设前向全体施工人员交底，说明敷设电缆的根数，始末端的编号，工艺要求及安全注意事项。

2）敷设电缆前要准备标志牌，标明电缆的编号、型号、规格、图位号、起始地点。

3）在敷设电缆之前，先检查所有槽、管是否已经完成并符合要求，路由与拟安装信息口的位置是否与设计相符，确定有无遗漏。

4）检查预埋管是否畅通，管内带丝是否到位，若没有应先处理好。

5）放线前对管路进行检查，穿线前应进行管路清扫、打磨管口。清除管内杂物及积水，有条件时应使用0.25 MPa压缩空气吹入滑石粉以保证穿线质量。所有金属线槽盖板、护边均应打磨，不留毛刺，以免划伤电缆。

6）核对电缆的规格和型号。

7）在管内穿线时，要避免电缆受到过度拉引，每米的拉力不能超过7 kg以便保护线对绞距。

8）布放线缆时，线缆不能放成死角或打结，以保证线缆的性能良好，水平线槽中敷设电缆时，电缆应顺直，尽量避免交叉。

9）做好放线保护，不能伤保护套和踩踏线缆。

10）对于有安装天花的区域，所有的水平线缆敷设工作必须在天花施工前完成；所有线缆不应外露。

11）留线长度：楼层配线间、设备间端留长度（从线槽到地面再返上）铜缆3～5 m，光缆7～9 m，信息出口端预留长度0.4 m。

12）线缆敷设时，两端应做好标记，线缆标记要表示清楚，在一根线缆的两端必须有一致的标识，线标应清晰可读。标线号时要求以左手拿线头，线尾向右，以便于以后线号的确认。

13）垂直线缆的布放：穿线宜自上而下进行，在放线时线缆要求平行摆放，不能相互绞缠、交叉，不得使线缆放成死弯或打结。

14）光缆应尽量避免重物挤压。

15）绑扎：施工穿线时做好临时绑扎，避免垂直拉紧后再绑扎，以减少重力下垂对线缆性能的影响。主干线穿完后进行整体绑扎，要求绑扎间距≤1.5 m。光缆应实行单独绑扎。绑扎时如有弯曲应满足不小于 10 cm 的弯曲半径。

16）安装在地下的同轴电缆须有屏蔽铝箔片以隔绝潮气。

17）同轴电缆在安装时要进行必要的检查，不可有损伤屏蔽层。

18）安装电缆时要注意确保各电缆的温度要高于 5℃。

19）填写好放线记录表：记录中主干铜缆或光纤给定的编号应明确楼层号、序号。

20）电缆敷设完毕后，两端必须留有足够的长度，各拐弯处、直线段应整理后得到指挥人员的确认符合设计要求方可掐断。

21）线槽内线缆布放完毕后应盖好槽盖，满足防火、防潮、防鼠害的要求。

（3）机柜（箱）内接线：

1）按设计安装图进行机架、机柜安装，安装螺丝必须拧紧。

2）机架、机柜安装应与进线位置对准；安装时，应调整好水平、垂直度，偏差不应大于 3 mm。

3）按供货商提供的安装图、设计布置图进行配线架安装。

4）机架、机柜、配线架的金属基座都应做好接地连接。

5）核对电缆编号无误。

6）端接前，机柜内线缆应做好绑扎，绑扎要整齐美观。应留有 1 m 左右的移动余量。

7）剥除电缆护套时应采用专用剥线器，不得剥伤绝缘层，电缆中间不得产生断接现象。

8）端接前须准备好配线架端接表，电缆端接依照端接表进行。

9）来自现场进入机柜（箱）内的电缆首先要进行校验编号。

10）来自现场进入机柜（箱）内的电缆要进行固定。

11）来自现场进入机柜（箱）内的电缆，应留有一定的余量。

12）来自现场进入机柜（箱）内的电缆一般不允许有接头。

13）来自现场进入机柜（箱）内的电缆尽量避免相互交叉。

14）按图施工接线正确，连接牢固接触良好，配线整齐、美观、标牌清晰。

15）选用同一区段的电缆跳线颜色要尽可能统一，便于安装调试和日常维护。

（4）接地要求：

1）桥架接地方法，应用不小于 2.5 mm^2 的铜塑线与主体钢筋接地。

2）各机柜、机箱接地电阻不大于 1 Ω。

3）机房设备采取两种独立的接地方式，工作接地的联合接地。工作接地电阻不大于 4 Ω，联合接地电阻不大于 1 Ω。

（5）调试阶段应注意事项：

1）严禁不经检查立即上电。

2）严格按照图纸、资料检查各分项工程的设备安装、线路敷设是否与图纸相符。

3）逐个检查各网络设备、PBX 设备、信息点位的安装情况和接线情况，如有不合格填写质量反馈单，并做好相应的记录。

4）各设备、点位检查无误完毕后，对各设备点位逐个通电实验。

5）通电实验后，方可进行系统调试，并做好记录。

第二节　有线电视及监控系统安装技术

一、有线电视分配系统设备、线路安装及验收

有线电视系统的安装主要包括天线安装、系统前端放大设备安装、线路敷设和系统防雷接地等。系统的安装质量对保证系统安全正常的运行起着决定性的作用。因此，系统安装必须认真筹划、充分准备、合理安排。

1. 系统安装施工应具备的条件

施工单位必须执有系统安装施工的施工执照。工程设计文件和施工图纸齐全，并经会审批准。施工人员应全面熟悉有关图纸和了解工程特点、施工方案、工艺要求、施工质量标准等。在施工之前应做好充分的施工准备工作，其中包括：施工所需设备、器材准备齐全；预埋线管、支撑件及预留孔洞、沟、槽、基础等应符合设计要求；施工区域内应具备顺畅施工的条件等。

2. 接收天线的安装

接收天线应按设计要求组装，并应平直牢固。天线竖杆基座应按设计要求安装，可用场强仪收测和用电视接收机收看，确定天线的最优方位后，将天线固定。

天线应根据生产厂家的安装说明书，在地面组装好后，再安装于竖杆合适位置上。天线与地面应平行安装，其馈电端与阻抗匹配器、馈线电缆、天线放大器的连接应正确、牢固、接触良好。

3. 前端设备安装

前端的设备，如频道放大器、衰减器、混合器、宽带放大器、电源和分配器等，多集中布置在一个铁箱内，俗称前端箱。前端箱一般分箱式、台式、柜式 3 种。箱式前端宜挂墙安装，明装于前置间内时，箱底距地 1.2 m，暗装时为 1.2～1.5 m；明装于走道等处时，箱底距地 1.5 m，暗装时为 1.6 m，安装方法见图 4-1。

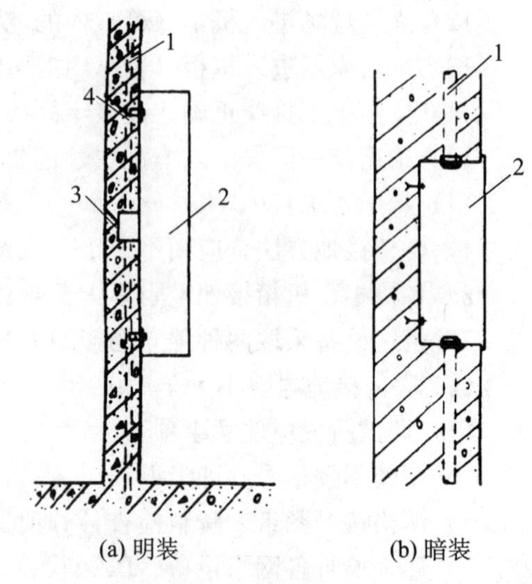

图 4-1　前端箱安装方法

1. 钢管；2. 前端箱；3. 膨胀螺栓；4. 接线盒

台式前端可以安装在前置间内的操作台桌面上，高度不宜小于 0.8 m，且应牢固。柜式前端宜落地安装在混凝土基础上面，如同落地式动力配电箱的安装。

箱内接线应正确、牢固、整齐、美观，并应留有适当裕度，但不应有接头，箱内各设备间的连接及设备的进出线均应采用插头

连接。分配器、分支器、干线放大器分明装和暗装两种方法。明装是与线路明敷设相配套的安装方式，多用于已有建筑物的补装，其安装方法是根据部件安装孔的尺寸在墙上钻孔，埋设塑料胀管，再用木螺丝固定。安装位置应注意防止雨淋。电缆与分支器、干线放大器、分配器的连接一般采用插头连接，且连接应紧密牢固。

新建建筑物的CATV系统，其线路多采用暗敷设，分配器、分支器、干线放大器亦应暗装。即将分配器、分支器、干线放大器安装在预埋在建筑物墙体内的特制木箱或铁箱内。

4. 传输线路安装

在CATV系统中常用的传输线是同轴电缆。同轴电缆的敷设分为明敷设和暗敷设两种。其敷设方法可参照现行电气装置安装工程施工及验收规范进行，并应完全符合《有线电视系统工程技术规范》（GB 50200—1994）的要求。当支线或用户线采用自承式同轴电缆时，电缆的受力应在自承线上。用户线进入房屋内可穿管暗敷，也可用卡子明敷在室内墙壁上，或布放在吊顶上。不论采用何种方式，都应做到牢固、安全、美观。走线应注意横平竖直。

为了加长电缆，一般采用中间接头。中间接头是一个两端带螺纹的金属杆，使用时把铜线芯插入，再把F头拧上即可。

5. 用户盒安装

用户盒分明装和暗装。明装用户盒可直接用塑料胀管和木螺丝固定在墙上。暗装用户盒应在土建施工时就将盒及电缆保护管埋入墙内，盒口应和墙面保持平齐，待粉刷完墙壁后再穿电缆，进行接线和安装盒体面板，面板可略高出墙面。用户盒距地高度：宾馆、饭店和客房一般为0.2～0.3 m；住宅一般为1.2～1.5 m，或与电源插座等高，但彼此应相距50～100 mm。接收机和用户盒的连接应采用阻抗为75 Ω、屏蔽系数高的同轴电缆，长度不宜超过3 m。

用户盒分两种：一种是用户终端盒，另一种是串接单元盒。用户终端盒上只有一个进线口，一个用户插座。用户插座有时是两个插口，其中一个输出电视信号，接用户电视机；另一个是FM接口，用来接调频收音机。用户终端盒要与分支器和分配器配合使用。

6. 用户终端安装

在CATV系统中，电缆与各种设备器件要连接，与电视设备要连接，导线间有时也要连接，这些连接不能按电力导线的接线方法进行，而要使用专门的连接件。

（1）工程用高频插头：与各种设备连接的插头，叫工程用高频插头，平时叫它F头。实际上，这种插头是一个连接紧固螺母。使用时先将电缆芯线插入高频插座，再将插头拧在高频插座上，使导线不会松脱。另外，插头还起连接外层金属网的作用。安装时，将电缆外护套割去13 mm，铜网、铝膜割去12 mm，将内绝缘层割去9 mm，露出9 mm芯线；将卡环套到电缆上，把电缆头插入F头中，F头的后部要插在铜网里面，铜网与F头紧密接触，注意不要把铜网顶到护套里面去，一定要让铜网包在F头外面；插紧后，把卡环套在F头后部的电缆外护套上并用钳子夹紧，以不能把F头拉下为好。铜网与F头接触不良，会影响低频道电视节目收看的效果。如果电缆较粗，在插头组件上有一根转换插针，把粗线芯变细以便与设备连接。

（2）与电视机连接用插头：接电视机的插头有两类，一类是 300/75 Ω 插头，用来与扁馈线连接，变换阻抗后接到电视机上。一般彩色电视机上都随机带有这种插头，但这种插头不能用于 MATV 系统。另一类是 75 Ω 插头，可以用于 MATV 系统。使用时将电缆护套剥去 10 mm，留下铜网，去掉铝膜，再剥去约 8 mm 内绝缘层，把铜芯插入插头芯并用螺钉压紧，把铜网接在插头外套金属筒上，一定要接触良好。

二、闭路电视监控系统设备、线路安装及验收

1. 视频安防监控系统工程施工准备

（1）施工现场检查：

1）施工对象已基本具备进场条件，如作业场地、安全用电等均符合施工要求。

2）施工区域内建筑物的现场情况和预留管道、预留孔洞、地槽及预埋件等应符合设计要求。

3）使用道路及占用道路（包括横跨道路）情况符合施工要求。

4）允许同杆架设的杆路及自立杆杆路的情况清楚，符合施工要求。

5）敷设管道电缆和直埋电缆的路由状况清楚，并已对各管道标出路由标志。

6）当施工现场有影响施工的各种障碍物时，已提前清除。

（2）施工准备检查：

1）设计文件和施工图纸齐全。

2）施工人员熟悉施工图纸及有关资料，包括工程特点、施工方案、工艺要求、施工质量标准及验收标准。

3）设备、器材、辅材、工具、机械以及通信联络工具等应满足连续施工和阶段施工的要求。

4）有源设备应通电检查，各项功能正常。

2. 视频安防监控系统工程施工

（1）管线敷设：

1）综合布线系统的线缆敷设应符合《建筑与建筑群综合布线系统工程设计规范》（GB 50311—2007）的规定。

2）非综合布线系统室内线缆的敷设：

① 无机械损伤的电（光）缆，或改、扩建工程使用的电（光）缆，可采用沿墙明敷方式。

② 在新建的建筑物内或要求管线隐蔽的电（光）缆应采用暗管敷设方式。

③ 下列情况可采用暗管配线：

a. 易受外部损伤。

b. 在线路路由上，其他管线和障碍物较多，不宜明敷的线路。

c. 在易受电磁干扰或易燃易爆等危险场所。

④ 电缆和电力线平行或交叉敷设时，其间距不得小于 0.3 m；电力线与信号线交叉敷设时，宜成直角。

3）室外线缆的敷设：

① 当采用通信管道（含隧道、槽道）敷设时，不宜与通信电缆共管孔。

② 当电缆与其他线路共沟（隧道）敷设时，其最小间距符合表 4-1 的规定。

③ 当采用架空电缆与其他线路共杆架设时，其两线间最小垂直间距符合表 4-2 的规定。

④ 当线路敷设经过建筑物时，可采用沿墙敷设方式。

⑤ 当线路跨越河流时，应采用桥上管道或槽道敷设方式，当没有桥梁时，可采用架空敷设方式或水下敷设方式。

表 4-1　电缆与其他线路共沟（隧道）的最小距离

种类	最小间距/m
220 V 交流供电线	0.5
通信电缆	0.1

表 4-2　电缆与其他线路共杆架设的最小垂直距离

种类	最小垂直间距/m
1～10 kV 电力线	2.5
1 kV 以下电力线	1.5
广播线	1.0
通信线	0.6

⑥ 敷设电缆时，多芯电缆的最小弯曲半径，应大于其外径的 6 倍；同轴电缆的最小弯曲半径应大于其外径的 15 倍。

⑦ 线缆槽敷设截面利用率不应大于 60%；线缆穿管敷设截面利用率不应大于 40%。

⑧ 电缆沿支架或在线槽内敷设时应在下列各处牢固固定：

a. 电缆垂直排列或倾斜坡度超过 45°时的每一个支架上。

b. 电缆水平排列或倾斜坡度不超过 45°时，在每隔 1～2 个支架上。

c. 在引入接线盒及分线箱前 150～300 mm 处。

⑨ 明敷设的信号线路与具有强磁场、强电场的电气设备之间的净距离，宜大于 1.5 m，当采用屏蔽线缆或穿金属保护管或在金属封闭线槽内敷设时，宜大于 0.8 m。

⑩ 线缆在沟道内敷设时，应敷设在支架上或线槽内。当线缆进入建筑物后，线缆沟道与建筑物间应隔离密封。

⑪ 线缆穿管前应检查保护管是否畅通，管口应加护圈，防止穿管时损伤导线。

⑫ 导线在管内或线槽内不应有接头和扭结。导线的接头应在接线盒内焊接或用端子连接。

⑬ 同轴电缆应一线到位，中间无接头。

（2）设备安装：

1）摄像机安装：

① 在满足监视目标视场范围要求的条件下，其安装高度为：室内离地不宜低于 2.5 m；室外离地不宜低于 3.5 m。

② 摄像机及其配套装置，如镜头、防护罩、支架、雨刷等，安装应牢固，运转应

灵活，应注意防止破坏，并与周边环境相协调。

③ 在强电磁干扰环境下，摄像机安装应与地绝缘隔离。

④ 信号线和电源线应分别引入，外露部分用软管保护，并不影响云台的转动。

⑤ 电梯厢内的摄像机应安装在厢门上方的左或右侧，并能有效监视电梯厢内乘员面部特征。

2）云台、解码器安装：

① 云台的安装应牢固，转动时无晃动。

② 应根据产品技术条件和系统设计要求，检查云台的转动角度范围是否满足要求。

③ 解码器应安装在云台附近或吊顶内（但须留有检修孔）。

3）控制设备安装：

① 控制台、机柜（架）安装位置应符合设计要求，安装应平稳牢固、便于操作维护。机柜（架）背面、侧面离墙净距离应符合设计要求。

② 所有控制、显示、记录等终端设备的安装应平稳，便于操作。其中监视器（屏幕）应避免外来光直射，当不可避免时，应采取避光措施。在控制台、机柜（架）内安装的设备应有通风散热措施，内部接插件与设备连接应牢靠。

③ 控制室内所有线缆应根据设备安装位置设置电缆槽和进线孔，排列、捆扎整齐，进行编号，并有永久性标志。

3. 系统调试

（1）基本要求和准备工作：

1）系统调试前应编制完成系统设备平面布置图、走线图以及其他必要的技术文件。调试工作应由项目责任人或具有相当于工程师资格的专业技术人员主持，并编制调试大纲。

2）检查工程的施工质量。对施工中出现的问题，如错线、虚焊、开路或短路等应予以解决，并有文字记录。

3）按正式设计文件的规定查验已安装设备的规格、型号、数量、备品备件等。

4）系统在通电前应检查供电设备的电压、极性、相位等。

（2）调试步骤：

1）先对各种有源设备逐个进行通电检查，工作正常后方可进行系统调试，并做好调试记录。

2）检查并调试摄像机的监控范围、聚焦、环境照度与抗逆光效果等，使图像清晰度、灰度等级达到系统设计要求。

3）检查并调整对云台、镜头等的遥控功能，排除遥控延迟和机械冲击等不良现象，使监视范围达到设计要求。

4）检查并调整视频切换控制主机的操作程序、图像切换、字符叠加等功能，保证工作正常，满足设计要求。

5）调整监视器、录像机、打印机、图像处理器、同步器、编码器、解码器等设备，保证工作正常，满足设计要求。

6）当系统具有报警联动功能时，调试相关联动功能。

7）检查与调试监视图像与回放图像的质量，在正常工作照明环境条件下，监视图像质量不应低于《民用闭路监视电视系统工程技术规范》（GB 50198—2011）中表4.3.1-1规定的四级，回放图像质量不应低于表4.3.1-1规定的三级，或至少能辨别人的面部特征。

4. 施工注意事项

（1）施工人员必须经过培训，熟悉相关标准并掌握安防设备安装、线缆敷设的基本技能；系统调试人员应熟悉系统的功能、性能要求，并具有排除系统一般故障的能力。

（2）施工单位在线缆敷设结束后要尽快与建设单位和（或）监理单位一起对管线敷设质量进行随工验收，并填写"隐蔽工程随工验收单"，以避免对工程造成不良后果。

（3）线缆敷设时，为避免干扰，电源线与信号线、控制线，应分别穿管敷设；当低电压供电时，电源线与信号线、控制线可以同管敷设。

（4）规范对摄像机在电梯轿厢内的安装位置作出了要求，即电梯轿厢内的摄像机应安装在厢门上方的左、右侧顶部，以便能有效地观察电梯轿厢内乘员的面部特征，这是基于安全防范的实际需要而作出的规定。

第三节　安防及楼宇对讲系统安装技术

一、安全防范工程设备、线路安装及验收

1. 施工准备

（1）对施工现场进行检查，符合下列要求方可进场、施工：

1）施工对象已基本具备进场条件，如作业场地、安全用电等均符合施工要求。

2）施工区域内建筑物的现场情况和预留管道、预留孔洞、地槽及预埋件等应符合设计要求。

3）使用道路及占用道路（包括横跨道路）情况符合施工要求。

4）允许同杆架设的杆路及自立杆杆路的情况清楚，符合施工要求。

5）敷设管道电缆和直埋电缆的路由状况清楚，并已对各管道标出路由标志。

6）当施工现场有影响施工的各种障碍物时，已提前清除。

（2）对施工准备进行检查，符合下列要求方可施工：

1）设计文件和施工图纸齐全。

2）施工人员熟悉施工图纸及有关资料，包括工程特点、施工方案、工艺要求、施工质量标准及验收标准。

3）设备、器材、辅材、工具、机械以及通信联络工具等应满足连续施工和阶段施工的要求。

4）有源设备应通电检查，各项功能正常。

2. 工程施工

（1）工程施工应按正式设计文件和施工图纸进行，不得随意更改。若确需局部调

整和变更的，须填写“更改审核单”，或监理单位提供的更改单，经批准后方可施工。

（2）施工中应做好隐蔽工程的随工验收。管线敷设时，建设单位或监理单位应会同设计、施工单位对管线敷设质量进行随工验收，并填写“隐蔽工程随工验收单”或监理单位提供的隐蔽工程随工验收单。

（3）线缆敷设应符合下列规定：

1）综合布线系统的线缆敷设应符合《建筑与建筑群综合布线系统工程设计规范》（GB 50311—2007）的规定。

2）非综合布线系统室内线缆的敷设，应符合下列要求：

① 无机械损伤的电（光）缆，或改、扩建工程使用的电（光）缆，可采用沿墙明敷方式。

② 在新建的建筑物内或要求管线隐蔽的电（光）缆应采用暗管敷设方式。

③ 下列情况可采用暗管配线：

a. 易受外部损伤。

b. 在线路路由上，其他管线和障碍物较多，不宜明敷的线路。

c. 在易受电磁干扰或易燃易爆等危险场所。

④ 电缆和电力线平行或交叉敷设时，其间距不得小于 0.3 m；电力线与信号线交叉敷设时，宜成直角。

3）室外线缆的敷设，应符合《民用闭路监视电视系统工程技术规范》（GB 50198—2011）中第 2.3.7 条的要求。

4）敷设电缆时，多芯电缆的最小弯曲半径，应大于其外径的 6 倍；同轴电缆的最小弯曲半径应大于其外径的 15 倍。

5）线缆槽敷设截面利用率不应大于 60%；线缆穿管敷设截面利用率不应大于 40%。

6）电缆沿支架或在线槽内敷设时应在下列各处牢固固定：

① 电缆垂直排列或倾斜坡度超过 45°时的每一个支架上。

② 电缆水平排列或倾斜坡度不超过 45°时，在每隔 1～2 个支架上。

③ 在引入接线盒及分线箱前 150～300 mm 处。

7）明敷设的信号线路与具有强磁场、强电场的电气设备之间的净距离，宜大于 1.5 m，当采用屏蔽线缆或穿金属保护管或在金属封闭线槽内敷设时，宜大于 0.8 m。

8）线缆在沟道内敷设时，应敷设在支架上或线槽内。当线缆进入建筑物后，线缆沟道与建筑物间应隔离密封。

9）线缆穿管前应检查保护管是否畅通，管口应加护圈，防止穿管时损伤导线。

10）导线在管内或线槽内不应有接头和扭结。导线的接头应在接线盒内焊接或用端子连接。

11）同轴电缆应一线到位，中间无接头。

（4）供电、防雷与接地施工应符合下列要求：

1）系统的供电设施应符合下列规定：

① 宜采用两路独立电源供电，并在末端自动切换。

② 系统设备应进行分类，统筹考虑系统供电。

③ 根据设备分类，配置相应的电源设备。系统监控中心和系统重要设备应配备相

应的备用电源装置。系统前端设备视工程实际情况，可由监控中心集中供电，也可本地供电。

④ 主电源和备用电源应有足够容量。应根据入侵报警系统、视频安防监控系统、出入口控制系统等的不同供电消耗，按总系统额定功率的 1.5 倍设置主电源容量；应根据管理工作对主电源断电后系统防范功能的要求，选择配置持续工作时间符合管理要求的备用电源。

2）电源质量应满足下列要求：

① 稳态电压偏移不大于 2%。

② 稳态频率偏移不大于 0.2 Hz。

③ 电压波形畸变率不大于 5%。

④ 允许断电持续时间为 0～4 ms。

⑤ 当不能满足上述要求时，应采用稳频稳压、不间断电源供电或备用发电等措施。

3）安全防范系统的监控中心应设置专用配电箱，配电箱的配出回路应留有裕量。

摄像机等设备宜采用集中供电，当供电线（低压供电）与控制线合用多芯线时，多芯线与视频线可一起敷设。

4）系统防雷与接地设施的施工应按下列要求进行：

① 建于山区、旷野的安全防范系统，或前端设备装于塔顶，或电缆端高于附近建筑物的安全防范系统，应按《建筑物防雷设计规范》（GB 50057—2010）的要求设置避雷保护装置。

② 建于建筑物内的安全防范系统，其防雷设计应采用等电位连接与共用接地系统的设计原则，并满足《建筑物电子信息系统防雷技术规范》（GB 50343—2004）的要求。

③ 安全防范系统的接地母线应采用铜质线，接地端子应有地线符号标记。接地电阻不得大于 4 Ω；建造在野外的安全防范系统，其接地电阻不得大于 10 Ω；在高山岩石的土壤电阻率大于 2 000 Ω·m 时，其接地电阻不得大于 20 Ω。

④ 高风险防护对象的安全防范系统的电源系统、信号传输线路、天线馈线以及进入监控室的架空电缆入室端均应采取防雷电感应过电压、过电流的保护措施。

⑤ 安全防范系统的电源线、信号线经过不同防雷区的界面处，宜安装电涌保护器；系统的重要设备应安装电涌保护器。电涌保护器接地端和防雷接地装置应作等电位连接。等电位连接带应采用铜质线，其截面积应不少于 16 mm^2。

⑥ 监控中心内应设置接地汇集环或汇集排，汇集环或汇集排宜采用裸铜线，其截面积应不小于 35 mm^2。

⑦ 不得在建筑物屋顶上敷设电缆，必须敷设时，应穿金属管进行屏蔽并接地。

⑧ 架空电缆吊线的两端和架空电缆线路中的金属管道应接地。

⑨ 光缆传输系统中，各光端机外壳应接地。光端加强芯、架空光缆接续护套应接地。

3. 系统调试

（1）基本要求：系统调试前应编制完成系统设备平面布置图、走线图以及其他必要的技术文件。调试工作应由项目责任人或具有相当于工程师资格的专业技术人员主持，并编制调试大纲。

（2）调试前的准备：

1）按要求，检查工程的施工质量。对施工中出现的问题，如错线、虚焊、开路或短路等应予以解决，并有文字记录。

2）按正式设计文件的规定查验已安装设备的规格、型号、数量、备品备件等。

3）系统在通电前应检查供电设备的电压、极性、相位等。

二、常用楼宇对讲系统设备、线路安装及验收

1. 门禁管理系统工程施工要求

（1）环境：施工前必须先看好环境，确定系统每一条线路及每一设备安装位置，设计出完整工程图。

（2）埋管/布线：先按工程图将每个门与控制器及控制器与控制器之间的管埋好，然后布线（操作过程中不可用力过大将线芯拉断，每条线做上标志，以备安装时辨别，并检测每条线的通信状态）。网络系统的布线可采用综合布线系统，要符合 ISO/IEC 11801 综合布线标准。

（3）安装：每个工程人员必须先掌握整个工程过程（设备安装位置、接线方法等），熟知每个施工环节方可上岗操作，尽量减少工程的安装调试的复杂程度。

2. 门禁管理系统管线施工要求

（1）电缆的安装应符合 IEEE 电气安装线缆敷设规范和国家、行业的相关规定。线缆的选测应符合下列要求：

1）识读设备与控制器之间的通信用信号线宜采用多芯屏蔽双绞线。

2）门磁开关及出门按钮与控制器之间的通信用信号线，线芯最小截面积不宜小于 0.50 mm^2。

3）控制器与执行设备之间的绝缘导线，线芯最小截面积不宜小于 0.75 mm^2。

4）控制器与管理主机之间的通信用信号线宜采用双绞铜芯绝缘导线，其线径根据传输距离而定，线芯最小截面积不宜小于 0.50 mm^2。

（2）应根据选择的出入口产品厂商的要求选择符合规定的产品。

（3）室内布线时不仅要求可靠安全而且要使线路布置合理、整齐、安装牢固。

（4）使用的导线，其额定电压应不大于线路的工作电压；导线的绝缘应符合线路的安装方式和敷设的环境条件以及导线对机械强度的要求。

（5）布线时应符合尽量避免导线有接头。非接头不可的，其接头必须采用压线或焊接。导线连接和分支处不应受机械力的作用。

（6）布线在建筑物内安装要保持水平或垂直。布线应加套管（塑料或铁水管，按室内布线的技术要求选配），天花板上可装软管或 PVC 管，但须固定稳妥美观。

（7）信号线不能与大功率电力线平行，更不能穿在同一管内。如因环境所限，要走平行线，则要远离 50 cm 以上。

（8）门禁控制箱的交流电源应单独走线，不能与信号线和低压直流电源线穿在同一管内，交流电源线的安装应符合电气安装要求。

（9）门禁控制箱到天花板的走线要求加套管埋入墙内或用铁水管加以保护，以提高防盗系统的防破坏性能。

(10) 布线时应区分电源线、通信线、信号线。其中电源线的线径足够粗，采用多股导线；信号线和通信线采用五类或六类双绞线，环境要求较高时可采用屏蔽双绞线。布线时注意强、弱电线分开。

3. 门禁管理系统设备安装注意事项

(1) 电源要保证功率足够，要尽量使用线性电源，门锁和控制器应分开供电。电源的安装应尽可能靠近用电设备，以避免受到干扰和传输损耗。

(2) 门禁系统要注意安装位置的选取，防止电磁干扰。

(3) 读卡器不要安装在金属物体上，最好通过控制器供电。

(4) 控制器应放于较隐蔽或安全的地方，防止人为的恶意破坏。

(5) 锁连接时，锁的两端要反接二极管，最好将锁的电源和控制器的电源分开。

(6) 控制器等重要设备不但必须有放置的物理场所如专用柜，而且要有 IP 地址，便于管理及故障时的查找。

(7) 在操作网络安防系统时，容易受到黑客攻击和数据盗窃。必须注意信息安全，防止数据危及出入口控制系统的安全。

(8) 在安装前确定域账号、IP 地址和带宽要求。准确的高通信量次数和客户的停机维护对于出入口控制系统的安全和功能也十分重要。

(9) 在读卡器（或天线模组）可感应的范围，切勿靠近或接触高频或强磁场（如重载马达，监控器等），并须配合控制箱的接地方式。

(10) 内外门都需刷卡的场所，只要在门外安装以台读卡机即可，让两边都可感应到，当需注意感应距离与隔间的材料不得为金属板材。

(11) 感应式读卡机的配线芯数在监视模式下，只需要 6 芯线路即可。若需要连接读卡器、电锁、外出按钮、门户警报点需要 9 芯缆线。在长距离布线时，有些感应式读卡器与控制线路上设有监控功能，线路断路可由读卡器发出报警或传回控制器。

(12) 读卡器应安装在平整、坚固的水泥墩上，保持水平，不能倾斜。

(13) 读卡器一般安装在室内，安装在室外时，应考虑防水措施及防撞装置。

(14) 读卡机与闸门机安装的中心间距一般为 2.4～2.8 m。

4. 门禁系统的供电、防雷与接地

(1) 供电设计除应符合《安全防范工程技术规范》(GB 50348—2004) 的有关规定外，还应符合下列规定：

1) 主电源可使用市电或电池。备用电源可使用二次电池及充电器、UPS 电源、发电机。如果系统的执行部分为闭锁装置，且该装置的工作模式为断电开启，B、C 级的控制设备必须配置备用电源。

2) 当电池作为主电源时，其容量应保证系统正常开启 10 000 次以上。

3) 备用电源应保证系统连续工作不少于 48 h，且执行设备能正常开启 50 次以上。

(2) 防雷与接地除应符合《安全防范工程技术规范》(GB 50348—2004) 的相关规定外，还应符合下列规定：

1) 置于室外的设备宜具有防雷保护措施。

2) 置于室外的设备输入、输出端口宜设置信号线路浪涌保护器。

3) 室外的交流供电线路、控制信号线路宜有金属屏蔽层并穿钢管埋地敷设，钢管两端应接地。

第四节　广播系统安装技术

一、施工准备

1. 材料、设备准备

(1) 前端部分：主要选用 FM/AM 调谐器、电唱机、激光唱机、传声器（话筒）、调音台、前置放大器、功率放大器、频率均衡器、压缩限制器、延时器、混响器等。

(2) 传输部分：分线箱、控制器、电线电缆等。电线电缆的选择应符合设计要求，可选用屏蔽线或双绞线。

(3) 终端部分：扬声器、音响、声柱、控制开关、音量控制器等设备。

(4) 上述设备材料应根据合同文件及设计要求选型，对设备、材料和软件进行进场检验，并填写进场检验记录。设备应有产品合格证、检测报告、“CCC”认证标识、安装及使用说明书等。如果是进口产品，则须提供原产地证明和商检证明，配套提供的质量合格证明，检测报告及安装、使用、维护说明书的中文文本。设备安装前，应根据使用说明书，进行全面检查，方可安装。

(5) 镀锌材料：镀锌钢管、镀锌线槽、金属膨胀螺栓、金属软管、接地螺栓。

(6) 其他材料：塑料胀管、接线端子、钻头、焊锡、焊剂、绝缘胶布、塑料胶布、接头等。

2. 机具设备

(1) 安装器具：手电钻、冲击钻、电工组合具、梯子。

(2) 测试器具：250 V 兆欧表、500 V 兆欧表、对讲机、水平尺、小线。

3. 作业条件

(1) 机房装修已完毕，门、窗、门锁装配齐全完整。

(2) 线缆沟、槽、管、盒、箱施工完毕。

(3) 吊顶的扬声器预留孔按实际尺寸已经留好，音响吊架安装完成。

(4) 线缆绝缘电阻摇测值必须大于 0.5 MΩ。

4. 技术准备

(1) 施工图纸齐全。

(2) 施工方案编制完毕并经审批。

(3) 施工前应组织施工人员熟悉图纸、方案及专业设备安装使用说明书，并进行有针对性的培训及安全、技术交底。

二、施工工艺流程与操作方法

1. 扬声器的布置

扬声器的布置根据不同的系统有不同的要求。

(1) 公共广播系统扬声器：通常用于服务性广播，火灾时切换为火灾事故广播，以满足发生火灾及紧急情况时引导疏散的要求。

在办公室、教室等处装设 3 W 音响。

门厅、走廊、一般会议室、餐厅、商场等处宜装设 3～5 W 的扬声器箱。

客房床头控制柜一般选用 1～2 W 扬声器。

停车库一般选用 10 W 扬声器箱或号角式扬声器，扬声器的声压级应比环境噪声大 10～15 dB。

体育场、公共广场选用 20～30 W 音柱。

扬声器安装可以嵌入吊顶安装、墙上挂装、杆上安装等。

室内扬声器安装高度一般为距地 2.2 m 以上或距顶板下 0.3 m 处。

室外扬声器安装高度一般为 3～10 m，可与路灯、通信线杆同杆安装。

(2) 体育场馆系统扬声器：体育场馆系统扬声器一般分为两种，固定扬声器系统和活动扬声器系统。

1) 固定扬声器系统：主要用于体育比赛广播用。同样属于公共广播系统。扬声器系统以固定安装的声柱为主，扬声器安装以保证观众席声场均匀为目的。

2) 活动扬声器系统：用于大型团体操、文艺表演用。系统音质要求较高。通常由大功率、高保真的活动音响组成。扬声器安装以保证观众席较高的声压和高质量的声音重放。扬声器安装要避免声反馈发生。

(3) 大厅、会场扬声器：大厅、会场扬声器以语音扩声为主，兼作文艺表演用。扬声器安装可以采用的方式有集中布置、分散布置和混合布置 3 种方式。其目的是：

1) 保证观众席上的均匀声场。

2) 保证观众席上语音的清晰度。

3) 保证观众席上声像的一致性。

4) 保证观众席上多声源的混响不影响语音的清晰度。

5) 避免声反馈引起啸叫。

(4) 歌舞厅、卡拉 OK 厅扬声器布置的要求：

1) 歌舞厅、卡拉 OK 厅扬声器布置要符合室内结构、声学条件的要求。

2) 歌舞厅、卡拉 OK 厅扬声器布置应有较宽的频率响应，以满足音乐重放的频率要求。

3) 歌舞厅、卡拉 OK 厅扬声器布置应以对称布放为主。以满足立体声重放的要求。

4) 歌舞厅、卡拉 OK 厅扬声器落地放置，低频音源因受地面反射影响会使低频过强。

5) 歌舞厅、卡拉 OK 厅扬声器离地、离墙太远放置，低频音源因受地面、墙面反射影响较弱会使低频过弱。

6) 歌舞厅、卡拉 OK 厅扬声器布置较合适的位置是：距地高度为低频单元口径的 2 倍，离墙距离为 20～40 cm。

2. 线缆的敷设

(1) 低阻抗输出的扩声系统应选用 2～6 mm^2 的软喇叭线穿管敷设。馈线的总直流电阻应小于扬声器阻抗 1/100～1/50。

（2）高阻抗输出的扩声系统应选用 1.5～2.5 mm^2 的 RVS 线穿管敷设。

（3）话筒传输线视话筒输出阻抗，低输出阻抗的经常为平衡输出，高输出阻抗的经常为非平衡输出。

（4）话筒到前级设备（调音台、前级放大器）距离较近（小于 10 m）可用非平衡连接。采用单芯屏蔽电缆。

（5）话筒到前级设备（调音台、前级放大器）距离较远宜采用平衡连接。采用双芯屏蔽电缆。

（6）非平衡输出与平衡输入的连接宜采用双芯屏蔽电缆。

（7）平衡输出与非平衡输入的连接宜采用双芯屏蔽电缆。

（8）视频信号传输应选用同轴电缆。

（9）端接各种线缆的硬件为各种不同的插头，插头类型很多，不能用错。

（10）Φ2.5 mm、Φ3.5 mm、Φ6.3 mm 的 2 型插头通常作为非平衡输入连接话筒与调音台、放大器。也可作为小功率功率放大器与音响的连接。

（11）3 芯的“卡侬”插座用于专业音响设备的连接，通常用于平衡输出、平衡输入。

（12）莲花插头通常用于 1 V 标准音频信号在调音台、功放、卡座、调谐器等各种影响设备之间连接。

（13）5 芯的 DIN 插头用于调音台与输入设备（录音机、CD）立体声双声道的连接。

（14）BNC、RCA 插头用于连接视频信号。

（15）F、M 型插头用于连接射频信号。

3. 音响控制室安装

（1）机架安装：

1）机架的底座应与地面固定；有防静电地板的控制室，监视器机架通过地板下的角铁支架与地面固定。

2）机架安装应竖直平稳，垂直偏差不得超过 1‰。

3）几个机架并排在一起，面板应在同一平面上并与基准线平行，前后偏差不得大于 3 mm；机架之间用固定螺丝固定。

4）两个机架中间缝隙不得大于 3 mm。

（2）控制台安装：

1）控制台底座应与地面固定；有防静电地板的控制室，控制台底座通过地板下的角铁支架与地面固定。

2）控制台应安放竖直，台面水平；内部接线牢靠，符合设计要求。

3）所有连接线缆应从机架、控制台底部引入，线路离开机架和控制台时，应在距拐弯点 10 mm 处成捆绑，根据线路的数量应每隔 100～200 mm 捆绑一次。当为活动地板时，线路在地板下可灵活布放，并应理直，线路两端应留适度余量，并标示明显的永久性标记。

（3）系统接地：前端机房设置专用接地板，接地板用大于 25 mm^2 的铜芯线直接与楼宇接地极相连。其接地电阻不应大于 4 Ω，当建筑物为联合接地时不大于 1 Ω。

第五节　建筑设备自动化系统（BA系统）设备安装与调试

1. 施工准备

在施工准备阶段，应根据BAS的工程特点，主要抓住以下几个方面：

(1) 不完善的设计图纸，必须进行深化设计。这是BAS工程规范化施工的主要环节，深化设计应该注意以下几点：

1) 首先必须充分了解用户的要求和物业管理模式，按照现行的有关标准、规范进行设计。

2) BAS电源应有变电所的保证母线段引出专用回路向中央控制室供电，一般由两路电源在末端自动切换方式供电，中央操作站应设UPS装置。DDC宜采用集中供电方式，放射式供给DDC。

3) 施工图上必须反映控制点表的每一个监控点，监控点与受控点接口匹配。

4) 确定各类传感和执行机构的安装位置（参阅施工要求），并画出安装详图。

5) 在选定品牌的基础上，必须确定所选设备的型号、规格。认真审核选用设备的技术参数，如电动水阀的口径及其执行机构的通断能力是否满足要求；各类传感器的量程是否满足要求；电动风阀与消防电气控制的电压等级能否匹配等。

6) 在空调送风排风系统与消防防排烟系统共用的系统中，要特别注意BAS与FAS（火灾自动报警系统）的配合问题。

7) 应注意系统具备一定的灵活性，便于今后运行、维护和扩展。

(2) 设备采购按施工图的要求，必须认真制定采购设备的技术规格书。目前，BAS设备多为进口设备，供货周期长，务必按照技术规格的要求采购。

(3) 界面的确定弱电工程的工程界面就是各子系统之间、设备之间的接口与界面的划分，使不同系统和产品之间的接口、通信、信息规范化，使之能相互交通，即具有互操作性。因此要明确各系统承包商（供货商）施工范围界面（包括施工管线），分清职责，确保系统集成。

2. 现场仪表的选择

(1) 传感器的选择应符合下列规定：

1) 传感器的精度和量程，应满足系统控制及参数测量的要求。

2) 温度传感器量程应为测点温度的1.2～1.5倍，管道内温度传感器热响应时间不应大于25 s，当在室内或室外安装时，热响应时间不应大于150 s。

3) 仅用于一般温度测量的温度传感器，宜采用分度号为Pt 1000的B级精度（二线制）；当参数参与自动控制和经济核算时，宜采用分度号为Pt 100的A级精度（三线制）。

4) 湿度传感器应安装在附近没有热源、水滴且空气流通，能反映被测房间或风道空气状态的位置，其响应时间不应大于150 s 。

5) 压力（压差）传感器的工作压力（压差），应大于测点可能出现的最大压力

（压差）的 1.5 倍，量程应为测点压力（压差）的 1.2～1.3 倍。

6）流量传感器量程应为系统最大流量的 1.2～1.3 倍，且应耐受管道介质最大压力，并具有瞬态输出；流量传感器的安装部位，应满足上游 10D（管径）、下游 5D 的直管段要求，当采用电磁流量计、涡轮流量计时，其精度宜为 1.5%。

7）液位传感器宜使正常液位处于仪表满量程的 50%。

8）成分传感器的量程应按检测气体、浓度进行选择，一氧化碳气体宜按 0～300 ppm或 0～500 ppm；二氧化碳气体宜按 0～2 000 ppm 或 0～10 000 ppm（ppm=10^{-6}）。

9）风量传感器宜采用皮托管风量测量装置，其测量的风速范围不宜小于 2～16m/s，测量精度不应小于 5%。

10）智能传感器应有以太网或现场总线通信接口。

（2）调节阀和风阀的选择应符合下列规定：

1）水管道的两通阀宜选择等百分比流量特性。

2）蒸气两通阀，当压力损失比大于或等于 0.6 时，宜选用线性流量特性；小于 0.6 时，宜选用等百分比流量特性。

3）合流三通阀应具有合流后总流量不变的流量特性，其 A-AB 口宜采用等百分比流量特性，B-AB 口宜采用线性流量特性；分流三通阀应具有分流后总流量不变的流量特性，其 AB-A 口宜采用等百分比流量特性，AB-B 口宜采用线性流量特性。

4）调节阀的口径应通过计算阀门流通能力确定。

5）空调系统宜选择多叶对开型风阀，风阀面积由风管尺寸决定，并应根据风阀面积选择风阀执行器，执行器扭矩应能可靠关闭风阀；风阀面积过大时，可选多台执行器并联工作。

（3）执行器宜选用电动执行器，其输出的力或扭矩应使阀门或风阀在最大流体流通压力时可靠开启和闭合。

（4）水泵、风机变频器输出频率范围应为 1～55 Hz，变频器过载能力不应小于 120%额定电流，变频器外接给定控制信号应包括电压信号和电流信号，电压信号为直流 0～10 V，电流信号为直流 4～20 mA。

3. 施工技术

要求编制和执行作业指导书，是工程顺利施工的保证。按照相应的施工及验收规范，根据施工项目的工程特点，组织相关专业人员及各设备供应商（或相关分包商）的技术代表共同编制详尽的作业指导书。作业指导书的要点包括：

（1）配管配线除按相应规范要求施工外，还应注意如下几点：

1）屏蔽电缆的屏蔽层单端接地，另一端用绝缘带包扎密封。

2）电源线与信号线应分槽敷设或槽架中加隔板进行屏蔽隔离。出桥架后穿金属管保护。

3）电缆敷设时必须做好每根电缆的编号，所有电缆线芯严格按给定的编码规则编号。

（2）接地要求整个系统的接地应优先采用建筑物总等电位连接，接地电阻不大于 1 Ω；机房应有局部等电位连接。如采用单独接地系统，接地电阻不大于 4 Ω，其接地网与建筑物防雷接地网之间的距离不小于 20 m。

(3) BAS 系统设备安装在设备供应厂家技术代表指导下进行，还应注意如下几点：

1) 设备安装应在中央控制室的土建装饰工程完工后进行。

2) 检查设备各紧固件是否牢固、紧密，设备外形是否完整，外形尺寸、主板及接线端口的型号、规格是否符合规定。

3) 中央控制及网络通讯设备的安装符合如下规定：应垂直、平正牢固；垂直度允许偏差 1.5 mm/m；水平方向倾斜度允许偏差 1 mm/m；相邻设备顶部高度允许偏差 2 mm/m；相邻设备接缝处平面度允许偏差 1 mm/m；相邻设备接缝隙间隙不大于 2 mm/m。

4) 按系统设计图检查主机、网络控制设备、UPS、打印机、HUB 集选器等设备间的连接电缆型号以及连接方式是否正确。检查主机与 DDC 的通信线，并且要有备用线。

(4) 现场主要输入设备的安装要点除按照有关规范和国标图集安装外尚应注意以下要点：

1) 温湿度传感器不应安装在阳光直射的位置，远离电磁干扰和振动强烈的地方，安装在室外的，应设风雨护罩。

2) 风管压力、温度、湿度、压差开关的安装应在风管保温完成后进行，并且应安装在风速平稳、能反映风温的风管的直管段，避开风管死角和蒸汽放空口要装在便于调试维修的位置。

3) 管型温度传感器、水管型温度传感器、蒸汽压力传感器、水流开关的安装应与工艺管道同时进行，上述设备尽量采用带套筒式（插入端密封），防止更换设备时必须排水，甚至系统必须停止运行的情况发生。

4) 水管型传感器的开孔与焊接工作，必须在工艺管道的防腐、衬里、吹扫和压力试验前进行，并设置在水流水温变化敏感和具有代表性的地方。其感温段大于管道口径的 1/2 时，可安装在管道顶部：小于 1/2 时应安装在管道侧面或底部。

5) 压力、压差传感器、压差开关应安装在温、湿度传感器的上游侧，压差开关安装不应影响风管的密封性，离地高度不应小于 0.5 m。

6) 所有引出的线缆必须有软管保护，并通过纳子和金属管道连上，软管长度不宜超过 1 m。

(5) 主要输出设备安装要点：

1) 风阀、水阀的箭头应与风阀、电动阀门的开闭和水流方向一致，特别要注意三通水阀的安装方向，执行机构应朝向便于操作和观察的位置。

2) 检查电动阀、电磁阀的线圈和电阻及输入电压、输出信号和接线方式，应符合产品说明书要求。室外安装时应设防雨罩，并且应安装在回水管上，在管道清洗前完全打开。

3) 电动调节阀应垂直安装在水平管道上，对于大口径的电动阀不能倾斜安装，管道较长的地方应安装支架和采取避震措施，进口的电动调节阀口径如果是英制的，要根据现场统一制式。

4) 风阀机械机构开闭应灵活，无松动和卡涩现象，控制器的开闭指示应与风阀实际状况一致。

5）各种机构安装前应进行模拟动作试验。

4. 系统调试

系统调试BAS的系统调试前应编制调试方案，其内容应包括调试程序、方法、测试项目、测试用的仪表、测试要求等；要按调试方案的规定进行调试，并填写各种调试报告。系统调试离不开BA系统的供货商，并有技术代表在场指导调试。

（1）系统调试必须具备的条件：

1）现场的各种阀门、执行器、传感器等全部安装完毕，线路敷设和接线均符合设计的要求。

2）受控设备及其本身的系统安装完毕，单体系统调试结束，设备或系统的测试数据必须满足自身系统的工艺要求。

3）设备外观质量及安装接线检查，电源和接地线的检查。

（2）单机测试：

1）DDC对点测试：按监控点表的要求对每一个DDC的DI、DO、AI、AO进行点对点的测试，并做好测试记录。

2）DDC运行可靠性、功能性能实时测试。

3）监控对象的单体设备调试：对所有监控设备和内容逐一进行测试，特别注意有连锁要求的功能得以实现；如需现场确定的某些参数应认真进行多次实验，以取得较好的效果。由于这些内容繁杂，且每个工程不尽相同，此处不再一一列举。需要强调所有测试应做好记录。

（3）系统调试：系统调试主要包括检测功能调试、连续控制功能调试、运算功能调试、报警功能调试、顺控功能调试以及接口调试，具体有：

1）按设计要求，检查主机的网络器、网关设备、DDC、系统外接设备（包括UPS、打印机）、通信接口之间的连线；通信协议、数据传输格式、速率等是否符合设计要求。

2）按不同的系统进行自动控制监测，记录监视对象的运行参数、状态、故障报警等内容逐一排除所有达不到要求的地方。

3）总体进行自动控制监测：投用BA系统所有监控对象，对整个BAS系统进行实时监控。

4）BA的其他能测试。

5）各种技术文档、施工记录、调试报告和运行记录的100%检查。

第六节　电气消防安装技术

一、火灾自动报警与消防联动控制系统设备安装、调试

1. 一般规定

（1）火灾自动报警系统施工前，应具备系统图、设备布置平面图、接线图、安装

图以及消防设备联动逻辑说明等必要的技术文件。

（2）火灾自动报警系统施工过程中，施工单位应做好施工（包括隐蔽工程验收）、检验（包括绝缘电阻、接地电阻）、调试、设计变更等相关记录。

（3）火灾自动报警系统施工过程结束后，施工方应对系统的安装质量进行全数检查。

（4）火灾自动报警系统竣工时，施工单位应完成竣工图及竣工报告。

2. 布线要求

（1）火灾自动报警系统的布线，应符合《建筑电气工程施工质量验收规范》（GB 50303—2002）的规定。

（2）火灾自动报警系统布线时，应根据《火灾自动报警系统设计规范》（GB 50116—2008）的规定，对导线的种类、电压等级进行检查。

（3）在管内或线槽内的布线，应在建筑抹灰及地面工程结束后进行，管内或线槽内不应有积水及杂物。

（4）火灾自动报警系统应单独布线，系统内不同电压等级、不同电流类别的线路，不应布置在同一管内或线槽的同一槽孔内。

（5）导线在管内或线槽内，不应有接头或扭结。导线的接头，应在接线盒内焊接或用端子连接。

（6）从接线盒、线槽等处引到探测器底座、控制设备、扬声器的线路，当采用金属软管保护时，其长度不应大于 2 m。

（7）敷设在多尘或潮湿场所管路的管口和管子连接处，均应作密封处理。

（8）管路超过下列长度时，应在便于接线处装设接线盒：

1）管子长度每超过 30 m，无弯曲时。

2）管子长度每超过 20 m，有 1 个弯曲时。

3）管子长度每超过 10 m，有 2 个弯曲时。

4）管子长度每超过 8 m，有 3 个弯曲时。

（9）金属管子入盒，盒外侧应套锁母，内侧应装护口；在吊顶内敷设时，盒的内外侧均应套锁母。塑料管入盒应采取相应固定措施。

（10）明敷设各类管路和线槽时，应采用单独的卡具吊装或支撑物固定。吊装线槽或管路的吊杆直径不应小于 6 mm。

（11）线槽敷设时，应在下列部位设置吊点或支点：

1）线槽始端、终端及接头处。

2）距接线盒 0.2 m 处。

3）线槽转角或分支处。

4）直线段不大于 3 m 处。

（12）线槽接口应平直、严密，槽盖应齐全、平整、无翘角。并列安装时，槽盖应便于开启。

（13）管线经过建筑物的变形缝（包括沉降缝、伸缩缝、抗震缝等）处，应采取补偿措施，导线跨越变形缝的两侧应固定，并留有适当余量。

（14）火灾自动报警系统导线敷设后，应用 500 V 兆欧表测量每个回路导线对地的绝缘电阻，该绝缘电阻值不应小于 20 MΩ。

(15) 同一工程中的导线，应根据不同用途选不同颜色加以区分，相同用途的导线颜色应一致。电源线正极应为红色，负极应为蓝色或黑色。

3. 控制器类设备的安装

(1) 火灾报警控制器、可燃气体报警控制器、区域显示器、消防联动控制器等控制器类设备（以下简称控制器）在墙上安装时，其底边距地（楼）面高度宜为 1.3～1.5 m，其靠近门轴的侧面距墙不应小于 0.5 m，正面操作距离不应小于 1.2 m；落地安装时，其底边宜高出地（楼）面 0.1～0.2 m。

(2) 控制器应安装牢固，不应倾斜；安装在轻质墙上时，应采取加固措施。

(3) 引入控制器的电缆或导线，应符合下列要求：

1) 配线应整齐，不宜交叉，并应固定牢靠。

2) 电缆芯线和所配导线的端部，均应标明编号，并与图纸一致，字迹应清晰且不易褪色。

3) 端子板的每个接线端，接线不得超过 2 根。

4) 电缆芯和导线，应留有不小于 200 mm 的余量。

5) 导线应绑扎成束。

6) 导线穿管、线槽后，应将管口、槽口封堵。

(4) 控制器的主电源应有明显的永久性标志，并应直接与消防电源连接，严禁使用电源插头。控制器与其外接备用电源之间应直接连接。

(5) 控制器的接地应牢固，并有明显的永久性标志。

4. 火灾探测器安装

(1) 点型感烟、感温火灾探测器的安装，应符合下列要求：

1) 探测器至墙壁、梁边的水平距离，不应小于 0.5 m。

2) 探测器周围水平距离 0.5 m 内，不应有遮挡物。

3) 探测器至空调送风口最近边的水平距离，不应小于 1.5 m；至多孔送风顶棚孔口的水平距离，不应小于 0.5 m。

4) 在宽度小于 3 m 的内走道顶棚上安装探测器时，宜居中安装。点型感温火灾探测器的安装间距，不应超过 10 m；点型感烟火灾探测器的安装间距，不应超过 15 m。探测器至端墙的距离，不应大于安装间距的一半。

5) 探测器宜水平安装，当确须倾斜安装时，倾斜角不应大于 45°。

(2) 线型红外光束感烟火灾探测器的安装，应符合下列要求：

1) 当探测区域的高度不大于 20 m 时，光束轴线至顶棚的垂直距离宜为 0.3～1.0 m；当探测区域的高度大于 20 m 时，光束轴线距探测区域的地（楼）面高度不宜超过 20 m。

2) 发射器和接收器之间的探测区域长度不宜超过 100 m。

3) 相邻两组探测器的水平距离不应大于 14 m。探测器至侧墙水平距离不应大于 7 m，且不应小于 0.5 m。

4) 发射器和接收器之间的光路上应无遮挡物或干扰源。

5) 发射器和接收器应安装牢固，并不应产生位移。

(3) 缆式线型感温火灾探测器在电缆桥架、变压器等设备上安装时，宜采用接触式布置；在各种皮带输送装置上敷设时，宜敷设在装置的过热点附近。

(4) 敷设在顶棚下方的线型差温火灾探测器，至顶棚距离宜为 0.1 m，相邻探测器之间水平距离不宜大于 5 m；探测器至墙壁距离宜为 1～1.5 m。

(5) 可燃气体探测器的安装应符合下列要求：

1) 安装位置应根据探测气体密度确定。若其密度小于空气密度，探测器应位于可能出现泄漏点的上方或探测气体的最高可能聚集点上方；若其密度大于或等于空气密度，探测器应位于可能出现泄漏点的下方。

2) 在探测器周围应适当留出更换和标定的空间。

3) 在有防爆要求的场所，应按防爆要求施工。

4) 线型可燃气体探测器在安装时，应使发射器和接收器的窗口避免日光直射，且在发射器与接收器之间不应有遮挡物，两组探测器之间的距离不应大于 14 m。

(6) 通过管路采样的吸气式感烟火灾探测器的安装应符合下列要求：

1) 采样管应固定牢固。

2) 采样管（含支管）的长度和采样孔应符合产品说明书的要求。

3) 非高灵敏度的吸气式感烟火灾探测器不宜安装在天棚高度大于 16 m 的场所。

4) 高灵敏度吸气式感烟火灾探测器在设为高灵敏度时可安装在天棚高度大于 16 m 的场所，并保证至少有 2 个采样孔低于 16 m。

5) 安装在大空间时，每个采样孔的保护面积应符合点型感烟火灾探测器的保护面积要求。

(7) 点型火焰探测器和图像型火灾探测器的安装应符合下列要求：

1) 安装位置应保证其视场角覆盖探测区域。

2) 与保护目标之间不应有遮挡物。

3) 安装在室外时应有防尘、防雨措施。

(8) 探测器的底座应安装牢固，与导线连接必须可靠压接或焊接。当采用焊接时，不应使用带腐蚀性的助焊剂。

(9) 探测器底座的连接导线，应留有不小于 150 mm 的余量，且在其端部应有明显标志。

(10) 探测器底座的穿线孔宜封堵，安装完毕的探测器底座应采取保护措施。

(11) 探测器报警确认灯应朝向便于人员观察的主要入口方向。

5. 手动火灾报警按钮安装

(1) 手动火灾报警按钮应安装在明显和便于操作的部位。当安装在墙上时，其底边距地（楼）面高度宜为 1.3～1.5 m。

(2) 手动火灾报警按钮应安装牢固，不应倾斜。

(3) 手动火灾报警按钮的连接导线应留有不小于 150 mm 的余量，且在其端部应有明显标志。

6. 消防电气控制装置安装

(1) 消防电气控制装置在安装前，应进行功能检查，不合格者严禁安装。

(2) 消防电气控制装置外接导线的端部，应有明显的永久性标志。

（3）消防电气控制装置箱体内不同电压等级、不同电流类别的端子应分开布置，并应有明显的永久性标志。

（4）消防电气控制装置应安装牢固，不应倾斜；安装在轻质墙上时，应采取加固措施。

7. 模块安装

（1）同一报警区域内的模块宜集中安装在金属箱内。

（2）模块（或金属箱）应独立支撑或固定，安装牢固，并应采取防潮、防腐蚀等措施。

（3）模块的连接导线应留有不小于 150 mm 的余量，其端部应有明显标志。

（4）隐蔽安装时在安装处应有明显的部位显示和检修孔。

8. 火灾应急广播扬声器和火灾警报装置安装

（1）火灾应急广播扬声器和火灾警报装置安装应牢固可靠，表面不应有破损。

（2）火灾光警报装置应安装在安全出口附近明显处，距地面 1.8 m 以上。光警报器与消防应急疏散指示标志不宜在同一面墙上，安装在同一面墙上时，距离应大于 1 m。

（3）扬声器和火灾声警报装置宜在报警区域内均匀安装。

9. 消防专用电话安装

（1）消防电话、电话插孔、带电话插孔的手动报警按钮宜安装在明显、便于操作的位置；当在墙面上安装时，其底边距地（楼）面高度宜为 1.3～1.5 m。

（2）消防电话和电话插孔应有明显的永久性标志。

10. 消防设备应急电源安装

（1）消防设备应急电源的电池应安装在通风良好地方，当安装在密封环境中时应有通风装置。

（2）酸性电池不得安装在带有碱性介质的场所，碱性电池不得安装在带酸性介质的场所。

（3）消防设备应急电源不应安装在靠近带有可燃气体的管道、仓库、操作间等场所。

（4）单相供电额定功率大于 30 kW、三相供电额定功率大于 120 kW 的消防设备应安装独立的消防应急电源。

11. 系统接地

（1）交流供电和 36 V 以上直流供电的消防用电设备的金属外壳应有接地保护，接地线应与电气保护接地干线（PE）相连接。

（2）接地装置施工完毕后，应按规定测量接地电阻，并做记录。

二、火灾自动报警与消防联动控制系统的工程验收

1. 一般规定

（1）火灾自动报警系统竣工后，建设单位应负责组织施工、设计、监理等单位进行验收。验收不合格不得投入使用。

（2）火灾自动报警系统工程验收时应按相关规范附录 E 的要求填写相应的记录。

（3）对系统中下列装置的安装位置、施工质量和功能等进行验收。

1）火灾报警系统装置（包括各种火灾探测器、手动火灾报警按钮、火灾报警控制器和区域显示器等）；

2）消防联动控制系统（含消防联动控制器、气体灭火控制器、消防电气控制装置、消防设备应急电源、消防应急广播设备、消防电话、传输设备、消防控制中心图形显示装置、模块、消防电动装置、消火栓按钮等设备）；

3）自动灭火系统控制装置（包括自动喷水、气体、干粉、泡沫等固定灭火系统的控制装置）；

4）消火栓系统的控制装置；

5）通风空调、防烟排烟及电动防火阀等控制装置；

6）电动防火门控制装置、防火卷帘控制器；

7）消防电梯和非消防电梯的回降控制装置；

8）火灾警报装置；

9）火灾应急照明和疏散指示控制装置；

10）切断非消防电源的控制装置；

11）电动阀控制装置；

12）消防联网通信；

13）系统内的其他消防控制装置。

（4）按《火灾自动报警系统设计规范》（GB 50116—2008）设计的各项系统功能进行验收。

2. 验收

（1）对系统的布线进行检验。

（2）验收技术文件。

（3）火灾报警控制器的验收。

（4）火灾探测器的验收。

（5）手动火灾报警按钮的验收。

（6）消防联动控制器的验收。

（7）消防电气控制装置的验收。

（8）区域显示器（火灾显示盘）的验收。

（9）可燃气体报警控制器的验收。

（10）消防电话的验收。

（11）消防应急广播设备的验收。

（12）系统备用电源的验收。

（13）消防控制中心图形显示装置的验收。

（14）气体灭火控制器的验收。

（15）防火卷帘控制器的验收。

（16）自动喷水灭火系统的控制功能验收。

（17）泡沫、干粉等灭火系统的控制功能验收。

（18）电动防火门、防火卷帘、挡烟垂壁的功能验收。

（19）防烟排烟风机、防火阀和防排烟系统阀门的功能验收。

（20）消防电梯的功能验收。

上述各项检验项目中，当有不合格时，应修复或更换，并进行复验。复验时，对有抽验比例要求的，应加倍检验。

第五章　电气安装工程施工组织管理

第一节　施工组织设计

一、施工组织设计的类型和编制依据

1. 施工组织设计的类型

施工组织设计以施工项目为对象编制，是用于指导施工的技术、经济和管理的综合性文件。

根据施工组织设计的编制阶段不同，分为两类：一类是投标前编制的，即标前设计（有时候又称为建设工程施工项目管理规划大纲）；另一类是签订工程施工合同后编制的，即标后设计（又称为建设工程施工项目管理实施规划）。这两类施工组织设计的区别见表 5-1。

表 5-1　标前和标后施工组织设计对比

种　类	服务范围	编制时间	编制者	主要特性	追求主要目标
标前施工组织设计	投标、签约	投标前	经营管理层	规划性	中标和经济效益
标后施工组织设计	施工准备至验收	签约后开工前	项目经理部	作业性	施工效率和效益

根据编制对象不同，又可分为三种：施工组织总设计、单位工程施工组织设计、施工方案。其中，施工方案有时候被称为分部（分项）工程或专项施工组织设计。

施工组织总设计是以若干单位工程组成的群体工程或特大型项目为主要对象编制的施工组织设计，对整个项目的施工过程起统筹规划、重点控制的作用。其主要作用是：确定设计方案施工的可能性和经济合理性；为建设单位编制建设计划提供依据；为施工单位经营管理层编制施工计划提供依据；为组织物资技术供应提供依据；为及时进行施工准备工作提供依据；规划生产和生活基地建设。

单位工程施工组织设计是以单位（子单位）工程为主要对象编制的施工组织设计，对单位（子单位）工程的施工过程起指导和制约作用。单位工程施工组织设计是施工组织总设计的具体化，也是建筑施工企业编制施工方案、季月旬作业计划的基础。

施工方案是以分部（分项）工程或专项工程为主要对象编制的施工技术与组织方

案，用于具体指导其施工过程，突出作业性。

2. 施工组织设计编制依据

（1）与工程建设有关的法律、法规和文件。

（2）国家现行有关标准和技术经济指标。

（3）工程所在地区行政主管部门的批准文件，建设单位对施工的要求。

（4）工程施工合同或招标投标文件。

（5）工程设计文件。

（6）工程施工范围内的现场条件，工程地质及水文地质、气象等自然条件。

（7）与工程有关的资源供应情况。

二、施工组织设计的内容

1. 施工组织设计的基本内容

施工组织设计应包括编制依据、工程概况、施工部署、施工进度计划、施工准备与资源配置计划、主要施工方法、施工现场平面布置及主要施工管理计划等基本内容。

2. 施工组织总设计的内容

（1）工程概况。包括项目主要情况和项目主要施工条件等。

（2）总体施工部署。对项目总体施工做出宏观部署；对于项目施工的重点和难点进行简要分析；总承包单位应明确项目管理组织机构形式，并采用框图的形式表示；对于项目施工中开发和使用的新技术、新工艺应做出部署；对主要分包项目施工单位的资质和能力应提出明确要求。

（3）施工总进度计划，应按照项目总体施工部署的安排进行编制，可采用网络图或横道图表示，并附必要说明。

（4）总体施工准备与主要资源配置计划。总体施工准备应包括技术准备、现场准备和资金准备等，同时应满足项目分阶段（期）施工的需要。主要资源配置计划应包括劳动力配置计划和物资配置计划等。

（5）主要施工方法。对项目涉及的单位（子单位）工程和主要分部（分项）工程所采用的施工方法进行简要说明；对脚手架工程、起重吊装工程、临时用水用电工程、季节性施工等专项工程所采用的施工方法应进行简要说明。

（6）施工总平面布置。详见本节“五、施工平面布置图的编制”。

3. 单位工程施工组织设计的内容

（1）工程概况。包括工程主要情况、各专业设计简介和工程施工条件。

（2）施工部署。根据施工合同、招标文件以及本单位对工程管理目标的要求确定进度、质量、安全、环境和成本等目标，各项目标应满足施工组织总设计中确定的总体目标；进度安排和空间组织应符合相关规定；对于工程施工的重点和难点应进行分析，包括组织管理和施工技术两个方面；工程管理的组织机构形式应按照总体施工部署的规定执行，并确定项目经理部的工作岗位设置及其职责划分；对于工程施工中开发和使用的新技术、新工艺应做出部署，对新材料和新设备的使用应提出技术及管理要求；对主要分包工程施工单位的选择要求及管理方式应进行简要说明。

（3）施工进度计划，按照施工部署的安排进行编制，可采用网络图或横道图表示，并附必要说明，对于工程规模较大或较复杂的工程，宜采用网络图表示。

(4) 施工准备与资源配置计划。施工准备应包括技术准备、现场准备和资金准备等。资源配置计划应包括劳动力计划和物资配置计划等。

(5) 主要施工方案。按照《建筑工程施工质量验收统一标准》(GB 50300—2001)中分部、分项工程的划分原则，对主要分部、分项工程制订施工方案；对脚手架工程、起重吊装工程、临时用水用电工程、季节性施工等专项工程所采用的施工方案应进行必要的验算和说明。

(6) 施工现场平面布置。见本节“五、施工平面布置图的编制”。

4. 施工组织设计的重点内容

上述内容中，不论是哪一类施工组织设计，其内容都相当广泛，编制任务量很大。为了使施工组织设计编制得及时、适用，必须抓住重点，突出施工项目管理工作，对施工中的人力、物力和方法，时间与空间，需要与可能，局部与整体，阶段与全过程，前方和后方等给予周密的安排。

从突出施工项目管理工作的前提出发，施工组织设计的重点内容有以下四项。

(1) 施工部署和施工方案。

(2) 施工进度计划。

(3) 施工平面图。

(4) 施工管理措施。

三、安装工程施工方案的编制

施工方案的主要内容是确定施工项目、施工段划分、确定施工顺序、施工技术方法、流水施工的组织方式等。施工方法的选择，除了技术方法外，还必须对组织方法做出合理选择。

1. 编制施工方案的原则

(1) 首先必须从实际出发，一定要切合当前的实际情况，有实现的可能性。

(2) 施工期限满足规定要求，保证工程特别是重点工程要按期或提前完成，迅速发挥投资的效益。

(3) 确保工程质量和安全生产。

(4) 施工费用最低。

以上几点是一个统一的整体，在制订施工方案时，应作通盘考虑，现代施工技术的进步、组织经验的积累、每个工程的施工都有不同的方法来完成，存在着多种可能的方案，供我们选择，因此在确定施工方案时，要以上述几点作为衡量的标准，经多方面的分析比较，全面权衡，选出最优方案。

2. 施工段划分

(1) 施工段划分的一般原则：划分施工段是组织流水施工的基础。合理划分施工段，一般应遵循以下原则。

1) 同一专业工作队在各个施工段上的劳动量应大致相等，其相差幅度保持在10%～15%。

2) 为充分发挥工人（或机械）的生产效率，不仅要满足专业工程对工作面的要求，而且要使施工段所能容纳的劳动力人数（或机械台数）满足劳动组织优化要求。

3）施工段数目多少，要满足合理流水施工组织要求，应使施工段数 m 大于或等于其施工过程数 n，即 $m \geqslant n$。

4）为保证项目结构完整性，施工段分界线应尽可能与结构自然界线相一致。

5）对于多层建筑物，既要在平面上划分施工段，又要在竖向上划分施工层。保证专业工作队在施工段和施工层之间，有组织、有节奏、均衡和连续地流水施工。

（2）多层的建筑物、构筑物的施工段划分的原则：应既分施工段，又分施工层。通常以建筑物的结构层作为施工层，有时为方便施工，也可以按一定高度划分一个施工层，在多层建筑物分层流水施工中，总的施工段数等于施工段×施工层。

1）非层间（楼层或施工层）施工时，由于施工班组不需返回第一施工段顶部施工，不存在在楼层面上施工的工作问题，因此施工段数原则上不受限制。一般情况下，可取施工段数 m 等于其施工过程数 n，即 $m=n$。

2）层间施工时，为使各施工班组能连续施工，上一层施工必须在下一层对应部位完成后才能开始，因而，每一层的施工段数 m 必须大于或等于其施工过程数 n，即 $m \geqslant n$。

3. 施工技术方法的选择

施工方法是施工方案的核心内容，确定施工方法应突出重点，凡是采用新技术、新工艺和对工程质量起关键作用的项目，以及工人在操作上还不够熟练的项目，应详细而具体，不仅要拟订进行这一项目的操作过程和方法，而且要提出质量要求，以及达到这些要求的技术措施。并要预见可能发生的问题，提出预防和解决这些问题的办法。对于一般性工程和常规施工方法则可适当简化，但要提出工程中的特殊要求。

（1）施工方法技术选择的依据：

1）工程特点：主要指工程项目的规模、构造、工艺要求、技术要求等方面。

2）工期要求：要明确本工程的总工期和各分部、分项工程的工期是属于紧迫、正常和充裕三种情况的哪一种。

3）施工组织条件：主要指气候等自然条件、施工单位的技术水平和管理水平，所需设备、材料、资金等供应的可能性。

4）标书、合同书的要求：主要指招标书或合同条件中对施工方法的要求。

5）设计图纸：主要指根据设计图纸的要求，确定施工方法。

6）施工方案的基本要求：主要是指根据制订施工方案的基本要求确定施工方法。

（2）施工技术方法的确定与机械选择的关系：施工方法一经确定，机械设备的选择就只能以满足它的要求为基本依据，施工组织也只能在此基础上进行。但是，在现代化的施工条件下，施工方法的确定，主要还是选择施工机械、机具的问题，这有时甚至成为最主要的问题。

另外，确定施工技术方法，有时由于施工机具与材料等的限制，只能采用一种施工方案。可能此方案不一定是最佳的，但别无选择。这时就需要从这种方案出发，制定更好的施工顺序，以达到较好的经济性，弥补方案少而无选择余地的不足。

4. 施工顺序的选择

（1）必须符合施工工艺的要求。在确定施工顺序时，应注意分析各施工过程的工艺关系，施工顺序绝不能违反这种关系。一般地说，建筑安装工程在施工顺序安排上，要做到先地下后地上，先深后浅，先干线后支线，先地下管线后筑路；在场地平整挖方区，应先平整场地后挖线土方；在填方区，应由远及近先做管线后平整场地等。

(2) 应与施工方法协调一致。

(3) 必须考虑施工质量的要求。

(4) 安排施工顺序时应考虑经济和节约，降低施工成本。

(5) 考虑当地的气候条件和水文要求。在安排施工顺序时，应考虑冬季、雨季、台风等气候的影响，特别是受气候影响大的分部工程应尤为注意。在南方施工时，应从雨季考虑施工顺序，可能因雨季而不能施工的应安排在雨季前进行。

(6) 考虑施工安全要求。

5. 施工组织方式的选择

在组织施工的方法上，通常可归纳为三种：顺序施工法，平行施工法和流水施工法。其中，流水施工组织方式是一种先进的、科学的施工组织方式。流水施工在工艺划分、时间安排和空间布置上的统筹计划，必然会带来显著的技术经济效果。

根据各施工过程时间参数的不同，可将流水施工分为等节拍流水、成倍节拍流水和无节奏流水施工三大类。流水施工的表示方法，常用的有横道图和网络图。

四、施工进度计划的编制与控制（横道图、网络图）

1. 横道图进度计划的编制方法

通常横道图的表头为工作及其简要说明，项目进展表示在时间表格上，见图5-1。按照所表示工作的详细程度，时间单位可以为小时、天、周、月等。这些时间单位经常用日历表示，此时可表示非工作时间，如停工时间、公众假日、假期等。根据此横道图使用者的要求，工作可按照时间先后、责任、项目对象、同类资源等进行排序。

序号	工作名称	持续时间	开始时间	完成时间	紧前工作
1	工作A	0 d	2010-12-28	2010-12-28	
2	工作B	35 d	2010-12-28	2011-2-14	1
3	工作C	20 d	2010-12-28	2011-1-24	1
4	工作D	15 d	2010-12-28	2011-1-17	1
5	工作E	30 d	2011-2-15	2011-3-28	2，3，4
6	工作F	20 d	2011-3-29	2011-4-25	5
7	工作G	5 d	2011-3-29	2011-4-4	5
8	工作H	4 d	2011-4-19	2011-4-22	5+21d
9	工作I	5 d	2011-4-5	2011-4-11	7
10	工作J	20 d	2011-4-25	2011-5-20	6，8
11	工作K	30 d	1994-4-25	1994-6-3	6，8，9
12	工作L	5 d	1994-6-6	1994-6-10	10，11
13	竣工	0 d	1994-6-10	1994-6-10	12

图5-1　横道图

横道图也可将工作简要说明直接放在横道上。横道图可将最重要的逻辑关系标注在内，但是如果将所有逻辑关系均标注在图上，则横道图简洁性的最大优点将丧失。

横道图用于小型项目或大型项目的子项目上，或用于计算资源需要量和概要预示进度，也可用于其他计划技术的表示结果。横道图计划表中的进度线（横道）与时间坐标相对应，其优点是：简单明了，一看就懂；便于计算完成计划所需的各种资源（人力、材料、机械、资金等），只要把各项工作每天所需的资源叠加起来即可；使用方便，制作简单，易于掌握。但是，横道图也存在以下缺点：

（1）工序（工作）之间的逻辑关系可以设法表达，但不易表达清楚。

（2）适用于手工编制计划。

（3）没有通过严谨的进度计划时间参数计算，不能确定计划的关键工作、关键路线与时差。

（4）计划调整只能用手工方式进行，其工作量大。

（5）难以适应大的进度计划系统。

2. 网络图进度计划的编制方法

我国《工程网络计划技术规程》（JGJ/T 121—99）推荐的常用的工程网络计划类型包括四种：双代号网络计划；单代号网络计划；双代号时标网络计划；单代号搭接网络计划。

（1）网络计划的优点：

1）它能把施工对象的各有关施工过程组成一个有机的整体，因而能全面而明确地反映出各工作之间的相互制约和相互依赖的关系。

2）它可以进行各种时间参数计算，能在工作繁多、错综复杂的计划中找出影响工程进度的关键工作，便于管理人员集中精力抓施工中的主要矛盾，确保按期竣工，避免盲目抢工。

3）通过网络计划中反映出来的各工作的机动时间，可以更好地运用和调配人力与设备，节约人力、物力，达到降低成本的目的。

4）它可以进行调整。

5）可以用计算机对复杂的计划进行计算、调整及优化，实现计划管理的科学化。

（2）双代号网络图的编制：

1）双代号网络图各种逻辑关系的表达：应有的逻辑关系在表达时千万不要漏掉，没有关系的，千万不要拉上关系，要灵活运用虚箭线去处理各工作之间的关系。

2）双代号网络图的绘制规则：

① 不允许出现循环回路。

② 在网络图中不允许出现代号相同的箭线，见图 5-2（a）。要用虚箭线处理，使一条箭线有唯一的一对代号，见图 5-2（b）。

③ 在一个网络图中只允许有一个起点节点（没有内向箭线的节点）和一个终点节点（没有外向箭线的节点）。如果出现，就要用虚箭线加以处理，见图 5-3，图中（a）的 6-7 和（b）的 1-2，都是对错误所进行的处理。

④ 在网络图中，不允许出现双箭头的箭线和无箭头的箭线。

⑤ 在网络图中，应避免有反向箭线，即不允许箭头指向偏左方向。

⑥ 网络图的节点编号不能出现重号，但是允许跳跃顺序编号；且要求箭尾节点的

编号小于其箭头节点的编号，即箭线应从小编号指向大编号。

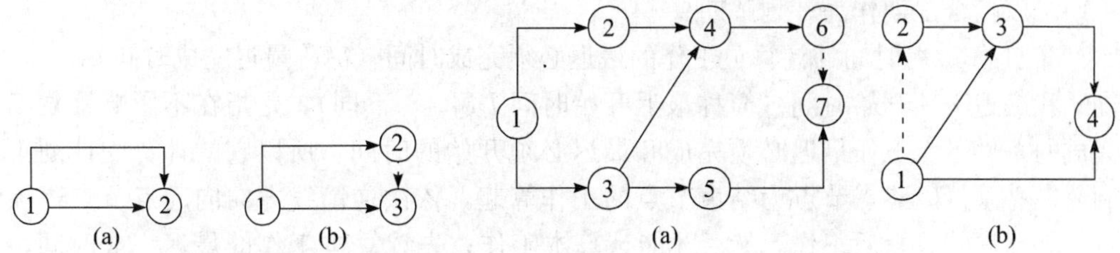

图 5-2　一项工作只应该有唯一的一对代号　　**图 5-3　只能有一个起点节点和一个终点节点**

3）网络图的结构：

① 为使图面清晰，应尽量使箭线横平竖直。

② 尽量避免箭线交叉，若不能避免，可采用过桥法和指向法，见图 5-4。其中（a）为过桥法；（b）为指向法。

③ 如果在起点节点上有许多外向箭线，或在终点节点上有许多内向箭线，可采用“母线法”简化图形，见图 5-5。

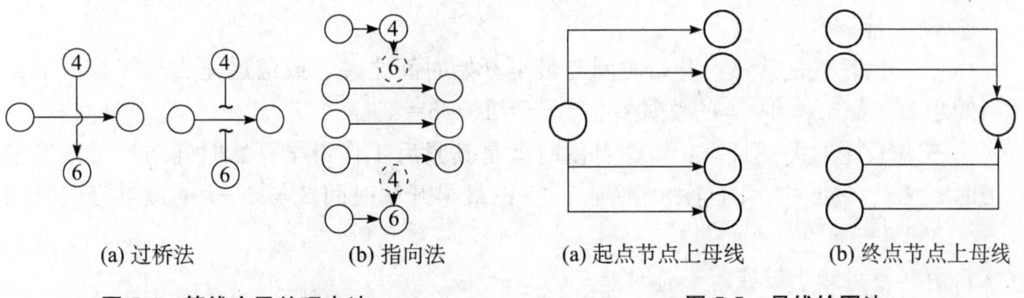

图 5-4　箭线交叉处理方法　　**图 5-5　母线绘图法**

4）双代号网络计划的计算：由于双代号网络计划采用图上计算法很是简便，因而受到使用者的欢迎，现以图 5-6 为例进行说明。

① 工作最早时间的计算公式：计算工作的最早可能开始时间（简称最早开始时间 ES_{i-j}，下同）从起点节点开始，顺箭线方向逐项进行计算，直到终点节点为止。

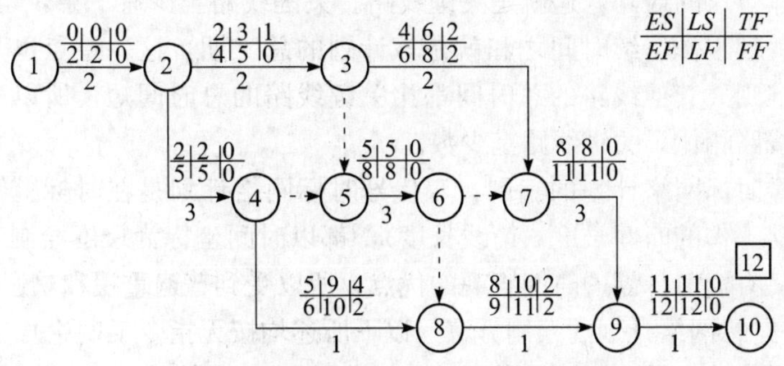

图 5-6　双代号网络计划时间参数计算

② 计划工期的确定：网络计划的计算工期，是以终点节点为结束节点的各工作最早完成时间的大者。本网络计划的计算工期是工作 9—10 的最早完成时间 12，标注在

终点节点之旁的方框中。如果没有指令工期，此计算工期就是计划工期，如果有指令工期，以指令工期作为计划工期。

③ 工作最迟时间的计算：工作的最迟必须完成时间（简称最迟完成时间 LS_{i-j}，下同）和最迟必须开始时间（简称最迟开始时间 LF_{i-j}，下同），是指在不影响计划工期完成的条件下，工作最迟必须完成和最迟必须开始的时间。所以它的计算受计划工期制约，必须从以终点节点为结束节点的工作算起，依次逆箭线方向向起点节点逐项计算。必须先计算紧后工作，然后才能计算本工作；先计算本工作的最迟完成时间，再计算本工作的最迟开始时间。整个计算是一个减法过程。

如工作 9—10 的最迟完成时间，应当是计划工期的时间 12，其最迟开始时间是其最迟完成时间 12 减本工作的持续时间 1，即为 11。

当工作之后只有一项紧后工作时，该工作的最迟完成时间就是其紧后工作最迟开始时间，如工作 8—9 的最迟完成时间就是 9—10 的最迟开始时间 11。

如果工作之后有两项以上紧后工作，则其最迟完成时间是其紧后各工作最迟开始时间之小者。如工作 5—6，其紧后工作是 7—9 和 8—9，这两项工作的最迟开始时间分别为 8 和 10，故 5—6 的最迟完成时间取 8。

④ 时差计算：

a. 工作总时差是其最迟开始时间与最早开始时间之差，或最迟完成时间与最早完成时间之差。如工作 4—8 的总时差是 9－5＝10－6＝4。

b. 工作自由时差的计算：工作自由时差是其紧后工作最早开始时间与本工作最早完成时间之差。如 3—7 的自由时差是 7—9 的最早开始时间 8 与 3—7 的最早完成时间 6 之差，即 8－6＝2。

自由时差必然小于或等于总时差。

5）判别关键工作和关键线路：根据计算的结果便可以判别关键工作和关键线路。判别的方法是：

① 当没有指令工期时，最迟开始时间和最早开始时间相等或最迟完成时间和最早完成时间相等的工作是关键工作。

② 总时差为 0 或最小的工作是关键工作。找出关键工作，把它们首尾相连，便构成从起点到终点节点的通路，这就是关键线路。关键线路至少有 1 条，也可能是多条。关键线路上各关键工作持续时间之和就是该计划的总工期，这一特点也是判别关键线路是否正确的准则。其他线路的总时间都比关键线路的总时间短，所以称为非关键线路。与非关键线路相比，关键线路是少数。

（3）双代号时标网络计划的编制：双代号时标网络计划是在时标上绘制的双代号网络计划，每项工作的时间长度（箭线长度），都以时间坐标为尺度绘制。它既有网络计划的优点，又有横道计划的时间直观的优点，所以受到普遍重视和欢迎。

1）双代号时标网络计划的绘制方法（以下所述均按无指令工期论）：

① 基本符号：双代号时标网络计划的实例见图 5-7，它的无时标网络计划见图 5-6。

由图 5-7 可见，双代号时标网络计划以实箭线表示工作，以虚箭线表示虚工作，以波形线表示工作的自由时差。

所有符号均绘制在时标表上，其在时间坐标上的位置及水平投影，都必须与其所代表的时间值相对应。节点的中心必须对准时标的刻度线。虚箭线必须以垂直虚箭线表示；虚箭线若有自由时差时，亦用波形线表示。

② 时标网络计划的绘制：时标网络计划宜按最早时间绘制，不宜按最迟时间绘制。在绘制前，先按已确定的时间单位绘出时标表。把时标标注在时标表的顶部或底部，注明时标的长度单位。有时在顶部或底部加注日历的对应时间。时标表中的刻度线宜为细实线，以便图面清晰，此线不画或少画也是允许的。绘制方法有两个：

a. 先计算网络计划的时间参数，再绘制时标网络计划的方法。用这种方法时，宜先对无时标网络计划进行计算，算出其最早时间即可。然后按每项工作的最早开始时间将其箭尾节点定位在时标表上，再用规定线型绘出工作及其自由时差，便可形成时标网络计划。

b. 不经计算，直接按草图编制时标网络计划。这种方法比较便捷，应予推广。绘制的要点如下：

第一，将起点节点定位在时标表的起始刻度线上（即第一天开始点）。

第二，按工作持续时间在时标表上绘制起点节点的外向箭线，见图 5-7 中的 1—2 箭线。

第三，工作的箭头节点必须在其所有内向箭线绘出以后，定位在这些箭线中最晚完成的实箭线箭头处。如图 5-7 中的 3—5 和 4—5 的结束节点 5 定位在 4—5 的最早完成时间；工作 4—8 和 6—8 的结束节点 8 定位在 4—8 的最早完成时间处等。

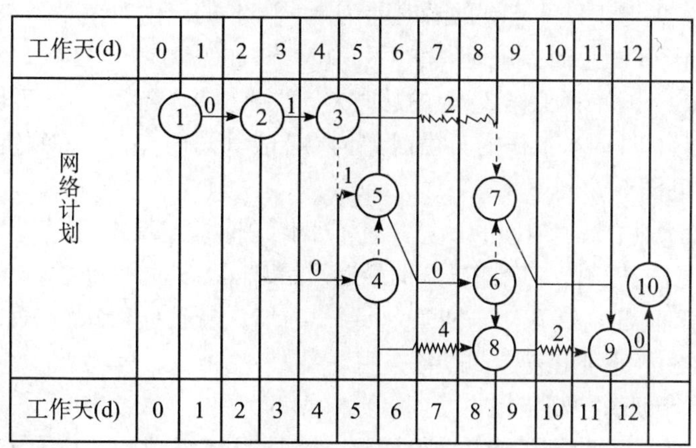

图 5-7　时标网络计划

第四，某些内向箭线长度不足以到达该节点时，用波形线补足，这就是自由时差。图 5-7 中节点 5、7、8、9 之前都用波形线补足。

第五，用上述方法自左至右依次确定其他节点的位置，直到终点节点定位绘完。

需要注意的是，使用这一方法的关键是要把虚箭线处理好。首先要把它等同于实箭线看待，而其持续时间是零；其次，虽然它本身没有时间，但可能存在时差，故应按规定画好波形线。在画波形线时，其垂直部分仍应画虚线，箭头在波形线的末端如图 5-7 中的 3—5。

2）时标网络计划关键线路和时间参数的判定：

① 时标网络计划关键线路的判定：时标网络计划的关键线路，应自终点节点逆箭

头方向朝起点节点观察，凡自终至始不出现波形线且总时差为零的通路，就是关键线路。

判别是否是关键线路，关键看这条线路上的各项工作是否有总时差。先找到没有波形线的工作（有自由时差的线路即有总时差），再计算这些工作的总时差。图 5-7 的关键线路是“1—2—4—5—6—7—9—10”。

② 时标网络计划计算工期的判定：时标网络计划的计算工期，应是其终点节点与起点节点所在位置的时标值之差。

③ 时标网络计划最早时间的判定：时标网络计划每条箭线的左端节点中心所对应的时标值代表工作的最早开始时间，箭线实线部分右端或当工作无自由时差时箭线右端节点中心所对应的时标值代表工作的最早完成时间。

④ 时标网络计划自由时差的判定：时标网络计划中的工作自由时差值等于其波形线在坐标轴上的水平投影长度。理由是：每条波形线的末端，就是这条波形线所在工作的紧后工作的最早开始时间，波形线的起点，就是它所在工作的最早完成时间，波形线的水平投影就是这两个时间之差，也即自由时差值。

⑤ 时标网络计划中工作总时差的判定：时标网络计划中，工作总时差不能直接观察，但利用可观察到的工作自由时差进行判定也较简便。应自右向左，在其诸紧后工作的总时差被判定后，本工作的总时差才能判定。工作总时差之值，等于诸紧后工作总时差的最小值与本工作的自由时差值之和。

见图 5-7 中，关键工作 9—10 的总时差为 0，8—9 的自由时差是 2，故 8—9 的总时差就是 2，工作 4—8 的总时差就是其紧后工作 8—9 的总时差 2 与本工作的自由时差 2 之和，即总时差为 4。计算工作 2—3 的总时差，要在 3—7 与 3—5 的工作总时差 2 与 1 中挑选一个小的，即 1；本工作的自由时差为 0，故其总时差为 1。判定后的总时差可写在箭线上部，见图 5-7。

⑥ 时标网络计划中最迟时间的计算：有了工作总时差与最早时间，工作的最迟时间便可计算出来，见图 5-7 中，工作 2—3 的最迟开始时间 $LS_{2-3}=TF_{2-3}+ES_{2-3}=1+2=3$，其最迟完成时间 $LS_{2-3}=TF_{2-3}+EF_{2-3}=1+4=5$。余下的工作的最迟时间可以类推。

各种时间参数亦可列出表格，以备查用。

3. 施工进度计划的控制措施

（1）建设工程项目进度控制的组织措施：在项目组织结构中应有专门的工作部门和符合进度控制岗位资格的专人负责进度控制工作。

进度控制的主要工作环节包括进度目标的分析和论证、编制进度计划、定期跟踪进度计划的执行情况、采取纠偏措施，以及调整进度计划。这些工作任务和相应的管理职能应在项目管理组织设计的任务分工表和管理职能分工表中标示并落实。

应编制项目进度控制的工作流程，如定义项目进度计划系统的组成；各类进度计划的编制程序、审批程序和计划调整程序等。

进度控制工作包含了大量的组织和协调工作，而会议是组织和协调的重要手段，应进行有关进度控制会议的组织设计，并明确：会议的类型；各类会议的主持人及参加单位和人员；各类会议的召开时间；各类会议文件的整理、分发和确认等。

（2）建设工程项目进度控制的管理措施：建设工程项目进度控制在管理观念方面

存在的主要问题是：

① 缺乏进度计划系统的观念。

② 缺乏动态控制的观念。

③ 缺乏进度计划多方案比较和选优的观念。

用工程网络计划的方法编制进度计划可以很严谨地分析和考虑工作之间的逻辑关系，并可发现关键工作和关键路线，也可知道非关键工作可使用的时差，因此用工程网络计划的方法有利于实现进度控制的科学化。

承发包模式的选择直接关系到工程实施的组织和协调。为了实现进度目标，应选择合理的合同结构，以避免过多的合同交界面而影响工程的进展。工程物资的采购模式对进度也有直接的影响，对此应作比较分析。

为实现进度目标，不但应进行进度控制，还应注意分析影响工程进度的风险，并在分析的基础上采取风险管理措施，以减少进度失控的风险量。常见的影响工程进度的风险，如组织风险、管理风险、合同风险、资源（人力、物力和财力）风险、技术风险等。

重视信息技术（包括相应的软件、局域网、互联网，以及数据处理设备）在进度控制中的应用。虽然信息技术对进度控制而言只是一种管理手段，但它的应用有利于提高进度信息处理的效率、有利于提高进度信息的透明度、有利于促进进度信息的交流和项目各参与方的协同工作。

（3）建设工程项目进度控制的经济措施：建设工程项目进度控制的经济措施涉及资金需求计划、资金供应的条件和经济激励措施等。为确保进度目标的实现，应编制与进度计划相适应的资源需求计划和其他资源（人力和物力资源）需求计划，通过对资金和其他资源需求计划的分析，可发现所编制的进度计划实现的可能性，若资源条件不具备，则应调整进度计划。资金需求计划也是工程融资的重要依据。

资金供应条件包括可能的资金总供应量、资金来源（自有资金和外来资金）以及资金供应的时间。在工程预算中应考虑加快工程进度所需要的资金，其中包括为实现进度目标将要采取的经济激励措施所需要的费用。

（4）建设工程项目进度控制的技术措施：建设工程项目进度控制的技术措施涉及对实现进度目标有利的设计技术和施工技术的选用。不同的设计理念、设计技术路线、设计方案会对工程进度产生不同的影响。在设计工作的前期，特别是在设计方案评审和选用时，应对设计技术与工程进度的关系作分析比较。在工程进度受阻时，应分析是否存在设计技术的影响因素，为实现进度目标有无设计变更的可能性。施工方案对工程进度有直接的影响，在决策其选用时，不仅应分析技术的先进性和经济合理性，还应考虑其对进度的影响。在工程进度受阻时，应分析是否存在施工技术的影响因素，为实现进度目标有无改变施工技术、施工方法和施工机械的可能性。

4. 施工进度计划的检查方法

（1）跟踪检查施工实际进度：这是项目施工进度控制的关键措施，在网络计划的执行过程中，必须建立相应的检查制度，定时定期地对计划的实际执行情况进行跟踪检查，收集反映实际进度的有关数据。

（2）收集数据的加工处理：收集反映实际进度的原始数据量大面广，必须对其进行整理、统计和分析形成与计划进度具有可比性的数据，以便在网络图上进行记录。根据记录的结果可以分析判断进度的实际状况，及时发现进度偏差，为网络图的调整提供信息。

(3) 实际进度检查记录的方式：

1) 当采用时标网络计划时，可采用实际进度前锋线记录计划实际执行状况进行实际进度与计划进度的比较。

2) 当采用无时标网络计划时，可在图上直接用文字、数字、适当符号或列表记录计划的实际执行状况，进行实际进度与计划进度的比较。

3) 另外还可以用横道图法、列表比较法、S形曲线比较法、“香蕉”形曲线比较法等。

(4) 网络计划检查：

1) 主要内容：

① 工作进度；

② 非关键工作的进度及时差利用情况；

③ 实际进度对各项工作之间逻辑关系的影响；

④ 资源状况；

⑤ 成本状况；

⑥ 存在的其他问题。

2) 通过对网络计划执行情况检查的结果进行分析判断，可为计划的调整提供依据。一般应进行如下分析判断：

① 对时标网络计划宜利用绘制的实际进度前锋线，分析计划的执行情况及其发展趋势，对未来的进度做出预测、判断，找出偏离计划目标的原因及可供挖掘的潜力所在。

② 对无时标网络计划宜按表 5-2。记录的情况对计划中未完成的工作进行分析判断。

表 5-2　网络计划检查结果分析

工作编号	工作名称	检查时尚需工作天数	按计划最迟完成尚有天数	总时差（d）		自由时差（d）		情况分析
				原有	目前尚有	原有	目前尚有	

5. 施工进度计划偏差的纠正办法

(1) 网络计划偏差调整的内容：

① 调整关键线路的长度；

② 调整非关键工作时差；

③ 增、减工作项目；

④ 调整逻辑关系；

⑤ 重新估计某些工作的持续时间；

⑥ 对资源的投入作相应调整。

(2) 网络计划偏差调整的方法：

1）调整关键线路的方法：

① 当关键线路的实际进度比计划进度拖后时，应在尚未完成的关键工作中，选择资源强度小或费用低的工作缩短其持续时间，并重新计算未完成部分的时间参数，将其作为一个新计划实施。

② 当关键线路的实际进度比计划进度提前时，若不提前工期，应选用资源占用量大或者直接费用高的后续关键工作，适当延长其持续时间，以降低其资源强度或费用；当确定要提前完成计划时，应将计划尚未完成的部分作为一个新计划，重新确定关键工作的持续时间，按新计划实施。

2）非关键工作时差的调整方法：非关键工作时差的调整应在其时差的范围内进行，以便更充分地利用资源、降低成本或满足施工的需要。每一次调整后都必须重新计算时间参数，观察该调整对计划全局的影响。可采用以下几种调整方法。

① 将工作在其最早开始时间与最迟完成时间范围内移动；

② 延长工作的持续时间；

③ 缩短工作的持续时间。

3）增、减工作项目时的调整方法：不打乱原网络计划总的逻辑关系，只对局部逻辑关系进行调整；在增减工作后应重新计算时间参数，分析对原网络计划的影响。当对工期有影响时，应采取调整措施，以保证计划工期不变。

4）调整逻辑关系：逻辑关系的调整只有当实际情况要求改变施工方法或组织方法时才可进行。调整时应避免影响原订计划工期和其他工作的顺利进行。

5）调整工作的持续时间：当发现某些工作的原持续时间估计有误或实现条件不充分时，应重新估算其持续时间，并重新计算时间参数，尽量使原计划工期不受影响。

6）调整资源的投入：当资源供应发生异常时，应采用资源优化方法对计划进行调整，或采取应急措施，使其对工期的影响最小。

网络计划的调整，可以定期进行，亦可根据计划检查的结果在必要时进行。

五、施工平面布置图的编制

根据建筑总平面图、施工图、现场地形图、现有水源和电源、场地大小、可利用的已有房屋和设施等情况、调查得来的资料、施工组织总设计、施工方案、施工进度计划等，经过科学的计算及优化，并遵照国家有关规定进行设计。

1. 施工总平面布置

（1）应符合下列原则：

1）平面布置科学合理，施工场地占用面积少。

2）合理组织运输，减少二次搬运。

3）施工区域的划分和场地的临时占用应符合总体施工部署和施工流程的要求，减少相互干扰。

4）充分利用既有建（构）筑物和既有设施为项目施工服务降低临时设施的建造费用。

5）临时设施应方便生产和生活，办公区、生活区和生产区宜分离设置。

6）符合节能、环保、安全和消防等要求。

7）遵守当地主管部门和建设单位关于施工现场安全文明施工的相关规定。

（2）应符合下列要求：

1）根据项目总体施工部署，按照项目分期（分批）施工计划进行布置，并绘制总平面布置图。一些特殊的内容，如现场临时用电、临时用水布置等，当总平面图不能清楚表示时，也可单独绘制平面图。

2）施工总平面布置图的绘制应符合国家相关标准要求并附必要说明。应有比例关系，各种临时设施应标注外围尺寸，并应有文字说明。

（3）应包括下列内容：

1）项目施工用地范围内的地形状况。

2）全部拟建的建（构）筑物和其他基础设施的位置。

3）项目施工用地范围内的加工设施、运输设施、存贮设施、供电设施、供水供热设施、排水排污设施、临时施工道路和办公、生活用房等。

4）施工现场必备的安全、消防、保卫和环境保护等设施。

5）相邻的地上、地下既有建（构）筑物及相关环境。

2. 单位工程施工平面布置图

（1）应符合下列原则和要求：应参照施工总平面布置图的原则和要求，并结合施工组织总设计，按不同施工阶段分别绘制。单位工程施工现场平面布置图一般按地基基础、主体结构、装修装饰和机电设备安装三个阶段分别绘制。

（2）应包括下列内容：

1）工程施工场地状况。

2）拟建建（构）筑物的位置、轮廓尺寸、层数等。

3）工程施工现场的加工设施、存贮设施、办公和生活用房等的位置和面积。

4）布置在工程施工现场的垂直运输设施、供电设施、供水供热设施、排水排污设施和临时施工道路等。

5）施工现场必备的安全、消防、保卫和环境保护等设施。

6）相邻的地上、地下既有建（构）筑物及相关环境。

3. 施工平面布置图的设计步骤

合理的设计步骤有利于节约时间，减少矛盾。

单位工程施工平面图的一般设计步骤是：

确定现场界线及大门位置—确定起重机的位置—确定搅拌站、仓库、材料和构件堆场、加工厂的位置—布置运输道路—布置行政管理、文化、生活、福利用临时设施—布置水电管线—计算技术经济指标。

为评价施工总平面图的设计质量，可以计算技术经济指标并加以分析。技术经济指标包括施工用地面积及施工占地系数；施工场地利用率；施工用临时房屋面积、道路面积，临时供水线长度及临时供电线路长度；临时设施投资率。

六、施工前技术准备、现场准备和资源准备

1. 技术资料准备

技术准备是施工准备的核心，其主要内容包括：

（1）调查研究和收集资料：

① 调查有关工程项目特征与要求的资料；

② 调查施工场地及附近地区自然条件方面的资料；

③ 建设地区技术经济条件调查；

④ 社会生活条件及设施调查。

（2）熟悉与审查施工图纸。

（3）编制施工组织设计。

（4）编制施工图预算和施工预算文件。

2. 施工物资准备

（1）材料的准备。

（2）配件和制品的加工准备。

（3）安装机具的准备。

（4）生产工艺设备的准备。

以上内容可填写在施工物资需求量计划表中，施工物资需求量计划表是作为备料、供料，确定仓库、堆场面积及组织运输的依据。其编制方法是根据施工预算的工料分析表、施工进度计划表，材料的储备和消化定额，将施工中所需材料按品种、规格、数量、使用时间计算汇总，填入主要材料需求量计划表。

3. 劳动组织准备

（1）建立拟建工程项目的领导机构，根据拟建工程项目的规模、结构特点和复杂程度，确定拟建工程项目施工的领导机构人选和名额；坚持合理分工与密切协作相结合；把有施工经验、有创新精神、有工作效率的人选入领导机构；从施工项目管理的总目标出发，因目标设事，因事设机构、定编制，按编制设岗位、定人员，以职责定制度、授权力。

（2）建立精干的施工队组，施工队组的建立要认真考虑专业、工程的合理配合，技工、普工的比例要满足合理的劳动组织，专业工种工人要持证上岗，要符合流水施工组织方式的要求。建立施工队组，要坚持合理、精干、高效的原则。人员配置要从严控制二、三线管理人员，力求一专多能、一人多职，同时制订出该工程的劳动力需要量计划。建筑安装工程施工队伍主要有基本、专业和外包施工队伍三种类型。

劳动力需要量是根据工程的工程量和规定使用的劳动定额及要求的工期计算完成工程所需要的劳动力。在计算过程中要考虑扣除节假日和大雨、雪天对施工的影响因素，另外还要考虑施工方法，是人力施工，还是半机械施工或机械化施工，因为施工方法不同，所需劳动力的数量也不同。

（3）组织劳动力进场，妥善安排各种教育，做好职工的生活后勤服务。施工前，企业要对施工队伍进行劳动纪律、施工质量及安全教育，注意文明施工，而且还要做好职工、技术人员的培训工作，使之达到标准后再上岗操作。

此外，还要特别重视职工的生活后勤服务，要修建必要的临时房屋，以解决职工居住、文化生活、医疗卫生和生活供应之需，在不断提高职工物质文化生活水平的同时，注意改善工人的劳动条件，如照明、取暖、防雨（雪）、通风、降温等，重视职工身体健康，这也是稳定职工队伍，保障施工顺利进行的基本因素。

（4）向施工队组、工人进行施工组织设计、施工计划和技术交底，施工组织设计、计划和技术交底的目的是把拟建工程的设计内容、施工计划和施工技术等要求，详尽地向施工队组和工人讲解交代。这是落实计划和技术责任制的好办法。

（5）建立健全各项管理制度，通常内容有：工程质量检查与验收制度；工程技术档案管理制度；建筑材料（构件、配件、制品）的检查验收制度；技术责任制度；施工图纸学习与会审制度；技术交底制度；职工考勤、考核制度；工地及班组经济核算制度；材料出入库制度；安全操作制度；机具使用保养制度。

4. 施工现场准备

施工现场准备主要内容包括：

（1）拆除障碍物，搞好“七通一平”。包括水通、电通、运输道路通、蒸汽通、煤气通、电信通、广播通、电视通及场地平整。

（2）做好施工场地的控制网测量与放线。

（3）搭设临时设施。

（4）安装调试施工机具，做好建筑材料、构配件等的存放工作。

（5）做好冬、雨季施工安排。

（6）设置消防、保安设施和机构。

七、施工组织设计编制、审查、批准等的流程和要求

1. 施工组织设计编制的要求

（1）技术负责人应组织有关施工技术人员、物资装备管理人员、工程质检人员学习并熟悉合同文件和设计文件，将编制任务分工落实，限时完成且应有考核措施。

（2）施工组织设计应有目录，并应在目录中注明各部分的编制者。

（3）尽量采用图表和示意图，做到图文并茂。

（4）应附有缩小比例的工程主要结构物平面图和立面图。

（5）若工程地质情况复杂，可附上必要的地质资料（或图件、岩土力学性能试验报告）。

（6）多人合作编制的施工组织设计，必须由工程技术主管统一审核，以免重复叙述或遗漏等。

（7）若选择的施工方案与投标时的施工方案有较大差异，应将选择的施工方案征得监理工程师和业主的认可。

（8）施工组织设计应在要求的时间内完成。

2. 施工组织设计编制的流程

实施性施工组织设计的编制流程见图 5-8。

应该指出，编写中有些顺序必须这样，不可逆转，如：拟订施工方案后才可编制施工进度计划（因为进度的安排取决于施工的方案）；编制施工进度计划才可编制资源需求量计划（因为资源需求量计划要反映各种资源在时间上的需求）。其他的顺序应该根据具体项目而定，如确定施工的总体部署和拟订施工方案，两者有紧密的联系，往往可以交叉进行。

3. 施工组织设计的编制和审批规定

（1）施工组织设计应由项目负责人主持编制，可根据需要分阶段编制和审批。

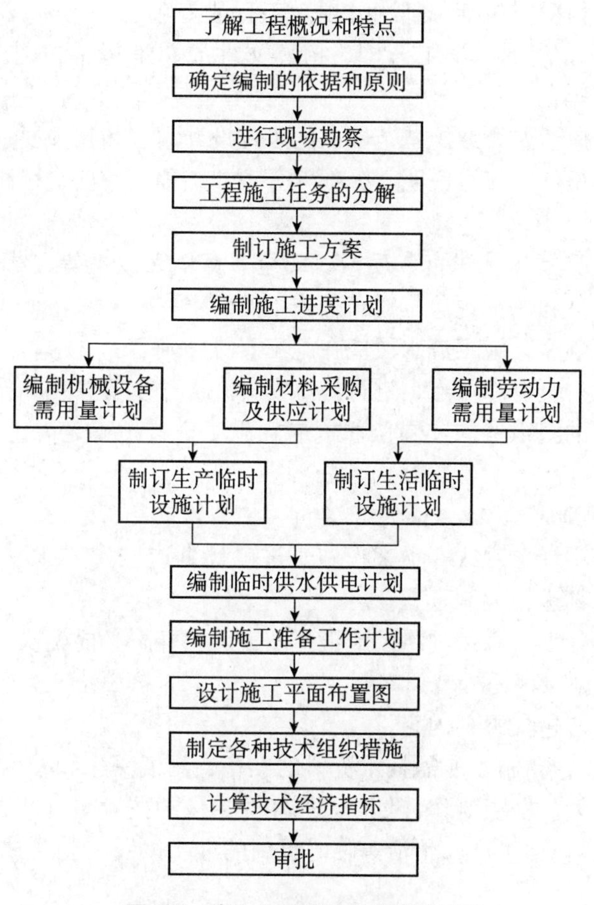

图 5-8　施工组织设计的编制程序

(2) 施工组织总设计应由总承包单位技术负责人审批；单位工程施工组织设计应由施工单位技术负责人或技术负责人授权的技术人员审批。

第二节　专项施工方案

一、专项施工方案编制对象和内容

专项施工方案施工方案包括两种情况：一是专业承包公司独立承包项目中的分部（分项）工程或专项工程所编制的施工方案；二是作为单位工程施工组织设计的补充，由总承包单位编制的分部（分项）工程或专项工程施工方案。由总承包单位编制的分部（分项）工程或专项工程施工方案，其工程概况可参照以下内容执行，单位工程施工组织设计中已包含的内容可省略。施工方案的编制内容如下：

1. 工程概况

(1) 工程概况应包括工程主要情况、设计简介和工程施工条件等。

（2）工程主要情况应包括分部（分项）工程或专项工程名称，工程参建单位的相关情况，工程的施工范围，施工合同、招标文件或总承包单位对工程施工的重点要求等。

（3）设计简介应主要介绍施工范围内的工程设计内容和相关要求。

（4）工程施工条件应重点说明与分部（分项）工程或专项工程相关的内容。

2. 施工安排

（1）工程施工目标包括进度、质量、安全、环境和成本等目标，各项目标应满足施工合同、招标文件和总承包单位对工程施工的要求。

（2）工程施工顺序及施工流水段应在施工安排中确定。

（3）针对工程的重点和难点，进行施工安排并简述主要管理和技术措施。

（4）工程管理的组织机构及岗位职责应在施工安排中确定并应符合总承包单位的要求。

3. 施工进度计划

（1）分部（分项）工程或专项工程施工进度计划应按照施工安排，并结合总承包单位的施工进度计划进行编制。

（2）施工进度计划可采用网络图或横道图表示，并附必要说明。

4. 施工准备与资源配置计划

（1）施工准备应包括下列内容：

1）技术准备：包括施工所需技术资料的准备、图纸深化和技术交底的要求、试验检验和测试工作计划、样板制作计划以及与相关单位的技术交接计划等。

2）现场准备：包括生产、生活等临时设施的准备以及与相关单位进行现场交接的计划等。

3）资金准备：编制资金使用计划等。

（2）资源配置计划应包括下列内容：

1）劳动力配置计划，确定工程用工量并编制专业工种劳动力计划表。

2）物资配置计划：包括工程材料和设备配置计划、周转材料和施工机具配置计划以及计量、测量和检验仪器配置计划等。

5. 施工方法及工艺要求

（1）明确分部（分项）工程或专项工程施工方法并进行必要的技术核算，对主要分项工程（工序）明确施工工艺要求，内容应比施工组织总设计和单位工程施工组织设计的相关内容更细化。

（2）对易发生质量通病、易出现安全问题、施工难度大、技术含量高的分项工程（工序）等应做出重点说明。

（3）对开发和使用的新技术、新工艺以及采用的新材料、新设备应通过必要的试验或论证并制订计划。

（4）对季节性施工应提出具体要求。根据施工地点的实际气候特点，提出具有针对性的施工措施。在施工过程中，还应根据气象部门的预报资料，对具体措施进行细化。

二、专项施工方案编制、论证、审查、批准和实施要求

(1) 施工方案应由项目技术负责人审批；重点、难点分部（分项）工程和专项工程施工方案应由施工单位技术部门组织相关专家评审，施工单位技术负责人批准。

在《建设工程安全生产管理条例》（国务院第393号令）中规定，对下列达到一定规模的危险性较大的分部（分项）工程编制专项施工方案，并附具安全验算结果经施工单位技术负责人、总监理工程师签字后实施。

1）基坑支护与降水工程。

2）土方开挖工程。

3）模板工程。

4）起重吊装工程。

5）脚手架工程。

6）拆除、爆破工程。

7）国务院建设行政主管部门或者其他有关部门规定的其他危险性较大的工程。

针对上述涉及深基坑、地下暗挖工程、高大模板工程的专项施工方案，施工单位还应当组织专家进行论证、审查，除上述《建设工程安全生产管理条例》中规定的分部（分项）工程外，施工单位还应根据项目特点和地方政府部门有关规定，对具有一定规模的重点、难点分部（分项）工程进行相关论证。

(2) 由专业承包单位施工的分部（分项）工程或专项工程的施工方案，应由专业承包单位技术负责人或技术负责人授权的技术人员审批；有总承包单位时，应由总承包单位项目技术负责人核准备案。

(3) 规模较大的分部（分项）工程和专项工程的施工方案应按单位工程施工组织设计进行编制和审批。有些分部（分项）工程或专项工程，如主体结构为钢结构的大型建筑工程，其钢结构分布规模很大且在整个工程中占有重要的地位，需另行分包，遇有这种情况的分部（分项）工程或专项工程，其施工方案应按施工组织设计进行编制和审批。

第六章　施工质量管理

第一节　施工图纸会审和设计变更

一、施工图纸会审内容和资料准备

1. 施工图纸会审的基本要求

图纸会审工作是在施工准备阶段进行，一般从合法性、环保、消防安全、合理性、美观和使用功能、结构安全、完整性、可读性、一致性等方面进行交流洽商。

图纸会审前，施工单位应先组织有关人员分工种学习图纸，熟悉图纸内容要求和特点，并在此基础上先进行预审，由专人汇集整理，提出初步解决办法，以使正式图纸会审时更有条理，提出的问题更有针对性，也能收到较好的效果。

图纸会审有建设单位或其委托的监理单位、设计单位、施工单位等几方代表参加，由监理单位（或建设单位）主持。先由设计单位介绍设计意图、设计特点及对施工的要求；然后，由施工单位提出图纸中存在的问题和对设计单位的要求，通过各方讨论与协商，解决存在的问题，各方按要求填写图纸会审记录表。对于变更较大的内容，由设计单位通过变更通知单的形式进行回复。

2. 图纸会审的主要内容

（1）安装工程图纸会审总则：

1）设计图纸是否齐全，图纸内容有无遗漏或差错。

2）图纸中设备、管道及管道附件选用和布置是否合理、可靠，是否便于施工、操作和检修。

3）图纸中的平面尺寸、走向、标高、管径、坡度的标注是否正确、清晰、平面图、立面图、透视图、系统图是否一致。

4）埋地管道的埋置深度、形式，与建筑物基础、道路及其他管线的水平净距和交叉净距是否符合规范要求。

5）各专业线路走向、相互交叉等有无矛盾或影响安全的地方。

6）设备房内是否给安装、操作、维修留有必要的空间。大型设备安装土建结构中是否预留了安装和维修的孔洞，有无考虑必要的维修和起吊设施，结构图中预留孔洞的位置与工艺图是否一致。

7）管道穿越地下室，水池等构筑物墙、地面及穿越伸缩缝、沉降缝是否采取了可靠的防水措施和技术措施。

8）有关设备专项设计项目的水电预留及衔接是否考虑，设计是否到位。

（2）安装工程总图会审要点：

1）市政地下给排水、电气、通信、燃气等管线是否与地勘报告保持一致。

2）室外管线布置是否合理，对现场施工等方面有无不利影响。

3）上水、下水、电气、通风、电视、煤气与市政管线连接点坐标及标高是否清楚，与室内管线连接是否有出入。

4）道路、场地、排水等结构及坡度是否明确。

（3）供配电系统图纸会审要点：

1）电力平面图和系统图，包括配电箱、控制柜、启动器、线路及接地平面布置图是否对应。

2）变配电房平面尺寸、空间高度是否符合规范要求。

3）高低压配电柜布置是否合理，是否需要优化设计，减少电缆安装长度。

4）配电柜采用何种进出线方式，高压电缆采用何种敷设方式。

5）变配电接地系统是否保留 2 个以上接地，设备接地回路是否完整。

6）高低压配室内是否有与电气无关的水暖管道。

7）嵌入式配电箱安装时墙体的厚度、宽度、承重是否有问题。

8）明装在同一场所的各类配电箱，其安装高度能否尽量一致，配电箱内总开关至各分开关的连线、线径是否明确，是否有配电箱布置图。

9）导线的线径与开关的接线端是否匹配，不应出现电流相差两级以上的配置。

（4）管路系统图纸会审要点：

1）当电气管路沿墙敷设时，要注意墙体的厚度、墙体所用的材质、墙体的结构。如果墙体的厚度过于薄小，墙体所用的材质为空心砖，或者材质为陶粒混凝土，或者墙体的结构为玻璃隔断时，管路将无法敷设。

2）电气管路敷设与给排水、热力、煤气等专业管道敷设距离过近或重合冲突，必须采取隔离措施。

3）电气管路跨越其他结构敷设时，一定要注意结构件间的距离。当管路通过伸缩缝时，应设置沉降箱。

4）电气管路沿地面做暗敷设时，注意地面垫层的厚度。

（5）防雷接地和等电位连接图纸会审要点：

1）屋顶设避雷带，沿屋顶女儿墙，水箱顶明敷，屋顶做避雷网格（含消防管网、屋顶设备）。

2）在 45 m 以上金属门窗框架，阳台金属栏杆以及较大金属体就近与钢筋网可靠焊接。

3）防雷、电气保护、弱电系统等共用一个接地装置，接地装置采用地下室底板钢筋与桩基内的钢筋网，接地电阻不大于 1 Ω。

4）在进出建筑的金属管道集中处，配电房设置总等电位连接箱。制冷机房、水泵房、消防控制室、弱电机房、电梯机房、卫生间设置局部等电位连接箱。

5）上、下水管，煤气管、暖气管、建筑物金属构件应通过总等电位连接线接至总等电位连接端子箱内接地母排上。

6）总等电位连接线通常选用BV型导线，其截面一般选为来自电源主保护线截面的一半，但不得少于6 mm^2，一般不大于25 mm^2。

7）接地母排的截面应大于接至母排的导线中最大截面的两倍；连接导线通常配铜接线端子与铜母排相连；小截面单芯导线，如BV—6的线端子可直接做成环形钩进行连接。

8）在建筑物伸缩缝、沉降缝、抗震缝等处做防雷接线。

9）总等电位连接端子箱内的各导线的接线端子应依次排列，用相应的螺栓、螺母、平垫圈和弹簧垫紧固连接。

10）各种管道在现场制作抱箍卡接总等电位连接线。

11）卫生间局部等电位连接端子板与建筑物钢筋网的连接线由圈梁内主筋引出或与总电位连接板相连。

二、工程设计变更洽商办理程序和工程签证

1. 工程设计变更洽商办理程序

工程设计变更在工程实施过程中时有发生，设计变更可能由业主方提出，也可能由施工方或设计方提出。一般设计变更的处理涉及监理工程师、总监理工程师、设计单位、施工单位和业主方。工程设计变更的工作流程见图6-1。

2. 工程签证

工程签证是按承发包合同约定，一般由承发包双方代表就施工过程中涉及合同价款之外的责任事件所作的签认证明，目前一般以技术核定单和业务联系单的形式反映者居多。工程签证是工程承包双方在施工过程中对支付各种费用、顺延工期、赔偿损失等所达成的双方意思表示一致的补充协议，是工程结算的重要依据。

现场签证是由业主代表、监理工程师、施工单位负责人共同签署的，用于正式施工活动中某些特殊情况的一种书面手续。它不包含在施工合同和图纸中，也不像设计变更文件有一定的程序和正式手续。它的特点是临时发生，具体内容不同，没有规律性，是施工阶段投资控制的重点，也是影响工程投资的关键因素之一。主要包括以下几个方面的内容：

（1）现场经济签证包括：

1）零星用工。施工现场发生的与主体工程施工无关的用工，如定额费用以外的搬运、拆除用工等。

2）零星工程。

3）临时设施增补项目。

4）隐蔽工程签证。

5）窝工，非施工单位原因停工造成的人员、机械经济损失。如停水、停电，业主材料供应不足或不及时，设计图纸修改等。

6）议价材料价格认价单。结算资料汇编规定允许计取议价价差的材料，需要在施工前核定材料价格。

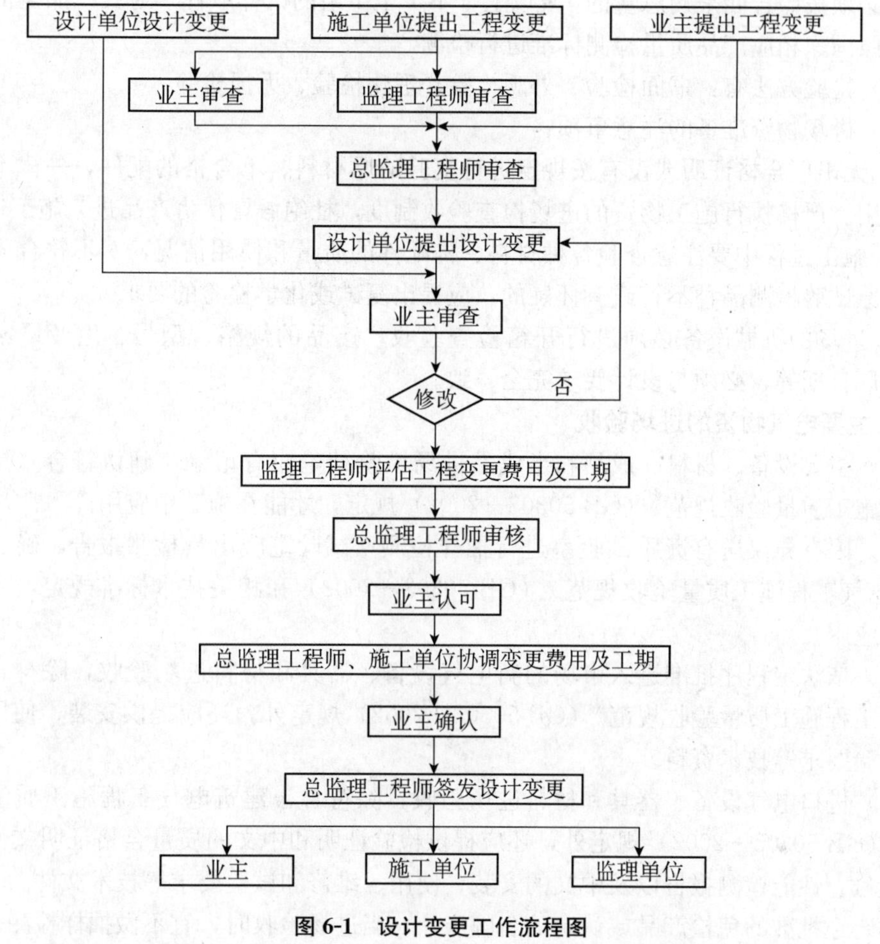

图 6-1　设计变更工作流程图

7）其他需要签证的费用。

（2）工期签证包括：停水、停电签证；非施工单位原因停工造成的工期顺延。

第二节　施工质量控制

一、进场设备、材料的试验和检验

1. 进场设备、材料检验的基本要求

建筑工程采用的主要材料、半成品、成品、建筑构配件、器具和设备应进行现场验收。凡涉及安全、功能的有关产品，应按各专业工程质量验收规范规定进行复验，并应经监理工程师（建设单位技术负责人）检查认可。例如，由监理方审查并鉴证出厂证明、质保单等资料是否符合要求，施工方在监理方鉴证下取样送检，并应形成相应的质量记录，检测、试验报告单经监理方和建设方签证后分别存档。涉及安全和重要使用功能的材料、设备进场后，除严格依照相关标准进行见证取样复验外，单一种

类材料必须按照合同采购总量的1%以上，不少于1组的试样取样，对其产品全部性能指标按照国家相应产品质量检测标准进行检测。

（1）检验方法有：书面检验、外观检验、理化检验、无损检验。

（2）进场物资准备的注意事项：

1）无出厂合格证明或没有按规定进行复验的原材料、不合格的配件，一律不得进场和使用。严格执行施工物资的进场检查验收制度，杜绝假冒伪劣产品进入施工现场。

2）施工过程中要注意查验各种材料、构配件的质量和使用情况，对不符合质量要求、与原试验检测品种不符或有怀疑的，应提出复试或化学检验的要求。

3）进场的机械设备必须进行开箱检查验收，产品的规格、型号、生产厂家和地点、出厂日期等，必须与设计要求完全一致。

2. 主要电气物资的进场验收

（1）主要设备、材料、成品和半成品进场检验结论应有记录，确认符合《建筑电气工程施工质量验收规范》（GB 50303—2002）规定，才能在施工中应用。

（2）因有异议送有资质试验室进行抽样检测，试验室应出具检测报告，确认符合《建筑电气工程施工质量验收规范》（GB 50303—2002）和相关技术标准规定，才能在施工中应用。

（3）依法定程序批准进入市场的新电气设备、器具和材料进场验收，除符合《建筑电气工程施工质量验收规范》（GB 50303—2002）规定外，还应提供安装、使用、维修和试验要求等技术资料。

（4）进口电气设备、器具和材料进场验收，除符合《建筑电气工程施工质量验收规范》（GB 50303—2002）规定外，还应提供检验证明和中文的质量合格证明文件、规格、型号、性能检测报告以及中文的安装、使用、维修和试验要求等技术文件。

（5）经批准的免检产品或认定的名牌产品，当进场验收时，宜不做抽样检测。

（6）变压器、箱式变电所、高压电器及电瓷制品应符合下列规定：

1）查验合格证和随带技术文件，变压器有出厂试验记录。

2）外观检查：有铭牌，附件齐全，绝缘件无缺损、裂纹，充油部分不渗漏，充气高压设备气压指示正常，涂层完整。

（7）高低压成套配电柜、蓄电池柜、不间断电源柜、控制柜（屏、台）及动力、照明配电箱（盘）应符合下列规定：

1）查验合格证和随带技术文件，实行生产许可证和安全认证制度的产品，有许可证编号和安全认证标志。不间断电源柜有出厂试验记录。

2）外观检查：有铭牌，柜内元器件无损坏丢失、接线无脱落脱焊，蓄电池柜内电池壳体无碎裂、漏液，充油、充气设备无泄漏，涂层完整，无明显碰撞凹陷。

（8）柴油发电机组应符合下列规定：

1）依据装箱单，核对主机、附件、专用工具、备品备件和随带技术文件，查验合格证和出厂试运行记录，发电机及其控制柜有出厂试验记录。

2）外观检查：有铭牌，机身无缺件，涂层完整。

（9）电动机、电加热器、电动执行机构和低压开关设备等应符合下列规定：

1）查验合格证和随带技术文件，实行生产许可证和安全认证制度的产品，有许可证编号和安全认证标志。

2）外观检查：有铭牌，附件齐全，电气接线端子完好，设备器件无缺损，涂层完整。

（10）照明灯具应符合下列规定：

1）查验合格证，新型气体放电灯具有随带技术文件。

2）外观检查：灯具涂层完整，无损伤，附件齐全。防爆灯具铭牌上有防爆标志和防爆合格证号，普通灯具有安全认证标志。

3）对成套灯具的绝缘电阻、内部接线等性能进行现场抽样检测。灯具的绝缘电阻值不小于 2 MΩ，内部接线为铜芯绝缘电线，芯线截面积不小于 0.2 mm^2，橡胶或聚氯乙烯（PVC）绝缘电线的绝缘层厚度不小于 0.6 mm。对游泳池和类似场所灯具（水下灯及防水灯具）的密闭和绝缘性能有异议时，按批抽样送有资质的试验室检测。

（11）开关、插座、接线盒和风扇及其附件应符合下列规定：

1）查验合格证，防爆产品有防爆标志和防爆合格证号，实行安全认证制度的产品有安全认证标志。

2）外观检查：开关、插座的面板及接线盒盒体完整、无碎裂、零件齐全，风扇无损坏，涂层完整，调速器等附件适配。

3）对开关、插座的电气和机械性能进行现场抽样检测。检测规定如下：

① 不同极性带电部件间的电气间隙和爬电距离不小于 3 mm。

② 绝缘电阻值不小于 5 MΩ。

③ 用自攻锁紧螺钉或自切螺钉安装的，螺钉与软塑固定件旋合长度不小于 8 mm，软塑固定件在经受 10 次拧紧退出试验后，无松动或掉渣，螺钉及螺纹无损坏现象。

④ 金属间相旋合的螺钉螺母，拧紧后完全退出，反复 5 次仍能正常使用。

4）对开关、插座、接线盒及其面板等塑料绝缘材料阻燃性能有异议时，按批抽样送有资质的试验室检测。

（12）电线、电缆应符合下列规定：

1）按批查验合格证，合格证有生产许可证编号，按《额定电压 450/750V 及以下聚氯乙烯绝缘电缆》（GB/T 5023.1—2008～GB/T 5023.7—2008）标准生产的产品有安全认证标志。

2）外观检查：包装完好，抽检的电线绝缘层完整无损，厚度均匀。电缆无压扁、扭曲，铠装不松卷。耐热、阻燃的电线、电缆外护层有明显标识和制造厂标。

3）按制造标准，现场抽样检测绝缘层厚度和圆形线芯的直径；线芯直径误差不大于标称直径的 1%；常用的 BV 型绝缘电线的绝缘层厚度不小于表 6-1 的规定。

表 6-1　BV 型绝缘电线的绝缘层厚度

序号	1	2	3	4	5	6	7	8	9	10	11	12	13	14	15	16	17
电线芯线标称截面积/mm^2	1.5	2.5	4	5	10	16	25	35	50	70	95	120	150	185	240	300	400
绝缘层厚度规定值/mm	0.7	0.8	0.8	0.8	1.0	1.0	1.2	1.2	1.4	1.4	1.6	1.6	1.8	2.0	2.2	2.4	2.6

4）对电线、电缆绝缘性能、导电性能和阻燃性能有异议时，按批抽样送有资质的试验室检测。

（13）导管应符合下列规定：

1）按批查验合格证。

2）外观检查：钢导管无压扁、内壁光滑。非镀锌钢导管无严重锈蚀，按制造标准油漆出厂的油漆完整；镀锌钢导管镀层覆盖完整、表面无锈斑；绝缘导管及配件不碎裂、表面有阻燃标记和制造厂标。

3）按制造标准现场抽样检测导管的管径、壁厚及均匀度。对绝缘导管及配件的阻燃性能有异议时，按批抽样送有资质的试验室检测。

（14）型钢和电焊条应符合下列规定：

1）按批查验合格证和材质证明书；有异议时，按批抽样送有资质的试验室检测。

2）外观检查：型钢表面无严重锈蚀，无过度扭曲、弯折变形；电焊条包装完整，拆包抽检，焊条尾部无锈斑。

（15）镀锌制品（支架、横担、接地极、避雷用型钢等）和外线金具应符合下列规定：

1）按批查验合格证或镀锌厂出具的镀锌质量证明书。

2）外观检查：镀锌层覆盖完整、表面无锈斑，金具配件齐全，无砂眼。

3）对镀锌质量有异议时，按批抽样送有资质的试验室检测。

（16）电缆桥架、线槽应符合下列规定：

1）查验合格证。

2）外观检查：部件齐全，表面光滑、不变形；钢制桥架涂层完整，无锈蚀；玻璃钢制桥架色泽均匀，无破损碎裂；铝合金桥架涂层完整，无扭曲变形，不压扁，表面不划伤。

（17）封闭母线、插接母线应符合下列规定：

1）查验合格证和随带安装技术文件。

2）外观检查：防潮密封良好，各段编号标志清晰，附件齐全，外壳不变形，母线螺栓搭接面平整、镀层覆盖完整、无起皮和麻面；插接母线上的静触头无缺损、表面光滑、镀层完整。

（18）裸母线、裸导线应符合下列规定：

1）查验合格证。

2）外观检查：包装完好，裸母线平直，表面无明显划痕，测量厚度和宽度符合制造标准；裸导线表面无明显损伤，不松股、扭折和断股（线），测量线径符合制造标准。

（19）电缆头部件及接线端子应符合下列规定：

1）查验合格证。

2）外观检查：部件齐全，表面无裂纹和气孔，随带的袋装涂料或填料不泄漏。

（20）钢制灯柱应符合下列规定：

1）按批查验合格证。

2）外观检查：涂层完整，根部接线盒盒盖紧固件和内置熔断器、开关等器件齐全，盒盖密封垫片完整。钢柱内设有专用接地螺栓，地脚螺孔位置按提供的附图尺寸，允许偏差为±2 mm。

（21）钢筋混凝土电杆和其他混凝土制品应符合下列规定：

1）按批查验合格证。

2）外观检查：表面平整，无缺角露筋，每个制品表面有合格印记；钢筋混凝土电杆表面光滑，无纵向、横向裂纹，杆身平直，弯曲不大于杆长的1/1 000。

3. 智能建筑物资的进场验收

智能建筑工程各智能化系统中使用的材料、硬件设备、软件产品和工程中应用的各种系统接口都应进行进场验收。

（1）产品质量检查应包括列入《中华人民共和国实施强制性产品认证的产品目录》或实施生产许可证和上网许可证管理的产品，未列入强制性认证产品目录或未实施生产许可证和入网许可证管理的产品应按规定程序通过产品检测后方可使用。

（2）产品功能、性能等项目的检测应按相应的现行国家产品标准进行；供需双方有特殊要求的产品，可按合同规定或设计要求进行。

（3）对不具备现场检测条件的产品，可要求进行工厂检测并出具检测报告。

（4）硬件设备及材料的质量检查重点应包括安全性、可靠性及兼容性等项目，可靠性检测可参考生产厂家出具的可靠性检测报告。

（5）软件产品质量应按下列内容检查：

1）商业化的软件，如操作系统、数据库管理系统、应用系统软件、信息安全软件和网管软件等应做好使用许可证及使用范围的检查。

2）由系统承包商编制的用户应用软件、用户组态软件及接口软件等应用软件，除进行功能测试和系统测试之外，还应根据需要进行容量、可靠性，安全性、可恢复性、兼容性、自诊断等多项功能测试，并保证软件的可维护性。

3）所有自编软件均应提供完整的文档（包括软件资料、程序结构说明、安装调试说明、使用和维护说明书等）。

（6）系统接口的质量应按下列要求检查：

1）系统承包商应提交接口规范，接口规范应在合同签订时由合同签订机构负责审定。

2）系统承包商应根据接口规范制定接口测试方案，接口测试方案经检测机构批准后实施，系统接口测试应保证接口性能符合设计要求，实现接口规范中规定的各项功能，不发生兼容性及通信瓶颈问题，并保证系统接口的制造和安装质量。

二、质量控制点和工序质量控制

1. 质量控制点

（1）被安装的设备、器具和材料，其外观检查、规格、型号和性能的核对。

（2）设备、器具的安装位置。

（3）布线系统敷设的方式、敷设的部位、敷设的路径。

（4）导线连接，包括线缆、光缆、母线等本体的连接，及其与设备、器具间的连接。

（5）非带电的裸露可接近的金属部分的接地。

（6）整个建筑物的接地系统（体）的安装。

（7）具有装饰功能的灯具、开关和插座。

（8）中央监控设备的安装。

（9）主要输入、输出设备的安装，如温湿度传感器、电磁阀等。

（10）交接试验。

2. 工序质量控制

应加强事前、事中、事后三方面的控制，尤其要注重事前预防。质量预控是通过施工技术人员和质量检验人员事先对工序质量影响因素进行分析，找出在施工过程中可能或容易出现的质量问题，提出相应的对策，制订质量预控方案，采取措施预防质量问题的产生。

（1）针对影响机电工程施工质量主要因素的预控内容：

影响工序质量的因素有6个：人、机、料、法、环、测。

1）对项目施工的“人”——决策者、管理者、操作者预控的主要内容：编制施工人员需求计划，明确技能及资质要求；控制关键、特殊岗位人员的资格认证和持证上岗；制定检查制度。

2）对施工“机”具设备预控的主要内容：编制机具计划；进场验收、监督、保养和维修；建立管理台账、制定操作规程、监督使用。

3）对工程设备和材“料”预控的主要内容：材料计划的准确性；供应商的营业执照、生产许可证等资质文件和厂家现场考察；设备监造；进场检验；搬运、储存、防护、保管、标识及可追溯性，对不合格材料、不适用设备的处置。

4）对施工工艺方“法”预控的主要内容：施工组织设计、施工方案、作业指导书、检验试验计划和方法、质量控制点的编制、审批、更改、修订和实施监督；施工顺序和工艺流程，工艺参数和工艺设备；施工过程的标识及可追溯性。

5）对工程“环”境——技术环境、作业环境、管理环境、周边环境的预控主要包括：针对风、雨、温度、湿度、粉尘、亮度、地质条件等，合理安排现场布置和施工时间，加强质量宣传。

6）对“测”量的预控主要内容包括：确定测量任务及要求的准确度，选择适用的具有所需准确度和精确度的测试设备；定期对所有测量和实验设备进行确认、校准和调整；规定校准规程，其内容包括设备类型、编号、地点、校验周期、校验方法、验收标准，以及发生问题时应采取的措施；保存校验记录，发现测量和实验设备未处于校准状态时，立即评定以前的测量和试验结果的有效性，并记入相关的文件。

（2）机电工程施工质量预控的方法：

1）施工前，项目部对工程项目的施工质量特性进行综合分析，找出影响质量的关键因素，从而制定有效的预防措施加以实施，防止质量问题的产生。

2）施工中，通过对过程质量数据的监测，利用数据分析技术找出质量发展趋势，提前采取补救措施并加以引导，使工程质量始终处于有效控制之中。

3）通过对影响施工质量的因素特性分析，编制质量预控方案（或质量控制图）及质量控制措施，并在施工过程中加以实施。

质量预控方案一般包括工序名称、可能出现的质量问题、提出质量预控措施等。

三、隐蔽工程施工验收及成品保护

1. 隐蔽工程检查与验收程序

由于隐蔽工程在隐蔽后，如果发生质量问题，会造成返工等非常大的损失，因此施工单位在隐蔽工程隐蔽以前，应当通知监理和甲方检查，检查合格的，方可进行隐蔽工程。

当工程具备覆盖、掩盖条件的，施工单位应当先进行自检，自检合格后，在隐蔽工程进行隐蔽前及时通知监理及甲方派驻工地代表对隐蔽工程进行检查，并参加隐蔽工程的作业。通知包括施工单位的自检记录、隐蔽的内容、检查时间和地点。监理及甲方或其派驻的工地代表接到通知后，应当在要求的时间内到达隐蔽现场，对隐蔽工程的条件进行检查，检查合格的，甲方或者其派驻的工地代表在检查记录上签字，施工单位检查合格后方可进行隐蔽施工。甲方或监理检查发现隐蔽工程条件不合格的，有权要求施工单位在一定期限内完善工程条件。隐蔽工程条件符合规范要求，甲方及监理检查合格后，甲方或者其派驻工地代表在检查后拒绝在检查记录上签字的，在实践中可视为甲方已经批准，施工单位可以进行隐蔽工程施工。

2. 成品保护

（1）成品保护的主要项目：

机电重要设备（如发电机组、高低压开关柜、变压器、空调机、冷水机、风机盘管、风机、热交换器、水泵、水箱、变频设备等）、所有面层装置（如阀门、开关、插座、风口、喷洒头、消火栓箱等）、高档仪器仪表（如调控仪表装置等）、主要材料（如钢塑复合管、阀部件、灯具）等应重点采取措施防盗、防破坏、防污染。

（2）成品保护措施通则：

制定成品保护的检查制度、交叉施工管理制度、交接制度、考核制度、奖罚制度。

1）单位工程负责人（项目经理）或技术主管工程师向各作业班组长和各工种工人进行技术交底时，必须对成品保护做交底。

2）上道工序与下道工序（主要指机电与土建，与其他专业分包商的工序交接）要办理交接手续，项目经理部各责任工程师要把交底情况记录在施工日记中。所有入户作业的人员必须接受成品保护人员的监督。

3）各专业施工需要其他专业配合时，有总承包单位进行协调，严禁随意拆改其他专业成品。

4）设备订货应给定准确到货时间，缩短设备进场库存时间。适当集中安装，减少安装延续时间。最好在现场具备安装条件时进货，组织一次性进货到位，取消库存和二次搬运等中间环节。

5）材料、设备搬运过程中，对于易损材料、设备，轻拿轻放，搬运到操作面后再拆除外包装，严禁为便于搬运提前拆除外包装。

6）搬运材料、机具及施焊时，要有具体保护措施，不得将已做好的墙面和地面弄脏、砸坏。

7）在现场搭设库房，以便材料的存放，防止风雨的侵蚀。对于不宜受潮、容易腐蚀的材料，在库房内搭设货架存放。如经除锈、刷油漆防腐处理后的管件、管材、型钢、拖吊支架等金属制品，应放在有防雨、防雷措施及运输畅通的专用场地，其周围不应堆放杂物。存放时码放整齐，注意码放高度及稳固。

8）对使用的人字梯、高凳的下脚要用麻布或胶皮包好，以防滑倒和碰坏已施工完成的地面。

9）大型设备吊装时，要合理选择吊点，不允许用安装好的避雷带、引下线作为临时受力点，绳索在设备、配件上的绑扎处加软垫，并且要按顺序安装，避免返工。

10）对于必须安装而且易损坏、丢失的材料，设备及机房内的设备要在形成封闭条件后再安装，并设专人负责管理，变配电、控制室不宜用来充当安装现场、临建。安装完毕后，如有其他承包商进入施工，要办理登记并要有保护措施后方可施工，施工完毕后要进行及时检查，如发现有损坏，立即向项目经理报告，由项目经理与责任方协调解决。

11）设备机房内发电机组、高低压开关柜、水泵、风机盘管及空调设备等均用塑料薄膜及外固包装箱板防护，以防灰等外因影响，留出两端接口处，供管道连接。

12）重要的控制箱、盘，通电后设立明显的“禁止触摸”标志，防止无关人员随意触动，引起误操作，造成设备损坏。

13）装修、安装阶段特别是收尾、竣工阶段的成品保护工作尤为重要，必须按照成品保护方案要求进行作业。

14）机电灯具、面板的安装应与墙面、天花的施工穿插进行，其顺序为：天花龙骨吊装施工开始前，进行灯具、空调风口、烟感、喷洒头等的安装，墙面在涂刷最后一遍涂料前，灯具、开关插座的面板等进行安装。灯具、面板安装时要戴清洁的白手套，以保持墙面、天花板的清洁，并用塑料薄膜和胶带包裹好，机电设备安装完成后，向土建进行交接，再进行最后的收尾施工。

（3）电气和智能设备安装成品保护细则：

1）电缆线路安装：

① 室内沿电缆桥架数设的电缆，宜在管道及空调工程基本施工完毕后进行，防止其他专业施工时损伤电缆。

② 电缆端头处的门窗装好并加锁，防止电缆丢失或损失。

2）电气配管及管内穿线：

① 配线工程安装完毕后，应将施工中造成的孔洞、沟槽修补完整。

② 在管路敷设或配合预埋过程中，及时将敞口用管帽或木塞进行封口。

3）电缆桥架安装：

① 桥架的运输和堆放应符合有关规定，注意防潮防污。

② 使用高凳时，注意不要碰坏建筑物的墙面及门窗。

③ 对于易发生受污生锈部位（如机房、电气竖井等）的桥架，应注意检查，发现后及时处理，补刷防锈漆。

4）封闭插接母线安装：

① 封闭插接母线安装完毕，暂时不能送电运行，其现场设置明显标志牌，以防损坏，也可保留其原有塑料膜包装。

② 封闭插接母线安装完毕，如有其他多种作业应对封闭插接母线加以保护，以免损伤，严禁利用插接母线插接箱作蹬踏支撑。

5）配电柜安装：

① 设备在搬运和安装时应采取防振、防潮、防止框架变形和漆面受损等措施。

② 设备运到现场后，暂不安装就位，应保持好其原有包装，存放在干燥的能避雨雪、风沙的场所。

③ 安装过程中，要注意对已完工程项目及设备配件的成品保护，防止磕碰，不得利用开关柜支撑脚手板。

6）防雷与接地装置安装：

① 防雷及接地工程应配合土建施工同时进行，互相配合做好成品保护工作。

② 防雷及接地材料要妥善保管，防止镀锌材料锈蚀。

③ 安装好的避雷带、引下线严禁作为吊装、攀登的受力点。

④ 其他工种在挖土方时，注意不要损坏接地体。

7）电气照明器具及配电箱安装：

① 照明器具、配电箱进入现场后应存放整齐，稳固、并要注意防潮，搬运时轻拿轻放，以免碰坏表面的镀锌层、油漆及玻璃罩。

② 安装照明器具时不要碰坏建筑物的顶棚、门窗和墙面。

③ 照明器具安装完毕后不得再次喷涂，以防器具污染。

8）干式变压器安装：

① 产品开箱检查完毕，如不立即安装运行，应妥善保存或重新包装，以防损防盗。

② 对于安装就位的变压器，要采取保护措施，防砸防碰撞，防止铁件掉入线圈内。

9）综合布线地面线槽及配电母线槽安装：

① 不要在施工中随意剔槽打洞，破坏建筑、结构成品。

② 电缆走道穿过楼板孔或墙洞的地方，应加装铁皮框保护。

③ 预埋处在土建专业施工时要留人看守，以免振捣时损坏线槽。遇到损坏部分，应及时修复。

10）消防报警系统安装：

① 安装时注意保持吊顶、墙面整洁，并采取防尘防潮措施，装好专用的防尘罩。

② 端子箱安装完毕后应注意箱门上锁。

③ 注意保护已安装好的设备，防止损坏和丢失。

11）自动化仪表管路安装：

① 在配管施工中不得随意剔槽打洞，破坏建筑、结构成品。

② 预埋管在土建专业施工时要留人看守，以免振捣时损坏配管及仪表盒，遇到管路损坏，应及时修复。

③ 防止其他专业施工碰坏仪表配管，严禁私自改动管路。

12）自动化仪表设备安装：

① 在仪表到货检验、入库、现场安装的过程中一定要注意轻拿轻放，防止磕碰跌落损坏仪表及影响精度。

② 在仪表安装过程中不要乱动仪表锁紧的调节部分，防止松脱导致仪表精度改变。

13）自动化仪表安装调试：

① 在仪表到货检验、入库、单体校验、现场安装及联校的过程中一定要注意轻拿轻放，防止磕碰跌落损坏仪表及影响精度。

② 仪表经调试确认合格以后，要锁紧调节部分，防止松脱；并恢复原包装，防止受振动影响精度。

14）集散控制系统安装调试：

① 在设备到货检验、入库、现场安装及校验的过程中一定要注意防止磕碰。

② 送电及加模拟信号的过程中一定要注意认真核对量程范围、电压电流等级，防止过流过压，对系统造成损坏。

四、检验批、分项工程、（子）分部工程施工质量的检查和验收

1. 安装工程施工质量的“三检制”

“三检制”是三级质量检查制度简称，一般情况下，原材料、半成品、成品的检验以专职检验人员为主，施工过程的各项作业的检验则以施工现场操作人员的自检、互检为主，专职检验人员巡回抽检为辅。

（1）自检是指由施工人员对自己的施工作业或已完成的分项工程进行自我检验、把关，及时消除异常因素，防止不合格品进入下道作业。自检记录由施工现场负责人填写并保存。

（2）互检是指同组施工人员之间对所完成的作业或分项工程互相检查，或是本组质检员的抽检，或是下道作业对上道作业的交接检验，是对自检的复核和确认。互检记录由施工员负责填写（要求上、下道工序施工负责人签字确认）并保存。

（3）专检是指质量检验员对分部、分项工程进行检验，用于弥补自检、互检的不足。专检记录由各相关质量检查人员负责填写，每周日汇总保存。

进行建筑工程质量检查验收，应将工程划分为单位（子单位）工程、分部（子分部）工程、分项工程和检验批。其划分的原则如下：

2. 建筑安装工程质量验收的划分原则

建筑工程质量验收应划分为检验批、分项工程、分部（子分部）工程和单位（子单位）工程，详见表 6-2。

（1）检验批质量验收划分：检验批可根据施工及质量控制和专业验收需要按楼层、施工段、变形缝等进行划分。

（2）分项工程质量验收划分：分项工程可由一个或若干个检验批组成。应按主要工种、材料、施工工艺、设备类别等进行划分。如智能建筑分部工程中安全防范子分部系统的分项工程是按设备类别来划分的。又如接地装置安装和电视监控系统安装都是按设备类别划分的分项工程。从某种意义上来说，分项工程的验收实际上就是检验批的验收，分项工程中的检验批都验收完成了，分项工程的验收也就完成了。

（3）分部（子分部）工程质量验收划分：分部工程是由若干分项工程组成，它是组成单位工程的基本单元。分部工程按专业性质、建筑物部位来确定。如建筑安装工程按专业划分为五个分部工程：建筑电气工程、智能建筑工程、电梯工程、建筑给水排水及采暖工程、通风与空调工程。当分部工程较大或较复杂时，可按材料种类、施工特点、施工程序、专业系统及类别等划分为若干子分部工程，如构成智能建筑分部工程的十个子分部工程是按专业性质来划分的；构成建筑电气分部工程的七个子分部工程也是按专业性质来划分的。

（4）单位工程质量验收划分：具备独立施工条件并能形成独立使用功能的建筑物及构筑物为一个单位工程。对于规模较大的单位工程可将其能形成独立使用功能的部分定为一个子单位工程。在工程施工前，单位（子单位）工程的划分应由建设单位、监理单位、施工单位商议确定，据此收集整理施工技术资料。一般情况下，在建筑工程中，一个单位工程通常由十个分部工程组成，其中有四个建筑与结构分部工程、五个建筑安装分部工程和一个节能分部工程（具体为：地基与基础工程、主体结构、装饰装修、屋面工程、给排水及采暖、电气、智能、通风空调、电梯、节能工程）。

表 6-2　电气安装工程分部（子分部）工程、分项工程名称

分部工程	子分部工程	分项工程
建筑电气	室外电气	架空线路及杆上电气设备安装，变压器、箱式变电所安装，成套配电柜、控制柜（屏、台）和动力、照明配电箱（盘）及控制柜安装，电线、电缆导管和线槽敷设，电缆穿管和线槽敷设，电缆头制作、导线连接和线路电气试验，建筑物外部装饰灯具、航空障碍标志灯和庭院灯安装，建筑照明通电试运行，接地装置安装
	变配电室	变压器、箱式变电所安装，成套配电柜、控制柜（屏、台）和动力、照明配电箱（盘）安装，裸母线、封闭母线、插接式母线安装，电缆沟内和电缆竖井内电缆敷设，电缆头制作、导线连接和线路电气试验，接地装置安装，避雷引下线和变配电室接地干线敷设
	供电干线	裸母线、封闭母线、插接式母线安装，桥架安装和桥架内电缆敷设，电缆沟内和电缆竖井内电缆敷设，电线、电缆导管和线槽敷设，电线、电缆穿管和线槽敷线，电缆头制作、导线连接和线路电气试验
	电气动力	成套配电柜、控制柜（屏、台）和动力、照明配电箱（盘）及安装，低压电动机、电加热器及电动执行机构检查、接线，低压电气动力设备检测、试验和空载试运行，桥架安装和桥架内电缆敷设，电线、电缆导管和线槽敷设，电线、电缆穿管和线槽敷线，电缆头制作、导线连接和线路电气试验，插座、开关、风扇安装
	电气照明安装	成套配电柜、控制柜（屏、台）和动力、照明配电箱（盘）安装，电线、电缆导管和线槽敷设，电线、电缆导管和线槽敷线，槽板配线，钢索配线，电缆头制作、导线连接和线路电气试验，普通灯具安装，专用灯具安装，插座、开关、风扇安装，建筑照明通电试运行
	备用和不间断电源安装	成套配电柜、控制柜（屏、台）和动力、照明配电箱（盘）安装，柴油发电机组安装，不间断电源的其他功能单元安装，裸母线、封闭母线、插接式母线安装，电线、电缆导管和线槽敷设，电线、电缆导管和线槽敷线，电缆头制作、导线连接和线路电气试验，接地装置安装
	防雷及接地安装	接地装置安装，避雷引下线和变配电室接地干线敷设，建筑物等电位连接，接闪器安装
智能建筑	通信网络系统	通信系统、卫星及有线电视系统、公共广播系统的安装
	办公自动化系统	计算机网络系统、信息平台及办公自动化应用软件、网络安全系统的安装
	建筑设备监控系统	空调与通风系统、变配电系统、照明系统、给排水系统、热源和热交换系统、冷冻和冷却系统、电梯和自动扶梯系统的安装、中央管理工作站与操作分站、子系统通信接口的安装
	火灾报警及消防联动系统	火灾和可燃气体探测系统、火灾报警控制系统、消防联动系统
	安全防范系统	电视监控系统、入侵报警系统、巡更系统、出入口控制（门禁）系统、停车管理系统
	综合布线系统	缆线敷设和终接、机柜、机架、配线架的安装、信息插座和光缆芯线终端的安装
	智能化集成系统	集成系统网络、实时数据库、信息安全、功能接口的安装
	电源与接地	智能建筑电源、防雷及接地的安装
	环境	空间环境、室内空调环境、视觉照明环境、电磁环境
	住宅（小区）智能化系统	火灾自动报警及消防联动系统、安全防范系统（含电视监控系统、入侵报警系统、巡更系统、门禁系统、楼宇对讲系统、住户对讲呼救系统、停车管理系统）、物业管理系统（多表现场计量及远程传输系统、建筑设备监控系统、公共广播系统、小区网络及信息服务系统、物业办公自动化系统）、智能家庭信息平台的安装

续表

分部工程	子分部工程	分项工程
电梯	电力驱动的曳引式或强制式电梯安装工程	设备进场验收，土建交接检验，驱动主机，导轨、门系统、轿厢、对重（平衡重）、安全部件、悬挂装置、随行电电缆、补偿装置、电气装置、整机安装及验收
	液压电梯安装工程	设备进场验收，土建交接检验，液压系统、导轨、门系统、轿厢、平衡重、安全部件、悬挂装置、随行电缆、电气装置、整机安装及验收
	自动扶梯、自动人行道安装工程	设备进场验收，土建交接检验，整机安装及验收

(5) 室外工程质量验收划分：根据专业类别和工程规模，将室外工程划分为两个单位工程，其中有一个室外建筑环境单位工程和一个室外安装单位工程，室外安装单位工程又再分成两个子单位工程，见表6-3。

表6-3　室外安装单位工程划分

单位工程	子单位工程	分部（子分部）工程
室外安装	给排水与采暖	室外给水系统、室外排水系统、室外供热系统的安装
	电气	室外供电系统、室外照明系统的安装

3. 施工质量验收的标准

建筑安装工程质量验收评定的结论只有“合格”或“不合格”。对于分项工程（检验批）、分部（子分部）工程、单位（子单位）工程，根据不同专业对“合格”的结论都有具体的条件要求。

根据《建筑工程施工质量验收统一标准》（GB 50300—2001）规定，其验收标准如下：

(1) 检验批质量验收评定标准：

1) 主控项目和一般项目的质量经抽样检验合格。

① 主控项目：指对检验批的基本质量起决定性作用的检验项目，其验收必须从严要求，不允许有不符合要求的检验结果，主控项目的检查有否决权。

主控项目的检验内容有：一些重要的允许偏差项目，必须控制在允许偏差范围之内。重要材料、构件及配件、成品及半成品、设备性能及附件的材质、技术性能等检验；结构的强度、刚度和稳定性等检验数据、工程性能检测。如高压成套配电柜的继电保护元器件、逻辑元件、变送器和控制用计算机等单体校验，整组试验动作检测，整定参数检测；管道的焊接压力试验；风管系统的测定；电梯的安全保护及试运行等。

② 一般项目：指主控项目以外的检验批项目。其规定的要求也是应该达到的，只不过对影响安全和使用功能的少数条文可以放宽一些要求。验收时，其绝大多数抽查处（件）质量指标都必须达到要求。

一般项目包括的主要内容有：允许有一定偏差的项目（最多不超过20%的检查点可以超过允许偏差值，但不能超过允许值的150%）；对不能确定偏差而又允许出现一定缺陷的项目；一些无法定量而采取定性的项目。

2) 具有完整的施工操作依据、质量检查记录。

(2) 分项工程质量验收评定标准：

1）构成分项工程的各检验批均应符合合格质量的规定。

2）构成分项工程的各检验批的验收资料文件完整。

(3) 分部（子分部）工程质量验收评定标准：

1）所含各分项工程已验收合格。

2）相应的质量控制文件完整。

3）有关安全和功能、节能、环境保护的检验和抽样检测必须合格。如油浸变压器内的变压器油必须是油样检验合格且其耐压试验等检测都应合格；建筑电气工程的线路、插座、开关接地检查，在验收时要进行抽样检测。

4）观感质量验收应符合要求。

(4) 单位（子单位）工程质量验收评定标准：

单位（子单位）工程质量验收评定，是建筑工程投入使用前的最后一次验收。其验收评定的条件有五个方面：

1）构成单位工程的各分部（子分部）工程质量验收均应合格。

2）有关的质量控制资料文件应完整。

3）所含涉及安全和使用功能的分部工程的检验资料应完整。

如电气工程的安全和功能检测资料有照明全负荷试验记录，大型灯具牢固性试验记录，避雷接地电阻测试记录，线路、开关、插座接地试验记录等。

4）对主要使用功能项目的抽查结果应符合相关专业质量验收规范的规定。

5）观感质量验收应符合规定。由参加验收的各方人员共同进行，最后共同确定是否通过验收。

4. 质量检查验收的程序

施工质量验收包括施工过程的质量验收及工程项目竣工质量验收两个部分。施工过程质量验收主要是对检验批和分项、分部工程的质量验收。竣工验收是对单位工程进行验收。

检验批和分项工程是质量验收的基本单元；分部工程是在所含全部分项工程验收的基础上进行，在施工过程中随完工随验收，并留下完整的质量验收记录和资料；单位工程作为具有独立使用功能的完整的建筑产品，进行竣工验收。

工程质量验收评定工作由施工单位、建设单位、监理单位、质量监督部门、勘察单位、设计单位等共同完成。

建筑工程质量检验评定的基本程序是：检验批验评—分项工程验评—分部（子部分）工程验评—单位工程验评。检验批是工程质量验收的最小单元，是分项工程乃至整个安装工程质量验收的基础；检验批和分项工程是质量验收的基本单元；单位工程是工程竣工质量验收的基本对象。

(1) 根据《建筑工程施工质量验收统一标准》(GB 50300—2001) 规定，其具体程序如下：

1）检验批验评的程序：检验批内容施工完毕后，施工单位自检、互检、交接检合格后，经项目专业质检员负责检查评定合格，填写验收记录，报监理工程师（建设单位项目专业技术负责人）组织验评签认。所有检验批均应由监理工程师或建设单位项目技术负责人组织验收，验收时，应根据检验项目的特点，可采取抽样方法、宏观检查的方法。

2）分项工程验评的程序：组成分项工程的项目施工完毕后，由项目专业技术负责人组织内部验评合格后，填写“分项工程质量验收记录”，报监理工程师（建设单位项目技术负责人）组织验评签认。分项工程是分部工程质量验收的基础，所有分项工程均应由监理工程师或建设单位项目技术负责人组织验收。

3）分部（子分部）工程验评的程序：组成分部（子分部）工程的各分项工程施工完毕后，由项目经理或项目技术负责人组织内部验评合格后，填写“分部（子分部）工程验收记录”，项目经理签字后报总监理工程师（建设单位项目负责人）组织验评签认。分部工程（子分部工程）应由总监理工程师（建设单位项目负责人）组织施工单位的项目负责人和项目技术、质量负责人及有关人员进行验收。

4）单位（子单位）工程质量检查验收的程序：单位（子单位）工程质量检查验收的程序按竣工质量验收的程序来进行。竣工验收可按验收准备、竣工预验收和正式验收三个步骤进行。整个竣工验收过程涉及建设单位、设计单位及施工总分包各方的工作，必须按照工程项目质量控制系统的职能分工，由监理为核心进行组织协调。在一个单位工程中，施工单位已自检合格，监理单位已初验合格的子单位工程，建设单位可组织进行验收。在整个单位工程进行全部验收时，已验收的子单位工程验收资料应作为单位工程验收的附件。

单位工程质量验收合格后，建设单位应自建设工程验收合格之日起 15 日内，将建设工程竣工验收报告和规划、公安消防、环保等部门出具的认可文件或准许使用文件，报建设行政管理主管部门或其他相关部门备案。

（2）整个验收程序如下：

1）竣工验收准备：竣工验收准备由施工单位自行组织完成。其内容包括工程实体的验收准备和相关工程档案资料的验收准备。自检合格后，向现场监理机构提交工程竣工预验收申请报告，要求组织工程竣工预验收。其中设备及管道安装工程等，应经过试压、试车和系统联动试运行检查记录。

2）竣工预验收：竣工预验收是由监理机构负责组织完成。当监理机构收到施工单位的工程竣工预验收申请报告后，应就验收的准备情况和验收条件进行检查，对工程质量进行竣工预验收。对工程实体质量及档案资料存在的缺陷，及时提出整改意见，并与施工单位协商整改方案，确定整改要求和完成时间。具备下列条件时，由施工单位向建设单位提交竣工验收报告，申请工程竣工验收。

① 完成建设工程设计和合同约定的各项内容。

② 有完整的技术档案和施工管理资料。

③ 有工程使用的主要建筑材料、构配件和设备的进场试验报告。

④ 有工程勘察、设计、施工、工程监理等单位分别签署的质量合格文件。

⑤ 有施工单位签署的工程保修书。

3）正式竣工验收：建设单位（项目）收到竣工验收报告后，应组织施工（含分包单位）、设计、勘察、监理等单位（项目）负责人进行单位工程验收，并由施工、设计、勘察、监理等单位和其他方面的专家组成竣工验收小组，负责检查验收的具体工作，并制订验收方案。

建设单位应在工程竣工验收前 7 个工作日将验收时间、地点、验收名单书面通知该工程的工程质量监督机构。建设单位组织竣工验收会议。正式验收的主要工作是：

① 建设、施工、设计、勘察、监理等单位分别汇报工程合同履约情况及工程施工各环节满足设计要求，质量符合法律、法规和强制性标准的情况。

② 检查审核施工、设计、勘察、监理等单位的工程档案资料及质量验收资料。

③ 实地检查工程外观质量，对工程的使用功能进行抽查。

④ 对工程施工质量管理各环节工作、对工程实体质量及质保资料情况进行全面评价，形成经验收组人员共同确认签署的工程竣工验收意见。

⑤ 工程质量监督机构应对工程竣工验收工作进行监督。

5. 建筑安装工程质量验收的要求

（1）建筑安装工程质量验收应符合《建筑工程施工质量验收统一标准》（GB 50300—2001）和相关专业验收规范的规定。

（2）建筑工程施工应符合工程勘察、设计文件的要求。

（3）参加工程施工质量验收的各方人员应具备规定的资格。

（4）工程质量的验收均应在施工单位自行检查评定的基础上进行。

（5）隐蔽工程在隐蔽前应由施工单位通知有关单位进行验收，并应形成验收文件。

（6）涉及结构安全的试块、试件以及有关材料，应按规定进行见证取样检测。

（7）检验批的质量应按主控项目和一般项目验收。

（8）对涉及结构安全和使用功能的重要分部工程应进行抽样检测。

（9）承担见证取样检测及有关结构安全检测的单位应具有相应资质。

（10）工程的观感质量应由验收人员通过现场检查，并应共同确认。

6. 建筑电气工程的验收要求

（1）当验收建筑电气工程时，应核查下列各项质量控制资料，且检查分项工程质量验收记录和分部（子分部）质量验收记录应正确，责任单位和责任人的签章齐全。

1）建筑电气工程施工图设计文件和图纸会审记录及洽商记录。

2）主要设备、器具、材料的合格证和进场验收记录。

3）隐蔽工程记录。

4）电气设备交接试验记录。

5）接地电阻、绝缘电阻测试记录。

6）空载试运行和负荷试运行记录。

7）建筑照明通电试运行记录。

8）工序交接合格等施工安装记录。

（2）当单位工程质量验收时，建筑电气分部（子分部）工程实物质量的抽检部位如下，且抽检结果应符合相关规范规定。

1）大型公用建筑的变配电室，技术层的动力工程，供电干线的竖井，建筑顶部的防雷工程，重要的或大面积活动场所的照明工程，以及 5%自然间的建筑电气动力、照明工程。

2）一般民用建筑的配电室和 5%自然间的建筑电气照明工程，以及建筑顶部的防雷工程。

3）室外电气工程以变配电室为主，且抽检各类灯具的5%。

(3) 核查各类技术资料应齐全，且符合工序要求，有可追溯性；各责任人均应签章确认。

(4) 为方便检测验收，高低压配电装置的调整试验应提前通知监理和有关监督部门，实行旁站确认。变配电室通电后可抽测的项目主要是：各类电源自动切换或通断装置、馈电线路的绝缘电阻、接地（PE）或接零（PEN）的导通状态、开关插座的接线正确性、漏电保护装置的动作电流和时间、接地装置的接地电阻和由照明设计确定的照度等。抽测的结果应符合相关规范规定和设计要求。

(5) 检验方法应符合下列规定：

1）电气设备、电缆和继电保护系统的调整试验结果，查阅试验记录或试验时旁站。

2）空载试运行和负荷试运行结果，查阅试运行记录或试运行时旁站。

3）绝缘电阻、接地电阻和接地（PE）或接零（PEN）导通状态及插座接线正确性的测试结果，查阅测试记录或测试时旁站，用适配仪表进行抽测。

4）漏电保护装置动作数据值，查阅测试记录或用适配仪表进行抽测。

5）负荷试运行时大电流节点温升测量用红外线遥测温度仪抽测或查阅负荷试运行记录。

6）螺栓紧固程度用适配工具做拧动试验；有最终拧紧力矩要求的螺栓，用扭力扳手抽测。

7）需吊芯、抽芯检查的变压器和大型电动机，吊芯、抽芯时旁站或查阅吊芯、抽芯记录。

8）需做动作试验的电气装置，高压部分不应带电试验，低压部分无负荷试验。

9）水平度用水平尺测量，垂直度用线锤吊线尺量，盘面平整度拉线尺量，各种距离的尺寸用塞尺、游标卡尺、钢尺、塔尺或采用其他仪器仪表等测量。

10）外观质量情况目测检查。

11）设备规格型号、标志及接线，对照工程设计图纸及其变更文件检查。

7. 智能建筑分部（子分部）工程的验收要求

(1) 竣工验收要求

1）工程实施及质量控制检查。

2）系统检测合格。

3）运行管理队伍组建完成，管理制度健全。

4）运行管理人员已完成培训，并具备独立上岗能力。

5）竣工验收文件资料完整。

6）系统检测项目的抽检和复核应符合设计要求。

7）观感质量验收应符合要求。

8）根据《智能建筑设计标准》（GB/T 50314—2006）的规定，智能建筑的等级符合设计的等级要求。

(2) 竣工验收结论与处理：

1）竣工验收结论分“合格”和“不合格”。

2）上述第（1）条规定的各款全部符合要求，为各系统竣工验收合格，否则为不合格。

3）各系统竣工验收合格，为智能建筑工程竣工验收合格。

4）竣工验收发现不合格的系统或子系统时，建设单位应责成责任单位限期整改，直到重新验收合格；整改后仍无法满足安全使用要求的系统不得通过竣工验收。

（3）竣工验收时应按规范要求填写资料审查结果和验收结论。

五、不合格品的控制程序及工程质量事故处理

1. 工程质量事故的分类

根据《关于做好房屋建筑和市政基础设施工程质量事故报告和调查处理工作的通知》（建质［2010］111号）规定，按照工程质量事故造成的人员伤亡或者直接经济损失，工程质量事故分为4个等级：

（1）特别重大事故，是指造成30人以上死亡，或者100人以上重伤，或者1亿元以上直接经济损失的事故。

（2）重大事故，是指造成10人以上30人以下死亡，或者50人以上100人以下重伤，或者5 000万元以上1亿元以下直接经济损失的事故。

（3）较大事故，是指造成3人以上10人以下死亡，或者10人以上50人以下重伤，或者1 000万元以上5 000万元以下直接经济损失的事故。

（4）一般事故，是指造成3人以下死亡，或者10人以下重伤，或者100万元以上1 000万元以下直接经济损失的事故。

本等级划分中所称的“以上”包括本数，所称的“以下”不包括本数。

2. 工程质量事故呈报程序

（1）工程质量事故发生后，事故现场有关人员应当立即向工程建设单位负责人报告。工程建设单位负责人接到报告后，应于1小时内向事故发生地县级以上人民政府住房和城乡建设主管部门及有关部门报告。情况紧急时，事故现场有关人员可直接向事故发生地县级以上人民政府住房和城乡建设主管部门报告。

（2）住房和城乡建设主管部门接到事故报告后，应当依照下列规定上报事故情况并同时通知公安、监察机关等有关部门：

1）较大、重大及特别重大事故逐级上报至国务院住房和城乡建设主管部门，一般事故逐级上报至省级人民政府住房和城乡建设主管部门，必要时可以越级上报事故情况。

2）住房和城乡建设主管部门上报事故情况，应当同时报告本级人民政府；国务院住房和城乡建设主管部门接到重大和特别重大事故的报告后，应当立即报告国务院。

3）住房和城乡建设主管部门逐级上报事故情况时，每级上报时间不得超过2小时。

4）事故报告应包括下列内容：

① 事故发生的时间、地点、工程项目名称、工程各参建单位名称。

② 事故发生的简要经过、伤亡人数（包括下落不明的人数）和初步估计的直接经

济损失。

③ 事故的初步原因。

④ 事故发生后采取的措施及事故控制情况。

⑤ 事故报告单位、联系人及联系方式。

⑥ 其他应当报告的情况。

5）事故报告后出现新情况，以及事故发生之日起 30 日内伤亡人数发生变化的，应当及时补报。

3. 施工质量问题及事故的处理

（1）工程施工质量问题和质量事故的处理方式：

1）修补处理：某个检验批、分项或分部工程的质量未达到规范、标准或设计要求，存在一定缺陷，通过修补或更换器具、设备后可达到要求，且不影响使用功能和外观要求。

2）返工处理：工程质量未达到规范、标准或设计要求，存在严重质量问题，对使用和安全构成重大影响，且无法通过修补处理的，必须进行返工处理。

3）加固处理：主要是针对危及承载力的质量缺陷的处理。通过对缺陷的加固处理，使建筑结构恢复或提高承载力，重新满足结构安全性与可靠性的要求，使结构能继续使用或改作其他用途。

4）不作处理：某些工程质量问题虽不符合规定的要求，但经过分析、论证、法定检测单位鉴定和设计等有关部门认可其对工程使用或结构安全影响不大的；经后续工序可以弥补的；经法定检测单位鉴定合格的；经检测鉴定达不到设计要求，但经原设计单位核算，仍能满足结构安全和使用功能的，可不作专门处理。

5）降级处理（限制使用）：工程质量缺陷按返修方法处理后，无法保证达到规定的使用要求和安全要求，又无法返工处理，可降级处理。

6）报废处理：当采取上述办法后，仍不能满足规定的要求或标准，则必须报废处理。

（2）质量验收时，对工程施工质量问题和质量事故的处理应按照《建筑工程施工质量验收统一标准》（GB 50300—2001）的规定处理：

1）经返工重做或更换器具、设备的检验批，应重新进行验收。

2）经有资质的检测单位检测鉴定能够达到设计要求的检验批，应予以验收。

3）经有资质的检测单位检测鉴定达不到要求，但经原设计单位核算认可能够满足结构安全和使用功能的检验批，可予以验收。

4）通过返修或加固处理仍不能满足安全使用要求的分部工程、单位（子单位）工程，严禁验收。

（3）质量事故处理的相关规定：

1）住房和城乡建设主管部门应当依据有关人民政府对事故调查报告的批复和有关法律法规的规定，对事故相关责任者实施行政处罚。处罚权限不属本级住房和城乡建设主管部门的，应当在收到事故调查报告批复后 15 个工作日内，将事故调查报告（附具有关证据材料）、结案批复、本级住房和城乡建设主管部门对有关责任者的处理建议等转送有权限的住房和城乡建设主管部门。

2）住房和城乡建设主管部门应当依据有关法律法规的规定，对事故负有责任的建设、勘察、设计、施工、监理等单位和施工图审查、质量检测等有关单位分别给予罚款、停业整顿、降低资质等级、吊销资质证书其中一项或多项处罚，对事故负有责任的注册执业人员分别给予罚款、停止执业、吊销执业资格证书、终身不予注册其中一项或多项处罚。

4. 施工质量不合格的处理程序

施工质量不合格的处理需经过五个过程，具体如下：

（1）事故调查：事故发生后，施工项目负责人应积极组织事故调查。事故调查应力求及时、客观、全面，以便为事故的分析与处理提供正确的依据。调查结果要整理撰写成事故调查报告，其主要内容是：工程概况、事故情况、事故发生后所采取的临时防护措施、事故调查中的有关数据及资料、事故原因分析与初步判断、事故处理的建议方案与措施、事故涉及人员与主要责任者的情况等。

（2）事故的原因分析：要避免情况不明就主观推断事故的原因。特别是对涉及勘察、设计、施工、材料和管理等方面的质量事故，其原因错综复杂，因此，在事故情况调查的基础上，对调查所得到的数据、资料进行仔细的分析，去伪存真，找出造成事故的主要原因。

（3）制定事故处理的方案：事故的处理要建立在原因分析的基础上，并广泛地听取专家和有关方面的意见，经科学论证，决定事故是否进行处理和怎样处理。在制定事故处理方案时，应做到安全可靠、技术可行、不留隐患、经济合理、具有可操作性、满足建筑功能和使用要求。

（4）事故处理：根据制定的质量事故处理方案，对质量事故进行认真的处理。处理的内容是：事故的技术处理，以解决施工质量不合格和缺陷问题；施工的责任处罚，根据事故的性质、损失大小、情节轻重对事故的责任单位和责任人做出相应的行政处分直至追究刑事责任。

（5）事故处理的鉴定验收：质量事故的处理施工是否达到预期的目的，是否依然存在隐患，应当通过检查鉴定和验收作出确认。事故处理的质量检查鉴定，应严格按施工验收规范和相关的质量标准的规定进行，必要时还应通过实际测量、试验和仪器检测等方法获取必要的数据，以便准确地对事故处理的结果做出鉴定。事故处理后，必须尽快提交完整的事故处理报告，其内容包括：事故调查的原始资料、测试的数据；事故原因分析、论证；事故处理的依据；事故处理的方案及技术措施；实施质量处理中有关的数据、记录、资料；检查验收记录；事故处理的结论等。

六、施工日记的编写与工程技术资料收集归档

1. 工程技术资料收集归档

施工单位自工程中标后，应从工程准备开始，就建立工程技术档案，汇集、整理有关资料，并贯穿于整个施工过程，直到工程竣工验收交付使用。

凡列入工程技术档案的技术文件、资料，都必须经项目技术负责人正式审定。所有的资料、文件都必须如实反映情况，不得擅自修改、伪造和事后补作。

（1）工程技术资料档案主要包括：工程施工技术管理资料、工程质量控制资料、

工程施工质量验收资料、竣工图四大部分。

1）工程施工技术管理资料包括：图纸会审记录文件；工程开工报告相关资料（开工报审表、开工报告）；技术、安全交底记录文件；施工组织设计（项目管理规划）文件；施工日志记录文件；设计变更文件；工程洽商记录文件；工程测量记录文件；施工记录文件；工程质量事故记录文件；工程竣工资料。

2）工程质量控制资料包括：工程项目原材料、构配件、成品、半成品和设备的出厂合格证及进场检（试）验报告；施工试验记录和见证检测报告；隐蔽工程验收记录文件；交接检查记录。

3）工程施工质量验收资料：施工现场质量管理检查记录；单位（子单位）工程质量竣工验收记录；分部（子分部）工程质量验收记录文件；分项工程质量验收记录文件；检验批质量验收记录文件。

4）竣工图是指工程竣工验收后，真实反映建设工程项目施工结果的图样。它是真实、准确、完整反映和记录各种地下和地上建筑物、构筑物等详细情况的技术文件；是工程竣工验收、投产或交付使用后进行维修、扩建、改建的依据；是生产（使用）单位必须长期妥善保存和进行备案的重要工程档案资料。竣工图的编制整理、审核盖章、交接验收按国家对竣工图的要求办理。承包人应根据施工合同约定，提交合格的竣工图。

（2）施工资料的整理：

整理施工资料必须要立卷，亦称组卷。

1）立卷的基本原则：施工文件档案的立卷应遵循工程文件的自然形成规律，保持卷内工程前期文件、施工技术文件和竣工图之间的有机联系，便于档案的保管和利用。

① 一个建设工程由多个单位工程组成时，工程文件按单位工程立卷。

② 施工文件资料应根据工程资料的分类和“专业工程分类编码参考表”进行立卷。

③ 卷内资料排列顺序要依据卷内的资料构成而定，一般顺序为封面、目录、文件部分、备考表、封底。组成的案卷力求美观、整齐。

④ 卷内若有多种资料时，同类资料按日期顺序排列，不同资料之间的排列顺序应按资料的编号顺序排列。

2）立卷的具体要求：

① 施工文件可按单位工程、分部工程、专业、阶段等组卷，竣工验收文件按单位工程、专业组卷。

② 竣工图可按单位工程、专业等进行组卷，每一专业根据图纸多少组成一卷或多卷。

③ 案卷不宜过厚，一般不超过 40mm。

④ 案卷内不应有重份文件，不同载体的文件一般应分别组卷。

⑤ 卷内文件的排列：文字材料按事项、专业顺序排列。同一事项的请示与批复、同一文件的印本与定稿、主件与附件不能分开，并按批复在前、请示在后，印本在前、定稿在后，主件在前、附件在后的顺序排列，同专业图纸按图号顺序排列。既有文字材料又有图纸的案卷，文字材料排前，图纸排后。

⑥ 案卷的编目：

a. 卷内文件页号的编制规定：

卷内文件均按有书写内容的页面编号。每卷单独编号，页号从“1”开始。

页号编写位置：单面书写的文件在右下角；双面书写的文件，正面在右下角，背面在左下角。折叠后的图纸一律写在右下角。

成套图纸或印刷成册的科技文件材料，自成一卷的，原目录可代替卷内目录，不必重新编写页号。

案卷封面、卷内目录、卷内备考表不编写页号。

b. 卷内目录的编制规定：

卷内目录式样：宜符合《建设工程文件归档整理规范》（GB/T 50328—2001）附录B的要求。

序号：以一份文件为单位，用阿拉伯数字从1依次标注。

责任者：填写文件的直接形成单位和个人。有多个责任者时，选择两个主要责任者，其余用“等”代替。

编号：填写工程文件原有的文号或图号。

日期：填写文件形成的日期。

页次：填写文件在卷内所排的起始页号。最后一份文件填写起止页号。

卷内目录排列：在卷内文件首页之前。

c. 卷内备考表的编制规定：

卷内备考表的式样：宜符合《建设工程文件归档整理规范》（GB/T 50328—2001）附录C的要求。

卷内备考表主要标明卷内文件总页数、各类文件页数（照片张数），以及立卷单位对案卷情况的说明。

卷内备考表排列在卷内文件的尾页之后。

d. 案卷封面的编制规定：

案卷封面印刷在卷盒、卷夹的正表面，也可采用卷内封面形式。案卷封面的式样宜符合《建设工程文件归档整理规范》（GB/T 50328—2001）附录D的要求。

案卷封面的内容应包括：档号、档案馆代号、案卷题名、编制单位、起止日期、密级、保管期限、共几卷、第几卷。

档号应由分类号、项目号和案卷号组成。档号由档案保管单位填写。

档案馆代号应填写国家给定的本档案馆的编号。档案馆代号由档案馆填写。

案卷题名应简明、准确地揭示卷内文件内容。案卷题名应包括工程名称、专业名称、卷内文件的内容。

编制单位应填写案卷内文件的形成单位或主要责任者。

起止日期应填写案卷内全部文件形成的起止日期。

保管期限分为永久、长期、短期三种。各类文件的保管期限详见《建设工程文件归档整理规范》（GB/T 50328—2001）附录A的要求。

密级分为绝密、机密、秘密三种。同一案卷内有不同密级的文件，应以高密级为本卷密级。

e. 卷内目录、卷内备考表、案卷内封面应采用70g以上白色书写纸制作，幅面统一采用A4幅面。

⑦ 案卷装订与图纸折叠：

a. 案卷可采用装订与不装订两种形式。文字材料必须装订。既有文字材料，又有图纸的案卷应装订。装订应采用线绳三孔左侧装订法，要整齐、牢固，便于保管和利用。装订时必须剔除金属物。

b. 不同幅面的工程图纸应按《技术制图复制图的折叠方法》（GB/T 10609.3—2009）要求统一折叠成 A4 幅面（297mm×210mm），图标栏露在外面。

⑧ 卷盒、卷夹、案卷脊背：

a. 案卷装具一般采用卷盒、卷夹两种形式。

卷盒的外表尺寸为 310mm×220mm，厚度分别为 20mm、30mm、40mm、50mm。卷夹的外表尺寸为 310mm×220mm，厚度分别为 20mm、30mm。

b. 案卷脊背的内容包括档号、案卷题名。式样宜符合《建设工程文件归档整理规范》（GB/T 50328—2001）附录 E 的要求。

（3）归档文件的质量要求：

1）归档的文件应为原件。

2）工程文件的内容及其深度必须符合国家有关工程勘察、设计、施工、监理等方面的技术规范、标准和规程。

3）工程文件的内容必须真实、准确，与工程实际相符合。

4）工程文件应采用耐久性强的书写材料，如碳素墨水，不得使用易褪色的书写材料，如红色墨水、纯蓝墨水、圆珠笔、复写纸、铅笔等。

5）工程文件应字迹清楚，图样清晰，图表整洁，签字盖章手续完备。

6）工程文件的文字材料幅面尺寸规格宜为 A4 幅面（297 cm×210 cm），图纸宜采用国家标准图幅。

7）工程文件的纸张应采用能够长期保存的韧力大、耐久性强的纸张。图纸一般采用蓝晒图，竣工图应是蓝晒图。计算机出图必须清晰，不得使用计算机出图的复印件。

8）所有竣工图均应加盖竣工图章。

① 竣工图章的基本内容应包括："竣工图"字样、施工单位、编制人、审核人、技术负责人、编制日期、监理单位、现场监理、总监理工程师。

② 竣工图章尺寸为：50 mm×80 mm。具体详见《建设工程文件归档整理规范》（GB/T 50328—2001）的图章示例。

③ 竣工图章应使用不褪色的红印泥，应盖在图标栏上方空白处。

9）利用施工图改绘竣工图，必须标明变更修改依据；凡施工图结构、工艺、平面布置等有重大改变，或变更超过图面的 1/3 的，应当重新绘制竣工图。

（4）施工文件归档的时间和相关要求：

1）根据建设程序和工程特点，归档可分阶段分期进行，也可以在单位工程或分部工程通过竣工验收后进行。

2）施工单位应当在工程竣工验收前，将形成的有关工程档案向建设单位归档。

3）施工单位在收齐工程文件整理立卷后，建设单位、监理单位应根据城建档案管理机构的要求对档案文件完整、准确、系统情况和案卷质量进行审查。审查合格后向建设单位移交。

4）工程档案一般不少于两套，一套由建设单位保管，一套（原件）移交当地城建档案馆（室）。

5）施工单位向建设单位移交档案时，应编制移交清单，双方签字、盖章后方可交接。

2. 施工日志的编写

施工日志是工程施工技术管理资料的一种，是施工人员对工程项目施工过程中的有关技术管理和质量管理活动以及效果进行逐日连续完整的记录。要求对工程从开工到竣工的整个施工阶段进行全面记录，要求内容能完整、全面地反映工程相关情况。

编写施工日志时，其内容应视工程的具体情况而定，没有千篇一律的标准，一般应包括以下内容：

1）日期、时间、气候、温度。

2）施工部位名称、施工现场负责人和各工种负责人姓名及现场人员变动、调度情况。

3）施工各班组工作内容、实际完成情况。

4）施工现场操作人员数量及变动情况。

5）施工任务交底、技术交底和安全操作交底情况。

6）施工中涉及的特殊措施和施工方法，新技术、新材料的推广应用情况。

7）施工进度是否满足施工组织设计与计划调度部门的要求。

8）建筑材料、构件进场及检验情况。

9）施工机械进场、退场及故障修理情况。

10）质量检查情况、质量事故原因及处理方法。

11）安全防火检查中发现的问题与改正措施及有关记录。

12）施工现场文明施工、场容管理存在的问题及其处理情况。

13）停工情况及原因。

14）总分包之间、土建与专业工种之间配合施工情况，存在哪些需要进一步协调的问题。

15）收到各种施工技术及管理性文件情况。

16）施工现场召开的各种会议主要内容、参加人员和达成协议记录。

17）施工现场接待外来人员情况，包括建设单位、设计单位的代表对施工现场与工程质量的意见与建议；兄弟单位到施工现场参加学习的情况；上级领导或政府职能部门（如工程质量与安全监督站）到现场视察指导情况等。

18）班组活动情况。

19）冬雨期施工准备及措施执行情况。

20）其他。

第七章　电气安装工程施工安全管理

第一节　安全生产控制的基本要求

一、施工现场安全生产制度

安全生产管理必须坚持“安全第一、预防为主”的方针。在实施中坚持“以人为本，领导承诺，风险化减，全员参与，持续改进”的理念。

现阶段正在执行的主要安全生产管理制度包括安全生产责任制度；安全生产许可证制度；政府安全生产监督检查制度；安全生产教育培训制度；安全措施计划制度；特种作业人员持证上岗制度；专项施工方案专家论证制度；危及施工安全工艺、设备、材料淘汰制度；施工起重机械使用登记制度；安全检查制度；生产安全事故报告和调查处理制度；“三同时”制度；安全预评价制度；意外伤害保险制度等。其中安全生产责任制度是各项安全管理制度的核心，也是安全管理中最基本的制度。

在正式施工之前，做好“四口”、“五临边”的防护设施，其中“四口”为楼梯口、通道口、电梯井口、预留洞口；“五临边”为未安栏杆的阳台周边、无外架防护的屋面周边、框架工程的楼层周边、卸料平台的外侧边及上下跑道、斜道的两侧边。

在施工场地布置时，应设置施工现场安全“五标志”，即：警告标志、提示标志、指令标志、禁止标志、电力安全标志。

在安全生产管理中，应把好安全生产的“七关”，即教育关、措施关、交底关、防护关、验收关、检查关和文明关。在检查施工安全，对查出的事故隐患进行整改时，应达到整改“五定”要求，即定整改责任人、定整改措施、定整改完成时间、定整改完成人和定整改验收人。

二、施工员安全生产职责

(1) 施工员是所管辖区域范围内安全生产第一责任人，对所管辖范围内的安全生产负直接领导责任。

(2) 认真贯彻落实上级有关规定，监督执行安全技术办法及安全操作规程，针对生产任务特点，向班组（外协施工队）进行书面安全技术交底，履行签字手续，并对规程、办法、交底要求的执行情况经常检查，随时纠正违章作业。

(3) 负责落实所管辖施工队伍的三级安全教育、常规安全教育、季节转换及针对施工各个阶段特点等进行的各种形式的安全教育。负责组织落实所管辖施工队伍特殊作业人员的安全培训工作和持证上岗的办理工作。

(4) 经常检查所管辖区域的作业环境、设备和安全防护设施的安全状况，发现问题及时解决。对重点特殊部位施工，必须检查作业人员及特种设备和安全防护设施的技术状况是否符合安全尺度要求，认真做好书面安全技术交底，落实安全技术办法，并监督其执行，做到不违章指挥。

(5) 负责组织落实所管辖班组（外协施工队）开展各项安全活动，学习安全操作规程，接受安全办理机构或人员的安全监督检查，及时解决其提出的不安全问题。

(6) 对工程项目中应用的“四新”严格执行申报、审批制度，发现不安全问题，及时停止施工，并上报领导或有关部门。

(7) 发生各类变乱及未遂变乱必须停止施工，保护现场，立即上报。对重大变乱隐患和重大未遂变乱，必须查明变乱发生原因，落实整改办法，经上级有关部门验收合格后方准恢复施工，不得擅自撤销现场庇护设施，强行复工。

三、危险源的识别及控制

1. 施工现场危险源识别范围

包括所有工作场所（常规和非常规）或管理过程的活动；所有进入施工现场人员（包括外来人员）的活动；建筑安装项目部内部和相关方的机械设备、设施（包括消防设施）等；施工现场作业环境和条件；施工人员的劳动强度及女职工保护等。

2. 施工现场危险源的种类

危险源是安全管理的主要对象。根据危险源在事故发生发展中的作用，把危险源分为两大类，即第一类危险源和第二类危险源。

(1) 第一类危险源：能量和危险物质的存在是危害产生的最根本原因，通常把可能发生意外释放的能量（能源或能量载体）或危险物质称作第一类危险源，如爆炸、火灾、触电、辐射，由此造成的伤害包括机械伤害、电能伤害、热能伤害、光能伤害、化学物质伤害、放射和生物伤害等。

第一类危险源是事故发生的物理本质，危险性主要表现为导致事故而造成后果的严重程度方面。

(2) 第二类危险源：导致约束、限制能量和危险物质措施失控的各种不安全因素称作第二类危险源。

第二类危险源主要体现在设备故障或缺陷（物的不安全状态）、人为失误（人的不安全行为）和管理缺陷等几个方面。这是导致事故的必要条件，决定事故发生的可能性。

(3) 危险源与事故：事故的发生是两类危险源共同作用的结果，第一类危险源是事故发生的前提，第二类危险源的出现是第一类危险源导致事故的必要条件。在事故的发生和发展过程中，两类危险源相互依存，相辅相成。第一类危险源是事故的主体，决定事故的严重程度，第二类危险源出现的难易，决定事故发生的可能性大小。

3. 危险源识别

危险源识别是安全管理的基础工作，主要目的是要找出每项工作活动有关的所有危险源，并考虑这些危险源可能会对什么人造成什么样的伤害，或导致什么设备设施损坏等。

（1）危险源的识别：我国在2009年发布了国家标准《生产过程危险和有害因素分类与代码》（GB/T 13861—2009），该标准适用于各个行业在规划、设计和组织生产时对危险源的预测和预防、伤亡事故的统计分析和应用计算机进行管理。在进行危险源识别时，可参照该标准的分类和编码，便于管理。

（2）危险源识别方法：危险源识别的方法有询问交谈、现场观察、查阅有关记录、获取外部信息、工作任务分析、安全检查表、危险与操作性研究、事故树分析、故障树分析等方法。这些方法各有特点和局限性，往往采用两种或两种以上的方法识别危险源。以下简单介绍常用的两种方法。

1）专家调查法：是通过向有经验的专家咨询、调查，识别、分析和评价危险源的一类方法，其优点是简便、易行，其缺点是受专家的知识、经验和占有资料的限制，可能出现遗漏。常用的有：头脑风暴法和德尔斐法。

2）安全检查表法：安全检查表实际上就是实施安全检查和诊断项目的明细表。运用已编制好的安全检查表，进行系统的安全检查，识别工程项目存在的危险源。检查表的内容一般包括分类项目、检查内容及要求、检查以后处理意见等。可以用“是”、“否”作回答或“√”、“×”符号作标记，同时注明检查日期，并由检查人员和被检单位同时签字。安全检查表法的优点是：简单易懂、容易掌握，可以事先组织专家编制检查项目，使安全、检查做到系统化、完整化。缺点是只能作出定性评价。

四、文明施工的要求和现场环境保护的措施

1. 文明施工的要求

文明施工主要包括：规范施工现场的场容，保持作业环境的整洁卫生；科学组织施工，使生产有序进行；减少施工对周围居民和环境的影响；遵守施工现场文明施工的规定和要求，保证职工的安全和身体健康。

依据我国相关标准，文明施工的要求主要包括现场围挡、封闭管理、施工场地、材料堆放、现场住宿、现场防火、治安综合治理、施工现场标牌、生活设施、保健急救、社区服务11项内容。总体上应符合以下要求：

（1）有整套的施工组织设计或施工方案，施工总平面布置紧凑，施工场地规划合理，符合环保、市容、卫生的要求。

（2）有健全的施工组织管理机构和指挥系统，岗位分工明确；工序交叉合理，交接责任明确。

（3）有严格的成品保护措施和制度，大小临时设施和各种材料构件、半成品按平面布置堆放整齐。

（4）施工场地平整，道路畅通，排水设施得当，水电线路整齐，机具设备状况良好，使用合理。施工作业符合消防和安全要求。

（5）搞好环境卫生管理，包括施工区、生活区环境卫生和食堂卫生管理。

（6）文明施工应贯穿施工结束后的清场。实现文明施工，不仅要抓好现场的场容管理，而且还要做好现场材料、机械、安全、技术、保卫、消防和生活卫生等方面的工作。

2. 施工现场环境保护的措施

建设工程环境保护措施主要包括大气污染的防治、水污染的防治、噪声污染的防治、固体废弃物的处理以及文明施工措施等。

（1）大气污染的防治：大气污染物的种类有数千种，已发现有危害作用的有100多种，其中大部分是有机物。大气污染物通常以气体状态和粒子状态存在于空气中。

施工现场空气污染的防治措施有：

1）施工现场垃圾渣土要及时清理出现场。

2）高大建筑物清理施工垃圾时，要使用封闭式的容器或者采取其他措施处理高空废弃物，严禁凌空随意抛撒。

3）施工现场道路应指定专人定期洒水清扫，形成制度，防止道路扬尘。

4）对于细颗粒散体材料（如水泥、粉煤灰、白灰等）的运输、储存要注意遮盖、密封，防止和减少飞扬。

5）车辆开出工地要做到不带泥沙，基本做到不撒土、不扬尘，减少对周围环境污染。

6）除设有符合规定的装置外，禁止在施工现场焚烧油毡、橡胶、塑料、皮革、树叶、枯草、各种包装物等废弃物品以及其他会产生有毒、有害烟尘和恶臭气体的物质。

7）机动车都要安装减少尾气排放的装置，确保符合国家标准。

8）工地茶炉应尽量采用电热水器。若只能使用烧煤茶炉和锅炉时，应选用消烟除尘型茶炉和锅炉，大灶应选用消烟节能回风炉灶，使烟尘降至允许排放范围为止。

9）大城市市区的建设工程已不允许搅拌混凝土。在允许设置搅拌站的工地，应将搅拌站封闭严密，并在进料仓上方安装除尘装置，采用可靠措施控制工地粉尘污染。

10）拆除旧建筑物时，应适当洒水，防止扬尘。

（2）水污染的防治：水污染物主要来源有工业污染源、生活污染源、农业污染源等；施工现场废水和固体废物随水流流入水体部分，包括泥浆、水泥、油漆、各种油类、混凝土添加剂、重金属、酸碱盐、非金属无机毒物等。

施工过程水污染的防治措施有：

1）禁止将有毒有害废弃物作土方回填。

2）施工现场搅拌站废水，现制水磨石的污水，电石（碳化钙）的污水必须经沉淀池沉淀合格后再排放，最好将沉淀水用于工地洒水降尘或采取措施回收利用。

3）现场存放油料，必须对库房地面进行防渗处理，如采用防渗混凝土地面、铺油毡等措施。使用时，要采取防止油料跑、冒、滴、漏的措施，以免污染水体。

4）施工现场100人以上的临时食堂，污水排放时可设置简易有效的隔油池，定期清理，防止污染。

5）工地临时厕所、化粪池应采取防渗漏措施。中心城市施工现场的临时厕所可采用水冲式厕所，并有防蝇灭蛆措施，防止污染水体和环境。

6）化学用品、外加剂等要妥善保管，库内存放，防止污染环境。

（3）噪声污染的防治：在工程施工中，对不同施工作业的噪声限值要特别注意不得超过《建筑施工场界环境噪声排放标准》（GB 12523—2011）的限值，尤其是夜间禁止打桩作业。

施工现场噪声的控制措施有：

1）声源控制：

① 声源上降低噪声，这是防止噪声污染的最根本的措施。

② 尽量采用低噪声设备和加工工艺代替高噪声设备与加工工艺，如低噪声振捣器、风机、电动空压机、电锯等。

③ 在声源处安装消声器消声，即在通风机、鼓风机、压缩机、燃气机、内燃机及各类排气放空装置等进出风管的适当位置设置消声器。

2）传播途径的控制：

① 吸声：利用吸声材料（大多由多孔材料制成）或由吸声结构形成的共振结构（金属或木质薄板钻孔制成的空腔体）吸收声能，降低噪声。

② 隔声：应用隔声结构，阻碍噪声向空间传播，将接收者与噪声声源分隔。隔声结构包括隔声室、隔声罩、隔声屏障、隔声墙等。

③ 消声：利用消声器阻止传播。允许气流通过的消声降噪是防治空气动力性噪声的主要装置。如对空气压缩机、内燃机产生的噪声等。

④ 减振降噪：对来自振动引起的噪声，通过降低机械振动减小噪声，如将阻尼材料涂在振动源上，或改变振动源与其他刚性结构的连接方式等。

3）接收者的防护：让处于噪声环境下的人员使用耳塞、耳罩等防护用品，减少相关人员在噪声环境中的暴露时间，以减轻噪声对人体的危害。

4）严格控制人为噪声：

① 进入施工现场不得高声喊叫、无故甩打模板、乱吹哨、限制高音喇叭的使用，最大限度地减少噪声扰民。

② 凡在人口稠密区进行强噪声作业时，须严格控制作业时间，一般晚 10 点到次日早 6 点之间停止强噪声作业。确系特殊情况必须昼夜施工时，尽量采取降低噪声措施，并会同建设单位找当地居委会、村委会或当地居民协调，出安民告示，求得群众谅解。

（4）固体废物的处理：建设工程施工工地上常见的固体废物有：建筑渣土；废弃的散装大宗建筑材料；生活垃圾；设备、材料等的包装材料；粪便。

固体废物的主要处理方法如下：

1）回收利用：是对固体废物进行资源化、减量化的重要手段之一。粉煤灰在建设工程领域的广泛应用就是对固体废弃物进行资源化利用的典型范例。又如发达国家炼钢原料中有 70％是利用回收的废钢铁，所以，钢材可以看成是可再生利用的建筑材料。

2）减量化处理：是对已经产生的固体废物进行分选、破碎、压实浓缩、脱水等减少其最终处置量，减低处理成本，减少对环境的污染。在减量化处理的过程中，也包括和其他处理技术相关的工艺方法，如焚烧、热解、堆肥等。

3）焚烧：用于不适合再利用且不宜直接予以填埋处置的废物，除有符合规定的装置外，不得在施工现场熔化沥青和焚烧油毡、油漆，亦不得焚烧其他可产生有毒有害和恶臭气体的废弃物。垃圾焚烧处理应使用符合环境要求的处理装置，避免对大气的二次污染。

4）稳定和固化：利用水泥、沥青等胶结材料，将松散的废物胶结包裹起来，减少有害物质从废物中向外迁移、扩散，使得废物对环境的污染减少。

5）填埋：是固体废物经过无害化、减量化处理的废物残渣集中到填埋场进行处置。禁止将有毒有害废弃物现场填埋，填埋场应利用天然或人工屏障。尽量使需处置的废物与环境隔离，并注意废物的稳定性和长期安全性。

第二节　安全控制

一、安全技术交底

1. 安全技术交底的内容

（1）本施工项目的施工作业特点和危险点。

（2）针对危险点的具体预防措施。

（3）应注意的安全事项。

（4）相应的安全操作规程和标准。

（5）发生事故后应及时采取的避难和急救措施。

2. 安全技术交底的要求

（1）项目经理部必须实行逐级安全技术交底制度，纵向延伸到班组全体作业人员。

（2）技术交底必须具体、明确，针对性强。

（3）技术交底的内容应针对分部分项工程施工中给作业人员带来的潜在危险因素和存在的问题。

（4）应优先采用新的安全技术措施。

（5）对于涉及“四新”项目或技术含量高、技术难度大的单项技术设计，必须经过两个阶段技术交底，即初步设计技术交底和实施性施工图技术设计交底。

（6）应将工程概况、施工方法、施工程序、安全技术措施等向工长、班组长进行详细交底。

（7）定期向由两个以上作业队和多工种进行交叉施工的作业队伍进行书面交底。

（8）保持书面安全技术交底签字记录。

二、安全检查、隐患整改及验收

1. 安全检查

（1）安全检查的主要类型：全面安全检查、经常性安全检查、专业或专职安全管理人员的专业安全检查、季节性安全检查、节假日检查、要害部门重点安全检查。

（2）安全检查的主要内容：

1）查思想：检查企业领导和员工对安全生产方针的认识程度，对建立健全安全生产管理和安全生产规章制度的重视程度，对安全检查中发现的安全问题或安全隐患的处理态度等。

2）查制度：为了实施安全生产管理制度，工程承包企业应结合本身的实际情况，建立一整套本企业的安全生产规章制度，并落实到具体的工程项目施工任务中。在安全检查时，应对企业的施工安全生产规章制度进行检查。

3）查管理：主要检查安全生产管理是否有效，安全生产管理和规章制度是否真正得到落实。

4）查隐患：主要检查生产作业现场是否符合安全生产要求，检查人员应深入作业现场，检查工人的劳动条件、卫生设施、安全通道，零部件的存放，防护设施状况，电气设备、压力容器、化学用品的储存，粉尘及有毒有害作业部位点的达标情况，作业现场的通风照明设施，个人劳动防护用品的使用是否符合规定等。要特别注意对一些要害部位和设备加强检查，如锅炉房、变电所、各种剧毒、易燃、易爆等场所。

5）查整改：主要检查对过去提出的安全问题和发生安全生产事故及安全隐患后是否采取了安全技术措施和安全管理措施，进行整改的效果如何。

6）查事故处理：检查对伤亡事故是否及时报告，对责任人是否已经作出严肃处理。在安全检查中必须成立一个适应安全检查工作需要的检查组，配备适当的人力物力。检查结束后应编写安全检查报告，说明已达标项目、未达标项目、存在问题、原因分析，给出纠正和预防措施的建议。

（3）安全检查的注意事项：

1）安全检查要深入基层、紧紧依靠职工，坚持领导与群众相结合的原则，组织好检查工作。

2）建立检查的组织领导机构，配备适当的检查力量，挑选具有较高技术业务水平的专业人员参加。

3）做好检查的各项准备工作，包括思想、业务知识、法规政策和物资、奖金准备。

4）明确检查的目的和要求。既要严格要求，又要防止“一刀切”，要从实际出发分清主、次矛盾，力求实效。

5）把自查与互查有机结合起来。基层以自检为主，企业内相应部门间互相检查，取长补短，相互学习和借鉴。

6）坚持查改结合。检查不是目的，只是一种手段，整改才是最终目的。发现问题，要及时采取切实有效的防范措施。

7）建立检查档案。结合安全检查表的实施，逐步建立健全检查档案，收集基本的数据，掌握基本安全状况，为及时消除隐患提供数据，同时也为以后的职业健康安全检查奠定基础。

8）在制定安全检查表时，应根据用途和目的具体确定安全检查表的种类。安全检查表的主要种类有：设计用安全检查表；厂级安全检查表；车间安全检查表；班组及岗位安全检查表；专业安全检查表等。制定安全检查表要在安全技术部门的指导下，充分依靠职工来进行。初步制定出来的检查表，要经过群众的讨论，反复试行，再加以修订最后由安全技术部门审定后方可正式实行。

2. 安全隐患的处理

建设工程安全隐患包括三个部分的不安全因素：人的不安全因素、物的不安全状态和组织管理上的不安全因素。

在建设工程中，安全事故隐患的发现可以来自各参与方，包括建设单位、设计单位、监理单位、施工单位、供货商、工程监管部门等。各方对于事故安全隐患处理的义务和责任，以及相关的处理程序在《建设工程安全生产管理条例》中已有明确的界定。对施工单位而言，对事故安全隐患的处理方法如下：

（1）当场指正，限期纠正，预防隐患发生。

（2）做好记录，及时整改，消除安全隐患。

（3）分析统计，查找原因，制定预防措施。

（4）跟踪验证。

对于反复发生的安全隐患，应通过分析统计，属于多个部位存在的同类型隐患，即“通病”；属于重复出现的隐患，即“顽症”，查找产生“通病”和“顽症”的原因，修订和完善安全管理措施，制定预防措施，从源头上消除安全事故隐患的发生。

三、事故应急救援预案、安全事故及处理

1. 事故应急救援预案

应急预案的制定，首先必须与重大环境因素和重大危险源相结合，特别是与这些环境因素和危险源一旦控制失效可能导致的后果相适应，还要考虑在实施应急救援过程中可能产生新的伤害和损失。建设工程生产安全事故应急预案的管理包括应急预案的评审、备案、实施和奖惩。

应急预案应形成体系，针对各级各类可能发生的事故和所有危险源制订专项应急预案和现场应急处置方案，并明确事前、事中、事后的各个过程中相关部门和有关人员的职责。生产规模小、危险因素少的生产经营单位，综合应急预案和专项应急预案可以合并编写。

（1）建设工程生产安全事故应急预案编制的要求：

1）符合有关法律、法规、规章和标准的规定。

2）结合本地区、本部门、本单位的安全生产实际情况。

3）结合本地区、本部门、本单位的危险性分析情况。

4）应急组织和人员的职责分工明确，并有具体的落实措施。

5）有明确、具体的事故预防措施和应急程序，并与其应急能力相适应。

6）有明确的应急保障措施，并能满足本地区、本部门、本单位的应急工作要求。

7）预案基本要素齐全、完整，预案附件提供的信息准确。

8）预案内容与相关应急预案相互衔接。

（2）建设工程生产安全事故应急预案编制内容：

1）综合应急预案编制的主要内容：

① 总则：编制目的、编制依据、适用范围、应急预案体系、应急工作原则。

② 施工单位的危险性分析：施工单位概况、危险源与风险分析。

③ 组织机构及职责：应急组织体系、指挥机构及职责。

④ 预防与预警：危险源监控、预警行动、信息报告与处置。

⑤ 应急响应：响应分级、响应程序、应急结束。

⑥ 信息发布：明确事故信息发布的部门，发布原则；事故信息应由事故现场指挥部及时准确向新闻媒体通报事故信息。

⑦ 后期处置：主要包括污染物处理、事故后果影响消除、生产秩序恢复、善后赔偿、抢险过程和应急救援能力评估及应急预案的修订等内容。

⑧ 保障措施：通信与信息保障、应急队伍保障、应急物资装备保障、经费保障、其他保障。

⑨ 培训与演练：明确对本单位人员开展的应急培训计划、方式和要求。如果预案涉及社区和居民，要做好宣传教育和告知等工作；明确应急演练的规模、方式、频次、范围、内容、组织、评估、总结等内容。

⑩ 奖惩：明确事故应急救援工作中奖励和处罚的条件和内容。

⑪ 附则：术语和定义、应急预案备案、维护和更新、制定与解释、应急预案实施。

2）专项应急预案编制的主要内容：

① 事故类型和危害程度分析。

② 应急处置基本原则。

③ 组织机构及职责：应急组织体系、指挥机构及职责。

④ 预防与预警：危险源监控、预警行动。

⑤ 信息报告程序：确定报警系统及程序；确定现场报警方式，如电话、警报器等；确定24小时与相关部门的通信、联络方式；明确相互认可的通告、报警形式和内容；明确应急反应人员向外求援的方式。

⑥ 应急处置：响应分级、响应程序、处置措施。

⑦ 应急物资与装备保障：明确应急处置所需的物资与装备数量、管理和维护、正确使用等。

3）现场处置方案的主要内容：

① 事故特征：危险性分析，可能发生的事故类型；事故发生的区域、地点或装置的名称；事故可能发生的季节和造成的危害程度；事故前可能出现的征兆。

② 应急组织与职责：基层单位应急自救组织形式及人员构成情况；应急自救组织机构、人员的具体职责，应同单位或车间、班组人员工作职责紧密结合，明确相关岗位和人员的应急工作职责。

③ 应急处置：事故应急处置程序；现场应急处置措施；报警电话及上级管理部门、相关应急救援单位联络方式和联系人员，事故报告基本要求和内容。

④ 注意事项：佩戴个人防护器具方面的注意事项；使用抢险救援器材方面的注意事项；采取救援对策或措施方面的注意事项；现场自救和互救注意事项；现场应急处置能力确认和人员安全防护等事项；应急救援结束后的注意事项；其他需要特别警示的事项。

2. 施工安全事故的分类

（1）按照事故发生的原因分类，按照我国《企业职工伤亡事故分类标准》（GB 6441—1986）规定，职业伤害事故分为20类，其中与建筑业有关的有12类：物体打击、车辆伤害、机械伤害、起重伤害、触电、灼烫、火灾、高处坠落、坍塌、火药爆炸、中毒和窒息、其他伤害。其中，在建设工程领域中最常见的是高处坠落、物体打击、机械伤害、触电、坍塌、中毒、火灾 7 类。

（2）按事故后果严重程度分类，我国《企业职工伤亡事故分类标准》（GB 6441—1986）规定，按事故后果严重程度分类，事故分为：

1）轻伤事故，是指造成职工肢体或某些器官功能性或器质性轻度损伤，能引起劳动能力轻度或暂时丧失的伤害的事故，一般每个受伤人员休息 1 个工作日以上，105 个工作日以下。

2）重伤事故，一般指受伤人员肢体残缺或视觉、听觉等器官受到严重损伤，能引起人体长期存在功能障碍或劳动能力有重大损失的伤害，或者造成每个受伤人高于 105 个工作日的失能伤害的事故。

3）死亡事故，一次事故中死亡职工 1～2 人的事故。

4）重大伤亡事故，一次事故中死亡 3 人以上（含 3 人）的事故。

5）特大伤亡事故，一次死亡 10 人以上（含 10 人）的事故。

（3）按事故造成的人员伤亡或者直接经济损失分类，依据 2007 年 6 月 1 日起实施的《生产安全事故报告和调查处理条例》规定，按生产安全事故造成的人员伤亡或者直接经济损失，事故分为 4 类，同工程质量事故分类，见第六章第二节“五、不合格品的控制程序及工程质量事故处理”。

目前，在建设工程领域中，判别事故等级较多采用的是《生产安全事故报告和调查处理条例》。

3. 施工安全事故报告和调查处理

（1）迅速抢救伤员并保护事故现场：事故发生后，事故现场有关人员应当立即向本单位负责人报告，单位负责人接到报告后，应当于 1 小时内向事故发生地县级以上人民政府安全生产监督管理部门和负有安全生产监督管理职责的有关部门报告。并有组织、有指挥地抢救伤员、排除险情；防止人为或自然因素的破坏，便于事故原因的调查。

由于建设行政主管部门是建设安全生产的监督管理部门，对建设安全生产实行的是统一的监督管理，因此，各个行业的建设施工中出现了安全事故，都应当向建设行政主管部门报告。对于专业工程的施工中出现生产安全事故的，由于有关的专业主管部门也承担着对建设安全生产的监督管理职能，因此，专业工程出现安全事故，还需要向有关行业主管部门报告。

1）情况紧急时，事故现场有关人员可以直接向事故发生地县级以上人民政府安全生产监督管理部门和负有安全生产监督管理职责的有关部门报告。

2）安全生产监督管理部门和负有安全生产监督管理职责的有关部门接到事故报告后，应当依照下列规定上报事故情况，并通知公安机关、劳动保障行政部门、工会和人民检察院。

① 特别重大事故、重大事故逐级上报至国务院安全生产监督管理部门和负有安全生产监督管理职责的有关部门。

② 较大事故逐级上报至省、自治区、直辖市人民政府安全生产监督管理部门和负

有安全生产监督管理职责的有关部门。

③ 一般事故上报至设区的市级人民政府安全生产监督管理部门和负有安全生产监督管理职责的有关部门。

安全生产监督管理部门和负有安全生产监督管理职责的有关部门依照前款规定上报事故情况，应当同时报告本级人民政府。国务院安全生产监督管理部门和负有安全生产监督管理职责的有关部门以及省级人民政府接到发生特别重大事故、重大事故的报告后，应当立即报告国务院。必要时，安全生产监督管理部门和负有安全生产监督管理职责的有关部门可以越级上报事故情况。

安全生产监督管理部门和负有安全生产监督管理职责的有关部门逐级上报事故情况，每级上报的时间不得超过 2 小时。事故报告后出现新情况的，应当及时补报。

（2）组织调查组，开展事故调查：

1）特别重大事故由国务院或者国务院授权有关部门组织事故调查组进行调查。重大事故、较大事故、一般事故分别由事故发生地省级人民政府、设区的市级人民政府、县级人民政府负责调查。省级人民政府、设区的市级人民政府、县级人民政府可以直接组织事故调查组进行调查，也可以授权或者委托有关部门组织事故调查组进行调查。未造成人员伤亡的一般事故，县级人民政府也可以委托事故发生单位组织事故调查组进行调查。

2）事故调查组有权向有关单位和个人了解与事故有关的情况，并要求其提供相关文件、资料，有关单位和个人不得拒绝。事故发生单位的负责人和有关人员在事故调查期间不得擅离职守，并应当随时接受事故调查组的询问，如实提供有关情况。事故调查中发现涉嫌犯罪的，事故调查组应当及时将有关材料或者其复印件移交司法机关处理。

（3）现场勘察：事故发生后，调查组应迅速到现场进行及时、全面、准确和客观的勘察，包括现场笔录、现场拍照和现场绘图。

（4）分析事故原因：通过调查分析，查明事故经过，按受伤部位、受伤性质、起因物、致害物、伤害方法、不安全状态、不安全行为等，查清事故原因，包括人、物、生产管理和技术管理等方面的原因。通过直接和间接地分析，确定事故的直接责任者、间接责任者和主要责任者。

（5）制定预防措施：根据事故原因分析，制定防止类似事故再次发生的预防措施。根据事故后果和事故责任者应负的责任提出处理意见。

（6）提交事故调查报告：事故调查组应当自事故发生之日起 60 日内提交事故调查报告；特殊情况下，经负责事故调查的人民政府批准，提交事故调查报告的期限可以适当延长，但延长的期限最长不超过 60 日。

事故调查报告应当包括下列内容：

1）事故发生单位概况。

2）事故发生经过和事故救援情况。

3）事故造成的人员伤亡和直接经济损失。

4）事故发生的原因和事故性质。

5）事故责任的认定以及对事故责任者的处理建议。

6）事故防范和整改措施。

（7）事故的审理和结案：重大事故、较大事故、一般事故，负责事故调查的人民政府应当自收到事故调查报告之日起15日内作出批复；特别重大事故，30日内作出批复，特殊情况下，批复时间可以适当延长，但延长的时间最长不超过30日。

有关机关应当按照人民政府的批复，依照法律、行政法规规定的权限和程序，对事故发生单位和有关人员进行行政处罚，对负有事故责任的国家工作人员进行处分。事故发生单位应当按照负责事故调查的人民政府的批复，对本单位负有事故责任的人员进行处理。

负有事故责任的人员涉嫌犯罪的，依法追究刑事责任。

事故处理的情况由负责事故调查的人民政府或者其授权的有关部门、机构向社会公布，依法应当保密的除外。事故调查处理的文件记录应长期完整地保存。

四、安全控制要点

1. 施工现场临时用电

（1）临时用电组织设计：

1）施工现场临时用电设备在5台及以上或设备总容量在50 kW及以上者，应编制用电组织设计。

2）施工现场临时用电组织设计应包括下列内容：

① 现场勘测。

② 确定电源进线、变电所或配电室、配电装置、用电设备位置及线路走向。

③ 进行负荷计算。

④ 选择变压器。

⑤ 设计配电系统：设计配电线路，选择导线或电缆；设计配电装置，选择电器；设计接地装置；绘制临时用电工程图纸，主要包括用电工程总平面图、配电装置布置图、配电系统接线图、接地装置设计图。

⑥ 设计防雷装置。

⑦ 确定防护措施。

⑧ 制定安全用电措施和电气防火措施。

3）临时用电工程图纸应单独绘制，临时用电工程应按图施工。

4）临时用电组织设计及变更时，必须履行“编制、审核、批准”程序，由电气工程技术人员组织编制，经相关部门审核及具有法人资格企业的技术负责人批准后实施。变更用电组织设计时应补充有关图纸资料。

5）临时用电工程必须经编制、审核、批准部门和使用单位共同验收，合格后方可投入使用。

6）施工现场临时用电设备在5台以下和设备总容量在50 kW以下者，应制定安全用电和电气防火措施，并应符合本节第4）、5）条规定。

（2）电工及用电人员：

1）电工必须经过按国家现行标准考核合格后，持证上岗工作；其他用电人员必须通过相关安全教育培训和技术交底，考核合格后方可上岗工作。

2）安装、巡检、维修或拆除临时用电设备和线路，必须由电工完成，并应有人监护。电工等级应同工程的难易程度和技术复杂性相适应。

3）各类用电人员应掌握安全用电基本知识和所用设备的性能，并应符合下列规定：

① 用电气设备前必须按规定穿戴和配备好相应的劳动防护用品，并应检查电气装置和保护设施，严禁设备带“缺陷”运转。

② 保管和维护所用设备，发现问题及时报告解决。

③ 暂时停用设备的开关箱必须分断电源隔离开关，并应关门上锁。

④ 移动电气设备时，必须经电工切断电源并做妥善处理后进行。

（3）安全技术档案：

1）施工现场临时用电必须建立安全技术档案，并应包括下列内容：

① 用电组织设计的全部资料。

② 修改用电组织设计的资料。

③ 用电技术交底资料。

④ 用电工程检查验收表。

⑤ 电气设备的试、检验凭单和调试记录。

⑥ 接地电阻、绝缘电阻和漏电保护器漏电动作参数测定记录表。

⑦ 定期检（复）查表。

⑧ 电工安装、巡检、维修、拆除工作记录。

2）安全技术档案应由主管该现场的电气技术人员负责建立与管理。其中“电工安装、巡检、维修、拆除工作记录”可指定电工代管，每周由项目经理审核认可，并应在临时用电工程拆除后统一归档。

3）临时用电工程应定期检查。定期检查时，应复查接地电阻值和绝缘电阻值。

4）临时用电工程定期检查应按分部、分项工程进行，对安全隐患必须及时处理，并应履行复查验收手续。

2. 吊装作业的安全技术要求及管理

（1）必须编制吊装作业施工组织设计，并应充分考虑施工现场的环境、道路、架空电线等情况。作业前应进行技术交底，作业中，未经技术负责人批准，不得随意更改。

（2）参加起重吊装的人员应经过严格培训，取得培训合格证后，方可上岗。

（3）作业前，应检查起重吊装所使用的起重机滑轮、吊索、卡环和地锚等，应确保其完好，符合安全要求。

（4）起重作业人员必须穿防滑鞋、戴安全帽，高处作业应佩挂安全带，并应系挂可靠和严格遵守高挂低用。

（5）吊装作业区四周应设置明显标识，严禁非操作人员入内。夜间施工必须有足够的照明。

（6）起重设备通行的道路应平整坚实。

（7）登高梯子的上端应予固定，高空用的吊篮和临时工作台应绑扎牢靠。吊篮和工作台的脚手板应铺平绑牢，严禁出现探头板。吊移操作平台时，平台上面严禁站人。

(8) 绑扎所用的吊索、卡环、绳扣等的规格应按计算确定。

(9) 起吊前，应对起重机钢丝绳及连接部位和索具设备进行检查。

(10) 高空吊装屋架、梁和斜吊法吊装柱时，应于构件两端绑扎溜绳，由操作人员控制构件的平衡和稳定。

(11) 构件吊装和翻身扶直时的吊点必须符合设计规定。异型构件或无设计规定时，应经计算确定，并保证使构件起吊平稳。

(12) 安装所使用的螺栓、钢楔（或木楔）、钢垫板、垫木和电焊条等的材质应符合设计要求的材质标准及国家现行标准的有关规定。

(13) 吊装大、重、新结构构件和采用新的吊装工艺时，应先进行试吊，确认无问题后，方可正式起吊。

(14) 大雨天、雾天、大雪天及6级以上大风天等恶劣天气应停止吊装作业。事后应及时清理冰雪并应采取防滑和防漏电措施。雨雪过后作业前，应先试吊，确认制动器灵敏可靠后方可进行作业。

(15) 吊起的构件应确保在起重机吊杆顶的正下方，严禁采用斜拉、斜吊，严禁起吊埋于地下或粘结在地面上的构件。

(16) 起重机靠近架空输电线路作业或在架空输电线路下行走时，必须与架空输电线始终保持不小于《施工现场临时用电安全技术规范》（JGJ46）规定的安全距离。当需要在小于规定的安全距离范围内进行作业时，必须采取严格的安全保护措施，并应经供电部门审查批准。

(17) 采用双机抬吊时宜选用同类型或性能相近的起重机，负载分配应合理，单机载荷不能超过额定起重量的80%。两机应协调起吊和就位，起吊的速度应平稳缓慢。

(18) 严禁超载吊装和起吊重量不明的重大构件和设备。

(19) 起吊过程中，在起重机行走、回转、俯仰吊臂、起落吊钩等动作前，起重司机应鸣声示意，一次只宜进行一个动作，待前一动作结束后，再进行下一动作。

(20) 开始起吊时，应先将构件吊离地面200～300 mm后停止起吊，并检查起重机的稳定性、制动装置的可靠性、构件的平衡性和绑扎的牢固性等，待确认无误后，方可继续起吊。已吊起的构件不得长久停滞在空中。

(21) 严禁在吊起的构件上行走或站立，不得用起重机载运人员，不得在构件上堆放或悬挂零星物件。

(22) 起吊时不得忽快忽慢和突然制动。回转时动作应平稳，当回转未停稳前不得做反向动作。

(23) 严禁在已吊起的构件下面或起重臂旋转范围内作业或行走。

(24) 因故（天气、下班、停电等）对吊装中未形成空间稳定体系的部分，应采取有效的加固措施。

(25) 高处作业所使用的工具和零配件等，必须放在工具袋（盒）内，严防掉落，并严禁上下抛掷。

(26) 吊装中的焊接作业应选择合理的焊接工艺，避免发生过大的变形，冬季焊接应有焊前预热（包括焊条预热）措施，焊接时应有防风防水措施，焊后应有保温措施。

(27) 已安装好的结构构件，未经有关设计和技术部门批准不得用作受力支承点和在构件上随意凿洞开孔。不得在其上堆放超过设计荷载的施工荷载。

（28）永久固定的连接，应经过严格检查，并确保无误后，方可拆除临时固定工具。

（29）高处安装中的电、气焊作业，应严格采取安全防火措施，在作业处下面周围10 m范围内不得有人。

（30）对起吊物进行移动、吊升、停止、安装时的全过程应用旗语或通用手势信号进行指挥，信号不明不得启动，上下相互协调联系应采用对讲机。

以上要求中第（1）、（19）、（23）条强制执行。

3. 高空作业安全防范重点

（1）高空作业场所边缘及孔洞设栏杆或盖板。

（2）脚手架搭设符合规程要求并经常检查维修，作业前先检查稳定性。

（3）高空作业人员应衣着轻便，穿软底鞋。

（4）患有精神病、癫痫病、高血压、心脏病及酒后、精神不振者严禁从事高空作业。

（5）高空作业地点必须有安全通道，通道不得堆放过多物件，垃圾和废料及时清理运走。

（6）距地面1.5 m及1.5 m以上高处作业必须系好安全带，将安全带挂在上方牢固可靠处，高度不低于腰部。

（7）遇有6级以上大风及恶劣天气时应停止高空作业。

（8）轻型或简易结构屋面上作业，应铺木板分散应力以免踩踏屋面。

（9）严禁人随吊物一起升落，吊物未放稳时不得攀爬。

（10）高空行走、攀爬时严禁手持物件。

（11）垂直作业时，必须使用差速保护器和垂直自锁保险绳。

（12）及时清理脚手架上的工件和零散物品。

（13）进行高处焊割作业时，应遵守以下规范规定：

1）使用的登高梯台应安全可靠。

2）登高梯台应放置稳固。

3）挂好安全带。使用的工具应用绳索传递，不准随手上下抛扔。

4）高处作业处下面10 m范围内，不准堆放易燃、易爆物品，必要时，应设监护人员。

5）高处作业时，焊、割具和管、线应挂在安全可靠处所，地面设监护人员。不准将管线缠在身上作业。

6）高处作业人员应身体状况良好。

7）高处作业在采取必要的安全措施后，必须经安全部门同意，方可焊割。

4. 油漆、保温、电焊等危险防范措施

（1）电焊、气焊工均为特殊工种，应经体检，专业安全技术学习培训和考试合格，取得特殊工种操作证后，方能独立操作。

（2）焊接场地禁止摆放易燃易爆物品，应备有消防器材，保证足够的照明和良好的通风。

(3) 工作前必须按规定穿戴好劳动防护用品，操作时（包括清焊渣）必须戴好防护眼镜或面罩。仰面焊接时应扣紧衣领，扎紧袖口，戴防火帽。

(4) 对受压容器、密封容器、各种油桶、管道等粘有可燃气体和溶液的工件进行操作时，必须事先进行检查，并经过冲洗除去有毒、有害、易燃、易爆物质，解除容器及管道压力，消除容器密闭状态方可工作。

(5) 在容器内焊接，外面须设人监护，并有良好通风措施，禁止在已做油漆或喷涂过塑料的容器内焊接。

(6) 电焊机接地零线及电焊工作回路线都不准搭在易燃、易爆的物品上。工作回路线应绝缘良好，机壳接地必须符合安全规定。焊条的夹钳绝缘须良好。

(7) 移动电焊机位置须先停机断电；推拉闸刀开关时，身体要偏斜些，要一次推拉到位，要先合闸，再开启电焊机，停机时，应先关电焊机，再拉电源闸刀开关。焊接中突然停电，应立即关掉电焊机。

(8) 下雨天不准露天焊接，在潮湿地带工作时，应站在有绝缘物品的地方并穿好绝缘鞋。

(9) 气焊割时，严格遵守有关橡皮软管、氧气瓶、乙炔瓶的使用规则和焊（割）炬安全操作规程，可参见本节"5. 施工现场防火措施及管理"中施工现场用气要求。

(10) 氧气软管为红色，乙炔气软管为绿色，与焊炬连接时不可错乱。

(11) 通透焊炬用铜丝或竹扦，禁止用铁丝。

(12) 点火应先放乙炔气，再放氧引火，熄火时，焊炬应先关乙炔阀，再关氧阀；割炬应先关氧，再关乙炔。发生回火应迅速关闭焊炬上的氧气阀和乙炔阀，再迅速关闭上一级氧气阀和乙炔阀。

(13) 工作完毕或离开工作现场，要拧上气瓶的安全帽，收拾现场，把氧气瓶和乙炔瓶放在指定地点，切断工作现场电源。

(14) 严格遵守焊、割作业"十不烧"规定：

1) 焊工必须持证上岗，无特种作业安全操作证的人员，不准进行焊、割作业。

2) 凡属一、二、三级动火范围的焊、割作业，未经办理动火审批手续不准进行焊、割作业。

3) 焊工不了解焊件内部是否安全时，不得进行焊、割作业。

4) 焊工不了解焊、割现场周围情况，不得进行焊、割作业。

5) 各种装过可燃气体、易燃液体和有毒物质的容器，未经彻底清洗，或未排除危险之前，不准进行焊、割作业。

6) 用可燃材料做保温层、冷却层、隔音、隔热设备的部位，或火星能飞溅的地方，在未采取切实可靠的安全措施之前，不准焊、割作业。

7) 有压力或密闭的管道、容器，不准焊、割作业。

8) 焊、割部位附近有易燃易爆物品，在未作清理或未采取有效的安全措施前，不准焊、割作业。

9) 附近有与明火作业相抵触的工种在作业时，不准焊、割作业。

10) 与外单位相连的部位，在没有弄清有无险情，或明知存在危险而未采取有效的措施之前，不准焊、割作业。

（15）油漆作业时的安全防护措施：

1）在高空作业（高于 2 m）时，要做好安全防范，绑紧安全绳。

2）预防油漆中的有害气体挥发而对身体造成伤害的事件发生，做好佩戴防毒面具的准备。

3）油漆时要戴好手套，最好是厚一些的，抗腐蚀的。

4）戴防护眼罩，防止眼睛受到伤害。

5. 施工现场防火措施及管理

（1）一般规定：

1）施工现场的消防安全管理由施工单位负责。实行施工总承包的，由总承包单位负责。分包单位应向总承包单位负责并应服从总承包单位的管理同时应承担国家法律、法规规定的消防责任和义务。

2）监理单位应对施工现场的消防安全管理实施监理。

3）施工单位应根据建设项目规模、现场消防安全管理的重点，在施工现场建立消防安全管理组织机构及义务消防组织，并应确定消防安全负责人和消防安全管理人，同时应落实相关人员的消防安全管理责任。

4）施工单位应针对施工现场可能导致火灾发生的施工作业及其他活动，制订消防安全管理制度，消防安全管理制度应包括下列主要内容：

① 消防安全教育与培训制度。

② 可燃及易燃易爆危险品管理制度。

③ 用火、用电、用气管理制度。

④ 消防安全检查制度。

⑤ 应急预案演练制度。

5）施工单位应编制施工现场防火技术方案，并应根据现场情况变化及时对其修改、完善。防火技术方案应包括下列主要内容：

① 施工现场重大火灾危险源辨识。

② 施工现场防火技术措施。

③ 临时消防设施、临时疏散设施配备。

④ 临时消防设施和消防警示标识布置图。

6）施工单位应编制施工现场灭火及应急疏散预案。灭火及应急疏散预案应包括下列主要内容：

① 应急灭火处置机构及各级人员应急处置职责。

② 报警、接警处置的程序和通讯联络的方式。

③ 扑救初起火灾的程序和措施。

④ 应急疏散及救援的程序和措施。

7）施工人员进场前，施工现场的消防安全管理人员应向施工人员进行消防安全教育和培训。防火安全教育和培训应包括下列内容：

① 施工现场消防安全管理制度、防火技术方案、灭火及应急疏散预案的主要内容。

② 施工现场临时消防设施的性能及使用、维护方法。

③ 扑灭初起火灾及自救逃生的知识和技能。

④ 报警、接警的程序和方法。

8）施工作业前，施工现场的施工管理人员应向作业人员进行消防安全技术交底。消防安全技术交底应包括下列主要内容：

① 施工过程中可能发生火灾的部位或环节。

② 施工过程应采取的防火措施及应配备的临时消防设施。

③ 初起火灾的扑救方法及注意事项。

④ 逃生方法及路线。

9）施工过程中，施工现场的消防安全负责人应定期组织消防安全管理人员对施工现场的消防安全进行检查，检查应包括下列主要内容：

① 可燃物及易燃易爆危险品的管理是否落实。

② 动火作业的防火措施是否落实。

③ 用火、用电、用气是否存在违章操作，电、气焊及保温防水施工是否执行操作规程。

④ 临时消防设施是否完好有效。

⑤ 临时消防车道及临时疏散设施是否畅通。

10）施工单位应依据灭火及应急疏散预案，定期开展灭火及应急疏散的演练。

11）施工单位应做好并保存施工现场消防安全管理的相关文件和记录，建立现场消防安全管理档案。

（2）可燃物及易燃易爆危险品管理：

1）用于在建工程的保温、防水、装饰及防腐等材料的燃烧性能等级，应符合设计要求。

2）可燃材料及易燃易爆危险品应按计划限量进场。进场后，可燃材料宜存放于库房内，如露天存放时，应分类成垛堆放，垛高不应超过 2 m，单垛体积不应超过50 m^3，垛与垛之间的最小间距不应小于 2 m，且采用不燃或难燃材料覆盖。易爆危险品应分类专库储存，库房内通风良好，并设置严禁明火标志。

3）室内使用油漆及有机溶剂、乙二胺、冷底子油或其他可燃、易燃易爆危险品的物资作业时，应保持良好通风，作业场所严禁明火，并应避免产生静电。

4）施工产生的易燃建筑垃圾或余料，应及时清理。

（3）用火、用电、用气管理：

1）施工现场用火应符合下列要求：

① 动火作业应办理动火许可证；动火许可证的签发人收到动火申请后，应前往现场查验并确认动火作业的防火措施落实后，方可签发动火许可证。

② 动火操作人员具有相应资格。

③ 焊接、切割、烘烤或加热等动火作业前，应对作业现场的可燃物进行清理；对于作业现场及其附近无法移走的可燃物，应采用不燃材料对其覆盖或隔离。

④ 施工作业安排时，宜将动火作业安排在使用可燃建筑材料的施工作业前进行；确需在使用可热建筑材料的施工作业之后进行动火作业，应采取可靠的防火措施。

⑤ 裸露的可燃材料上严禁直接进行动火作业。

⑥ 焊接、切割、烘烤或加热等动火作业，应配备灭火器材，并设动火监护人进行

现场监护，每个动火作业点均应设置一个监护人。

⑦ 5级（含5级）以上风力时应停止焊接、切割等室外动火作业；否则应采取可靠的挡风措施。

⑧ 动火作业后，应对现场进行检查，确认无火灾危险后，动火操作人员方可离开。

⑨ 具有火灾、爆炸危险的场所严禁动明火。

⑩ 施工现场不应采用明火取暖。

⑪ 厨房操作间炉灶使用完毕后，应将炉火熄灭，排油烟机及油烟管道应定期清理油垢。

2）施工现场用电，应符合下列要求：

① 施工现场用电设施的设计、施工、运行、维护应符合《建设工程施工现场供用电安全规范》（GB 50194—93）有关规定。

② 电气线路应具有相应的绝缘强度和机械强度，严禁使用绝缘老化或失去绝缘性能的电气线路，严禁在电气线路上悬挂物品。破损、烧焦的插座、插头应及时更换。

③ 电气设备与可燃、易燃易爆和腐蚀性物品应保持一定的安全距离。

④ 有爆炸和火灾危险的场所按危险场所等级选用相应的电气设备。

⑤ 配电屏上每个电气回路应设置漏电保护器、过载保护器，距配电屏2 m范围内不应堆放可燃物，5 m范围内不应设置可能产生较多易燃、易爆气体、粉尘的作业区。

⑥ 可燃材料库房不应使用高热灯具，易燃易爆危险品库房内应使用防爆灯具。

⑦ 普通灯具与易燃物距离不宜小于300 mm，聚光灯、碘钨灯等高热灯具与易燃物距离不宜小于500 mm。

⑧ 电气设备不应超负荷运行或带故障使用。

⑨ 禁止私自改装现场供用电设施。

⑩ 应定期对电气设备和线路的运行及维护情况进行检查。

3）施工现场用气应符合下列要求：

① 储装气体的罐瓶及其附件应合格、完好和有效；严禁使用减压器及其他附件缺损的氧气瓶，严禁使用乙炔专用减压器、回火防止器及其他附件缺损的乙炔瓶。

② 气瓶运输、存放、使用时，应符合下列规定：气瓶应保持直立状态，并采取防倾倒措施，乙炔瓶严禁横躺卧放；严禁碰撞、敲打、抛掷、滚动气瓶；气瓶应远离火源，距火源距离不应小于10 m，并应采取避免高温和防止暴晒的措施；燃气初装瓶罐应设置防静电装置。

③ 气瓶应分类储存，库房内通风良好；空瓶和实瓶同库存放时应分开放置，两者间距不应小于1.5 m。

④ 气瓶使用时，应符合下列规定：使用前，应检查气瓶及气瓶附件的完好性，检查连接气路的气密性，并采取避免气体泄漏的措施，严禁使用已老化的橡皮气管；氧气瓶与乙炔瓶的工作间距不应小于5 m，气瓶与明火作业点的距离不应小于10 m；冬季使用气瓶，如气瓶的瓶、减压器等发生冻结，禁用火烘烤或用铁器敲击瓶阀，禁止猛拧减压器的调节螺丝；氧气瓶内剩余气体的压力不应小于0.1 MPa；气瓶用后应及时归库。

4）其他防火管理：

① 施工现场的重点防火部位或区域，应设置防火警示标识。

② 施工单位应做好施工现场临时消防设施的日常维护工作，对已失效、损坏或丢失的消防设施，应及时更换、修复或补充。

③ 临时消防车道、临时疏散通道、安全出口应保持畅通，不得遮挡、挪动疏散指示标识，不得挪用消防设施。

④ 施工期间，不应拆除临时消防设施及临时疏散设施。

⑤ 施工现场严禁吸烟。

6. 设备试运转管理

（1）单体试运行：

1）单体试运行前必须具备的条件：

① 试运行范围内的工程已按设计文件的内容和有关规范的质量标准全部完成，并提供了相关资料和文件，主要包括：各种产品的合格证书或复验报告；施工记录、隐蔽工程记录和各种检验、试验合格文件；与单机试运行相关的电气和仪表调校合格资料。

② 试运行方案已经批准。

③ 试运行组织已建立，操作人员经培训合格，熟悉试运行方案，能正确操作。

④ 试运行所需燃料、动力、仪表空气、冷却水、脱盐水等都有保证。

⑤ 测试仪表、工具、记录表格齐全，保修人员就位。

2）单体试运行的安全要求：

① 划定试运行区域，无关人员不得进入。

② 设置盲板，使试运行系统与其他系统隔离。

③ 单体试运行必须包括保护性连锁和报警等自控装置。

④ 必须按照设备说明书、试运行方案和操作方法进行指挥和操作，严禁违章操作，防止事故的发生。对大功率机组启动时间间隔，应符合有关规范或说明书的规定。

（2）联动试运行：

1）联动试运行前必须具备的条件：

① 试运行范围内的工程已按设计文件规定的内容全部建成并按施工验收规范的标准检验合格。

② 试运行范围内的机械设备，除必须留待投料试运行阶段进行试车的外，单机试运行已全部完成并合格。

③ 试运行范围内的设备和管道系统的内部处理及耐压试验、严密性试验已经全部合格。

④ 试运行范围内的电气系统和仪表装置的检测系统、自动控制系统、连锁及报警系统等符合规范规定。

⑤ 试运行方案和生产操作规程已经批准。

⑥ 工厂的生产管理机构已经建立，各级岗位责任制已经制定，有关生产记录报表已配备。

⑦ 试运行组织已经建立，参加试运行人员已通过生产安全考试。

⑧ 试运行所需燃料、水、电、气、工业风和仪表风等可以确保稳定供应，各种物

资和测试仪表、工具皆已齐备。

⑨ 试运行方案中规定的工艺指标、报警及连锁整定值已确认并下达。

⑩ 试运行现场有碍安全的机器、设备、场地、走道处的杂物均已清理干净。

2）联动试运行的安全要求：

① 必须按照试运行方案及操作规程精心指挥和操作。

② 试运行人员必须按建制上岗，服从统一指挥。

③ 不受工艺条件影响的仪表、保护性连锁、报警皆应参与试运行，并应逐步投用自动控制系统。

④ 联动试运行前应划定试运行区域，无关人员不得进入。

⑤ 联动试运行应按试运行方案的规定认真做好记录。

3）联动试运行应达到的标准：

① 试运行系统应按设计要求全面投运，首尾衔接稳定，连续运行并达到规定时间。

② 参加试运行的人员应掌握开车、停车、事故处理和调整工艺条件的技术。

③ 在联动试运行后，参加试运行的有关单位、部门对联动试运行结果进行分析并评定合格后填写“联动试运行合格证书”。

(3) 负荷试运行：

1）负荷试运行前必须具备的条件：

① 工程中间交接完成，包括：工程质量合格；“三查四定”（三查：查设计漏项、未完工程、工程质量隐患；四定：对查出的问题定任务、定人员、定时间、定措施）的问题整改完毕，遗留尾项已处理完毕；影响投料的设计变更项目已施工完毕；现场清洁，施工用临时设施已全部拆除，无杂物，无障碍。

中间交接是施工单位向建设单位办理工程交接的一个必要程序，它标志着工程施工安装结束，由单体试运行转入联动试运行。中间交接只是装置保管、使用责任（管理权）的移交，不解除施工单位对工程质量、交工验收应负的责任。

② 联动试运行已完成，且做到：设备处于完好备用状态，管道介质名称、流向标志齐全；机器、设备及主要的阀门、仪表、电气皆已标明了位号和名称；仪表、仪器经调试具备使用条件，连锁调校完毕，准确可靠；岗位工器具已配齐。

③ 各项生产管理制度已落实、岗位分工明确，各工种人员经培训合格上岗，已掌握要领，会排除故障。

④ 经批准的负荷试运行方案已向生产人员交底。事故处理应急方案已经制订并落实。

⑤ 保运工作已落实，备品备件齐全，供排水、供电、仪表控制已平稳、正常运行，确保连续稳定供应。

⑥ 原材料、燃料、化学药品、润滑油（脂）等，已按设计文件和试运行方案规定的规格数量准备齐全，并能确保连续稳定供应。

⑦ 环保、安全、消防、急救系统已完善，现场保卫、生活后勤服务已落实。

⑧ 通信联络系统、储运系统、运输系统、生产调度系统运行正常可靠。试运行指导人员和专家已到现场。

2）负荷试运行的安全规定：

① 除合同另有规定外，负荷试运行方案由建设单位组织生产部门和设计单位、总承包和施工单位共同编制，由生产部门负责指挥和操作。

② 负荷试运行必须统一指挥，严禁越级指挥，参加负荷试运行人员必须遵守各项纪律和有关制度，无证人员不得进入试运行区。

③ 安全连锁装置必须按设计文件的规定投用，因故停用时应经授权人批准，记录在案，限期恢复，停用期间应派专人进行监护。

④ 必须按负荷试运行方案规定进行操作，循序渐进，实行监护操作制度。

⑤ 岗位操作人员应和仪表、电气、机械人员保持密切联系，总控人员应和其他岗位操作人员密切配合、紧密合作。

⑥ 必须按负荷试运行方案的规定和试运行的需要测定数据，做好记录。

3）负荷试运行应达到的标准：

① 生产装置连续运行，生产出合格产品，一次投料负荷试运行成功。

② 负荷试运行的主要控制点正点到达。

③ 不发生重大设备、操作、人身事故，不发生火灾和爆炸事故。

④ 环保设施做到“三同时”，不污染环境。

⑤ 负荷试运行不得超过试车预算，经济效益好。

7. 电气冬、雨期施工中的安全技术要求

（1）冬期施工安全技术要求：

1）施工项目在进入冬期施工前要加强对职工进行冬期施工安全生产的宣传教育，严格贯彻执行安全生产责任制，制定冬施安全措施。

2）加强季节性劳动保护工作。冬期要做好防滑、防冻、防煤气中毒工作。冬施的道路、上下梯道等要及时清扫积雪，并有防滑措施。外脚手架等要经常检查，发现问题及时加固修复。大风雪后及时检查脚手架，防止高空坠落事故发生。

3）凡冬期施工工程现场应做好现场平面规划，消防道路要畅通，电气线路按规定架设，易燃物品应专门堆放并配备消防器材，施工现场应设置安全标识。

4）冬季气候干燥多风，且现场的易燃物品又多，容易引起火灾，所以各项目部要有健全的消防制度，并结合工程特点制定防火措施，保证消防水源供应充足，消防道路畅通，消火栓水源处设明显标识，消防器材要齐全有效。

5）现场内的各种材料、设备器件、混凝土构件、乙炔瓶、氧气等存放场地和乙炔集中站都要符合安全要求，并加强管理。

6）冬期坑槽施工，在方案中应根据土质情况和工程特点制定边坡防护措施；施工中和化冻后要检查边坡稳定，出现裂缝、土质疏松或护坡桩变形等情况要及时采取措施。

7）施工现场严禁使用裸线。电线铺设要防砸、防碾压，防止电线冻结在冰雪之中。大风雪后，应对供电线路进行检查，防止断线造成触电事故。

8）指定专人负责搜集、整理当地气象资料，以防气温急剧下降，遭受寒流和霜冻的袭击。

9）加强作业人员生活区的管理，严禁将未完工工程的地下室作为住宿场所，工人宿舍取暖设施应设专人管理，严禁明火取暖和乱拉、乱接电器，严防烟气中毒、火灾和触电事故。

10）加强对室内防水工程、装饰装修工程中进行焊接等明火作业的管理，对各类易燃、易爆物品要严格管理，合理有效配置消防器材，严防发生火灾、爆炸事故。

11）做好临时设施、供水管道的保温、维护工作，确保冬季施工正常进行。

（2）雨期施工中的安全技术要求：

1）雨期施工主要应做好防雨、防风、防雷、防电、防汛等工作。

2）基础工程应开设排水沟、基槽、坑沟等，雨后积水应设置防护栏和警告标识，超过 1 m 的基槽坑井应设支撑。

3）一切机械设备应设置在地势较高、防潮避雨的地方，要搭设防雨棚。机械设备的电源线路要绝缘良好，要有完善的保护接零。

4）脚手架经常检查，发现问题要及时处理；脚手架和构筑物要按电气专业规定设临时避雷装置；脚手架上的马道要采取防滑措施，下雨后及时清扫，并随时检查脚手架、电气设备的安全措施。

5）现场严禁使用裸线，并设专人维护管理用电设施，严禁私自改拆线路，严格执行各种规章制度。

第八章　电气安装工程计价与成本控制

第一节　工程计价基本知识

一、建筑工程定额

以定额单价法确定工程造价，是我国采用的一种与计划经济相适应的工程造价管理制度。定额计价实际上是国家通过颁布统一的估算指标、概算指标，以及概算、预算和有关定额，来对建筑产品价格进行有计划的管理。国家以假定的建筑安装产品为对象，制定统一的预算和概算定额。计算出每一单元子项的费用后，再综合形成整个工程的价格。

在我国，长期以来在工程价格形成中采用定额计价模式，即按预算定额规定的分部分项子目，逐项计算工程量，套用预算定额单价（或单位估价表）确定直接费，然后按规定的取费标准确定其他直接费、现场经费、间接费、计划利润和税金，加上材料调差系数和适当的不可预见费，经汇总后即为工程预算或标底，而标底则作为评标定标的主要依据。

编制建设工程造价最基本的过程有两个：工程量计算和工程计价。

1. 工程建设定额的概念

根据一定时期内的生产水平和产品的质量要求，规定出一个在一定范围内使用的完成单位合格产品所需的人工、材料、机械、资金消耗额度，就是工程建设定额。

2. 工程建设定额的组成及分类

工程建设定额是工程建设中各类定额的总称。

（1）按定额反映的生产要素消耗内容，工程建设定额可分为劳动消耗定额、机械消耗定额和材料消耗定额三种。

1）劳动消耗定额简称劳动定额（也称为人工定额），是指在施工技术条件和合理劳动组织条件下完成单位合格产品（工程实体或劳务）所需消耗的工作时间，或在一定工作时间中应该生产的产品数量。劳动定额以时间定额或产量定额表示，时间定额与产量定额互为倒数。

2）机械消耗定额是指在正常施工条件下，为完成单位合格产品（工程实体或劳务）所需消耗的机械工作时间，或在单位时间内该机械应该完成的产品数量。机械消耗定额也有时间定额和产量定额两种表现形式。

3）材料消耗定额是指在合理使用材料的条件下，完成单位合格产品所需消耗材料的数量。

（2）按定额的编制程序和用途，可把工程建设定额分为施工定额、预算定额、概算定额、概算指标、投资估算指标五种。

1）施工定额是以同一性质的施工过程（工序）为研究对象而编制的定额，表示生产产品数量与时间消耗综合关系。

施工定额本身由劳动定额、机械定额和材料定额三个相对独立的部分组成，主要直接用于工程的施工管理，作为编制工程施工设计、施工预算、施工作业计划、签发施工任务单、限额领料卡及结算计件工资或计量奖励工资等用。它同时也是编制预算定额的基础。

2）预算定额是以建筑物或构筑物各个分部分项工程为对象编制的定额。其内容包括劳动定额、机械台班定额、材料消耗定额三个基本部分，并列有工程费用，是一种计价的定额。从编制程序上看，预算定额是以施工定额为基础综合扩大编制的；同时，它也是编制概算定额的基础。

3）概算定额是以扩大的分部分项工程为对象编制的，计算和确定该工程项目的劳动、机械台班、材料消耗量所使用的定额，同时它也列有工程费用，也是一种计价性定额。概算定额是编制扩大初步设计概算、确定建设项目投资额的依据。概算定额的项目划分粗细，与扩大初步设计的深度相适应，一般是在预算定额的基础上综合扩大而成的，每一综合分项概算定额都包含数项预算定额。

4）概算指标是概算定额的扩大与合并，它是以整个建筑物和构筑物为对象，以更为扩大的计量单位来编制的。概算指标的内容包括劳动、机械台班、材料定额三个基本部分，同时还列出了各结构的分部工程量及单位建筑工程（以体积或面积计）的造价，是一种计价定额。为了增加概算指标的适用性，也以房屋或构筑物的扩大的分部工程或结构构件为对象编制，称为扩大结构定额。

概算指标通常按工业建筑和民用建筑分别编制。工业建筑中又按各工业部门类别、企业大小、车间结构编制，民用建筑按照用途性质、建筑层高、结构类别编制。

概算指标的设定和初步设计的深度相适应。一般是在概算定额和预算定额的基础上编制的，比概算定额更加综合扩大。它是设计单位编制工程概算或建设单位编制年度任务计划、施工准备期间编制材料和机械设备供应计划的依据，也可供国家编制年度建设计划参考。

5）投资估算指标是在项目建议书和可行性研究阶段编制投资估算、计算投资需要量时使用的一种定额。它非常概略，往往以独立的单项工程或完整的工程项目为计算对象，编制内容是所有项目费用之和。编制基础仍然离不开预算定额、概算定额。

（3）按照投资的费用性质，可把工程建设定额分为建筑工程定额、设备安装工程定额、建筑安装工程费用定额、工器具定额以及工程建设其他费用定额五种。

1）建筑工程定额是建筑工程的施工定额、预算定额、概算定额和概算指标的统称。建筑工程，一般理解为房屋和构筑物工程。具体包括一般土建工程、电气工程

(动力、照明、弱电)、卫生技术(水、暖、通风)工程、工业管道工程、特殊构筑物工程等。广义上它也被理解为除房屋和构筑物外还包含其他各类工程，如道路、铁路、桥梁、隧道、运河、堤坝、港口、电站、机场等工程。在我国统计年鉴中对固定资产投资构成的划分，就是根据这种理解设计的。

2）设备安装工程定额是安装工程施工定额、预算定额、概算定额和概算指标的统称。设备安装工程是对需要安装的设备进行定位、组合、校正、调试等工作的工程。在工业项目中，机械设备安装和电气设备安装工程占有重要的地位。因为生产设备大多要安装后才能运转，不需要安装的设备很少。在非生产性的建设项目中，由于社会生活和城市设施的日益现代化，设备安装工程量也在不断增加。所以设备安装工程定额也是工程建设定额中的重要部分。

通常把建筑和安装工程作为一个施工过程来看待，即建筑安装工程。所以在通用定额中有时把建筑工程定额和安装工程定额合二为一，称为建筑安装工程定额。建筑安装工程定额属于直接费定额，仅仅包括施工过程中人工、材料、机械消耗定额。

3）建筑安装工程费用定额，一般包括以下三部分内容：

① 其他直接费用定额，是指预算定额分项内容以外，而与建筑安装施工生产直接有关的各项费用开支标准。

② 现场经费定额，是指与现场施工直接有关，是施工准备、组织施工生产和管理所需的费用定额。

③ 间接费定额，是指与建筑安装施工生产的个别产品无关，而为企业生产全部产品所必需，为维持企业的经营管理活动所必须发生的各项费用开支标准。

4）工、器具定额，是为新建或扩建项目投产运转首次配置的工具、器具数量标准。工具和器具，是指按照有关规定不够固定资产标准而起劳动手段作用的工具、器具和生产用家具。

5）工程建设其他费用定额，是独立于建筑安装工程、设备和工器具购置之外的其他费用开支的标准。工程建设的其他费用的发生和整个项目的建设密切相关。它一般要占项目总投资的10%左右。其他费用定额是按各项独立费用分别制定的，以便合理控制这些费用的开支。

(4) 按照专业性质，工程建设定额可分为全国通用定额、行业通用定额和专业专用定额三种。

(5) 按主编单位和管理权限，工程建设定额可分为全国统一定额、行业统一定额、地区统一定额、企业定额、补充定额五种。

1）全国统一定额是由国家建设行政主管部门，综合全国工程建设中技术和施工组织管理的情况编制，并在全国范围内执行的定额。

2）行业统一定额，是考虑到各行业部门专业工程技术特点，以及施工生产和管理水平编制的。一般是只在本行业和相同专业性质的范围内使用。

3）地区统一定额包括省、自治区、直辖市定额。地区统一定额主要是考虑地区性特点和全国统一定额水平作适当调整和补充编制的。

4）企业定额是指由施工企业考虑本企业具体情况，参照国家、部门或地区定额的水平制定的定额。

5）补充定额是指随着设计、施工技术的发展，现行定额不能满足需要的情况下，为了补充缺陷所编制的定额。

二、电气工程、建筑智能化安装工程的工程量计算

安装工程的工程量清单项目及计算参见《建设工程工程量清单计价规范》（GB 50500—2008）附录C和国家或省级、行业建设主管部门的其他规定。

例如：

（1）变压器安装，按不同容量划分工程项目，以“台”为单位，计算工程量。

（2）配电装置中的隔离开关、负荷开关、熔断器、避雷器、干式电抗器的安装，以“组”为单位计算工程量，每组按三相计算。

（3）带型母线安装及带型母线引下线安装包括铜排、铝排，分别以不同截面和片数“10 m/单相”为计量单位。母线和固定母线的金具均按设计量加损耗率计算。

（4）控制设备及低压电器安装均以“台”为单位计算工程量，均未包括基础槽钢、角钢的制作安装，其工程量按相应定额另行计算。

（5）控制设备及低压电器的铁构件制作安装均按施工图设计尺寸，以成品重量“100 kg”为单位计算工程量。

（6）控制设备及低压电器的盘柜配线分不同规格，以“10 m”为单位计算工程量。

（7）铅酸蓄电池和碱性蓄电池安装，分别按容量大小以单体蓄电池“个”为单位计算工程量。定额内已包括电解液的材料消耗，执行时不得调整。

（8）计算电缆敷设工作量时，其定额若按芯数计算，应按“3芯”电缆设定。

（9）桥架安装，以“10 m”为计量单位。

（10）防雷及接地装置的接地跨接线以“处”为计量单位，按规程规定凡须作接地跨接线的工程内容，每跨接一次按一处计算，户外配电装置构架均须接地，每副构架按“一处”计算。

（11）管内穿线的工程量，应区别线路性质、导线材质、导线截面，以单线延长米“100 m”为单位计算工程量。线路分支接头线的长度已综合考虑在定额中，不得另行计算。照明线路中的导线截面积大于或等于6 mm^2 时，应执行动力线路穿线相应项目。

（12）槽板配线工程量，应区别槽板材质（木质、塑料）、配线位置（木结构、砖、混凝土）、导线截面、线式（二线、三线），以线路延长米“100 m”为单位计算工程量。

（13）普通灯具安装的工程量，应区别灯具的种类、型号、规格，以“10套”为单位计算工程量。

（14）住宅（小区）智能化系统的工程量，以“系统”为计量单位。

（15）照明及变电配电系统传感器及变送器的工程量，以“支（台）”为计量单位。

（16）有线电视系统管理设备的工程量，以“台”为计量单位。

（17）传输网络设备的工程量，以“个”为计量单位。

（18）车辆识别设备的工程量，以“套”为计量单位。

（19）入侵探测器的工程量，以“套”为计量单位。

（20）控制台和监视器柜的工程量，以“台”为计量单位。

三、工程计价

1. 工程量清单计价的概念及组成

工程量清单是工程量清单计价的基础，应作为编制招标控制价、投标报价、计算工程量、支付工程款、调整合同价款、办理竣工结算以及工程索赔等的依据之一。

工程量清单由分部分项工程量清单、措施项目清单、其他项目清单、规费项目清单、税金项目清单等五部分组成，其内容如下：

（1）分部分项工程量清单，包括项目编码、项目名称、项目特征、计量单位和工程量。分部分项工程量清单见表 8-1。

表 8-1　分部分项工程量清单/施工措施项目清单与计价表

工程名称：　　　　　　　　　　　　标　段：　　　　　　　　　　第　页　共　页

序号	项目编码	项目名称及特征描述	计量单位	工程量	金　额（元）		
					综合单价	合　价	其中：暂估价
本页小计							
合　计							

（2）措施项目清单，是根据拟建工程的实际情况列项。措施项目可选择以下列项。若出现未列的项目，可根据工程实际情况补充。

1）安全文明施工费包括文明施工费、安全施工费、环境保护费、临时设施费。

2）施工措施项目费包括通用措施项目和专业工程措施项目。

① 通用措施项目包括夜间施工增加费（缩短工期措施费），二次搬运费，冬雨季施工增加费，大型机械设备进出场及安拆费（包括基础及轨道铺拆费），施工排水费，施工降水费，地上、地下设施、建筑物的临时保护设施费，已完工程及设备保护费八项。

② 建筑工程专业措施项目包括高层建筑增加费，脚手架搭拆费，垂直运输机械费，混凝土模板及支架费等四项。

③ 安装工程专业措施项目包括组装平台费，高层建筑增加费，设备、管道施工的防冻和焊接保护措施费，高压容器和高压管道的检验费，焦炉施工大棚费，焦炉烘炉、热态工程费，管道安装后的充气保护费，隧道内施工的通风、供水、供气、供电、照明及通讯设施增加费，安装与生产同时进行增加费，长输管道临时水工保护措施费，长输管道施工便道费，长输管道跨越或穿越施工措施费，长输管道地下穿越地上建筑物的保护措施费，长输管道工程施工队伍调遣费，格架式桅杆增加费等十五项。

措施项目中可以计算工程量的项目清单可采用分部分项工程量清单的方式编制，列出项目编码、项目名称、项目特征、计量单位和工程量计算规则；不能计算工程量的项目清单，以“项”为计量单位。

（3）其他项目清单，包括暂列金额，暂估价（包括材料暂估单价、专业工程暂估价），计日工（包括人工、材料和机械），总承包服务费等四项内容。

暂列金额指招标人在工程量清单中暂定并包括在合同价款中的一笔款项。用于施工合同签订时尚未确定或者不可预见的所需材料、设备、服务的采购，施工中可能发生的工程变更、合同约定调整因素出现时的工程价款调整以及发生的索赔、现场签证确认等的费用。

暂估价指招标人在工程量清单中提供的用于支付必然发生但暂时不能确定价格的材料的单价以及专业工程的金额。

计日工指在施工过程中，完成发包人提出的施工图纸以外的零星项目或工作（包括人工、材料和机械），按合同中约定的综合单价计价。

总承包服务费指总承包人为配合协调发包人进行的工程分包自行采购的设备、材料等进行管理、服务以及施工现场管理、竣工资料汇总整理等服务所需的费用。

（4）规费项目清单，包括工程排污费，职工教育经费，养老保险费，失业保险费，医疗保险费，工伤保险费，危险作业意外伤害保险，住房公积金，工会经费等九项内容。其他规费项目应按国家或省级、行业建设主管部门的规定列项。

（5）税金项目清单，包括营业税，城市维护建设税，教育费附加（包括地方教育附加）等三项内容。其他税金项目，应根据税务部门的规定列项。

2. 清单计价工程造价的构成

清单计价工程造价由分部分项工程费、措施项目费、其他项目费、规费和税金等五项费用组成，详见图 8-1。

（1）分部分项工程费：分部分项工程量清单采用综合单价计价，综合单价是指完成一个规定计量单位的分部分项工程量清单项目或措施清单项目所需的人工费、材料费、施工机械使用费和企业管理费、利润以及招标文件中要求投标人承担的风险费用。安装工程的企业管理费计价基础是人工费，费率是 37.9%，利润计价基础是人工费，费率是 39%。综合单价计价见表 8-2。

（2）措施项目清单计价：根据拟建工程的施工组织设计，可以计算工程量的措施项目，应按分部分项工程量清单的方式采用综合单价计价；无法计算工程量的措施项目可以“项”为单位的方式计价，应包括除规费、税金外的全部费用。

措施项目清单中的安全文明施工增加费计价基础是人工费，费率是 21.26%，单位工程建筑面积在以下范围内的安装工程安全文明施工费分别乘以下规定的系数：5 000 m^2 以下乘 1.2；5 000～10 000 m^2 乘 1.1；大于 20 000 m^2 且小于等于 30 000 m^2 乘 0.9；大于 30 000 m^2 乘 0.8。

（3）其他项目清单计价：

1）作为招标控制价时，按下列规定计价：

① 暂列金额应根据工程特点，按有关计价规定估算，但不宜超过分部分项工程费的 15%。

② 暂估价中的材料单价应根据工程造价信息或参照市场价格估算；暂估价中的专业分包工程金额分不同专业，按有关计价规定估算。

③ 计日工根据工程特点和有关计价依据计算。

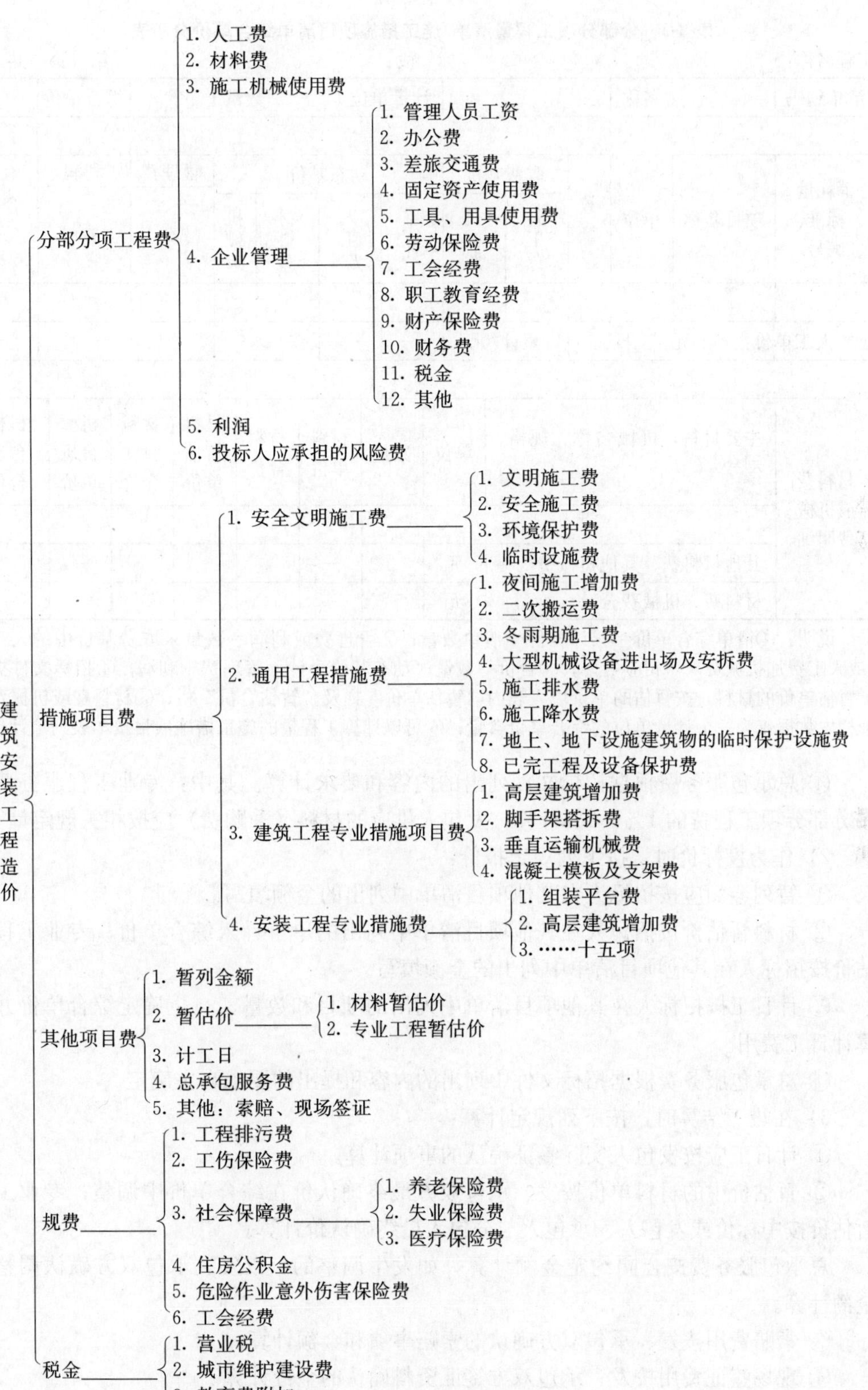

图 8-1　建筑安装工程造价构成

表 8-2　分部分项工程量清单/施工措施项目清单综合单价分析表

工程名称：　　　　　　　　　　　　　　标　段：　　　　　　　　　　　　　　第　页　共　页

清单编码		名称		计量单位		数量		综合单价	

消耗量标准编号	项目名称	单位	数量	取费基价		动态基价				管理费	利润	合价（元）
				人工费	机械费	小计	人工费	材料费	机械费	%	%	
人工单价：　　元 /工日				累计/元		—	—	—	—			

材料费或机械费明细	主要材料，机械名称、规格、型号	单位	数量	材料单价	材料合价	材料暂估单价	材料暂估合价	机械台班单价	机械台班合价
	其他材料费、其他机械费	元		—		—		—	
	材料费、机械费合计	元		—		—		—	

说明：①清单综合单价＝累计合价÷清单数量；②管理费或利润＝数量×取费基价中的人工费（或人工费加机械费）×相应费率；③合价＝数量×动态基价小计＋管理费＋利润；④招标文件提供了暂估单价的材料，按暂估的单价填入表内“暂估单价”栏及“暂估合价”栏；⑤材料费或机械费明细栏内数据仅为一个计量单位的综合单价含量；⑥可以计算工程量的施工措施项目按本表列项计价。

④ 总承包服务费根据招标文件列出的内容和要求计算。其中：专业工程服务费可按分部分项工程费的1%～2%计算；发包人供应的材料（采购费）应按相关规定计算。

2）作为投标价时，按下列规定报价：

① 暂列金额应按招标人在其他项目清单中列出的金额填写。

② 材料暂估价按招标人在其他项目清单中列出的单价计入综合单价；专业工程暂估价按招标人在其他项目清单中列出的金额填写。

③ 计日工按招标人在其他项目清单中列出的项目和数量，自主确定综合单价并计算计日工费用。

④ 总承包服务费根据招标文件中列出的内容和提出的要求自主确定。

3）在竣工结算时，按下列规定计算：

① 计日工应按发包人实际签证确认的事项计算。

② 暂估价中的材料单价按发、承包双方最终确认价在综合单价中调整；专业工程暂估价按中标价或发包人、承包人与分包人最终确认价计算。

总承包服务费按合同约定金额计算，如发生调整的，以发、承包双方确认调整的金额计算。

③ 索赔费用按发、承包双方确认的索赔事项和金额计算。

④ 现场签证费用按发、承包双方签证资料确认的金额计算。

⑤ 暂列金额应减去工程价款调整与索赔、现场签证金额计算，如有余额归发包人。

（4）规费：规费按表 8-3 计算。

表 8-3　规费

序号	项目名称	计费基础	费率/%
1	工程排污费	分部分项工程费＋措施项目费＋其他项目费	0.4
2	职工教育经费	（分部分项工程费＋措施项目费＋计日工）中的人工费总额	1.5
3	养老保险费	分部分项工程费＋措施项目费＋其他项目费	3.5
4	其他规费	（分部分项工程费＋措施项目费＋计日工）中的人工费总额	18.9

说明：其他规费栏包括失业保险费、医疗保险费、工伤保险费、危险作业意外伤害保险费、住房公积金、工会经费等六项。

（5）税金：税金按表 8-4 计算。

表 8-4　税金

项目名称	计费基础	费率/%
纳税地点在市区的企业	分部分项工程费＋措施项目费＋其他项目费＋规费	3.461
纳税地点在县城镇的企业		3.397
纳税地点不在市区县城镇的企业		3.268

（6）工程价款调整：

1）若施工中出现施工图纸（含设计变更）与工程量清单项目特征描述不符的，发、承包双方应按新的项目特征确定相应工程量清单项目的综合单价。

2）因分部分项工程量清单漏项或非承包人原因的工程变更，造成增加新的工程量清单项目或工程量清单数量的增减，其相应的综合单价除合同另有约定外，按下列方法确定：

① 当分部分项工程量变更后调增量小于原工程量的 10%（含 10%）时，其综合单价应按照原综合单价确定。

② 当分部分项工程量变更后的调增量大于原工程量的 10%以上部分，工程量清单漏项或由于设计变更引起新增项目时，其综合单价应按照湖南省建设行政主管部门颁发的建设工程消耗量标准、取费标准、计费程序、人工工资单价及工程造价管理机构发布的工程造价信息（工程造价信息没有发布的参照市场价）确定。

③ 当分部分项工程量变更后调减的工程量以及因设计变更被取消的项目，其综合单价应按照原综合单价确定。

3）因分部分项工程量清单漏项或非承包人原因的工程变更，引起措施项目发生变化，造成施工组织设计或施工方案变更，原措施费中已有的措施项目，按原措施费的组价方法调整；原措施费中没有的措施项目，由承包人根据措施项目变更情况，提出适当的措施费变更，经发包人确认后调整。

4）若施工期内市场价格波动超出一定幅度时，应按合同约定调整工程价款；合同没有约定或约定不明确的，应按湖南省建设行政主管部门或其授权的工程造价管理机构的规定调整。

5）因不可抗力事件导致的费用，发、承包双方应按以下原则分别承担并调整工程价款。

① 工程本身的损害、因工程损害导致第三方人员伤亡和财产损失以及运至施工场地用于施工的材料和待安装的设备的损害，由发包人承担。

② 发包人、承包人人员伤亡由其所在单位负责，并承担相应费用。

③ 承包人的施工机械设备损坏及停工损失由承包人承担。

④ 停工期间，承包人应发包人要求留在施工场地的必要的管理人员及保卫人员的费用，由发包人承担。

⑤ 工程所需清理、修复费用，由发包人承担。

6）工程价款调整报告应由受益方在合同约定时间内（合同未约定具体时间的，以14天为期限），向合同的另一方提出，经对方确认后调整合同价款。受益方未在合同约定时间内（合同未约定具体时间的，以14天为期限）提出工程价款调整报告的，视为不涉及合同价款的调整。

收到工程价款调整报告的一方应在合同约定时间内（合同未约定具体时间的，以14天为期限）确认或提出协商意见，否则，视为工程价款调整报告已经确认。

第二节　成本的构成和管理特点

一、工程成本的构成与控制特点

1. 施工成本的构成

按照现行的建筑安装工程造价编制方法，施工成本可按成本构成分解成五项费用，见图8-2：

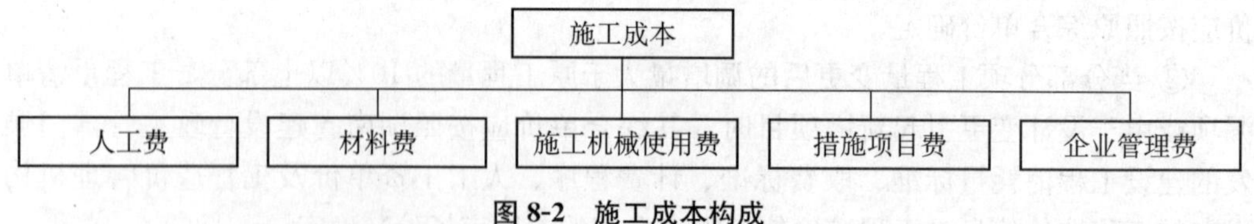

图8-2　施工成本构成

2. 施工成本管理的特点

施工成本管理的任务主要包括：成本预测、成本计划、成本控制、成本核算、成本分析和成本考核。其特点如下：

（1）是一个动态控制的过程：安装工程在实施过程中，经常要受到企业内部和外部各种因素的影响，施工成本也随之不断地发生变化，成本管理就是在这样不断变化的环境下进行的，必须根据不断变化的内外部环境，不断地对成本进行检查、调整和控制。

（2）是一个复杂的系统工程：这是由于安装工程项目本身是一个复杂的系统工程

所决定的。从横向来看，成本管理分为：工程目标投标报价、成本预测、成本计划、统计、质量和信誉等；从纵向来看，成本管理又可分为：组织、控制、核算、分析、跟踪和考核等。由此形成一个工程建设项目成本管理系统。

二、施工成本的影响因素

施工成本一般分为预算成本、计划成本和实际成本三种类型。其影响因素有：

(1)“人”的因素：施工作业人员技能不熟练、劳动效率低下，安装工程施工质量难以保障，可能造成较高的工程返工率，增加开支。

施工管理人员配备不完善、管理水平较低、执行力不强，就有可能造成施工现场混乱、班组工种不清、重复搬运和材料浪费等现象，增加安装工程不必要的开支。

造价人员业务能力差，造价控制水平低，会给本工程造价控制带来负面影响。

(2)“料”的因素：材料质量不合格，造成多次返工增加成本，同时又因售后维修次数频繁增加后期成本；材料价格波动，对施工成本也有一定的影响。

(3)“机”的因素：施工机械的效率、能耗和故障概率对安装造价的影响十分明显。

(4)“环境”的因素：施工现场场地特征将直接影响施工总平面布置，不利的地形条件将制约机械设备的摆放、材料堆放，增加数量。同时，施工现场的地质条件也将影响后续施工造成影响，造成设计变更等。

(5)“技术”的因素：技术性差的施工方案和施工组织设计可能违背了施工原则、违反施工程序、技术要点不过关，从而影响安装工程质量、安全、进度和成本。

三、施工成本控制的基本要求、基本程序与主要方法

1. 施工成本控制的基本要求

(1) 增收节支原则。

(2) 全面控制原则。

(3) 责权利相结合原则。

(4) 目标管理原则。

2. 施工过程成本控制的基本程序

(1) 比较：按照某种特定的方式将施工成本计划值与实际值逐项进行比较，以发现施工成本是否已超支。

(2) 分析：在比较的基础上，对比较的结果进行分析，以确定偏差的严重性及偏差产生的原因。这一步是施工成本控制工作的核心，其主要目的在于找出产生偏差的原因，从而采取有针对性的措施，减少或避免相同原因的再次发生或减少由此造成的损失。

(3) 预测：根据项目实施情况估算整个项目完成时的施工成本。预测的目的是为决策提供支持。

(4) 纠偏：当安装工程项目的实际成本出现了偏差，应当根据工程的具体情况、偏差分析和预测的结果，采取恰当的措施，以期达到施工成本偏差尽可能小的目的，纠偏是施工成本控制中最具实质性的一步。只有通过纠偏，才能最终达到有效控制施

工成本的目的。

（5）检查：检查是指对工程的进展进行跟踪和检查，及时了解工程进展状况以及纠偏措施的执行情况和效果，为以后的工作积累经验。

3. 施工过程成本控制的主要方法

施工成本控制的主要方法有过程控制法；赢得值（净值）法；偏差分析法。由于施工阶段是控制建设工程项目成本发生的主要阶段，下面重点介绍施工过程控制法。

施工过程控制法是通过确定成本目标并按计划成本进行施工、资源配置，对施工现场发生的各种成本费用进行有效控制，其具体的控制方法如下。

（1）人工费的控制：人工费的控制实行“量价分离”的方法，将作业用工及零星用工按定额工日的一定比例综合确定用工数量与单价，通过劳务合同进行控制。加强劳动定额管理，提高劳动生产率，降低工程耗用人工工日，是控制人工费支出的主要手段。

1）制定先进合理的企业内部劳动定额，严格执行劳动定额，并将安全生产、文明施工及零星用工下达到作业队进行控制。全面推行全额计件的劳动管理办法和单项工程集体承包的经济管理办法，以不突破施工图预算人工费指标为控制目标，对各班组实行工资包干制度。认真执行按劳分配的原则，使职工个人所得与劳动贡献相一致，充分调动广大职工的劳动积极性，从根本上杜绝出工不出力的现象。把工程项目的进度、安全、质量等指标与定额管理结合起来，提高劳动者的综合能力，实行奖励制度。

2）提高生产工人的技术水平和作业队的组织管理水平，根据施工进度、技术要求，合理搭配各工种工人的数量，减少和避免无效劳动。不断地改善劳动组织，创造良好的工作环境，改善工人的劳动条件，提高劳动效率。合理调节各工序人数松紧情况，安排劳动力时，尽量做到技术工不做普通工的工作，高级工不做低级工的工作，避免技术上的浪费，既要加快工程进度，又要节约人工费用。

3）加强职工的技术培训和多种施工作业技能的培训，不断提高职工的业务技术水平和熟练操作程度，培养一专多能的技术工人，提高作业工效。提倡技术革新和推广新技术，提高技术装备水平和工厂化生产水平，提高企业的劳动生产率。

4）实行弹性需求的劳务管理制度。对施工生产各环节上的业务骨干和基本的施工力量，要保持相对稳定。对短期需要的施工力量，要做好预测、计划管理，通过企业内部的劳务市场及外部协作队伍进行调剂。严格做到项目部的定员随工程进度要求波动，进行弹性管理。要打破行业、工种界限，提倡一专多能，提高劳动力的利用效率。

（2）材料费的控制：材料费控制同样按照“量价分离”原则，控制材料用量和材料价格。

1）材料用量的控制：在保证符合设计要求和质量标准的前提下，合理使用材料，通过定额管理、计量管理等手段有效控制材料物资的消耗，具体方法如下。

① 定额控制：对于有消耗定额的材料，以消耗定额为依据，实行限额发料制度。在规定限额内分期分批领用，超过限额领用的材料，必须先查明原因，经过一定审批手续方可领料。

② 指标控制：对于没有消耗定额的材料，则实行计划管理和按指标控制的办法。根据以往项目的实际耗用情况，结合具体施工项目的内容和要求，制定领用材料指标，

以控制发料。超过指标的材料，必须经过一定的审批手续方可领用。

③ 计量控制：准确做好材料物资的收发计量检查和投料计量检查。

④ 包干控制：在材料使用过程中，对部分小型及零星材料（如钢钉、钢丝等）根据工程量计算出所需材料量，将其折算成费用，由作业者包干控制。

2）材料价格的控制：材料价格主要由材料采购部门控制。由于材料价格是由买价、运杂费、运输中的合理损耗等所组成，因此控制材料价格，主要是通过掌握市场信息，应用招标和询价等方式控制材料、设备的采购价格。

从价值角度来看，材料物资的价值约占建筑安装工程造价的60%甚至70%以上，其重要程度自然是不言而喻的。由于材料物资的供应渠道和管理方式各不相同，所以控制的内容和所采取的控制方法也将有所不同。

（3）施工机械使用费的控制：据统计，高层建筑地面以上部分的总费用中，垂直运输机械费用占6%～10%。施工机械使用费主要由台班数量和台班单价两方面决定，为有效控制施工机械使用费支出，主要从以下几个方面进行控制。

1）控制台班数量：

① 根据施工方案和现场实际，选择适合项目施工特点的施工机械，制定设备需求计划，合理安排施工生产，充分利用现有机械设备，加强内部调配提高机械设备的利用率。

② 保证施工机械设备的作业时间，安排好生产工序的衔接，尽量避免停工窝工，尽量减少施工中所消耗的机械台班数量。

③ 核定设备台班定额产量，实行超产奖励办法，加快施工生产进度，提高机械设备单位时间的生产效率和利用率。

④ 加强设备租赁计划管理，减少不必要的设备闲置和浪费，充分利用社会闲置机械资源。

2）控制台班单价：

① 加强现场设备的维修、保养工作，降低大修、经常性修理等各项费用的开支，提高机械设备的完好率，最大限度地提高机械设备的利用率。避免因不当使用造成机械设备的停置。

② 加强机械操作人员的培训工作，不断提高操作技能，提高施工机械台班的生产效率。

③ 加强配件的管理，建立健全配件领发料制度，严格按油料消耗定额控制油料消耗，达到修理有记录，消耗有定额，统计有报表，损耗有分析。通过经常分析总结，提高修理质量，降低配件消耗，减少修理费用的支出。

附录　备考练习试题

专业基础知识篇

单选题 200 多选题 51 案例题 0

一、单选题

建筑强电安装基础

1. 变压器绕组的联结方式 dyn11 中的“11”的含义(　　)。

A. 变压器高低压绕组相位差为 30°

B. 变压器高低压绕组相位差为 60°

C. 变压器高低压绕组相位差为 0°

D. 设计序号

2. 三相异步电动机的效率随电动机负荷的减少而(　　)。

A. 升高　　B. 降低　　C. 不变　　D. 不确定

3. 应用在空调机上的整流电路，输出电压为 200 V，测得的电流为 0.5 A，则负载的等效电阻为(　　)Ω。

A. 200　　B. 300　　C. 400　　D. 450

4. 正弦交流电电压的有效值 U 与幅值 U_m 的关系是(　　)。

A. $U=U_m/\sqrt{2}$　　B. $U=U_m/\sqrt{3}$　　C. $U=U_m$　　D. $U=\sqrt{3}U_m$

5. 已知交流电压 $u=311\sin(314t)$，其有效值为(　　)。

A. 220V　　B. 230V　　C. 250V　　D. 380

6. 已知用电设备的电阻为 55Ω，接在电压为 220 V 的交流电上，该用电设备每天使用一小时，一个月按 30 d 计算所消耗的电能是(　　)kW · h。

A. 24　　B. 25.5　　C. 26.4　　D. 27.8

7. 一个 100mH 的电感元件，接在 $u=141\sin(314t+60°)$ V 的交流电源上，该电感元件的感抗值为(　　)欧。

A. 20　　B. 31.4　　C. 62.8　　D. 100

8. 对于纯电感电路，电感两端电压与电流的相位关系是（　　)。

A. 电压与电流同相　　B. 电压滞后电流 90°

C. 电压超前电流 90°　　D. 电压超前电流 180°

9. 变压器的额定容量为 1 000 kVA，如果负载的功率因素为 0.8，则变压器输出的最大有功功率为(　　)kW。

A. 800　　B. 1 000　　C. 1 250　　D. 1 500

10. 三相对称负载做三角形联结，各相负载的阻抗 Z=（6+j8）Ω。电源线电压为 380 V，则负载的线电流为(　　)A。

A. 22　　B. 38　　C. 53　　D. 65.8

11. 三相对称电路中，三相对称负载作星形连接时，线电流与相电流的关系是(　　)。

A. $(3-\sqrt{3})$ 倍　　B. $\sqrt{3}$倍　　C. 相等　　D. 3 倍

12. 有一电阻一电感性负载，接在 220 V、50 Hz 的交流电源上，有功功率为 10 kW，功率因数 cos Φ=0.8，则电源需要供給的视在功率为(　　)kvar。

A. 8　　B. 10　　C. 12.5　　D. 15

13. 已知三相对称负载，每相的等效电阻 $R=3\Omega$，等效感抗 $XL=4\Omega$，接入线电压为 380 V 的对称电源上，负载的功率因数为(　　)。

A. 0.8　　B. 0.75　　C. 0.7　　D. 0.6

14. 二极管的主要特点表现在（　　）。

A. 双向导电　　B. 反向导电　　C. 单向导电　　D. 放大作用

15. 三极管的主要作用是(　　)。

A. 电流放大　　B. 电压放大　　C. 变频　　D. 整流

16. 一台三相油浸变压器的容量为 200 kVA，一二次额定电压之比为 10/0.4 kV，该变压器的二次侧额定电流为(　　)A。

A. 276.8　　B. 288.68　　C. 290.68　　D. 298.8

17. 下列电动机中，不是交流电动机的是(　　)。

A. 无换向器电机　　B. 鼠笼型电动机　　C. 磁阻电动机　　D. 复励电动机

18. 在直流电路的计算中，已知电源电压 $E=12$ V，电源内阻 $r=0.5\Omega$，负载电阻 $R=2.5\Omega$。下列说法不正确的是(　　)。

A. 考虑电源内阻，回路电流为 4 A

B. 不考虑电源内阻，回路电流为 4.8 A

C. 如果负载被短路，则回路电流为 24 A

D. 如果负载被短路，则回路电流为无穷大

19. 一般电流互感器二次侧额定电流为(　　)A。

A. 5　　B. 10　　C. 15　　D. 100

20. 有一根电阻值为 10Ω 的电阻丝，将它均匀的拉长为原来的 3 倍，拉长后的电阻值为(　　)Ω。

A. 10　　B. 30　　C. 60　　D. 90

21. 4 个等值的电阻并联，总电阻为 16 kΩ，则各电阻的阻值为(　　)kΩ。

A. 4　　B. 16　　C. 32　　D. 64

22. 一个灯泡的额定值为"220 V、100 W"，若将它接到 110 V 的电源下使用，则实际消耗的功率为(　　)W。

A. 25　　B. 50　　C. 100　　D. 200

23. 三相四线制供电线路中电压 380 V/220 V 表示(　　)。

A. 线电压 380 V，相电压 220 V

B. 相电压 380 V，线电压 220 V

C. 将 380 V 电压变压成 220 V 电压

D. 电压最大值为 380 V，电压有效值为 220 V

24. 三极管工作在放大状态时，它的两个 PN 结必须是(　　)。

A. 发射结和集电结同时反偏　　B. 发射结正偏，集电结反偏

C. 发射结和集电结同时正偏　　D. 发射结反偏，集电结正偏

25. 如果一个二极管正极的电位是 5 V，负极的电位是 3.5 V，那么该二极管(　　)。

A. 截止　　B. 击穿　　C. 正向导通　　D. 饱和

26. 某电阻电感性质的负载，并联电容后，下列说法不正确的是(　　)。

A. 线路总电流变小　　B. 通过负载的电流变小

C. 供电线路的功率因素提高　　D. 通过负载的电流不变

27. 异步电动机的防护等级 IP44 中的第一个“4”的含义是(　　)。

A. 防大于 1 mm 固体物进入　　B. 防大于 2.5 mm 固体物进入

C. 防大于 4 mm 固体物进入　　D. 防大于 12.5 mm 固体物进入

28. 对于“无功功率”，我们应该理解为(　　)。

A. 没有做功　　B. 无用　　C. 交换而不消耗　　D. 不交换也不消耗

29. 10 kV 母线分段处，可装设隔离开关或隔离触头的条件是(　　)。

A. 出线回路数少，分段开关无需带负荷操作且无继电保护和自动装置要求时。

B. 分段开关需要带负荷操作

C. 分段开关需要备用自投入时

D. 分段开关需设置过电流继电保护时

30. 在三相四线制配电系统中，中性线允许载流量不应小于(　　)。

A. 线路中的最大不平衡负荷电流，且应计入谐波电流的影响

B. 最大相电流

C. 最大线电流

D. 最大相电流，且应计入谐波电流的影响

31. 有效接地系统和低电阻接地系统中，发电厂、变电所电气装置保护接地的接地电阻，一般情况下应符合(　　)要求。

A. $R \leqslant 50/I$，且不宜大于 30Ω　　B. $R \leqslant 120/I$，且不应大于 20Ω

C. $R \leqslant 250/I$，且不宜大于 10Ω　　D. $R \leqslant 2000/I$，且不得大于 5Ω

32. 下列对计算负荷描述正确的是(　　)。

A. 计算负荷是用电设备的额定负荷之和。

B. 计算负荷是最高日负荷曲线的平均负荷。

C. 计算负荷是负荷曲线中负荷最大的 30 分钟的平均负荷。

D. 计算负荷是负荷曲线中出现的最大负荷。

33. 下列有关中性点直接接地系统的说法，不正确的是(　　)。

A. 系统的过电压水平和输变电设备所需的绝缘水平较低

B. 低压配电系统需采用三线四线制供电时采用

C. 单相接地故障电流大

D. 操作过电压高

34. 当电压为 3～10 kV 电缆线路构成的系统，单相接地故障电容电流不超过 30 A 时，应采用(　　)。

A. 直接接地系统　　B. 小电阻接地系统

C. 不接地系统　　D. 经灭弧线圈接地系统

35. 当用电设备总容量在(　　)kW 及以上或变压器的容量在 160 kVA 及以上者，宜采用 10 (6) kV 电压供电。

A. 200　　B. 250　　C. 400　　D. 500

36. 在 TN 系统接地型式的低压电网中，三相配电变压器的中性点应采用(　　)。

A. 不接地系统　　B. 直接接地　　C. 大电阻接地　　D. 经消弧线圈接地

37. 供配电系统的逆调压是指（　　）。

A. 负荷增加，送端电压往高调，负荷减少，送端电压往低调

B. 负荷增加，送端电压往低调，负荷减少，送端电压往高调

C. 无论负荷增加或减少，送端电压往高调

D. 无论负荷增加或减少，送端电压往低调

38. 为降低 220 V/380 V 低压配电系统的不对称度，由地区公共低压电网供电的 220 V 照明负荷，当电流大于 60 A 时，宜采用的供电方式是（　　）。

A. 单相供电　　B. 三相四线制供电

C. 两相三线制供电　　D. 三相三线供电

39. 10 kV 及以下变配电所的高压及低压母线，当供电连续性要求不是很高时，宜采用(　　)接线。

A. 单母线或分段单母线　　B. 单母线带旁路母线

C. 分段单母线带旁路母线　　D. 双母线或分段双母线

40. 配电所的 10 kV 或 6 kV 非专用电源线的进线侧，应装设(　　)。

A. 带保护的开关设备　　B. 不带保护开关设备

C. 高压负荷开关　　D. 隔离插头

41. 指针式测量仪表测量范围和电流互感器变比的选择，宜使电力设备额定运行时指示在仪表满量程的(　　)。

A. 50%左右　　B. 70%左右　　C. 80%左右　　D. 90%左右

42. 选择高压断路器时，在民用建筑物内的变电站一般采用(　　)。

A. 少油断路器　　B. 真空断路器　　C. 多油断路器　　D. 空气断路器

43. 高压断路器的选择，当短路电流中的直流分量不超过交流分量幅值的 20%时，可只按(　　)选择断路器。

A. 可切断负荷电流

B. 短路电流的有效值

C. 开断短路电流的交流分量有效值

D. 可闭合负荷电流

44. 变配电所的配电室、控制室、值班室等的地面，宜高出室外地面(　　)mm。

A. 50～80　　B. 50～100　　C. 100～150　　D. 150～300

45. 室内变电所的每台油量为(　　)kg 以下的三相变压器，可以多台变压器合装在同一室内。

A. 100　　B. 200　　C. 250　　D. 500

46. 当 10 kV 高压开关柜的数量为(　　)台及以下时，可和低压配电屏装设在同一房间内。

A. 5　　B. 6　　C. 7　　D. 8

47. 一般高压电器设备正常使用环境的海拔不超过(　　)m。

A. 1 000　　B. 1 500　　C. 2 000　　D. 3 000

48. 选择高压熔断器熔体时，应保证前后两级熔断器之间，熔断器与电源侧继电保护之间以及熔断器与负荷侧继电保护之间动作的(　　)。

A. 速动性　　B. 灵敏性　　C. 选择性　　D. 优先性

49. 采用(　　)作为灭弧介质的叫空气断路器。

A. 自然空气　　B. 氮气　　C. 压缩空气　　D. 六氟化硫气体

50. 低压电器是指(　　)kV 以下的各种控制、保护电器等。

A. 0.4　　B. 1　　C. 1.2　　D. 1.5

51. 低压开关柜按其内部部件安装方式分为不同的形式，下列不是低压开关柜类型的是(　　)。

A. 组合式　　B. 固定式　　C. 抽屉式　　D. 插入式

52. 在非导电灰尘的一般多尘场所的低压电器的防护等级应为(　　)。

A. IP44　　B. IP4X　　C. IP5X　　D. IP67

53. 下列关于高压断路器的功能，不正确的是(　　)。

A. 额定短路开断电流由交流分量有效值和直流分量绝对值来表征

B. 额定峰值耐受电流等于额定短路关合电流

C. 额定峰值耐受电流大于额定短路关合电流

D. 额定短时耐受电流大于额定短路开断电流

54. 不能用作隔离电器的是(　　)。

A. 插头与插座　　B. 半导体电器　　C. 隔离插头　　D. 熔断器

55. 由市电引入的低压电源线路，应在电源箱受电端设置(　　)。

A. 具有隔离作用和保护作用的电器

B. 具有漏电保护作用的电器

C. 具有隔离作用的电器

D. 具有过载保护作用的电器

56. 交流电动机的启动方法中，启动电流最平稳的是(　　)。

A. 星-三角启动　　B. 全压启动　　C. 软启动　　D. 定子串电阻减压启动

57. 某车间有一组频繁正反转的鼠笼感应电动机，其定子回路欲采用交流接触器作为控制电器，控制电动机的正反转、启动、停止及反接制动，下列接触器类型最适合的是（　　）。

A. DC-14　　B. AC-5b　　C. AC-4　　D. AC-8a

58. 对操作频繁的可逆运行的低压交流电动机，正转接触器与反转接触器之间除应有电气连锁外，还应有(　　)。

A. 位置连锁　　B. 机械连锁　　C. 触头连锁　　D. 保护连锁

59. 采用能耗制动时，交流笼型异步电动机和绕线异步电动机可在交流供电电源断开后，采取的做法是(　　)。

A. 立即向定子绕组通入直流电流，以便产生制动转矩。

B. 立即向转子绕组通入直流电流，以便产生制动转矩。

C. 立即向转子绕组通入交流电流，以便产生制动转矩。

D. 立即向定子绕组通入反相交流电流，以便产生制动转矩。

60. 为维护、测试和检修设备安全需断开电源时，应设置(　　)。

A. 漏电保护器　　B. 保护继电器　　C. 隔离电器　　D. 熔断器

61. 橡皮绝缘电力电缆，线芯长期允许工作温度为(　　)°。

A. 60　　B. 70　　C. 90　　D. 105

62. 电缆型号规格的标注，如 WDZR－YJV－3X95＋1X50，其表示的含义在下列叙述中正确的是(　　)。

A. 铜芯交联聚乙烯绝缘聚氯乙烯护套无卤无烟阻燃电力电缆

B. 铜芯交联聚乙烯绝缘聚氯乙烯护套无卤低烟阻燃电力电缆

C. 铜芯交联聚乙烯绝缘聚乙烯护套无卤低烟阻燃电力电缆

D. 铜芯交联聚氯乙烯绝缘聚氯乙烯护套无卤低烟阻燃电力电缆

63. 封闭母线和电器的连接处应设置(　　)的伸缩接头。

A. 可拆卸　　B. 不可拆卸　　C. 焊接　　D. 铆接

64. 可以采用铝芯电缆的情况是(　　)。

A. 靠近高温设备配置的电缆

B. 埋地敷设的电力电缆

C. 移动式电气设备用的电缆

D. 控制电缆

65. 阻燃电缆型号标注 ZR-YJV-8.7/10-3＊240 中，8.7/10 表示的含义是(　　)。

A. 额定电压　　B. 发烟量　　C. 绝缘水平　　D. 阻燃性能

66. 在爆炸危险环境内，低压电力照明线路所用的电线、电缆的额定电压应不低于(　　)V。

A. 450　　B. 500　　C. 750　　D. 1000

67. 关于交流单相回路的电力电缆外护层的选择，下列叙述正确的是(　　)。

A. 不得有未经非磁性处理的金属带、钢丝铠装

B. 可以有未经非磁性处理的金属带、钢丝铠装

C. 不得有经非磁性处理的金属带、钢丝铠装

D. 不得有未经磁性处理的金属带、钢丝铠装

68. 移动式电器设备等需要经常弯曲或有较高柔性要求回路的电缆，应选用的外护层为(　　)。

A. 聚氯乙烯　　B. 聚乙烯　　C. 橡皮　　D. 氯磺化聚乙烯

69. (　　)℃以上高温环境，宜选择矿物绝缘电缆。

A. 60　　B. 70　　C. 90　　D. 100

70. 实际环境温度与基准环境温度不一致时，导体的(　　)应进行修正。

A. 允许载流量　　B. 短路电流　　C. 设备的额定电流　　D. 过载电流

71. 选择室外裸导体时，环境温度应取(　　)。

A. 当地年最高温度　　B. 当地年最低温度

C. 当地最热月平均最高温度　　D. 该处通风设计温度

72. 交联聚乙烯绝缘电缆电线，线芯长期允许工作温度为(　　)°。

A. 70　　B. 85　　C. 90　　D. 105

73. 接闪网、接闪杆及引下线采用热镀锌圆钢时，其直径不应小于(　　)mm。

A. 8　　B. 10　　C. 12　　D. 16

74. 二类防雷建筑物防闪电感应措施中，平行敷设的管道、构架和电缆金属外皮等长金属物，其静距小于(　　)mm 时，应采用金属线跨接，跨接点的间距不应大于 30m。

A. 100　　B. 150　　C. 200　　D. 300

75. 三类防雷建筑防直击雷的措施中，专设引下线不应少于 2 根，并沿建筑物四周均匀对称分布，其间距沿周长计算不应大于(　　)m。

A. 12　　B. 18　　C. 25　　D. 30

76. 接地连接线是(　　)。

A. 埋入大地中并直接与大地接触的金属导体

B. 从接地端子、等电位连接带至接地体的连接导体

C. 接地线和接地极的总和

D. 由垂直和水平接地极组成的接地网

77. 接地电阻的数值等于(　　)。

A. 接触电位差与接地故障电流的比值

B. 系统相线对地标称电压与接地故障电流的比值

C. 接地装置对地电位与通过接地极流入地中电流的比值

D. 接地装置对地电位与接地故障电流的比值

78. 对于第一类防雷建筑物，独立接闪杆、架空接闪线或架空接闪网应设独立的接地装置，每一引下线的冲击接地电阻不宜大于(　　)Ω。

A. 10　　B. 15　　C. 20　　D. 30

79. 雷电保护接地的接地电阻应为（　　）。

A. 交流电阻　　B. 工频电阻　　C. 高频电阻　　D. 冲击电阻

80. 电气设备保护接地的接地电阻应为(　　)。

A. 交流电阻　　B. 工频电阻　　C. 高频电阻　　D. 冲击电阻

81. 埋于土壤中的人工垂直接地体不宜采用(　　)m。

A. 热镀锌圆钢　　B. 热镀锌扁钢　　C. 热镀锌角钢　　D. 热镀锌钢管

82. 第二类、三类防雷建筑物，当利用无绝缘被覆盖的不锈钢面板兼作接闪器时，如屋面板下面无易燃物品，则其厚度不应小于(　　)mm。

A. 0.5　　B. 1.0　　C. 1.5　　D. 2.0

83. 第一类防雷建筑物，防闪电感应的接地装置和电气设备接地装置共用，其工频接地电阻不应大于(　　)Ω。

A. 1　　B. 4　　C. 5　　D. 10

84. 第二类防雷建筑物避雷网的网格尺寸不应大于(　　)。

A. 5 m×5 m 或 6 m×4 m

B. 10 m×10 m 或 12 m×8 m

C. 15 m×15 m 或 18 m×12 m

D. 20 m×20 m 或 24 m×16 m

85. 高度为 12m 的工业厂房，没有显色性要求，适宜的光源选择为(　　)。

A. 直管荧光灯　　B. 荧光高压汞灯　　C. 高压钠灯　　D. 自镇流高压汞灯

86. 高层建筑内主通道和楼梯间应设置(　　)。

A. 疏散照明　　B. 安全照明　　C. 备用照明　　D. 警卫照明

87. 用利用系数法计算照度，计入维护系数后，计算结果是(　　)值。

A. 空间平均照度　　B. 空间最小照度

C. 工作面维持最小照度　　D. 工作面维持平均照度

88. 在备用照明、疏散照明回路上(　　)设置插座。

A. 可以　　B. 不应　　C. 没有规定　　D. 根据情况确定是否

89. 照明系统中的每一单相分支回路的电流不宜超过(　　)A。

A. 5　　B. 10　　C. 16　　D. 25

90. 办公室、教室等房间一般照明的照度均匀度不应小于(　　)。

A. 0.5　　B. 0.6　　C. 0.7　　D. 0.8

91. 下列有关图纸标高的说法，不正确的是(　　)。

A. 在施工图中，标高是标注建筑物或地势高度的符号

B. 在施工图中，标高可分为绝对标高和相对标高

C. 在施工图中，绝对标高一般标在结构平面图中

D. 在施工图中，绝对标高一般标在总平面图中

92. 成套的建筑电气工程施工图的内容一般不包含（　　）。

A. 设计说明　　B. 流程图　　C. 系统图　　D. 平面图

93. 下列有关施工图中详图的说法，正确的是(　　)。

A. 施工图中，如有某一局部另绘有详图，应以索引符号牵引，索引符号是用直径 10 mm 的细实

线绘制的圆圈。在符号中，分母表示详图所在图纸的编号，分子表示详图编号

B. 施工图中，如有某一局部另绘有详图，应以索引符号牵引，索引符号是用直径 10 mm 的细实线绘制的圆圈。在符号中，分子表示详图所在图纸的编号，分母表示详图编号

C. 施工图中，索引符号如用于索引剖视详图，应在原图绘制剖切位置线，并以引出线引出索引符号

D. 施工图中，如有某一局部另绘有详图，应以索引符号牵引，索引符号是用直径 8 mm 的细实线绘制的圆圈。在符号中，分子表示详图所在图纸的编号，分目表示详图编号

94. 建筑电气工程施工图中，标注“BV-0.45/0.75kV-5×10-SC32-WC/FC”其代表的含义，下列说法不正确的是(　　)。

A. 聚氯乙烯铜芯绝缘线，额定电流 450 A，额定电压 750 V

B. 5 根 $10mm^2$ 的导线

C. 穿 32 mm 焊接钢管

D. 在墙内暗敷或在地板内暗敷设

95. 动力和照明平面图主要表示的内容不包括(　　)。

A. 动力、照明线路的敷设位置、敷设方式

B. 导线的型号规格、根数以及穿管管径

C. 用电设备、配电设备的数量、型号及相对位置

D. 配电设备、用电设备实际尺寸的大小

96. 在电力及照明平面图中，设备标注为 MX2 $\frac{\text{XRM201}-08-1-12}{\text{BV}-4\ (1*6)\ +\text{PE2.5}-\text{SC40}-\text{WC}}$其所表示的含义下列表述中不正确的是(　　)。

A. MX2 表示配电箱的编号

B. XRM201－08－1 表示配电箱的型号

C. 12 表示配电箱的数量

D. BV－4 (1∗6) ＋PE2.5－SC40－WC 是配电箱进线标注

97. (　　)主要用于设备安装接线、设备线路检查、设备线路维护与故障处理。

A. 电气系统图　　B. 电气原理图　　C. 电气示意图　　D. 电气接线图

98. 图纸的幅面，按国家标准的规定有五种幅面，即 A0. A1. A2. A3. A4，其中 A1 幅面大小为(　　)。

A. 840×594　　B. 594×842　　C. 594×846　　D. 594×848

99. 下列有关阅读建筑电气工程施工图一般程序的说法错误的是(　　)。

A. 看图纸目录及标题栏　　B. 看设计总说明

C. 看系统图、平面图　　D. 一般不用看安装大样图

100. 在动力配电箱系统图中，进线断路器的标注为：DZ20Y－200/4P 150 A 其含义是(　　)。

A. 总开关为 DZ20Y 空气断路开关，四极，额定电流为 150 A

B. 总开关为 DZ20Y 空气断路开关，四极，额定动作电流为 150 A

C. 总开关为 DZ20Y 空气断路开关，四极，长延时动作电流为 150 A

D. 总开关为 DZ20Y 空气断路开关，四极，短延时动作电流为 150 A

101. 为减少接地故障引起的电气火灾危险而装设的漏电电流保护器，其额定动作电流不应超过(　　)A。

A. 0.3　　B. 0.5　　C. 1.0　　D. 1.5

102. 数据处理设备为了抑制电源线路导入的干扰常配置大容量的滤波器，因此正常工作时就存在较大的对地泄漏电流。当正常泄漏电流超过 (　　) mA 时，应采取防止 PE 线中断导致电击危险

的措施。

A. 10　　B. 30　　C. 100　　D. 500

103. 在正常工作条件下，电击防护利用遮拦和外护物的安全防护，要求人能触及的各种电压等级的导体或导电部分的距离必须大于（　　）范围。

A. 防护　　B. 可靠　　C. 伸臂　　D. 身高

104. 电气安全应包括电力生产、运行过程的(　　)安全以及相应的防范、防护措施。

A. 人身　　B. 设备　　C. 人身及设备　　D. 防护

105. 下列间接接触防护接地的一般要求中，错误的(　　)。

A. 无论何种间接接触防护，外露可导电部分均应与保护导体相连接

B. 间接接触防护采用自动切断电源时，外露可导电部分应与保护导体相连接

C. 保护导体应按其系统接地形式的具体条件与外露可导电部分连接和接地

D. 可同时触及的外露可导电部分，应接到同一个接地系统上

106. 在水下作业场所应采用(　　)V 安全电压。

A. 6　　B. 12　　C. 24　　D. 36

107. 用于连接外露导电部分与装置外导电部分的辅助等电位连接线，其截面应符合(　　)要求。

A. 不得小于 6 mm^2　　B. 大于 25 mm^2

C. 不应小于相应保护线截面的一半　　D. 采用铜导线

108. 在直接接触防护措施中，采用遮拦或外护物时，带电部分应分布在防护等级至少为(　　)的外护物内或遮拦之后。

A. IP00　　B. IP2X　　C. IP3X　　D. IP4X

109. 根据《湖南省建设工程工程量清单计价办法》湘建价：(20009) 406 号文件规定，材料二次搬运费应计入(　　)。

A. 措施项目费　　B. 其他项目费

C. 规费　　D. 分部分项工程费

110. 根据《湖南省建设工程工程量清单计价办法》湘建价：(20009) 406 号文件规定，以下(　　)是其他项目费。

A. 建筑工程专业措施项目费　　B. 总承包服务费

C. 安全文明施工费　　D. 城市维护建设费

111. 关于施工定额，以下表述正确的是（　　）。

A. 施工定额是以扩大的分部分项工程为对象编制的定额

B. 施工定额是概算定额的扩大与合并

C. 施工定额是以建筑物或构筑物各个分部分项工程为对象编制的定额

D. 施工定额是以同一性质的施工过程（工序）为研究对象而编制的定额

112. 关于预算定额，以下表述正确的是(　　)。

A. 预算定额是以建筑物或构筑物各个分部分项工程为对象编制的定额

B. 预算定额是以同一性质的施工过程（工序）为研究对象而编制的定额

C. 预算定额是概算定额的扩大和合并

D. 预算定额是以扩大的分部分项工程为对象编制的定额

113. 根据《湖南省建设工程工程量清单计价办法》湘建价：(20009) 406 号文件规定，现场签证应计入(　　)。

A. 其他项目费　　B. 措施项目费　　C. 规费　　D. 分部分项工程费

114. 根据《湖南省建设工程工程量清单计价办法》湘建价：(20009) 406 号文件规定，暂列金额应根据工程特点，按有关计价规定估算，但不宜超过分部分项工程费的(　　)。

A. 15%　　B. 10%　　C. 20%　　D. 5%

115. 以（　　）确定工程造价，是我国采用的一种与计划经济相适应的工程造价管理制度。

A. 人工费单价　　B. 全费用单价　　C. 综合单价　　D. 定额单价法

116. 根据《湖南省建设工程工程量清单计价办法》湘建价：(20009) 406 号文件规定，安装工程的利润计价基础是人工费，费率是（　　）。

A. 30%　　B. 35%　　C. 29%　　D. 39%

117. 下列有关照明设备节电方法中，不正确的是（　　）。

A. 尽量采用 36 V 以下照明灯具

B. 增设照明开关，每个照明开关控制灯的数量不要过多

C. 除特殊情况外，不应采用大功率的白炽灯

D. 不应采用效率低于 75%的开敞式灯具

118. 下列不符合实施绿色照明宗旨的是（　　）。

A. 保证人们的工作、生产效率和生活质量，保证人的身心健康为前提

B. 采用高效光源等照明器材

C. 达到节能环保的目的

D. 简化设计，有效地提高设计效果

119. 办公室选用的直管荧光灯，应配用（　　）。

A. 电感镇流器　　B. 电子镇流器　　C. 普通镇流器　　D. 双功率电感镇流器

120. 以下措施可以实现节能效果，其中错误的是（　　）。

A. 选用低损耗的电力变压器代替高损耗的电力变压器

B. 选用高效电动机

C. 将交流接触器的电磁操作线圈的电流由原来的交流改为直流

D. 在水泵运行中采用阀门开度调节流量代替变频调速控制

建筑弱电安装基础

1. 用户交换机的实装内线分机容量，不宜超过交换机容量的（　　）。

A. 40%　　B. 60%　　C. 80%　　D. 90%

2. 用户交换机与市话局之间的线路叫（　　）。

A. 中继线路　　B. 用户线路　　C. 配线线路　　D. 传输线路

3. 建筑弱电工程处理的对象是（　　）。

A. 电压与电流　　B. 发电与配电　　C. 电机与控制　　D. 信息与信号

4. 程控用户交换机房通信设备的直流供电电源应采用（　　）。

A. 双回路交流 380 V/220 V 电源供电

B. 一路市电加柴油发电机备用电源供电

C. 一路市电加干电池组供电

D. 采用交换机整流器对本机供电，并以全浮充制对蓄电池电

5. 电话电缆交接箱内主干电缆与配线电缆的连接采用（　　）。

A. 跳线连接　　B. 直接连接　　C. 焊接连接　　D. 绞接连接

6. 通信主干电缆和配线电缆均为埋地敷设时，电话电缆交接箱应采用（　　）。

A. 单杆架空式　　B. 落地式　　C. 双杆架空式　　D. 壁龛式

7. 电话分线箱与分线盒的作用相同，其区别主要是（　　）。

A. 分线箱带有保险装置，分线盒没有

B. 分线盒带有保险装置，分线箱没有

C. 分线箱为直接接线，分线盒为跳接接线

D. 分线盒为直接接线，分线箱为跳接接线

8. 用户总配线架、配线箱（分线箱）设备容量宜按远期用户需求量一次考虑，可按用户数的(　　)倍配置。

A. 0.8～1.0　　B. 1.0～1.1　　C. 1.2～1.5　　D. 1.6～2.0

9. 地下通信管道与已有建筑物的平行净距不小于(　　)。

A. 0.8 m　　B. 1 m　　C. 1.5 m　　D. 2 m

10. 型号为 HPVV－200x2x0.5 的通信电缆，下面说法正确的是(　　)。

A. 铜芯聚乙烯绝缘、聚乙烯护套、200 对线径为 0.5 mm 市话配线电缆

B. 铜芯聚苯乙烯绝缘、聚苯乙烯护套、200 对线径为 0.5 mm 市话配线电缆

C. 铜芯聚氯乙烯绝缘、聚氯乙烯护套、200 对线径为 0.5 mm 局用电话电缆

D. 铜芯聚氯乙烯绝缘、聚氯乙烯护套、200 对线径为 0.5 mm 市话配线电缆

11. 当采用有源通信配线箱（有源分线箱）时，宜在箱内右下角设置 1 只(　　)。

A. 220 V 单相交流带保护接地的电源插座

B. 380 V 三相交流带保护接地的电源插座

C. 380 V 三相四孔电源插座

D. 220 V 单相交流两孔电源插座

12. 综合布线系统中，其下面不属于工作区子系统的是(　　)。

A. 信息插座　　B. 信息模块

C. 终端设备与信息插座连接线　　D. 配线架至信息插座的连接线

13. 综合布线系统中标记是管理子系统的一个重要组成部分，下面不属于综合布线标记的是(　　)。

A. 电缆标记　　B. 场标记　　C. 插入标记　　D. 时间标记

14. 光纤收发器的作用是(　　)。

A. 将光信号变成电信号以及将电信号变成光信号的设备

B. 将电信号变成电信号以及将光信号变成光信号的设备

C. 将一路输入光信号分成几路光信号输出的设备

D. 用于光纤传输线路光信号放大的设备

15. 综合布线楼层配线间管理场插入标记采用不同底色来区分其连接区间，对工作区信息插座(IO) 实现连接采用插入标记的底色是(　　)。

A. 白色　　B. 蓝色　　C. 绿色　　D. 黄色

16. 综合布线设备间位置的确定，下面不正确的是(　　)。

A. 设备间应尽可能设在位于干线综合体的中间位置

B. 尽量远离强噪声源和强震动源

C. 不能与用水设备间、卫生间相邻或在其楼下

D. 尽量设置在建筑物的顶层或地下层

17. 综合布线系统中要有电气保护措施，下面不属于综合布线电气保护的是（　　）。

A. 雷击过电压　　B. 感应过电压

C. 电力线接触过电压　　D. 短路保护

18. 综合布线工程电缆传输通道的测试包括电缆传输链路验证测试和传输通道的认证测试，验证测试主要测试电缆通道的（　　）。

A. 连接的正确性　　B. 链路长度

C. 链路衰减　　D. 近端串音

19. 综合布线中由楼层电信间到工作区的布线为水平布线子系统，采用双绞线布线时，最大长度应不超过（　　）m。

A. 50　　B. 90　　C. 150　　D. 200

20. 在用户较多的企事业单位以及较大型的智能建筑中，一般设置电话站，电话站内安装的电话交换机为(　　)。

A. 市话交换机　　B. 长话交换机　　C. 用户交换机　　D. 人工交换机

21. 有线电视用户终端盒分为单孔和双孔两种，对双孔的终端盒作用是(　　)。

A. 一个输出电视信号，一个输出调频广播信号

B. 可以连接两台电视机

C. 一个输出电视信号，一个输出计算机网络信号

D. 一个输出电视信号，一个输出电话语音信号

22. 有线电视分配系统中分配设备的空闲端口和分支器的输出终端，均应端接(　　)。

A. 50Ω 负载电阻　　B. 75Ω 负载电阻

C. 100Ω 负载电阻　　D. 150Ω 负载电阻

23. 电视信号占用的频率范围很宽，一套电视信号的频带宽度为(　　)。

A. 3 MHz　　B. 6 MHz　　C. 8 MHz　　D. 10 MHz

24. 有线电视系统的载噪比是系统的三个重要指标之一，载噪比的要求是(　　)。

A. 40 dB 以上　　B. 40 dB 以下　　C. 越大越好　　D. 越小越好

25. 摄像机是闭路电视监控系统的主要设备之一，有黑白和彩色两大类，如下对摄像机的描述正确的是(　　)。

A. 黑白摄像机比彩色摄像机灵敏度低

B. 黑白摄像机比彩色摄像机灵敏度高

C. 黑白摄像机比彩色摄像机分解力低

D. 黑白摄像机比彩色摄像机的图像真实

26. 摄像机的关键部分是摄像器件，摄像器件可分为电真空器件和固态器件两大类，其中 CCD 表示是(　　)。

A. 金属氧化物器件　　B. 电荷注入器件

C. 电荷耦合器件　　D. 视像管器件

27. 监视器是闭路电视监控系统的终端显示设备，按功能分主要有三类，图像监视器、接收监视两用机和电视接收机。下面说法正确的是(　　)。

A. 电视机比图像监视器价格高，所以使用少

B. 电视机比图像监视器视频通道带宽要宽，显示效果比图像显示器好

C. 电视机比图像监视器视频通道带宽要窄，显示效果不如图像显示器

D. 电视机比图像监视器价格低，显示效果相当，所以普遍采用

28. 有线电视系统中采用的同轴电缆，对其结构的描述正确的是(　　)。

A. 同轴电缆中只有一根导体

B. 电视信号为单向传输，不需形成回路

C. 绝缘层外的编制铜丝主要起屏蔽作用

D. 编制铜丝与内导体组成传输回路，铝箔主要起屏蔽作用

29. 当需把一路视频信号送到相距较远的多个监视器时，应采用(　　)。

A. 视频信号分配器　　B. 视频信号放大器

C. 视频信号切换器　　D. 视频信号均衡器

30. 闭路电视系统的直接控制方式是将电压、电流等控制信号直接输入被控设备，这种控制方式

的控制距离一般在(　　)。

A. 500 m左右　　B. 1 000 m左右　　C. 1 500 m左右　　D. 2 000 m左右

31. 闭路电视系统当摄像端与监视端距离太远时，可以采用继电器作间接控制，下面对间接控制描述错误的是(　　)。

A. 由于继电器绕组的阻抗很高，所以控制电流很小

B. 继电器控制箱内需安装一个 220 V/24 V 变压器

C. 间接控制与直接控制相比使用控制线数量减少

D. 间接控制与直接控制使用的控制线数量相同

32. 闭路电视系统传送视频信号的传输方式有基带传输和调制传输两种方式，下面说法正确的是(　　)。

A. 基带传输是将视频信号调制到高频载波上通过同轴电缆传输

B. 基带传输可以实现同一条同轴电缆传输多路视频信号

C. 调制传输可以实现同一条同轴电缆传输多路视频信号

D. 调制传输是将视频信号直接通过同轴电缆传输

33. 闭路电视信号采用同轴电缆传输时，传输距离一般超过 500 米时应考虑加装(　　)。

A. 电缆补偿器　　B. 频率均衡器　　C. 短路隔离器　　D. 过压保护器

34. 闭路电视系统线路中的金属保护管、电缆桥架、金属线槽、配线钢管和各种设备金属外壳均应与地线可靠连接，当独立设置接地系统时，系统的接地电阻值不应大于(　　)。

A. 1Ω　　B. 4Ω　　C. 10Ω　　D. 20Ω

35. 有线电视系统放大器的放大倍数叫增益，用分贝（dB）表示，当放大器输出电平为输入电平的 10 倍时，用分贝表示的增益为(　　)。

A. 10 dB　　B. 20 dB　　C. 30 dB　　D. 40 dB

36. 有线电视系统中的均衡器，下面对其描述正确的是(　　)。

A. 均衡器是一个有源器件

B. 均衡器是一个衰减量随频率升高而升高的器件

C. 均衡器是一个衰减量随频率升高而降低的器件

D. 均衡器是一个衰减量与频率变化无关的器件

37. 定阻抗输出功率放大器与扬声器的配接，要获得最高的功率传输效率，要求(　　)。

A. 扬声器负载阻抗应小于功放的输出阻抗

B. 扬声器负载阻抗应大于功放的输出阻抗

C. 扬声器负载阻抗应等于功放的输出阻抗

D. 扬声器额定电压应等于功放的输出额定电压

38. 一台 40 W 定阻抗输出扩音机，输出端有 0Ω、8Ω、16Ω、250Ω 几个接线端，现要用低阻直接配接方式挂接 4 只 10 W、8Ω 的扬声器，正确的连接是(　　)。

A. 4 只扬声器全部采用并联连接在扩音机 0Ω～8Ω 端

B. 4 只扬声器全部采用串联连接在扩音机 0Ω～16Ω 端

C. 分别将 2 只并联后再串联连接在扩音机 0Ω～8Ω 端

D. 将 2 只并联、2 只串联后再串联连接在扩音机 0Ω～16Ω 端

39. 某校园广播站有一台 250 W 定压式扩音机，输出电压为 240 V，现要配接 10 只 25 W、16Ω 扬声器，每个扬声器采用配比变压器连接，配比变压器的初级/次级变压比应为(　　)。

A. 240V/10V　　B. 240V/20V　　C. 240V/30V　　D. 240V/40V

40. 建筑物公共广播系统功率放大器主要采用(　　)输出方式。

A. 定阻抗式　　B. 定功率式　　C. 定电压式　　D. 定电流式

41. 传声器是广播系统中的电声设备，它是一种(　　)的器件。

A. 阻抗变换　　　　B. 声音放大

C. 电信号转换成声音　　　　D. 声音转换成电信号

42. 扬声器是广播系统中的电声设备，它是一种(　　)的器件。

A. 电能变换　　　　B. 声音放大

C. 将电信号转换成声音　　　　D. 将声音转换成电信号

43. 扬声器种类很多，目前工程上用得最多的是(　　)扬声器。

A. 电离式　　B. 压电式　　C. 静电式　　D. 电动式

44. 传声器种类很多，建筑物的公共广播系统中一般使用(　　)传声器。

A. 动圈式　　B. 压电式　　C. 电容式　　D. 晶体式

45. 楼宇访客对讲系统的多线制系统，一般线数为 4＋N（N 为室内机数量），下面对于线数的确定正确的是(　　)。

A. 通话线、开门线、电源线、接地线共用，每户再增加一条门铃线

B. 门铃线、开门线、电源线、接地线共用，每户再增加一条通话线

C. 门铃线、通话线、电源线、接地线共用，每户再增加一条开门线

D. 门铃线、通话线、开门线、接地线共用，每户再增加一条电源线

46. 楼宇访客对讲系统的全总线制系统，下面描述错误的是(　　)。

A. 采用数字编码技术

B. 将解码电路设置在用户室内机中

C. 楼层设置解码器

D. 整个系统完全采用总线连接

47. 现代建筑的安全技术防范系统由安全管理系统和若干相关子系统组成，下面不属于安全技术子系统的是(　　)。

A. 入侵报警与出入口控制系统　　　　B. 电子巡查系统

C. 停车场管理系统　　　　D. 火灾自动报警系统

48. 设置在安全疏散口的出入口控制装置，下面描述错误的是(　　)。

A. 应与火灾自动报警系统联动

B. 紧急情况下应能自动释放出入口控制系统

C. 安全疏散门在出入口控制系统释放后应能随时开启

D. 安全疏散门在出入口控制系统释放后应由安防控制中心控制开启

49. 出入口控制的门磁、窗磁开关应安装在普通门、窗的(　　)。

A. 内下侧　　B. 内左侧　　C. 内右侧　　D. 内上侧

50. 防盗报警的微波探测器主要用于探测运动物体，微波探测器的性能描述，下面正确的是(　　)。

A. 微波探测器对非金属材料具有穿透性，可以安装在非金属伪装物后面

B. 微波探测器对金属材料具有穿透性，可以安装在金属伪装物后面

C. 微波探测器对任何材料都不具备穿透性，探测器前不应有阻挡物

D. 微波探测器对任何材料都具有穿透性，可以安装在任何伪装物后面

51. 超声波探测器按其结构和安装方法不同可分为声场型和多普勒型两种，按其警戒功能属于(　　)。

A. 点控制型探测器　　　　B. 面控制型探测器

C. 空间控制型探测器　　　　D. 线控制型探测器

52. 磁控开关属于开关式报警器，它由永久磁铁块和干簧管两部分组成，对其安装正确的

是(　　)。

A. 干簧管安装在门或窗页上，永久磁铁块安装在门框或窗框上

B. 永久磁铁块安装在门或窗页上，干簧管安装在门框或窗框上

C. 永久磁铁块和干簧管均安装在门或窗页上

D. 永久磁铁块和干簧管均安装在门框或窗框上

53. 计算机技术在建筑设备自动化系统中得到了普遍的应用，目前在建筑自动化系统中采用的主要控制方式是(　　)。

A. 计算机集中控制系统　　B. 计算机分散控制系统

C. 集散型控制系统　　D. 直接控制系统

54. 水、电、气三表出户远程计量系统是智能建筑、智能小区的组成部分之一，下面对其描述正确的是(　　)。

A. 水、电、气三基表的电脉冲信号直接由各自的线路送至物管中心微机

B. 水、电、气三基表电脉冲信号由数据采集器直接送至物管中心微机

C. 水、电、气三基表电脉冲信号由数据采集器再由总线传输至物管中心微机

D. 水、电、气三基表电脉冲信号通过数据采集器由总线传输至系统服务器再传输至物管中心微机

55. 下面对建筑设备自动化系统直接数字式控制器（DDC）的要求描述错误的是(　　)。

A. 可编写修改程序　　B. 能独立完成控制操作

C. 能接受中央管理机统一控制　　D. 不可编写修改程序

56. 建筑设备监控系统现场仪表的选择中，对于压力（压差）传感器工作压力，应满足(　　)

A. 不小于测点可能出现的最大压力（压差）

B. 大于测点可能出现的最大压力（压差）的 1.2 倍

C. 不大于测点可能出现的最大压力（压差）的 1.5 倍

D. 大于测点可能出现的最大压力（压差）的 1.5 倍

57. 建筑设备自动化系统现场仪表的选择中，对于温度传感器量程的选择应为测点温度的(　　)倍。

A. 1.0～1.2　　B. 1.2～1.5　　C. 1.5～2.0　　D. 2.0～3.0

58. 三表出户远程计量系统由 4 层节点组成，第三层节点是系统服务器，下面对系统服务器描述正确的是(　　)。

A. 系统服务器是将三表的信号转变成电脉冲信号并传送至物管中心微机

B. 系统服务器接收数据采集器的数据信号并传送至物管中心微机

C. 系统服务器与采集器是多线连接，与物管中心微机是总线连接

D. 系统服务器是无源设备

59. 停车场管理系统的车位显示系统下面对其描述错误的是(　　)。

A. 在每个车位设置探测器

B. 使用较多的是超声波探测器

C. 车位探测器可对车库车辆进行计数

D. 相邻两车位可合用一个探测器

60. 智能大楼的基本框架是将 BA 系统、OA 系统、CA 系统三个子系统结合成一个完整的整体，其中 BA 系统是指(　　)系统。

A. 建筑自动化　　B. 通信自动化　　C. 办公自动化　　D. 火灾自动报警

61. 当用一台区域火灾报警控制器或一台火灾报警控制器警戒多个楼层时，应在每个楼层的楼梯口或消防电梯前室等明显部位，设置(　　)。

A. 楼层数指示标志　　B. 联动控制模块

C. 火灾报警按钮　　D. 灯光与警报装置

62. 火灾应急广播扬声器的设置，应能保证从一个防火分区内任何部位到最近的一个扬声器的距离不应大于(　　)。

A. 25 m　　B. 30 m　　C. 35 m　　D. 40 m

63. 民用建筑内火灾应急广播扬声器应设置在走道、大厅等公共场所，每个扬声器的额定功率应满足(　　)。

A. 不大于 2 W　　B. 不小于 2 W　　C. 不大于 3 W　　D. 不小于 3 W

64. 消防控制室应设置在建筑物的首层或地下一层，当在地下一层时，距通往室外安全出入口不应大于（　　），且均应有明显标志。

A. 15 m　　B. 20 m　　C. 25 m　　D. 30 m

65. 在设有消火栓按钮的消火栓灭火系统中，消火栓按钮直接接于消防水泵控制回路时，采用的电压应为(　　)。

A. 不大于 50 V　　B. 不大于 110 V　　C. 不大于 220 V　　D. 不大于 380 V

66. 火灾应急广播线路的敷设，下面描述正确的是(　　)。

A. 不应与火警信号、联动控制线路同管或同线槽敷设

B. 应与火警信号线路同管或同线槽敷设

C. 可以与消防设备配电线路同管或同线槽敷设

D. 应与火警信号、联动控制线路同管或同线槽敷设

67. 火灾自动报警与联动控制系统的传输线路，采用绝缘导线穿管敷设在不燃烧体结构内时，其保护层厚度不应小于(　　)。

A. 15 mm　　B. 20 mm　　C. 25 mm　　D. 30 mm

68. 我国火灾探测器产品型号是按照国标规定命名，JTY－GD 代表如下哪一种探测器(　　)。

A. 光电感烟探测器　　B. 膜盒定温探测器

C. 离子感烟探测器　　D. 电子差定温探测器

69. 下面对散射型光电感烟探测器描述错误的是(　　)。

A. 由光束发射器、光接收器和开有小孔的暗室组成检测室

B. 当没有烟雾粒子进入暗室时，光源发出的光直接照射到光接收器

C. 当有烟雾粒子进入暗室时，光源发出的光散射到光接收器

D. 有大量粉尘或水雾滞留的场所不宜选用

70. 下面对离子感烟探测器的描述正确的是(　　)。

A. 离子感烟探测器的工作电压为直流 48 V

B. 离子感烟探测器为无源器件

C. 离子感烟探测器的工作电压为交流 220 V

D. 离子感烟探测器的工作电压为直流 24 V

71. 建筑物高度大于 12 米时，应选择如下那种探测器是适合的(　　)。

A. 离子感烟探测器　　B. 光电感烟探测器

C. 感温探测器　　D. 火焰探测器

72. 下面不宜选择点型感烟探测器的场所是(　　)。

A. 会议室　　B. 配电房　　C. 发电机房　　D. 电梯机房

73. 弱电工程图一般采用图形加文字表示某一种设备，TV 插座一般表示(　　)。

A. 电源插座　　B. 电视插座　　C. 电话插座　　D. 数据插座

74. 综合布线工程图一般采用图形加文字表示某一种设备，在配线设备中，BD 一般表示(　　)。

A. 建筑物配线架　　B. 楼层配线间

C. 建筑群配线架　　D. 工作区配线架

75. 一般弱电工程施工图的组成，下面不需要的图是(　　)。

A. 弱电工程系统图　　B. 工程平面图

C. 安装详图　　D. 设备原理图

76. 火灾自动报警系统图中标注的联动控制总线为 NH－BV (2x1.5) －SC20－WC，其含义为(　　)。

A. 2 根截面积为 1.5 mm^2 聚氯乙烯塑料绝缘铜芯线穿直径为 20 mm 的钢管沿墙暗敷设

B. 2 根截面积为 1.5 mm^2 阻燃型聚氯乙烯塑料绝缘铜芯线穿直径为 20 mm 的钢管沿墙暗敷设

C. 2 根截面积为 1.5 mm^2 耐火型聚氯乙烯塑料绝缘铜芯线穿直径为 20 mm 的钢管沿墙暗敷设

D. 2 根截面积为 1.5 mm^2 耐火型聚氯乙烯塑料绝缘铜芯线穿直径为 20 mm 的阻燃塑料管沿墙暗敷设

77. 火灾自动报警系统应绘制消防控制室平面布置图，消防控制室内设备的布置，单列布置时，设备面盘前的操作距离不应小于(　　)。

A. 0.6 m　　B. 0.8 m　　C. 1.2 m　　D. 1.5 m

78. 某大楼数据网络系统，采用光缆进入到大楼交换机，再由每路光纤到每层交换机，然后由对绞线连接到用户插座，此种拓扑结构叫(　　)。

A. 星形结构　　B. 总线形结构　　C. 树形结构　　D. 混合形结构

79. 某大楼视频监控系统在监控室采用微处理机将控制指令编码后由数据线送至解码驱动电路，由解码驱动电路采用多线控制被控对象，此种控制方式叫(　　)。

A. 直接控制　　B. 间接控制　　C. 总线控制　　D. 多线控制

80. 某大楼视频监控系统采用间接控制方式，在摄像端设置继电器控制箱，此种控制方式在线数上应为(　　)。

A. 总线制　　B. 多线制　　C. 总线－多线制　　D. 混合线制

二、多选题

建筑强电安装基础

1. 下列有关基尔霍夫定律的说法，正确的是(　　)。

A. 对于电路中的任一节点，在任一瞬间，流入该节点的电流之和等于流出该节点的电流之和。

B. 沿电路中任一闭合回路绕行一周，各部分电压的代数和等于零。

C. 基尔霍夫定律只适应于直流电路的计算，不适应交流电路的计算。

D. 运用基尔霍夫定律时，必须预先设定好电压和电流的参考方向

2. 二极管正向导通时的正向电压值称为管压降，一般小功率硅管的管压降可为(　　)V。

A. 0.6　　B. 0.7　　C. 0.8　　D. 1.0

3. 根据转子的结构形式来分，异步电动机分为(　　)异步电动机。

A. 防爆式　　B. 密闭式　　C. 鼠笼式　　D. 绕线式

4. 电路主要由（　　）组成。

A. 电源　　B. 负载　　C. 中间环节　　D. 检测仪表

5. 变压器的型号 SL－500/10 的含义是(　　)。

A. 三相油浸双绕组铝线　　B. 额定容量 500 kVA

C. 高压绕组额定电压为 10 kV　　D. 三相油浸双绕组铜线

6. 变电所的类型主要有(　　)等。

A. 附设变电所　　B. 独立变电所　　C. 露天变电所　　D. 一般变电所

7. 提高功率因素的意义在于(　　)。

A. 提高设备利用率　　B. 维持计算电流不变

C. 减少线路损耗　　D. 减少电压损失

8. 下列属于一级负荷的是(　　)。

A. 中断供电将造成人身伤害

B. 中断供电将在经济上造成重大损失

C. 中断供电将影响人员密集场所的正常秩序

D. 中断供电将造成人身伤亡

9. 供电系统的设计为减少电压偏差，应采取的措施有(　　)。

A. 正确选择变压器的变比和电压分接头

B. 降低系统阻抗

C. 增加变压器的台数

D. 宜使三相平衡

10. 当有两路高压电源供电时，配变电所高压侧宜采用(　　)的接线方式。

A. 双母线　　B. 双母线分段　　C. 单母线　　D. 单母线分段

11. 10kV 及以下变电所装设两台或两台以上配电变压器的正确条件是(　　)。

A. 全部是三级负荷、容量不大且季节性负荷变化不大

B. 有大量的一、二级负荷

C. 季节性负荷变化大

D. 集中负荷较大

12. 三相异步电动机产生过载的原因主要有(　　)。

A. 启动时间太长　　B. 人为的原因　　C. 电网电压太低　　D. 机械故障

13. 下列有关 10 kV 变配电所址选择，正确的是(　　)。

A. 接近负荷中心　　B. 进出线方便

C. 设置在污染源的下风侧　　D. 不应设在高温场所

14. 低压电器的选择应符合(　　)要求。

A. 电器额定电压不应小于回路的标称电压

B. 电器的额定电流不应小于所在回路的计算电流

C. 电器均应适应所在场所的环境条件

D. 电器均应满足短路条件下的通断能力

15. 低压短路保护电器的选择应满足(　　)要求。

A. 保护电器的额定电流不应小于回路的计算电流

B. 保护电器的额定电流不应小于计算电流的 1.1 倍

C. 保护电器的额定电流不应小于回路的预期短路电流

D. 保护电器的额定短路合断电流不应小于回路预期短路电流

16. 下列场所不应选择铝芯线缆(　　)。

A. 移动设备的线路　　B. 高温环境　　C. 干燥环境　　D. 火灾危险环境

17. 耐火电缆常用于(　　)场合。

A. 消防水泵、消防电梯的供电线路　　B. 高层建筑中安保闭路电视线路

C. 计算机监控线路　　D. 重要负荷供电线路

18. 电缆外护层的选择应符合(　　)。

A. 单芯电力电缆用经非磁性处理的钢带

B. 受压较大或有机械损伤危险时用钢带铠装

C. 受高落差拉力时用钢丝铠装

D. 移动式电网设备用的电缆采用聚乙烯外护层

19. 电力规范关于雷电活动分区，下列正确的是(　　)。

A. 少雷区是平均年雷暴日不超过 20 的地区

B. 中雷区是平均年雷暴日超过 20 但不超过 40 的地区

C. 多雷区是平均年雷暴日超过 40 但不超过 90 的地区

D. 雷电活动特别强烈地区是平均年雷暴日超过 90 的地区及根据运行经验雷害特别严重的地区

20. 各防雷类别的高层建筑物应采用防雷电侧击的保护措施，下列做法正确的是：应将(　　)及以上外墙上的栏杆、门窗等较大的金属物与防雷装置连接。

A. 一类防雷建筑物 30 m　　B. 二类防雷建筑物 45 m

C. 三类防雷建筑物 50 m　　D. 其他防雷建筑物 70 m

21. 关于接地线与电气设备的连接，正确的是(　　)。

A. 接地线与电气设备的连接可用螺栓连接

B. 接地线与电气设备的连接禁止采用焊接

C. 用螺栓连接时应设防松螺帽或防松垫片

D. 电气设备每个接地部分应以单独的接地线与接地母线相连接，严禁一个接地线中串接几个需要接地的部分

22. 某普通大型办公室确定的照度标准为 300 Ix，以下设计照度值符合标准规定要求的是(　　)。

A. 275 Ix　　B. 295 Ix　　C. 315 Ix　　D. 340Ix

23. 一般实验室的照度标准值为 300 Ix，规定的 LPD 值不应大于 11 W/m^2；设计时按标准规定条件确定降低一级照度，即按 200 Ix 设计，设计中实际的 LPD 值为(　　)时，符合标准要求。

A. 6.0 W/m^2　　B. 6.6 W/m^2

C. 7.2 W/m^2　　D. 7.8 W/m^2

24. 在建筑电气图纸中，虚线主要用来表示(　　)。

A. 辅助线　　B. 屏蔽线

C. 不可见轮廓线　　D. 辅助图框线

25. 线路和电气设备安装高度通常用标高表示，标高的表示法有(　　)。

A. 绝对标高　　B. 室内标高　　C. 室外标高　　D. 相对标高

26. 建筑电气工程施工图种类很多，主要包括(　　)等。

A. 照明工程施工图　　B. 动力系统施工图

C. 流程框图　　D. 变电所工程施工图

27. 以下措施中，(　　)可作为减少接触电压与跨步电压的措施。

A. 接地网的布置应尽量使电位分布均匀

B. 设置临时遮拦

C. 增设水平均压带

D. 带安全帽

28. 以下措施中，(　　)是直接接触防护的正确措施。

A. 带电部分绝缘

B. 遮拦或外护物用以防止与带电部分的任何接触

C. 阻挡物用以防止无意地触及带电部分，并能防止故意绕过阻挡物有意识地触及带电部分。

D. 当回路设备中发生带电部分与外露可导电部分之间的故障时，应在 10 s 内自动切断提供设备的电源。

29. 根据《湖南省建设工程工程量清单计价办法》湘建价：(20009) 406 号文件规定，下列费用中，应列入通用工程措施费是(　　)。

A. 临时设施费　　B. 施工排水费

C. 环境保护费　　D. 施工降水费

30. 工程量清单计价中，分部分项工程的综合单价是指完成规定计量单位工程量清单项目所需(　　)等费用组成。

A. 人工费、材料费、施工机械使用费

B. 企业管理费

C. 临时设施费

D. 利润以及招标文件中要求投标人承担的风险费用

31. 电气节能的主要途径有(　　)。

A. 电源节能　　B. 动力节能　　C. 照明节能　　D. 政府制定政策

建筑弱电安装基础

1. 光纤通道需测试的主要参数有(　　)。

A. 光纤的连通性　　B. 光纤的衰减　　C. 反射损耗　　D. 近端串音

2. 弱电工程中对于电信号的特点是(　　)。

A. 电压低　　B. 电流小　　C. 频率低　　D. 功率小

3. 电话电缆线路的配线方式主要有(　　)。

A. 直接配线　　B. 复接配线　　C. 间接配线　　D. 交接配线

4. 通信配线电缆穿管敷设时，下面说法正确的是(　　)。

A. 不宜与用户电话线合穿一根导管

B. 可以和电视电缆合穿一根导管

C. 不得与其他非通信线缆合穿一根导管

D. 不得与配电线缆合穿一根导管

5. 通信配线电缆穿管敷设时，目前普遍使用塑料管，其优点主要有(　　)。

A. 耐腐蚀、重量轻　　B. 有一定的柔韧性

C. 管壁光滑，摩擦小　　D. 承压性好

6. 电视分支器是电视分配系统的重要元件，对分支器的描述正确的是(　　)。

A. 系统选用的分支器的分支损耗都应相同

B. 分支器的分支损耗有大有小

C. 插入损耗大的分支器分支损耗大

D. 插入损耗小的分支器分支损耗大

7. 有线电视用户分配系统应符合下列规定(　　)。

A. 宜采用星形分配方式，减少串接分支器

B. 整个系统应选择相同规格的电缆

C. 不得将分配线路的终端直接作为用户终端

D. 每户信号功率应相似

8. 闭路电视系统的控制主要包括对摄像机、镜头、防护罩、云台视频信号切换等控制，控制方式有(　　)。

A. 直接控制　　B. 间接控制　　C. 总线控制　　D. 调压控制

9. 电梯轿厢内应设置摄像机，电梯轿厢内摄像机的安装位置一般是(　　)。

A. 安装在轿厢门左侧上角

B. 安装在轿厢门右侧上角

C. 安装在轿厢顶部中间

D. 安装在轿厢门内侧的左或右上角

10. 现代建筑的广播音响系统的形式较多，下面属于公共广播的有(　　)。

A. 背景音乐　　B. 事故广播　　C. 多功能厅音响　　D. 会议室音响

11. 火灾应急广播分路配线，下列规定正确的是(　　)。

A. 应按疏散楼层或报警区域划分分路配线

B. 各输出分路应设有输出显示信号和保护、控制装置

C. 火灾应急广播线路应和火警信号、联动控制线路同导管或同线槽敷设

D. 火灾应急广播用扬声器不宜加开关

12. 楼宇访客对讲系统按线制不同可分为(　　)。

A. 总线制　　B. 多线制　　C. 单线制　　D. 总线多线制

13. 楼宇访客对讲系统的总线多线制系统，下面描述正确的是(　　)。

A. 采用数字编码技术

B. 楼层设置解码器，主机与楼层解码器总线连接

C. 解码电路设于用户室内机中，主机与用户室内机总线连接

D. 楼层设置解码器，解码器与用户室内机为多线连接

14. 三表出户远程计量系统由(　　)和物管中心的微机组成。

A. 水、电、气基表　　B. 流量控制器

C. 数据采集器　　D. 系统服务器

15. 建筑设备自动化系统现场数字控制器应具有如下功能(　　)。

A. 应具有对末端设备进行控制的功能

B. 具有独立于控制分站完成控制操作的功能

C. 具有独立于中央管理机完成控制操作的功能

D. 程序不可修改的功能

16. 下面对火灾报警探测区域的划分描述正确的是(　　)。

A. 根据独立的房间划分

B. 一个探测区域的面积不宜超过 500 m^2

C. 防烟楼梯间前室应单独划分

D. 一个防火分区应划分为一个探测区域

17. 消防控制室应设置火灾警报装置与应急广播的控制装置，其控制程序应符合下列要求(　　)。

A. 首层发生火灾，应先接通本层、二层及地下一层

B. 二层及以上楼层发生火灾，应先接通着火层、二层及相邻的上、下层

C. 地下室发生火灾，应先接通地下各层及首层

D. 首层发生火灾，应先接通本层、二层及地下各层

18. 消防控制设备对防火卷帘的控制，应符合下列要求(　　)。

A. 疏散通道上的防火卷帘两侧应设置感烟、感温探测器组及手动控制按钮

B. 疏散通道上防火卷帘两侧感烟探测器动作后，防火卷帘应下降到距地（楼）面 1.8 m；感温探测器动作后卷帘下降到底

C. 疏散通道上防火卷帘两侧感烟、感温探测器动作后，防火卷帘应下降到距地（楼）面 1.8 m；由手动控制按钮控制下降到底

D. 用作防火分隔的防火卷帘两侧感烟探测器动作后，防火卷帘应下降到底

19. 综合布线工程系统图采用图例绘制，一般应包括如下部分组成(　　)。

A. 设备间、管理间设备型号及容量

B. 垂直干线线缆型号及容量

C. 水平布线线缆型号及容量

D. 设备间、管理间设备接线原理

20. 建筑设备监控系统施工图中的监控原理图，是在设备施工图的基础上，依据监控功能而设置监控点的图，下面对 DDC 而言描述正确的是(　　)。

A. 监视点即为 DDC 输出信号至驱动执行器，是输出点

B. 监视点是由传感器接入到 DDC 的输入信号，是输入点

C. 控制点是由 DDC 输出信号至驱动执行器，是输出点

D. 控制点是由传感器输出信号至 DDC，是输入点

岗位知识及专业实务篇

单选题 251 多选题 100 案例题 19

一、单选题

建筑强电系统安装

1. 室内 10 KV 配电装置无遮拦带电部分至地（楼）面之间最小安全净距是（　　）mm。

A. 2 200　　B. 2 300　　C. 2 500　　D. 2700

2. 室外 10 KV 配电装置无遮拦带电部分至地（楼）面之间最小安全净距是（　　）mm。

A. 2 200　　B. 2 300　　C. 2 500　　D. 2 700

3. 室内 10KV 配电装置裸带电部分至接地部分和不同相的裸带电部分之间的最小安全净距是（　　）mm。

A. 100　　B. 125　　C. 150　　D. 200

4. 安装高压配电柜时，其基础型钢顶部宜高出抹平地面（　　）mm。

A. 5　　B. 8　　C. 10　　D. 15

5. 室外 0.4 kV 配电装置裸带电部分至接地部分和不同相的裸带电部分之间的最小安全净距是（　　）mm。

A. 75　　B. 100　　C. 150　　D. 200

6. 高压配电柜在调整结束后，应用螺栓将柜体与基础型钢进行紧固。也可采用电焊焊接，焊接时，焊缝应在柜体内侧，焊接时应把垫在柜下的垫片也一并焊在基础型钢上。每个柜的焊缝不应少于 4 处，每处焊缝长约（　　）mm 左右。

A. 50　　B. 80　　C. 100　　D. 125

7. 建筑电气工程进行施工时，除设计要求外，承力建筑钢结构构件上，（　　）采用熔焊连接固定电气线路、设备和器具的支架、螺栓等部件。

A. 可　　B. 不得　　C. 不宜　　D. 应

8. 建筑电气工程进行施工时，承力建筑钢结构构件上，（　　）热加工开孔。

A. 可　　B. 严禁　　C. 不宜　　D. 应

9. 室内变电所的每台油量为（　　）kg 及以上的三相变压器，应设在单独的变压器室内。

A. 50　　B. 100　　C. 500　　D. 10000

10. 变压器在运输过程中，其倾斜角不超过（　　）。

A. 10°　　B. 15°　　C. 20°　　D. 30°

11. 非封闭式干式变压器的外部与遮栏的净距不宜小于 0.6 m，两台变压器之间的净距不应小于（　　）m。

A. 0.6　　B. 0.7　　C. 0.8　　D. 1

12. 露天或半露天变电所的变压器外廓与围栏（墙）的净距不应小于（　　）m。

A. 0.5　　B. 0.8　　C. 1.0　　D. 1.2

13. 配电装置的长度大于（　　）m 时，其柜（屏）后通道应设两个出口，低压配电装置两个出口间的距离超过 15 m 时，尚应增加出口。

A. 6　　B. 7　　C. 8　　D. 15

14. 高压配电室的开关柜单排布置时，其柜后维护通道最小宽度是（　　）mm。

A. 500　　B. 600　　C. 700　　D. 800

15. 油浸变压器起动试运行，是指设备开始带电，并带一定的负荷即可能的最大负荷连续运行

（　　）h 所经历的过程。

A. 8　　B. 12　　C. 16　　D. 24

16. 低压配电柜的基础型钢与地线连接：基础型钢安装完毕后，将室外或结构引入的镀锌扁钢引入室内（与变压器安装地线配合）与型钢两端焊接，焊接长度为扁钢宽度的（　　）倍，再将型钢刷两道灰漆。

A. 1　　B. 2　　C. 4　　D. 5

17. 低压配电柜安装时，每台配电柜（盘）应单独与接地干线连接。每台柜从下部的基础型钢侧面上焊上 m10 螺栓，用（　　）mm^2 铜线与柜上的接地端子连接牢固。

A. 2. 5　　B. 4　　C. 6　　D. 10

18. 低压配电室内成排布置的配电屏，固定式单排布置时，屏前通道最小宽度是（　　）mm。

A. 800　　B. 1 000　　C. 1 500　　D. 1 800

19. 低压配电室内成排布置的配电屏，固定式单排布置时，屏后通道最小宽度是（　　）mm。

A. 800　　B. 1 000　　C. 1 500　　D. 1 800

20. 低压配电室内成排布置的配电屏，固定式双排面对面布置，屏后通道最小宽度是(　　）mm。

A. 800　　B. 1 000　　C. 1 500　　D. 2000

21. 配电柜上的母线应用颜色标出，L1 相应用（　　）色。

A. 黄　　B. 绿　　C. 红　　D. 灰

22. 配电柜上的母线应用颜色标出，L2 相应用（　　）色。

A. 黄　　B. 绿　　C. 红　　D. 灰

23. 配电柜上的母线应用颜色标出，保护地线（PE 线）应用（　　）。

A. 黄　　B. 绿

C. 红　　D. 黄绿相间的双色

24. 当低压配电柜内装置的相导线的截面积为 35 mm^2 时，与其相应的保护导体的最小截面积应为（　　）mm^2。

A. 6　　B. 10　　C. 16　　D. 35

25. 低压配电柜内相间和相对地间的绝缘电阻值应大于（　　）mΩ。

A. 6　　B. 10　　C. 15　　D. 20

26. 当配电箱在砖墙体暗装，配电箱宽度超过（　　）mm 时，应考虑加过梁，避免安装后箱体变形。

A. 200　　B. 300　　C. 400　　D. 500

27. 低压配电室内成排布置的配电屏，抽屉式单排布置，屏前通道最小宽度是（　　）mm。

A. 800　　B. 1000　　C. 1800　　D. 2000

28. 室内高压电容器装置宜设置在单独房间内，当电容器组容量较小时，可设置在高压配电室内，但与高压配电装置的距离不应小于（　　）m。

A. 1. 0　　B. 1. 5　　C. 2. 0　　D. 2. 5

29. 民用主体建筑内的附设变电所和车间内变电所的可燃油油浸变压器室，应设置容量为（　　）%变压器油量的贮油池。

A. 20　　B. 50　　C. 50　　D. 100

30. 高压配电室宜设不能开启的自然采光窗，窗台距室外地坪不宜低于（　　）m。

A. 1. 2　　B. 1. 5　　C. 1. 8　　D. 2. 0

31. 母线与电器连接，当电压为 660V 是，连接处不同相的母线最小电气间隙为（　　）mm。

A. 5　　B. 8　　C. 10　　D. 14

32. 低压断路器与熔断器配合使用时，熔断器应安装在（　　）。

A. 电源侧　　B. 负荷侧　　C. 无规定　　D. 任意位置

33. 安装按钮时，按钮之间的距离宜为（　　）mm，按钮箱之间的距离宜为 50～100 mm；当倾斜安装时，其与水平的倾角不宜小于 30°。

A. 20～50　　B. 50～80　　C. 80～100　　D. 100～120

34. 胶盖闸刀开关直接控制电动机时，额定电压大于或等于线路的额定电压，额定电流可选电动机额定电流的（　　）倍左右。

A. 2　　B. 3　　C. 5　　D. 7

35. 铁壳开关必须垂直安装，安装高度按设计要求，若设计无要求，可取操作手柄中心距地面（　　）m。

A. 0.8～1　　B. 1～1.2　　C. 1.2～1.5　　D. 1.5～1.8

36. 落地安装的低压电器，其底部宜高出地面（　　）mm。

A. 20～50　　B. 50～100　　C. 100～200　　D. 200～300

37. 具有主触头的低压电器，触头的接触应紧密，采用（　　）的塞尺检查，接触两侧的压力应均匀。

A. 0.05 mm×10 mm　B. 0.1 mm×10 mm　C. 0.2 mm×10 mm　D. 0.5 mm×10 mm

38. 低压电器设备和器材在安装前的保管期限，应为（　　）及以下；当超期保管时，应符合设备和器材保管的专门规定。

A. 3 个月　　B. 6 个月　　C. 9 个月　　D. 一年

39. 矩形硬母线进行焊接时，同一片母线上宜减少对接焊缝，两焊缝间的距离应不小于（　　）mm。

A. 100　　B. 200　　C. 300　　D. 500

40. 矩形硬母线的弯曲宜进行冷弯，如需热弯时，铜加热温度不应超（　　）℃。

A. 250　　B. 350　　C. 500　　D. 600

41. 矩形硬母线的弯曲宜进行冷弯，如需热弯时，钢加热温度不应超（　　）℃。

A. 250　　B. 350　　C. 500　　D. 600

42. 交联聚乙烯绝缘电力电缆的最小允许弯曲半径是（　　）d（d 为电缆外径）。

A. 6　　B. 10　　C. 15　　D. 20

43. 电缆桥架敷设时，顶部距顶棚或其它障碍物不应小于（　　）m。

A. 0.3　　B. 0.4　　C. 0.5　　D. 0.6

44. 当矩形硬母线垂直敷设时，支架架设间距不超过（　　）m。

A. 1.5　　B. 2.0　　C. 2.5　　D. 3

45. 安装矩形硬母线，若设计无规定时，铜母线每隔（　　）宜设置一个补偿装置。补偿装置可用 0.2～0.5 mm 厚的铜片或铝片叠成后焊接或铆接而成。

A. 20～30 m　　B. 30～50 m　　C. 35～60 m　　D. 50～80 m

46. 金属电缆桥架及其支架全长应不少于（　　）处与接地（PE）或接零（PEN）干线相连接。

A. 1　　B. 2　　C. 3　　D. 5

47. 多层桥架当利用桥架的接地保护干线时，应将每层桥架的端部用（　　）mm^2 的软铜线分别连接起来，并与总接地干线相通。

A. 4　　B. 6　　C. 10　　D. 16

48. 两组电缆桥架在同一高度平行敷设时，其间净距不小于（　　）m。

A. 0.2　　B. 0.4　　C. 0.6　　D. 0.8

49. 金属线槽布线的直线段长度超过（　　）m 时，宜设置伸缩节。

A. 20　　B. 30　　C. 50　　D. 75

50. 金属线槽内电线或电缆的总截面积（包括外护层）不应超过线槽内截面积的（　　）%。

A. 20　　B. 40　　C. 50　　D. 75

51. 电线或电缆在金属线槽内不宜有接头，但在易于检查的场所，可允许在线槽内有分支接头，电线、电缆和分支接头的总截面积（包括外护层）不应超过该点线槽内截面积的（　　）%。

A. 20　　B. 30　　C. 50　　D. 75

52. 金属线槽和电缆桥架与一般工艺管道平行敷设时，其最小净距为（　　）m。

A. 0. 3　　B. 0. 4　　C. 0. 5　　D. 1. 0

53. 金属线槽和电缆桥架与一般工艺管道交叉敷设时，其最小净距为（　　）m。

A. 0. 3　　B. 0. 4　　C. 0. 5　　D. 1. 0

54. 金属线槽和电缆桥架与有保温层的热力管道平行敷设时，其最小净距为（　　）m。

A. 0. 3　　B. 0. 4　　C. 0. 5　　D. 1. 0

55. 当电线管路与热水管交叉敷设时，净距不宜小于（　　）mm。

A. 100　　B. 200　　C. 300　　D. 400

56. 直敷布线应采用护套绝缘电线，其截面不宜大于（　　）mm^2。

A. 2. 5　　B. 4　　C. 6　　D. 10

57. 直敷布线在室内敷设时，电线水平敷设至地面的距离不应小于（　　）m，垂直敷设至地面低于 1. 8 m 部分应穿导管保护。

A. 2. 2　　B. 2. 5　　C. 2. 8　　D. 3

58. 当电线管路平行敷设在热水管下面时，净距不宜小于（　　）mm。

A. 100　　B. 200　　C. 300　　D. 400

59. 爆炸危险环境照明线路的电线和电缆额定电压不得低于（　　）V，且电线必须穿于钢导管内。

A. 400　　B. 500　　C. 750　　D. 1000

60. 当电线管路敷设在蒸汽管下面时净距不宜小于（　　）mm。

A. 200　　B. 300　　C. 500　　D. 1000

61. 当电线管路与蒸汽管交叉敷设时，净距不宜小于（　　）mm。

A. 200　　B. 300　　C. 500　　D. 1000

62. 对于暗敷于建筑物、构筑物内的可挠金属电线保护套管，其与建筑物、构筑物表面的外护层厚度不应小于（　）mm。

A. 10　　B. 15　　C. 20　　D. 25

63. 镀锌的钢导管、可挠性导管和金属线槽不得熔焊跨接接地线，以专用接地卡跨接的两卡间连线为铜芯软导线，截面积不小于（　　）mm^2。

A. 2. 5　　B. 4　　C. 6　　D. 10

64. 室外导管的管口应设置在盒、箱内。在落地式配电箱内的管口，箱底无封板的，管口应高出基础面（　　）mm。

A. 20～50　　B. 50～80　　C. 80～100　　D. 100～120

65. 刚性导管经柔性导管与电气设备、器具连接，在动力工程中，柔性导管的长度不大于（　　）m。

A. 0. 5　　B. 0. 8　　C. 1. 2　　D. 2. 0

66. 在隧道内电缆支架的长度不宜大于（　　）m。

A. 0. 20　　B. 0. 35　　C. 0. 40　　D. 0. 50

67. 导线规格是用截面积的平方毫米来表示，下导线的规格，（　　）mm^2 的规格是没有的。

A. 50　　B. 80　　C. 95　　D. 120

68. 电气竖井大小除应满足布线间隔及端子箱、配电箱布置所必需尺寸外，宜在箱体前留有不小于（　　）m的操作、维护距离。

A. 0.4　　B. 0.5　　C. 0.6　　D. 0.8

69. 电缆在室外直接埋地敷设时，电缆外皮至地面的深度不应小于（　　）m，并应在电缆上下分别均匀铺设100 mm厚的细砂或软土，并覆盖混凝土保护板或类似的保护层。

A. 0.4　　B. 0.5　　C. 0.7　　D. 0.8

70. 电缆在排管内敷设时，排管沟底部应垫平夯实，并应铺设不少于（　　）mm厚的混凝土垫层。

A. 20　　B. 40　　C. 60　　D. 80

71. 电缆人孔井的净空高度不应小于1. 8 m，其上部人孔的直径不应小于（　　）m。

A. 0. 7　　B. 0.8　　C. 1.0　　D. 1.2

72. 相同电压的电缆在室内并列明敷时，电缆的净距不应小于（　　）mm，且不应小于电缆外径。

A. 15　　B. 25　　C. 35　　D. 45

73. 电缆在室内明敷设时，电缆与热力管道的净距不宜小于（　　）m。

A. 1　　B. 1.2　　C. 1.5　　D. 1.8

74. 消防工作区域如消防控制室．配电室．发电机房．水泵房．风机房等，火灾应急照明最少持续时间为（　　）min。

A. 30　　B. 60　　C. 120　　D. 180

75. 在烟囱顶上设置障碍标志灯时宜将其安装在低于烟囱口（　　）m的部位并成三角形水平排列。

A. 1.0～2　　B. 1.0～2.5　　C. 1.5～3　　D. 3～3.5

76. 大型花灯的固定及悬吊装置，应按灯具重量的（　　）做过载试验。

A. 2倍　　B. 3倍　　C. 4倍　　D. 5倍

77. 安装单相三孔插座时，面对插座，（　　）。

A. 右孔与接地（PE）或接零（PEN）线接，左孔与相线连接，上孔与零线连接

B. 右孔与接地（PE）或接零（PEN）线接，左孔与零线连接，上孔与相线连接

C. 右孔与零线连接，左孔与相线连接，上孔与接地（PE）或接零（PEN）线连接

D. 右孔与相线连接，左孔与零线连接，上孔与接地（PE）或接零（PEN）线连接

78. 当钢管做灯杆时，钢管内径不应小于（　　）mm，钢管厚度不应小于1.5 mm。

A. 6　　B. 8　　C. 10　　D. 12

79. 电动机频繁启动时，其配电母线上的电压不宜低于额定电压的（　　）%。

A. 70　　B. 80　　C. 85　　D. 90

80. 在电动机接线盒内裸露的不同相导线间和导线对地间最小间距应大于（　　）mm，否则应采取绝缘防护措施。

A. 5　　B. 8　　C. 10　　D. 15

81. 电动机水泥基础各边应超出电机底座边缘（　　）mm。

A. 100～150　　B. 150～200　　C. 200～250　　D. 250～300

82. 电动机试运行一般应在空载的情况下进行，空载运行时间为（　　）h，并做好电动机空载电流电压记录。

A. 2　　B. 4　　C. 8　　D. 16

83. 100kW以上的电动机，应测量各相直流电阻值，相互差不应大于最小值的（　　）%。

A. 2　　B. 3　　C. 4　　D. 5

84. 明敷避雷带每个支持件应能承受大于（　　）N的垂直拉力。

A. 16　　B. 25　　C. 36　　D. 49

85. 独立避雷针及其接地装置与道路或建筑的出入口等的距离应大于（　　）m。

A. 1.5　　B. 2　　C. 2.5　　D. 3

86. 独立避雷针的接地装置与接地网的地中距离不应小于（　　）。

A. 1.5　　B. 2　　C. 2.5　　D. 3

87. 第一类防雷建筑引下线不应少于两根，并应沿建筑物均匀或对称布置，其间距不应大于（　　）m。

A. 12　　B. 18　　C. 25　　D. 30

88. 第二类防雷建筑引下线不应少于两根，并应沿建筑物均匀或对称布置，其间距不应大于（　　）m。

A. 12　　B. 18　　C. 25　　D. 30

89. 烟囱顶上的避雷针当采用圆钢时，其直径不应小于（　　）mm。

A. 8　　B. 12　　C. 16　　D. 20

90. 对于第一类防雷建筑，为防直击雷，屋面避雷网格的尺寸不大于（　　）m。

A. 5×5　　B. 10×10　　C. 15×15　　D. 20×20

91. 对于第三类防雷建筑，为防直击雷，屋面避雷网格的尺寸不大于（　　）m。

A. 5×5　　B. 10×10　　C. 15×15　　D. 20×20

92. 人工垂直接地体的长度为 2.5 m 时，垂直接地体间的距离及人工水平接地体间的距离宜为（　　）m。

A. 2　　B. 3　　C. 5　　D. 任意

93. 在 TN—C—S 系统中，保护线和中性线从分开点起（　　）再相互相联接。

A. 不允许　　B. 可以　　C. 应　　D. 不宜

94. 在高层建筑中，一般均采用综合接地，其接地电阻不应大于（　　）Ω。

A. 1　　B. 4　　C. 10　　D. 30

95. 扁钢接地母线搭接长度为扁钢宽度的 2 倍，不少于（　　）面施焊。

A. 一　　B. 二　　C. 三　　D. 四

96. 变压器室、高低压开关室内的接地干线应有不少于（　　）处与接地装置引出干线连接。

A. 1　　B. 2　　C. 3　　D. 4

97. 防雷接地的人工接地装置的接地干线埋设，经人行通道处埋地深度不应小于（　　）m。

A. 0.6　　B. 0.8　　C. 1.0　　D. 1.2

98. 变压器室、高压配电室的接地干线上应设置不少于（　　）个供临时接地用的接线柱或接地螺栓。

A. 1　　B. 2　　C. 3　　D. 4

99. 设备基础定位放线用的仪器是（　　）。

A. 回弹仪　　B. 水准仪　　C. 经纬仪　　D. 探测仪

100. 水准仪使用用途是（　　）。

A. 测坐标　　B. 测标高　　C. 测垂直度　　D. 测距

101. 对 100V 以下的电气设备或回路测量绝缘电阻时，采用（　　）的兆欧表。

A. 250V　50 mΩ 及以上　　B. 500V　100 mΩ 及以上

C. 1000V　2000 mΩ 及以上　　D. 2500V　10000 mΩ 及以上

102. 对 500V 以下至 100V 的电气设备或回路测量绝缘电阻时，采用（　　）的兆欧表。

A. 250V　50 mΩ 及以上　　B. 500V　100 mΩ 及以上

C. 1000V　　2000 mΩ 及以上　　D. 2500V　　10000 mΩ 及以上

103. 兆欧表未使用时，其指针应指向（　　）位置。

A. 中间点　　B. 零点　　C. 最大点　　D. 任意位置

104.《施工现场临时用电安全技术规范》（JGJ46—2005）中规定，建筑施工现场 220/380V 低压电力系统，必须采用（　　）保护系统 。

A. TT　　B. TN－C　　C. TN－S　　D. TN－C－S

105. 施工现场临时用电设备在（　　）台及以上，应编制施工临时用电组织设计。

A. 2　　B. 3　　C. 4　　D. 5

106. 施工现场临时用电设备总容量在（　　）KW 及以上，应编制施工临时用电组织设计。

A. 20　　B. 30　　C. 40　　D. 50

107. 施工临时用电组织设计由电气工程技术人员组织编制，经相关部门审核及（　　）批准后实施。

A. 项目技术负责人　　B. 项目负责人

C. 具有法人资格企业的技术负责人　　D. 具有法人资格企业的企业负责人

108. 施工现场的室内配线必须采用绝缘导线。若采用瓷瓶、瓷（塑料）夹等敷设，距地面高度不得小于（　　）m。

A. 2　　B. 2.5　　C. 3.5　　D. 4

109. 施工用电接地装置的接地线应采用（　　）根及以上导体，在不同点与接地体做电气连接。

A. 1　　B. 2　　C. 3　　D. 4

110. 隧道、人防工程，有高温、导电灰尘或灯具离地面高度低于 2.4 m 等场所的照明，电源电压应不大于（　　）V。

A. 12　　B. 36　　C. 48　　D. 110

111. 为防止电气火灾而设置剩余电流保护，配电线路动作电流不大于（　　）mA。

A. 15　　B. 30　　C. 100　　D. 500

112. 手握式及移动式用电设备的配电线路宜设置剩余电流保护，其动作电流不应大于(　　) mA。

A. 15　　B. 30　　C. 100　　D. 500

113. 保护线上（　　）设置开关电器，但允许设置供测试用的只有用工具才能断开的接点。

A. 不应　　B. 严禁　　C. 可以　　D. 不宜

建筑弱电系统安装

1. 通信电缆引进屋内设置用户程控机时，采用总配线箱或总配线架，此房间称（　　）。

A. 电话机房　　B. 电话交接间　　C. 配线设备间　　D. 通信线路分支间

2. 建筑物设有地下层，通信电缆由外墙进户至地下一层时，在通信电缆进户的外墙位置自然地坪下（　　）m 处进入。

A. 0.5　　B. 0.6　　C. 0.8　　D. 1.2

3. 电话交接箱基础底座应采用不小于 C10 混凝土制作，高度不小于（　　）mm。

A. 100　　B. 150　　C. 180　　D. 200

4. 通信电缆架空敷设时，距路面最小距离为（　　）m。

A. 2.5　　B. 3.5　　C. 4.5　　D. 5.5

5. 通信电缆与电力电缆不宜同杆架设。如采用同杆架设时，其通信架空电缆与 10KV 电力线路的间的垂直间距离最小为（　　）m。

A. 0.5　　B. 1.0　　C. 2.0　　D. 3.0

6. 架空杆路的光缆每隔 3～5 档杆要求作 u 型伸缩弯，大约每 1 公里预留（　　）m。

A. 4　　B. 8　　C. 10　　D. 15

7. 光缆敷设时，为了使光缆在发生断裂时再接续，应在每百米处留有一定裕量，裕量长度一般为（　　）。

A. 2%～5%　　B. 5%～10%　　C. 10%～15%　　D. 15%～20%

8. 进入建筑物通信机房或通信交接间（电信间）的通信光缆应盘留，长度应不小于（　　）m 或按实际需求确定。

A. 4　　B. 8　　C. 10　　D. 15

9. 建筑物通信的引入管道应由建筑物内伸出外墙（　　）m，并宜以 3‰～4‰的坡度朝下向室外（人孔）倾斜做防水坡度处理。

A. 1.0　　B. 1.3　　C. 1.5　　D. 2.0

10. 当受地形限制，室外安装通信线路的塑料管道的路由无法取直或避让地下障碍物时，可敷设弯管道，其弯曲的曲率半径不得小于（　　）m。

A. 4　　B. 8　　C. 10　　D. 15

11. 综合布线系统工程中，安装在墙面或柱子上的信息插座底盒、多用户信息插座盒及集合点配线箱体的底部离地面的高度宜为（　　）mm。

A. 100　　B. 200　　C. 300　　D. 500

12. 综合布线系统工程中，如果楼层信息点数量不大于 400 个，水平缆线长度在（　　）m 范围以内，宜设置一个电信间。

A. 50　　B. 90　　C. 100　　D. 120

13. 综合布线系统工程中，电信间应采用外开丙级防火门，门宽大于（　　）m。电信间内温度应为 10～35℃，相对湿度宜为 20%～80%。

A. 0.5　　B. 0.7　　C. 1.0　　D. 1.2

14. 综合布线系统设备间内应有足够的设备安装空间，其使用面积不应小于（　　）m^2，该面积不包括程控用户交换机、计算机网络设备等设施所需的面积在内。

A. 5　　B. 8　　C. 10　　D. 12

15. 当综合布线区域内存在的电磁干扰场强高于（　　）V/ m 时，或用户对电磁兼容性有较高要求时，可采用屏蔽布线系统和光缆布线系统。

A. 1　　B. 2　　C. 3　　D. 5

16. 有线电视天线竖杆（架）上应装设避雷针。如果另装独立的避雷针，其与天线最接近的振子或竖杆边缘的间距必须大于（　　）m，并应保护全部天线振子。

A. 1　　B. 2　　C. 3　　D. 5

17. 有线电视接收天线与地面应成（　　）安装。

A. 30°　　B. 45°　　C. 90°　　D. 180°

18. 有线电视用户盒宜与电源插座等高安装，但彼此应相距（　　）mm。

A. 50～100　　B. 100～150　　C. 150～200　　D. 200～250

19. 有线电视接收机和用户盒的连接应采用阻抗为 75Ω、屏蔽系数高的同轴电缆，长度不宜超过（　　）m。

A. 1　　B. 2　　C. 3　　D. 5

20. 有线电视系统的信号传输线缆，应采用特性阻抗为（　　）Ω 的同轴电缆。

A. 50　　B. 75　　C. 100　　D. 120

21. 有线电视系统应采用单相 220V、50Hz 交流电源供电，电源配电箱内，宜根据需要安装（　　）。

A. 漏电保护器　B. 避雷器　C. 浪涌保护器　D. 过电压继电器

22. 在满足监视目标视场范围要求的条件下，摄像机安装高度：室内离地不宜低于（　）m。

A. 2.0　B. 2.2　C. 2.5　D. 3.5

23. 在满足监视目标视场范围要求的条件下，摄像机安装高度：室外离地不宜低于（　）m。

A. 2.0　B. 2.2　C. 2.5　D. 3.5

24. 敷设光缆时，可采用牵引力自动控制性能的牵引机进行牵引。牵引速度宜为（　）m/min；一次牵引的直线长度不宜超过 1k m。

A. 10　B. 12　C. 15　D. 20

25. 电力线与信号线交叉敷设时，宜成（　）度角。

A. 30　B. 60　C. 90　D. 180

26. 当闭路电视电缆与其它线路共沟（隧道）敷设时，与 220V 交流供电线的最小间距是（　）mm。

A. 100　B. 200　C. 300　D. 500

27. 明敷设的信号线路与具有强磁场、强电场的电气设备之间的净距离，宜大于（　）m。

A. 0.5　B. 1.0　C. 1.5　D. 2.0

28. 信号线路当采用屏蔽线缆或穿金属保护管或在金属封闭线槽内敷设时，与具有强磁场、强电场的电气设备之间的净距离，宜大于（　）m。

A. 0.2　B. 0.5　C. 0.8　D. 1.5

29. 有线电视系统的架空电缆和墙壁电缆引入地下时，在距地面不小于（　）的部分应采用钢管保护。

A. 0.1～0.3 m　B. 0.3～0.5 m　C. 0.5～0.7 m　D. 0.7～0.9 m

30. 架空光缆的接头应设在杆旁（　）m 以内。

A. 0.2　B. 0.5　C. 0.8　D. 1.0

31. 安全防范系统的接地母线应采用铜质线，接地端子应有地线符号标记。接地电阻不得大于（　）Ω。

A. 1　B. 4　C. 10　D. 30

32. 建造在野外的安全防范系统，其接地电阻不得大于（　）Ω。

A. 1　B. 4　C. 10　D. 30

33. 安防监控中心内应设置接地汇集环或汇集排，汇集环或汇集排宜采用裸铜线，其截面积应不小于（　）mm^2。

A. 4　B. 10　C. 16　D. 35

34. 安全防范系统的电源线、信号线经过不同防雷区的界面处，宜安装电涌保护器；系统的重要设备应安装电涌保护器。电涌保护器接地端和防雷接地装置应作等电位连接。等电位连接带应采用铜质线，其截面积应不少于（　）mm^2。

A. 2.5　B. 10　C. 16　D. 25

35. 安防系统的线缆用线槽敷设截面利用率不应大于（　）。

A. 40%　B. 50%　C. 60%　D. 70%

36. 安防系统的电缆垂直排列或倾斜坡度超过（　）时，在每一个支架上应牢固固定。

A. 30°　B. 45°　C. 60°　D. 75°

37. 安防系统的电缆在引入接线盒及分线箱前（　）mm 处应牢固固定。

A. 50～150　B. 150～300　C. 300～400　D. 400～500

38. 安防系统出入口控制的各类识读装置的安装高度离地不宜高于（　）m，安装应牢固。

A. 1.5　B. 1.6　C. 1.7　D. 1.8

39. 安防系统的电源质量应满足下列要求：稳态频率偏移不大于（　　）Hz。

A. ±0.1　　B. ±0.2　　C. ±0.3　　D. ±0.5

40. 不属于停车场管理系统的设备是（　　）。

A. 摄像机　　B. 车辆检测仪　　C. 发卡机　　D. 红外探测器

41. 门禁系统读卡机与闸门机安装的中心间距一般为（　　）m。

A. 2.0～2.4　　B. 2.4～2.8　　C. 2.8～3.2　　D. 3.2～3.6

42. 门磁开关及出门按钮与控制器之间的通信用信号线，线芯最小截面积不宜小于（　　）mm^2。

A. 0.5　　B. 0.75　　C. 1.0　　D. 1.5

43. 控制器与执行设备之间的绝缘导线，线芯最小截面积不宜小于（　　）mm^2。

A. 0.5　　B. 0.75　　C. 1.0　　D. 1.5

44. 控制器与管理主机之间的通讯用信号线宜采用双绞铜芯绝缘导线，其线径根据传输距离而定，线芯最小截面积不宜小于（　　）mm^2。

A. 0.5　　B. 0.75　　C. 1.0　　D. 1.5

45. 门禁系统当用电池作为主电源时，其容量应保证系统正常开启（　　）次以上。

A. 1000　　B. 5000　　C. 8000　　D. 10000

46. 体育场、公共广场选用（　　）W音柱。

A. 10～20　　B. 20～30　　C. 30～40　　D. 40～50

47. 门厅、走廊、一般会议室、餐厅、商场等处宜装设（　　）W的扬声器箱。

A. 1～2　　B. 2～3　　C. 3～5　　D. 5～10

48. 停车库一般选用10W扬声器箱或号角式扬声器，扬声器的声压级应比环境噪声大（　　）dB。

A. 1～5　　B. 5～10　　C. 10～15　　D. 15～20

49. 低阻抗输出的扩声系统应选用2～6 mm^2的软喇叭线穿管敷设。馈线的总直流电阻应小于扬声器阻抗（　　）。

A. 1/10～1/20　　B. 1/20～1/50　　C. 1/50～1/100　　D. 1/100～1/200

50. 前端机房设置专用接地板，接地板用大于（　　）mm^2的铜芯线直接与楼宇接地极相连。其接地电阻不应大于4Ω，当建筑物为联合接地时不大于1Ω。

A. 4　　B. 10　　C. 16　　D. 25

51. 建筑设备监控系统中，风机盘管温控开关与其它开关安装于同一室内时，高度差不应大于（　　）。

A. 1 mm　　B. 2 mm　　C. 5 mm　　D. 10 mm

52. 住宅的箱内开关动作灵活可靠，带有漏电保护的回路应（　　）。

A. 漏电保护装置动作电流不大于30 mA，动作时间不大于0.1s

B. 漏电保护装置动作电流不大于50 mA，动作时间不大于0.2s

C. 漏电保护装置动作电流不大于80 mA，动作时间不大于0.1s

D. 漏电保护装置动作电流不大于100 mA，动作时间不大于0.2s

53. 建筑设备监控系统中，温度传感器量程应为测点温度的（　　）倍，管道内温度传感器热响应时间不应大于25s，当在室内或室外安装时，热响应时间不应大于150s。

A. 1.0～1.2　　B. 1.1～1.4　　C. 1.2～1.5　　D. 1.5～2.0

54. 建筑设备监控系统中，液位传感器宜使正常液位处于仪表满量程的（　　）。

A. 50%　　B. 60%　　C. 70%　　D. 80%

55. 远程自动抄表系统模拟电源瞬时及长时间断电，设备不应出现误差并有数据保持措施。电源恢复时，（　　）。

A. 内存数据应不丢失，内部时钟应能正常运行

B. 内存数据应不丢失，内部时钟应可不正常运行

C. 内存数据可部分丢失，内部时钟应能正常运行

D. 内存数据可部分丢失，内部时钟应可不正常运行

56. 远程自动抄表系统中，系统水表、电能表、燃气表等一次抄成功率应不小于（　　）。

A. 99%　　B. 98%　　C. 97%　　D. 96%

57. 远程自动抄表系统对用户水表、电能表、燃气表等的数据抄读的总差错率应不大于（　　）。

A. 1%　　B. 2%　　C. 3%　　D. 4%

58. 下列不属于住宅远传抄表系统的是（　　）。

A. 基表　　B. 采集器　　C. 集中器　　D. 分站计算机

59. 不属于住宅远传抄表系统的基表是（　　）。

A. 水表　　B. 电表　　C. 热量表　　D. 电流表

60. （　　）不属于建筑设备监控系统（BAS）。

A. 冷冻水及冷却水系统　　B. 热交换系统

C. 采暖通风及空气调节系统　　D. 停车场管理系统

61. 火灾自动报警系统的主要设备应是通过国家认证（认可）的产品。产品名称、型号、规格应与（　　）一致。

A. 产品说明书　　B. 检验报告　　C. 合格证　　D. 清单

62. 火灾自动报警系统施工时，从接线盒、线槽等处引到探测器底座、控制设备、扬声器的线路，当采用金属软管保护时，其长度不应大于（　　）。

A. 0.5 m　　B. 1 m　　C. 2 m　　D. 2.5 m

63. 火灾自动报警系统的探测器底座的连接导线，应留有不小于（　　）的余量，且在其端部应有明显标志。

A. 50 mm　　B. 100 mm　　C. 120 mm　　D. 150 mm

64. 火灾警报装置应安装在安全出口附近明显处，距地面（　　）以上。

A. 1.2 m　　B. 1.6 m　　C. 1.8 m　　D. 2.0 m

65. 消防控制、通信和警报线路，应采取穿（　　）保护，并暗敷在非燃烧体结构内，且保护层厚度不应小于 30 mm 。

A. 金属管　　B. 硬质塑料管

C. 经阻燃处理的硬质塑料管　　D. 封闭式线槽保护方式

66. 火灾自动报警系统的施工必须由具有相应资质等级的（　　）承担。

A. 设计单位　　B. 施工单位　　C. 建设单位　　D. 监理单位

67. 火灾自动报警系统的分部工程质量验收应由（　　）项目负责人组织施工单位项目负责人、监理工程师和设计单位项目负责人等进行，并按规范的要求填写火灾自动报警系统工程验收记录。

A. 设计单位　　B. 施工单位　　C. 建设单位　　D. 监理单位

68. 火灾自动报警系统探测器宜水平安装，当确需倾斜安装时，倾斜角不应大于（　　）。

A. 30°　　B. 45°　　C. 70°　　D. 90°

69. 在宽度小于 3 m 的内走道顶棚上安装探测器时，宜居中安装。点型感温火灾探测器的安装间距，不应超过（　　）m。

A. 2 m　　B. 4 m　　C. 5 m　　D. 10 m

70. 火灾初期有阴燃阶段，产生大量的烟和少量的热，很少或没有火焰辐射，应选用（　　）。

A. 感温探测器　　B. 感烟探测器　　C. 火焰探测器　　D. 组合探测器

71. 火灾自动报警系统敷设于封闭式线槽内的绝缘导线或电缆的总截面积，不应大于线槽的净截

面积的（　　）。

A. 30%　　B. 40%　　C. 50%　　D. 60%

72. 消防控制室的门应向（　　）开启，并应在入口处设置明显的标志。

A. 疏散方向　　B. 流动方向　　C. 指示方向　　D. 回转方向

73. 火灾自动报警系统从一个防火分区内的任何位置到最邻近的一个手动火灾报警按钮的步行距离，不应大于（　　）。

A. 20 m　　B. 30 m　　C. 40 m　　D. 50 m

74. 消防联动控制装置的直流操作电源电压，应采用（　　）。

A. 12V　　B. 24V　　C. 36V　　D. 110V

75. 火灾自动报警系统的传输线路的线芯截面选择，除应满足自动报警装置技术条件要求外，还应满足机械强度的要求。穿管敷设的绝缘导线的最小截面，不应小于（　　）。

A. 0.5 mm^2　　B. 0.75 mm^2　　C. 1.00 mm^2　　D. 1.5 mm^2

电气安装工程施工组织

1. 施工组织方式在组织施工的方法上，通常可归纳为三种，以下（　　）不是其中之一。

A. 顺序施工法　　B. 平行施工法　　C. 流水施工法　　D. 交叉施工法

2. 在双代号网络计划中，判别为关键工作的条件是该工作（　　）。

A. 没有指令工期时，最迟完成时间与最早完成时间相等

B. 与其紧后工作之间的时间间隔为零

C. 资源消耗最多

D. 自由时差最小

3.（　　）是以若干单位工程组成的群体工程或特大型项目为主要对象编制的施工组织设计，对整个项目的施工过程起统筹规划、重点控制的作用。

A. 施工项目管理规划大纲　　B. 施工组织总设计

C. 单位工程施工组织设计　　D. 施工方案

4. 根据各施工过程时间参数的不同，可将流水施工分为三大类，以下（　　）不是其中之一。

A. 无节奏流水施工　　B. 施工段流水施工　　C. 成倍节拍流水施工　D. 等节拍流水施工

5. 用（　　）的方法更有利于实现进度控制的科学化。

A. 工程直方图　　B. 工程横道图　　C. 工程网络计划　　D. 工程鱼刺图

6. 施工进度计划的调整应包括增减工作项目、工作（工序）起止时间的调整、工作逻辑关系的调整以及（　　）等。

A. 对资源的投入作相应的调整　　B. 网络图方式的调整

C. 施工预算的调整　　D. 施工管理组织体系的调整

7. 布置施工组织设计中的施工平面图应考虑临时水电管线的布置，凡电气设备在（　　）及以上必须编制临时用电组织设计。

A. 3 台　　B. 4 台　　C. 5 台　　D. 6 台

8. 布置施工组织设计中的施工平面图应考虑临时水电管线的布置，凡用电在（　　）及以上必须编制临时用电组织设计。

A. 30kw　　B. 50kw　　C. 40kw　　D. 60kw

9. 单位工程施工现场平面布置图一般按（　　）阶段分别绘制。

A. 两个　　B. 三个　　C. 四个　　D. 五个

10. 施工组织设计应由（　　）主持编制，可根据需要分阶段编制和审批。

A. 项目技术负责人　　B. 项目负责人　　C. 企业技术负责人　　D. 企业负责人

11. 施工方案应由（　　）审批。

A. 项目技术负责人　B. 项目负责人　　C. 企业技术负责人　D. 企业负责人

12. 当关键线路的实际进度比计划进度提前时，若不提前工期，应选用（　　）的后续关键工作进行调整。

A. 资源占用量大或者直接费用低　　B. 资源占用量大或者直接费用高

C. 资源占用量小或者直接费用高　　D. 资源占用量小或者直接费用低

13.（　　）不是专项施工方案的基本内容。

A. 工程预算方案　　B. 工程概况、施工安排

C. 施工方法及工艺要求　　D. 施工准备和资源配置计划

14. 以按主要工种、材料、施工工艺、设备类别确定的施工项目为编制对象的施工组织设计是（　　）。

A. 施工项目管理规划大纲

B. 施工组织总设计

C. 单位工程施工组织设计

D. 施工方案（分项工程施工组织设计）

15. 某分部工程双代号网络计划如图所示，根据绘图规则要求，该图表达中错误的地方是（　　）。

A. 节点编号错误　　B. 逻辑关系颠倒

C. 有多个起点节点　　D. 有多个终点节点

16. 下列（　　）符合网络图绘图规则。

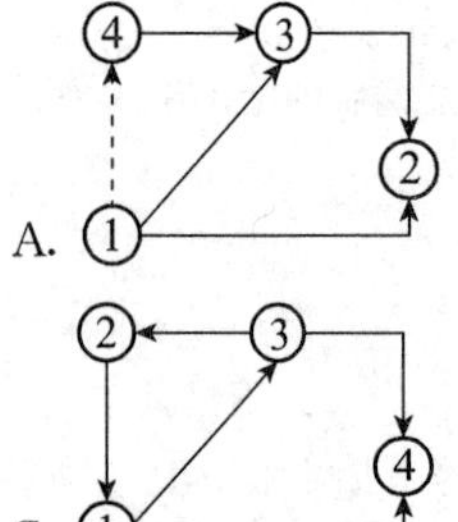

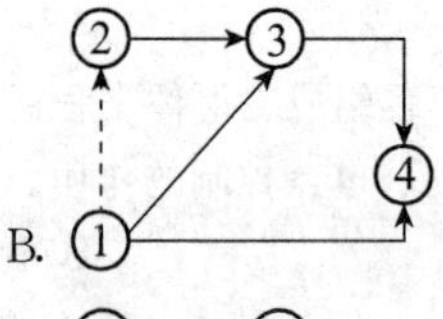

17. 网络图中箭线交叉时，下列（　　）是错误的表示方法。

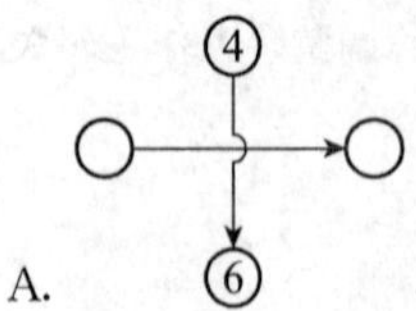

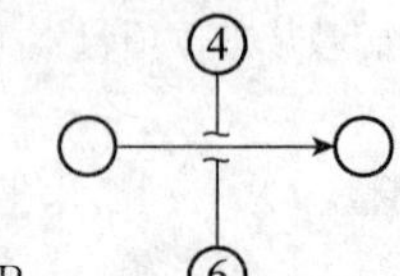

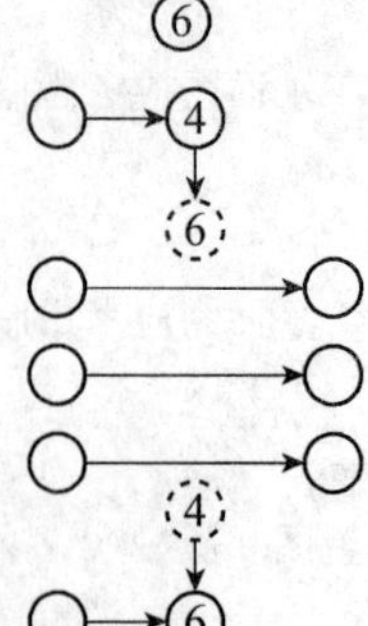

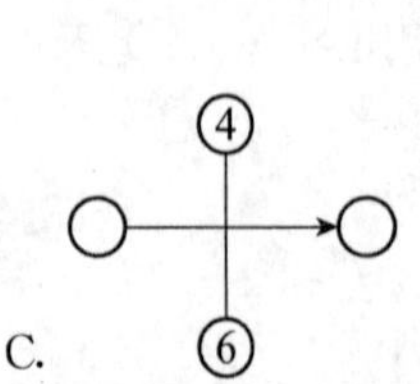

18. 某施工方的施工进度控制的环节有：①编制施工进度计划；②组织施工进度计划实施；③编制资源需求计划；④施工进度计划检查与调整。其控制顺序正确的是（　　）。

A. ①③②④　　　　B. ③①④②　　　　C. ③①②④　　　　D. ①②③④

19.（　　）是对施工进度目标有利的技术措施。

A. 合同结构　　　　B. 组织结构形式

C. 设计技术和施工技术　　　　D. 控制技术

20. 以按专业性质、建筑物部位确定的施工项目为编制对象的施工组织设计是（　　）。

A. 施工项目管理规划大纲　　　　B. 施工组织总设计

C. 单位工程施工组织设计　　　　D. 施工方案（分部或子分部施工组织设计）

21. 进度控制工作包含了大量的组织和协调工作，而会议是组织和协调的重要手段，应进行有关进度控制会议的组织设计，以明确会议的类型、各类会议的主持人和参加单位及人员、各类会议的召开时间和（　　）。

A. 会议成本的分析　　　　B. 服务工作组织体系

C. 各类会议文件的整理、分发和确认　　　　D. 会议地点选择

22. 在计划执行过程中，由于多种因素的影响，往往会造成实际进度与计划进度产生的偏差，需要及时调整计划。常见的网络计划调整方法有（　　）。

A. 调整网络计划的关键线路　　　　B. 调整施工定额水平

C. 调整进度目标的设置　　　　D. 调整网络图的表达形式

23. 只有当实际情况要求改变施工方法和组织方法时，才可以调整网络计划的（　　）。

A. 工作时差　　　　B. 工作逻辑关系　　　　C. 工作资源的投入　　D. 工作持续时间

24. 当网络计划关键线路的实际进度比计划进度拖后时，应在尚未完成的关键工作中，选择一些工作来缩短其持续时间。这些工作应该是（　　）。

A. 资源强度小或费用高的工作　　　　B. 资源强度大或费用高的工作

C. 资源强度大或费用低的工作　　　　D. 资源强度小或费用低的工作

25. 当采用时标网络计划时，可采用（　　）记录计划实际执行状况进行实际进度与计划进度的比较。

A. S形曲线　　　　B. 香蕉形曲线　　　　C. 实际进度前锋线　　D. 列表法

26. 按照《建筑施工组织设计规范》（GB/T 50502—2009）规定，施工资源配置计划不包括（　　）。

A. 材料的准备　　　　B. 配件和制品的加工准备

C. 资金配置计划　　　　D. 安装机具的准备

27. 工作B的紧后工作是工作A，工作A的总时差是1d，工作B的自由时差是3d，请问工作B的总时差是（　　）d。

A. 1　　　　B. 4　　　　C. 2　　　　D. 3

28. 工作A的最早开始时间是第3d，总时差是1d，那么工作A的最迟开始时间是第（　　）d。

A. 1　　　　B. 3　　　　C. 2　　　　D. 4

29. 安装工程施工方案的内容应是突出（　　）。

A. 指导性　　　　B. 作业性　　　　C. 规划性　　　　D. 全局性

30. 从突出施工项目管理工作的前提出发，以下（　　）不是施工组织设计的重点内容。

A. 施工部署和施工方案　　　　B. 安全施工进度计划管理措施

C. 施工平面图　　　　D. 资源配置计划

电气安装工程施工质量控制

1. 一般情况下，照明配电箱安装的质量验收是按（　　）验评的工作程序进行。

A. 分部工程　　　　B. 分项工程　　　　C. 子分部工程　　　　D. 单位工程

2. 根据我国《建筑工程施工质量验收统一标准》，施工质量验收包括（　　）的质量验收及工程竣工时的质量验收。

A. 多方面　　B. 业主组织　　C. 监理组织　　D. 施工过程

3. 隐蔽工程在隐蔽之前，（　　）应当先进行检查，合格后，再通知相关单位检查。

A. 监理单位　　B. 施工单位　　C. 设计单位　　D. 甲方

4. 当隐蔽工程具备覆盖、掩盖条件的，应先自检，再通知相关单位对隐蔽工程的条件进行检查，检查合格后由（　　）进行隐蔽工程的作业。

A. 监理单位　　B. 施工单位　　C. 设计单位　　D. 业主

5. 根据《关于做好房屋建筑和市政基础设施工程质量事故报告和调查处理工作的通知》（建质［2010］111号）的规定，造成5000万元以上1亿元以下直接经济损失的质量事故是（　　）。

A. 特别重大质量事故　B. 重大质量事故　　C. 较大质量事故　　D. 一般质量事故

6. 根据《关于做好房屋建筑和市政基础设施工程质量事故报告和调查处理工作的通知》（建质［2010］111号）的规定，工程质量事故发生后，事故现场有关人员应当立即向工程建设单位负责人报告，工程建设单位负责人接到报告后，应于（　　）内向事故发生地县级以上人民政府住房和城乡建设主管部门及有关部门报告。

A. 1 h　　B. 24 h　　C. 2 d内　　D. 3 d内

7. 根据《关于做好房屋建筑和市政基础设施工程质量事故报告和调查处理工作的通知》（建质［2010］111号）的规定，住房和城乡建设主管部门依据有关法律法规的规定，对事故负有责任的注册执业人员分别给予罚款、停止执业、吊销执业资格证书、（　　）其中一项或多项处罚。

A. 行政处分　　B. 开除公职　　C. 刑事处罚　　D. 终身不予注册

8. 设备材料进场验收过程中，（　　）取样送检。

A. 甲方在施工方鉴证下　　B. 施工方在监理方鉴证下

C. 施工方在生产商鉴证下　　D. 甲方在监理方鉴证下

9. 为了减少不合格品的出现，必须建立健全施工质量（　　），加强施工质量控制。

A. 环境体系　　B. 安全标准　　C. 管理体系　　D. 综合体系

10. 某些工程质量问题虽不符合规定的要求，但经过分析、论证、法定检测单位鉴定和设计等有关部门认可其对工程使用或结构安全影响不大的，应当做出（　　）的决定。

A. 加固处理　　B. 降级处理（限制使用）

C. 不作处理　　D. 返工处理

11. 根据成品保护措施通则，以下（　　）应最后施工。

A. 墙面涂刷最后一遍涂料　　B. 灯具、开关、插座面板安装

C. 烟感、喷洒头的安装　　D. 天花龙骨架吊装

12. 室内沿电缆桥架敷设的电缆，宜在（　　）进行，防止其他专业施工时损伤电缆。

A. 电缆桥架敷设完毕之后立即　　B. 管道及空调工程施工之前

C. 与管道及空调工程同时　　D. 管道及空调工程基本施工完毕后

13. 施工日志记录文件是（　　）。

A. 工程质量控制资料　　B. 工程施工技术管理资料

C. 工程施工质量验收资料　　D. 竣工图资料

14. 对开关、插座的电气和机械性能进行现场抽样检测，绝缘电阻值不小于（　　）mΩ。

A. 1　　B. 10　　C. 30　　D. 5

15. 一般情况下，分部工程的的质量验收应由（　　）组织相关人员进行。

A. 施工单位项目技术责任人　　B. 总监理工程师（建设单位项目负责人）

C. 监理工程师　　D. 设计负责人

电气安装工程施工安全控制

1. 普通灯具与易燃物距离不宜小于（　　）mm。

A. 500　　B. 300　　C. 2000　　D. 1000

2. 进行高处焊割作业时，高处作业处下面（　　）m 范围内，不准堆放易燃、易爆物品，必要时，应设监护人员。

A. 2　　B. 10　　C. 5　　D. 15

3. 下列（　　）不是防火技术方案的内容。

A. 施工现场防火技术措施　　B. 施工现场重大火灾危险源辨识

C. 扑救初起火灾的程序和措施　　D. 临时消防设施、临时疏散设施配备

4. 根据《建设工程施工现场消防安全技术规范》（GB 50720—2011）的规定，在施工现场，（　　）以上风力时，应停止焊接、切割等室外动火作业；确需动火作业时，应采取可靠的挡风措施。

A. 三级（含三级）　B. 四级（含三级）　C. 五级（含五级）　D. 六级（含六级）

5. 根据《建设工程施工现场消防安全技术规范》（GB 50720—2011）的规定，焊接、切割、烘烤或加热等动火作业应配备灭火器材，并应设置动火监护人进行现场监护，（　　）。

A. 每个施工工地均应设置 1 个监护人

B. 每个动火点均应设置 1 个监护人

C. 每个施工项目均应设置 1 个专职的动火监护人

D. 在施工工地每天均应配有 1 个动火监护人

6. 国家对严重危及施工安全的工艺、设备、材料实行（　　）制度。

A. 更新　　B. 淘汰　　C. 登记　　D. 报废

7. 根据《建设工程施工现场消防安全技术规范》（GB 50720—2011）的规定，距配电屏（　　）范围内不应堆放可燃物，5 米范围内不应设置可能产生较多易燃、易爆气体、粉尘的作业区。

A. 1 m　　B. 2 m　　C. 5 m　　D. 10 m

8. 下列（　　）不是施工现场灭火及应急疏散预案的内容。

A. 应急灭火处置机构及各级人员应急处置职责

B. 报警、接警处置的程序和通讯联络的方式

C. 临时消防设施和消防警示标识布置图

D. 应急疏散及救援的程序和措施

9. 临时用电组织设计及变更时，必须履行"编制、审核、批准"程序，由（　　）组织编制。

A. 施工企业负责人　B. 监理总工程师　　C. 电气工程技术人员 D. 设计技术负责人

10. 临时用电工程必须经（　　）验收，合格后方可投入使用。

A. 编制、审核、批准部门和使用单位共同

B. 送电单位

C. 监理单位

D. 使用单位

11. 负责落实所管辖施工队伍的三级安全教育、常规安全教育、季节转换及针对施工各个阶段特点等进行的各种形式的安全教育。负责组织落实所管辖施工队伍特殊作业人员的安全培训工作和持证上岗的办理工作。这是（　　）的安全生产职责。

A. 施工企业经理　　B. 施工企业总工程师

C. 施工员　　D. 施工企业主管生产的副经理

12. 与焊炬连接时，乙炔气软管是（　　），不可错乱。

A. 红色　　B. 黄色　　C. 绿色　　D. 蓝色

13. 施工现场使用的气瓶应远离火源，距火源距离不应小于（　　），并应采取避免高温和防止暴晒的措施。

A. 5 m　　B. 10 m　　C. 15 m　　D. 20 m

电气安装工程计价与成本控制

1. 分部工程费用由（　　）等构成。

A. 建筑工程费用、安装工程费用、设备购置费用

B. 人工费、材料费、施工机械使用费

C. 人工费、材料费、施工机械使用费、企业管理费、利润

D. 直接费、建筑工程其他费用、设备购置费用

2. 工程造价中的组装平台费用是（　　）。

A. 直接费中的材料费　　B. 安装工程专业措施项目费

C. 间接费中的工具使用费　　D. 零星项目费用

3. 在建筑电气安装工程量计算中，接地跨接线以（　　）计量为单位。

A. 个　　B. 组　　C. 米　　D. 处

4. 桥架安装，以（　　）为计量单位。

A. 5 m　　B. 10 m　　C. 100 m　　D. 1000 m

5. 计算电缆敷设工作量时，其定额是按（　　）芯电缆设定的。

A. 3　　B. 4　　C. 5　　D. 2

二、多选题

建筑强电系统安装

1. 露天变电所的变压器安装时，下列（　　）措施符合要求。

A. 四周设 1.7 m 高的固定围栏（墙）

B. 变压器外廓与围栏（墙）的净距为 0.8 m

C. 变压器底部距地面 0.15 m

D. 相邻变压器外廓之间的净距为 1.8 m

2. 电器设备器材到达现场后，应及时做下列验收检查（　　）。

A. 包装和密封应完好

B. 技术文件应齐全，并有装箱清单

C. 按装箱清单检查清点，规格型号应符合设计要求，附件备件应齐全

D. 外观应与图片相符

3. 低压电器的安装高度，应符合设计规定，当设计无规定时，应符合下列（　　）要求。

A. 落地安装的低压电器，其底部宜高出地面 50～100 mm

B. 落地安装的低压电器，其底部宜高出地面 100～200 mm

C. 操作手柄转轴中心与地面高度，宜为 1200～1500 mm

D. 操作手柄转轴中心与地面高度，宜为 1500～1800 mm

4. 低压断路器安装时，应符合（　　）要求。

A. 低压断路器安装，应符合产品技术文件的规定。当无明确规定时，倾斜度不大 5°

B. 低压断路器安装，应符合产品技术文件的规定。当无明确规定时，倾斜度不大 10°

C. 低压断路器与熔断器配合使用时，熔断器应安装在电源侧

D. 低压断路器与熔断器配合使用时，断路器应安装在电源侧

5. 带有常闭触头的接触器闭合和断开时，应符合下列要求（　　）。

A. 闭合时，应先接通主触头，后断开常闭触头

B. 闭合时，应先断开常闭触头，后接通主触头

C. 断开时，应先断开主触头，后接通常闭触头

D. 断开时，应先接通常闭触头，后断开主触头

6. 防爆电气设备的铭牌上应有（　　）。

A. EX 标志　　B. 类型．级别．组别

C. 防爆合格证号　　D. 产品序号

7. 以下措施（　　）属于电气设备防误操作的防误装置功能。

A. 防止带负荷拉．合隔离开关　　B. 防止带电粉尘进入电器设备中

C. 防止带接地线合断路器　　D. 防止误入带电间隔

8. 变压器进场验收的内容是（　　）。

A. 合格证　　B. 随带技术文件　　C. 出厂试验记录　　D. 生产日期

9. 如电缆隧道装设机械通风，一旦发生火灾时，以下机械通风装置的处理措施（　　）是错误的。

A. 报警，延时 3 min 自动关闭　　B. 报警，人工手动关闭

C. 可靠地自动关闭　　D. 报警，继续通风

10. 移动式和手提式灯具应采用安全特低电压供电，以下电压值的要求（　　）是正确的。

A. 在干燥场所不大于 50V　　B. 在潮湿场所不大于 12V

C. 在干燥场所不大于 36V　　D. 在潮湿场所不大于 25V

11. 电缆夹层的净空高度不得小于（　　），但不宜大于（　　）。

A. 1800 mm　　B. 2000 mm　　C. 2500 mm　　D. 3000 mm

12. 根据规范规定：安装在室内的 10KV 装配式高压电容器组，下层电容器的底部距地面应不小于 0.2 m，上层电容器的底部距地面不宜大于 2.5 m，电容器布置不宜超过 3 层，其理由是（　　）。

A. 下层电容器底部距地距离是考虑电容器的通风散热

B. 上层电容器底部距地距离是为了便于电容器安装．巡视和搬运检修

C. 为便于接线，三层布置单相电容器在室内的常用布置形式

D. 为了整齐，美观好看

13. 电器材料进场检验的内容包括（　　）。

A. 型号规格及数量　　B. 发货时间

C. 材质证明书及出厂合格证　　D. 运输方式

14. 安装在防空地下室的变压器．断路器．电容器等高低压电气设备应采用（　　）设备。

A. 防潮　　B. 防电磁干扰　　C. 无油　　D. 防爆

15. 低压配电室内通道上方有裸带电体时，则该裸带电导体距地面高度：屏前通道不小于（　　）m，屏后通道不小于（　　）m。

A. 2.5　　B. 2.3　　C. 2.2　　D. 2.1

16. 刚性导管经柔性导管与电气设备．器具连接，柔性导管的长度应符合（　　）要求。

A. 在动力工程中不大于 0.8 m　　B. 在照明工程中不大于 1.2 m

C. 在火灾报警工程中不大于 2 m　　D. 在火灾报警工程中不大于 5 m

17. 导线芯线与电器设备的连接应符合（　　）规定。

A. 截面积在 10 mm^2 及以下的单股铜芯线和单股铝芯线直接与设备，器具的端子连接

B. 截面积在 2.5 mm^2 及以下的多股铜芯线拧紧搪锡或接续端子后与设备．器具的端子连接

C. 截面积大于 2.5 mm^2 的多股铜芯线，除设备自带插接式端子外，接续端子后与设备或器具的

端子连接；多股铜芯线与插接式端子连接前，端部拧紧搪锡

D. 每个设备和器具的端子接线不多于 3 根电线

18. 在三相四线制配电系统中，中性线的允许载流量应（　　）。

A. 不小于最大相电流　　B. 不小于线路中最大不平衡负荷电流

C. 应计入谐波电流的影响　　D. 不大于最大相电流

19. 电缆路径选择要求有（　　）。

A. 尽量缩短电缆长度　　B. 方便敷设．维护

C. 避开绿地　　D. 避开将挖掘施工地段

20. 直埋敷设电缆相互之间最小距离为（　　）m。

A. 10KV 及以下电力电缆之间平行为 0.1

B. 10KV 及以下电力电缆之间平行为 0.25

C. 10KV 及以上电力电缆之间平行为 0.25

D. 10KV 及以上下电力电缆之间平行为 0.5

21. 当用于（　　），且技术经济比较合理，可采用单芯电缆。

A. 工厂企业配电　　B. 水下敷设

C. 工作电流较大的回路　　D. 重要建筑物

22. 架空线路导体截面不应小于（　　）。

A.. 35KV 线路铝绞线及铝合金线：35 mm^2

B. 35KV 线路钢芯铝绞线：25 mm^2

C. 居民区 10KV 线路铝绞线及铝合金线：35 mm^2

D. 居民区 10KV 线路钢芯铝绞线：25 mm^2

23. 安装在地震设防烈度为 7 度及以上的电力设施，采用下列（　　）抗震措施是适宜的。

A. 电气设备间连线应采用硬母线

B. 变压器宜取消滚轮及其轨道，并应固定在基础上

C. 变压器基础台面宜适当加宽

D. 开关柜应采用螺栓或焊接的固定方式，当为地震设防烈度为 8 度或 9 度时，可将几个柜的重心位置以上联成整体

24. 下列（　　）符合配电线路布线系统要求。

A. 布线系统的敷设方法应根据建筑物构造．环境特征．使用要求．用电设备分布等条件及所选用导体的类型等因素综合确定

B. 金属导管．可挠金属电线保护套管．刚性塑料导管（槽）及金属线槽等布线，应采用绝缘电线和电缆。在同一根导管或线槽内有两个或两个以上回路时，所有绝缘电线和电缆均应具有与最高标称电压回路绝缘相同的绝缘等级

C. 布线用塑料导管．线槽及附件应采用非火焰蔓延类制品

D. 敷设在钢筋混凝土现浇楼板内的电线导管的最大外径不宜大于板厚的 1/2

25. 下列电器设备、器具和材料属于低压电器设备、器具和材料的有（　　）。

A. 380V 交流动机　　B. 6000V 交流电动机　C. 24V 直流照明灯　　D. 额定电压 750V 导线

26. 用作配电线路保护的电气有（　　）。

A. 断路器　　B. 熔断器　　C. 接触器　　D. 热继电器

27. 在公路．铁路桥上敷设电缆要采取的措施有（　　）。

A. 不得敷设在通行的路面上　　B. 防火及抗震

C. 35KV 及以上大截面电缆宜以蛇形敷设　D. 穿绝缘管

28. 不同回路．不同电压．不同电流种类的导线，不得穿入同一管内。但下列（　　）情况

除外。

A. 标称电压为50V以下回路　　　　　　　　B. 同一花灯的几个回路

C. 一台电机的所有回路　　　　　　　　　　D. 工作照明与事故照明回路

29. 架空线路的导线与建筑物的最小距离为（　　）。

A. 35KV线路导线跨越建筑物垂直距离（最大计算弧垂）为4 m

B. 10KV线路导线跨越建筑物垂直距离（最大计算弧垂）为3 m

C. 35KV线路边导线与建筑物水平距离（最大计算风偏）为3 m

D. 10KV线路边导线与建筑物水平距离（最大计算风偏）为2 m

30. 一般敞开式220V灯具，灯头对地面距离符合要求的是（　　）。

A. 室外墙上安装：2.5 m　　　　　　　　B. 厂房：2.8 m

C. 室内：1.8 m　　　　　　　　　　　　D. 软吊线带升降器的灯具在吊线展开后：0.8 m

31. 吊扇安装时，下列（　　）符合规定要求。

A. 吊扇挂钩安装牢固，吊扇挂钩的直径不小于吊扇挂销直径，且不小于8 mm

B. 吊扇扇叶距地高度不小于2.2 m

C. 吊杆间．吊杆与电机间螺纹连接，啮合长度不小于20 mm，且防松零件齐全紧固

D. 吊扇组装不改变扇叶角度，扇叶固定螺栓防松零件齐全

32. 下列（　　）插座接线符合要求。

A. 单相两孔插座，面对插座的右孔或上孔与相线连接，左孔或下孔与零线连接

B. 单相三孔插座，面对插座的右孔与相线连接，左孔与零线连接

C. 三相四孔及三相五孔插座的接地（PE）或接零（PEN）线接在下孔

D. 同一场所的三相插座，接线的相序一致

33. 室内照明场所开关控制要求有（　　）。

A. 每个开关所控制光源数不宜太少

B. 电化教室靠近讲台灯具应能单独控制

C. 所控灯列与侧窗平行

D. 生产场所宜按车间．工段或工序分组

34. 各防雷类别的高层建筑物应采取防雷电侧击的保护措施，下列正确的是（　　）。应将外墙上的栏杆，门窗等较大金属物与防雷装置连接。

A. 一类防雷建筑物30 m　　　　　　　　B. 二类防雷建筑物45 m

C. 三类防雷建筑物50 m　　　　　　　　D. 其他类防雷建筑物70 m

35. 建筑物的接闪器可由下列（　　）中的一种或多种组成。

A. 独立避雷针

B. 架空避雷线或架空避雷网

C. 直接安装在建筑物上的避雷针．避雷带或避雷网

D. 无线电视广播的共用天线的金属杆

36. 交流电气设备的接地线可利用（　　）自然接地体接地

A. 建筑物的金属结构（梁、柱等）及设计规定的混凝土结构内部的钢筋

B. 生产用的起重机的轨道、走廊、平台、电梯竖井、起重机与升降机的构架、运输皮带的钢梁、电除尘器的构架等金属结构

C. 配线的钢管

D. 配线的金属线管

37. 在高土壤电阻率地区，接地电阻值很难达到要求时，可采用（　　）措施降低接地电阻。

A. 采用多层接地措施

B. 在变电站附近有较低电阻率的土壤时，可敷设引外接地网或向外延伸接地体

C. 当地下较深处的土壤电阻率较低时，可采用井式或深钻式深埋接地极

D. 加密接地体

38. 接地线沿建筑物墙壁水平敷设时，（　　）符合要求。

A. 离地面距离宜为 500～700 mm

B. 接地线与建筑物墙壁间的间隙宜为 0～10 mm

C. 离地面距离宜为 250～300 mm

D. 接地线与建筑物墙壁间的间隙宜为 10～15 mm

39. 下列等电位联结的线路截面（　　）符合规定。

A. 干线为铜材，截面 16 mm^2　　B. 支线为铜材，截面 4 mm^2

C. 干线为钢材，截面 80 mm^2　　D. 支线为钢材，截面 20 mm^2

40. 下列（　　）说法是正确的。

A. 水准仪是测量地面两点间高差的仪器

B. 经纬仪是测量水平和竖直角度的测绘仪器

C. 经纬仪是是测量地面两点间高差的仪器

D. 水准仪是测量水平和竖直角度的测绘仪器

41. 兆欧表使用步骤错误的是（　　）。

①根据被测设备或线路的额定电压选择兆欧表的电压等级

②检验兆欧表是否正常　　③被测试物表面擦拭干净

④进行测量　　⑤接线

A. ①－②－③－⑤－④　　B. ①－②－③－④－⑤

C. ②－①－③－⑤－④　　D. ②－③－①－④－⑤

42. 配电箱、开关箱（　　）操作顺序正确。

A. 送电操作顺序为：总配电箱——分配电箱——开关箱

B. 送电操作顺序为：开关箱——分配电箱——总配电箱

C. 停电操作顺序为：总配电箱——分配电箱——开关箱

D. 停电操作顺序为：开关箱——分配电箱——总配电箱

43. 施工现场配电箱应装设电器设备是（　　）。

A. 隔离开关　　B. 漏电断路器　　C. 电流表　　D. 热继电器

44. 下列（　　）是属于保护接零系统。

A. TN－S　　B. TN－C　　C. TT　　D. IT

45. （　　）系统能装剩余电流动作保护装置。

A. TN－S　　B. TN－C　　C. TT　　D. TN－C－S

建筑弱电系统安装

1. 模块化信息插座分为（　　）。

A. 单孔　　B. 双孔　　C. 三孔　　D. 四孔

2. 直埋光缆的（　　）位置应设置标志，方便检修。

A. 接头处　　B. 拐弯点　　C. 预留长度处　　D. 中间处

3. 程控交换系统按大小常分成（　　）。

A. 通用型交换机　　B. 用户交换机

C. 局用交换机　　D. 专用型交换机

4. 通讯系统性能检测合格判定应包括（　　）。

A. 单项合格判定　　B. 综合合格判定　　C. 分项合格判定　　D. 整体合格判定

5. 电缆、光缆测试仪表应具有（　　）。

A. 认证证书　　B. 计量证书　　C. 授权书　　D. 合格证

6. 5 类对绞线系统工程基本测试项目有（　　）。

A. 长度　　B. 环境噪声干扰强度C. 衰减度　　D. 近端串音

7. 闭路监视电视系统的多画面分割器的分割方式一般有（　　）。

A. 4 画面　　B. 9 画面　　C. 16 画面　　D. 25 画面

8. 有线电视系统的工程施工应具备下列条件（　　）。

A. 施工单位必须执有系统的工程施工执照。

B. 设计文件和施工图纸齐全，并已会审批准。施工人员应熟悉有关图纸并了解工程特点、施工方案、工艺要求、施工质量标准等。

C. 施工所需的设备、器材、辅材、仪器、机械等应能满足阶段施工的要求。

D. 新建建筑系统的工程施工，应与土建施工协调进行。

9. 卫星电视系统由（　　）组成。

A. 天线　　B. 高频头　　C. 接收机　　D. 电视机

10. 有线电视系统当传输干线的衰耗（以最高工作频率下的衰耗值为准）小于 100dB 时，可采用（　　）直接传输方式。

A. 甚高频　　B. 超高频　　C. 中频　　D. 低频

11. 宾馆必须安装摄像机进行监视的部位有（　　）。

A. 车库　　B. 总服务台　　C. 电梯（桥箱或电梯厅）D. 客房内

12. 监控系统控制部分的主要设备有（　　）。

A. 图像处理器　　B. 电动云台及云台控制器

C. 微机控制器　　D. 集中控制器

13. 防盗报警系统由（　　）组成。

A. 前端探测器　　B. 中间传输部分　　C. 报警主机　　D. 控制器

14. 门禁系统依据输入设备分为（　　）。

A. 密码门禁系统　　B. 刷卡门禁系统　　C. 接触式门禁系统　　D. 生物识别门禁系统

15. 在建筑物内的安全防范报警系统，采用较多的传输方式是（　　）。

A. 有线传输　　B. 无线传输　　C. 微波传输　　D. 光纤传输

16. 有线传输系统根据报警系统控制主机的不同，分为（　　）等传输方式。

A. 二线制传输　　B. 三线制传输　　C. 四线制传输　　D. 总线制传输

17. 室内防盗报警器可选用（　　）。

A. 微波报警器　　B. 红外报警器　　C. 周界报警器　　D. 超声波报警器

18. 门禁系统的电控锁可以分为（　　）二种开门方式。

A. 断电开门　　B. 常开门　　C. 断电闭门　　D. 送电开门

19. 火灾广播系统的广播额定电压一般为（　　）。

A. 70 伏　　B. 110 伏　　C. 220 伏　　D. 380 伏

20. 根据国际标准，广播系统的功率放大器的定压输出分为（　　）。

A. 70V　　B. 100V　　C. 120V　　D. 240V

21. 建筑设备监控系统应具有下列（　　）控制功能。

A. 制冷系统启、停的顺序控制

B. 冷冻水供水压差恒定闭环控制

C. 备用泵投切、冷却塔风机启停和冷水机低流量保护的开关量控制

D. 机房温度控制

22. 建筑设备监控系统的温、湿度传感器安装有（　　）。

A. 应远离有较强振动、电磁干扰的区域

B. 应安装在有阳光直射的位置

C. 室外型温、湿度传感器应设有防风雨的防护罩

D. 应尽可能远离门、窗和出风口的位置

23. 下列用电设备属于一级负荷的是（　　）。

A. 消防泵　　　　B. 重要通信设备　　　　C. 重要机房照明　　　　D. 客梯电源

24. 远程自动抄表系统应能按水、电、燃气配套公司的需要，自动形成各自所需的数据文件，以满足各配套公司（　　）的需要。

A. 自动结帐　　　　B. 自动查询　　　　C. 人工结帐　　　　D. 人工查询

25. 火灾自动报警系统引入控制器的电缆或导线，应符合下列要求（　　）。

A. 电缆芯线和所配导线的端部，均应标明编号，并与图纸一致，字迹应清晰且不易退色

B. 端子板的每个接线端，接线不得超过 2 根

C. 电缆芯和导线，应留有不小于 100 mm 的余量

D. 导线穿管、线槽后，应将管口、槽口封堵

26. 火灾自动报警系统有下列情形的场所，宜选用火焰探测器（　　）。

A. 火灾时有强烈的火焰辐射　　　　B. 无阴燃阶段的火灾

C. 需要对火焰作出快速反应　　　　D. 有明火作业以及 X 射线、弧光等影响

27. 火灾报警系统装置包括各种（　　）和区域显示器等。

A. 消防广播　　　　B. 火灾探测器　　　　C. 手动火灾报警按钮D. 火灾报警控制器

28. 火灾自动报警系统正式启用时，应具有下列文件资料（　　）。

A. 系统竣工图及设备的技术资料　　　　B. 公安消防机构出具的有关法律文书

C. 消防手册　　　　D. 系统的操作规程及维护保养管理制度

29. 火灾自动报警系统施工前应具备下列条件（　　）。

A. 设计单位应向施工、建设、监理单位明确相应技术要求

B. 系统设备、材料及配件齐全并能保证正常施工

C. 施工现场及施工中使用的水、电、气应满足正常施工要求

D. 检测调试单位已对仪表进行了调试

30. 火灾自动报警系统管路（　　），应在便于接线处装设接线盒。

A. 管子长度每超过 30 m，无弯曲时

B. 管子长度每超过 20 m，有 1 个弯曲时

C. 管子长度每超过 10 m，有 2 个弯曲时

D. 管子长度每超过 8 m，有 2 个弯曲时

电气安装工程施工组织

1. 工程档案一般不少于两套，一套由（　　）保管，一套（原件）移交（　　）保管。

A. 建设单位　　　　B. 施工单位　　　　C. 监理单位　　　　D. 当地城建档案馆（室）

2. 根据编制对象的不同，施工组织设计可分为（　　）。

A. 施工总组织设计　　　　B. 单位工程施工组织设计

C. 施工方案　　　　D. 施工项目管理规划大纲

3. 横道图进度计划的缺点有（　　）。

A. 不直观、不简洁、难看懂　　　　B. 计划调整只能用手工方式进行

C. 不能确定关键工作和关键路线　　　　　D. 不能计算资源需要量

4. 以下（　　）是关键工作。

A. 总时差为 0 或最小的工作

B. 自由时差最小的工作

C. 最早完成时间与最迟完成时间不相等的工作

D. 当没有指令工期时，最早开始时间与最迟开始时间相等的工作

5. 施工组织设计文件是施工单位在开工前为工程所做的施工组织、工艺组织、施工计划等方面的设计，用来指导拟建工程全过程中各项活动的技术、经济和组织的综合文件。它不是（　　）。

A. 工程施工技术管理资料　　　　　B. 工程施工质量验收资料

C. 竣工图资料　　　　　D. 工程质量控制资料

6. 施工日志记录文件是施工文件档案的重要组成部分。以下（　　）是施工日志记录的内容。

A. 施工技术活动　　B. 现场情况变化　　C. 施工组织管理　　D. 工程竣工测量记录

7. 单位工程施工组织设计是施工单位编制（　　）的依据。

A. 施工组织总设计　　　　　B. 施工方案

C. 季、月、旬施工计划　　　　　D. 工程预算

8. 以下是关于电气图纸会审的内容，以下（　　）是正确的。

A. 变配电接地系统保留 1 个以上接地，设备接地回路是否完整

B. 防雷、电气保护、弱电系统等共用一个接地装置，接地装置采用地下室底板钢筋与桩基内的钢筋网，接地电阻不大于 1 欧姆

C. 总等电位联结线选用 BV 型导线，其截面一般选为来自电源主保护线截面的一半，但不得少于 6 mm^2，一般不大于 25 mm^2

D. 接地母排的截面应大于接至母排的导线中最大截面的两倍

9. 从突出施工项目管理工作的前提出发，施工组织设计的重点编制内容有（　　）和施工管理措施等几项。

A. 施工项目可行性研究报告　　　　　B. 施工进度计划

C. 施工平面图布置　　　　　D. 施工部署和方案

10. 流水施工组织方式的先进性和科学性体现在（　　）上的统筹计划，必然会带来显著的技术经济效果。

A. 工艺划分　　B. 时间安排　　C. 资金安排　　D. 空间布置

11. 单位工程施工平面图的内容包括（　　）等等。

A. 施工进度的标识

B. 工程施工场地状况

C. 施工现场必备的安全、消防、保卫和环境保护等设施

D. 工程施工现场的加工设施、存贮设施、办公和生活用房等的位置和面积

12. 在确定主要施工方法时，对脚手架工程、起重吊装工程、（　　）等专项工程所采用的施工方法应进行简要说明。

A. 临时用水用电工程　　　　　B. 季节性施工

C. 接地装置安装工程　　　　　D. 电视监控系统安装工程

电气安装工程施工质量控制

1. 在进行安装工程施工时，需要进行成品保护的主要项目有高档仪器仪表、（　　）。

A. 机电重要设备（如发电机组、高低压开关柜、变压器等）

B. 所有面层装置（如开关、插座等）

C. 主要材料（如灯具等）

D. 施工机具（如起重机、电焊机等）

2. 施工文件档案管理的内容主要包括：工程施工技术管理资料、工程施工质量验收资料、（　　）。

A. 工程质量控制资料　　B. 工程合同文档资料

C. 工程筹建文档资料　　D. 竣工图资料

3. 建筑电气安装工程施工过程验收的内容是（　　）。

A. 节能环保验收　B. 检验批质量验收　C. 分项工程质量验收D. 分部工程质量验收

4. 竣工验收分为三个环节进行，整个验收过程涉及（　　）及施工总分包各方的工作，必须按照项目质量职能控制系统的职能分工。

A. 设计单位　B. 建设单位　C. 监理单位　D. 建设行政主管部门

5. 根据《建筑工程施工质量验收统一标准》，分部工程较大或较复杂时，可按专业系统及类别、（　　）等分为若干子分部工程。

A. 材料种类　B. 施工特点　C. 工程难点　D. 施工程序

6. 实践中，当工程具备覆盖、掩盖条件的，施工单位自检合格后，通知相关单位检查，通知的内容包括（　　）。

A. 隐蔽的内容　B. 检查时间和地点　C. 施工结算费用　D. 施工单位的自检记录

电气安装工程施工安全控制

1. 在冬雨季节施工，从安全角度来考虑，以下做法正确的是（　　）。

A. 做好临时设施、供水管道的保温、维护工作，确保冬季施工正常进行

B. 脚手架和构筑物要按电气专业规定设临时避雷装置

C. 机械设备的电源线路要绝缘良好，要有完善的保护接零

D. 工人宿舍取暖设施应设专人管理，可以采用明火取暖，严防烟气中毒、火灾和触电事故

2. 以下（　　）是安全检查的主要内容。

A. 查思想　B. 查制度　C. 查进度　D. 查管理

3. 临时用电工程定期检查应按（　　）进行，对安全隐患必须及时处理，并应履行复查验收手续。

A. 分部工程　B. 分项工程　C. 单位工程　D. 单项工程

4. 焊接作业时，正确的操作是（　　）。

A. 点火时，应先放乙炔气，再放氧引火

B. 熄火时，焊炬应先关氧阀，再关乙炔阀

C. 割炬应先关氧，再关乙炔

D. 发生回火应迅速关闭焊炬上的氧气阀和乙炔阀，再迅速关闭一级氧气阀和乙炔阀

5. 关于联动试运行的安全要求，以下正确的是（　　）。

A. 试运行人员必须按建制上岗，服从统一指挥

B. 必须按照试运行方案及操作规程精心指挥和操作

C. 联动试运行前应划定试运行区域，无关人员不得进入

D. 不受工艺条件影响的仪表、保护性联锁、报警皆不应参与试运行

电气安装工程计价与成本控制

1. 在编制建筑设备安装工程量清单时，（　　）费用是计入在措施项目清单中。

A. 文明施工费　　B. 材料费

C. 临时设施费　　　　　　　　　　　　D. 设备、管道施工的安全、防冻和焊接保护费

2. 根据《湖南省建设工程工程量清单计价办法》，税金项目清单包括（　　）等项内容。

A. 个人所得税　　　　　　　　　　　　B. 营业税

C. 城市维护建设税　　　　　　　　　　D. 教育费附加（包括地方教育附加）

三、案例题

1.【背景资料】

有一建筑工程，为一类高层建筑，设计使用的变压器为干式变压器，满足变压器安装条件。

请依据上述背景资料完成1～10题的选项。

请根据背景资料完成相应小题选项，选项类型根据各小题注明要求，把所选项在答题卡相应题号中填涂，在题本上答题无效。其中，判断题二选一（A、B选项），单选题四选一（A、B、C、D选项），多选题四选二或三（A、B、C、D选项）；不选、多选、少选、错选均不得分。

1)（判断题）高层民用建筑应使用干式变压器。（　　）

A. 正确　　　　　　　　　　　　　　B. 错误

2)（判断题）干式变压器和不带可燃油的10（6）kV配电装置、低压配电装置等可设置在同一房间内。（　　）

A. 正确　　　　　　　　　　　　　　B. 错误

3)（判断题）干式变压器的的支架应接地。（　　）

A. 正确　　　　　B. 错误

4)（单选题）多台650KVA干式变压器，其侧面具有IP3X防护等级的金属外壳，在同一配电室安装时，其外壳最小间距为（　　）m。

A. 0.6　　　　　B. 0.8　　　　　C. 1.0　　　　　D. 可贴临

5)（单选题）干式变压器在运输过程中倾斜角不应超过（　　）°。

A. 10　　　　　B. 15　　　　　C. 20　　　　　D. 30

6)（单选题）母线用镀锌螺栓连接，平垫、弹簧齐全，连接紧固，安装完工后，螺杆宜露出（　　）扣。

A. 1～2　　　　　B. 2～3　　　　　C. 3～4　　　　　D. 4～5

7)（判断题）油浸式变压器可安装在高层建筑物内，但要采取防火措施。（　　）

A. 正确　　　　　　　　　　　　　　B. 错误

8)（单选题）变电所内的非封闭式干式变压器，安装的固定遮栏高度不低于（　　）m，遮栏网孔不大于40 mm×40 mm。

A. 1.2　　　　　B. 1.5　　　　　C. 1.7　　　　　D. 2.2

9)（单选题）变压器安装程序正确的是（　　）。

①基础施工

②变压器就位固定

③通电试运行

④变压器接地

A. ①－②－③－④　　　　　　　　　　B. ①－②－③－④

C. ①－②－④－③　　　　　　　　　　D. ④－①－③－②

10)（多选题）干式变压器进场验收时，应查验下列内容（　　）。

A. 合格证　　　　B. 出厂试验记录　　　C. 重量　　　　　D. 说明书

2.【背景资料】

有一工业厂房，计算负荷为1800KVA，设计为露天变电所，设计为两台可燃油油浸电力变压器，

现已满足变配电设备安装条件，进行变配电设备安装。

请依据上述背景资料完成1～10题的选项。

请根据背景资料完成相应小题选项，选项类型根据各小题注明要求，把所选项在答题卡相应题号中填涂，在题本上答题无效。其中，判断题二选一（A、B选项），单选题四选一（A、B、C、D选项），多选题四选二或三（A、B、C、D选项）；不选、多选、少选、错选均不得分。

1）（单选题）每台变压器油量为1200 kg，每台变压器应设置容量为（　　）油量的挡油设施。

A. 20％　　B. 50％　　C. 80％　　D. 100％

2）（判断题）露天变电所是指变压器位于露天地面上的变电所。（　　）

A. 正确　　B. 错误

3）（单选题）配电装置各回路的相序排列宜一致，硬导体应涂刷相色油漆或相色标志。应为L1相黄色，L2相绿色，L3相色别为（　　）色。

A. 黄　　B. 绿　　C. 红　　D. 蓝

4）（单选题）在同一配电室内单列布置高、低压配电装置，高压开关柜或低压配电屏顶面有裸露带电导体，则两者之间的净距不应小于（　　）m。

A. 1　　B. 1.5　　C. 2　　D. 2.5

5）（单选题）高压配电装置的柜顶为裸母线分段，两段母线分段处宜装设绝缘隔板，其高度不应小于（　　）m。

A. 0.2　　B. 0.3　　C. 0.5　　D. 1

6）（单选题）变压器四周设置的固定围栏应不低于（　　）m高。

A. 1.2　　B. 1.5　　C. 1.7　　D. 2.2

7）（单选题）两台变压器的防火净距不应小于（　　）m，否则应设置防火墙。

A. 2　　B. 3　　C. 5　　D. 7

8）（单选题）变压器底部距地面不应小于（　　）m。

A. 0.2　　B. 0.3　　C. 0.5　　D. 1

9）（单选题）低压配电室共有配电柜16个，单列布置。每个柜面宽1 m，那么其柜后通道应设（　　）出口。

A. 1　　B. 2　　C. 3　　D. 4

10）（单选题）变压器外廓与建筑物外墙的距离应大于或等于（　　）m。

A. 2　　B. 3　　C. 4　　D. 5

3.【背景资料】

有一15层框架结构住宅建筑工程，某施工单位承担电气施工。

请依据上述背景资料完成1～10题的选项。

请根据背景资料完成相应小题选项，选项类型根据各小题注明要求，把所选项在答题卡相应题号中填涂，在题本上答题无效。其中，判断题二选一（A、B选项），单选题四选一（A、B、C、D选项），多选题四选二或三（A、B、C、D选项）；不选、多选、少选、错选均不得分。

1）（判断题）每套住宅应设置电源总断路器，并应采用可同时断开相线和中性线的开关电器。（　　）

A. 正确　　B. 错误

2）（判断题）每栋住宅的总电源进线断路器，应具有漏电保护功能。（　　）

A. 正确　　B. 错误

3）（单选题）电气线路的导线应采用铜线，每套住宅进户线截面不应小于（　　）mm^2。

A. 2.5　　B. 4　　C. 6　　D. 10

4）（单选题）每套住宅最少要设（　　）几个回路。

A. 2　　B. 3　　C. 4　　D. 5

5)（单选题）成套灯具的绝缘电阻值不应小于（　　）MΩ。

A. 0.5　　B. 1　　C. 2　　D. 5

6)（单选题）插座不同极性带电部件间的电气间隙和爬电距离不小于（　　）mm。

A. 2　　B. 3　　C. 4　　D. 5

7)（单选题）花灯吊钩圆钢直径不应小于灯具挂销直径，且不应小于（　　）mm。

A. 4　　B. 5　　C. 6　　D. 8。

8)（单选题）当钢管做灯杆时，钢管内径不应小于 10 mm，钢管厚度不应小于（　　）mm。

A. 1　　B. 1.5　　C. 2　　D. 2.5

9)（单选题）当灯具距地面高度小于（　　）m 时，灯具的可接近裸露导体必须接地（PE）或接零（PEN）可靠，并应有专用接地螺栓，且有标识。

A. 2　　B. 2.2　　C. 2.4　　D. 2.5

10)（多选题）住宅供电应采用（　　）接地方式，并进行等电位联结。

A. TT　　B. TN－C－S　　C. TN－S　　D. TN－C

4.【背景资料】

有变配电工程，变配电设备已安装到位，现进行母线安装。

请依据上述背景资料完成 1～10 题的选项。

请根据背景资料完成相应小题选项，选项类型根据各小题注明要求，把所选项在答题卡相应题号中填涂，在题本上答题无效。其中，判断题二选一（A、B 选项），单选题四选一（A、B、C、D 选项），多选题四选二或三（A、B、C、D 选项）；不选、多选、少选、错选均不得分。

1)（单选题）母线连接螺栓两侧要有平垫圈，相邻垫圈间有大于（　　）mm 的间隙，螺母侧装有弹簧垫圈或锁紧螺母。

A. 3　　B. 4　　C. 5　　D. 10

2)（单选题）母线安装工艺流程正确的是（　　）。

①放线测量　　②支架及拉紧装置的制造安装

③绝缘子安装　　④母线的加工

⑤母线的连接　　⑥母线安装

⑦母线涂色刷油　　⑧检查送电

A. ①－②—③—④－⑤—⑥—⑦—⑧　　B. ④－②—③—①－⑤—⑥—⑦—⑧

C. ②－⑤—③—④－①—⑥—⑦—⑧　　D. ①－②—④－⑤—③—⑥—⑦—⑧

3)（单选题）绝缘子安装前要遥测绝缘，绝缘电阻大于（　　）mΩ 为合格。

A. 0.5　　B. 1　　C. 5　　D. 20

4)（单选题）手工调直母线时，应使用（　　）锤。

A. 铁　　B. 铜　　C. 木　　D. 不锈钢

5)（判断题）母线的连接可采用焊接和螺栓连接方式。（　　）

A. 正确　　B. 错误

6)（单选题）低压母线支持点的间距不得大于（　　）mm。

A. 500　　B. 600　　C. 800　　D. 900

7)（判断题）绝缘子的底座、套管的法兰、保护网（罩）及母线支架等可接近裸露导体应接地（PE）或接零（PEN）可靠。可作为接地（PE）或接零（PEN）的接续导体。（　　）

A. 正确　　B. 错误

8)（判断题）母线用螺栓连接时，母线搭接螺栓的拧紧力矩有要求。螺栓越大，其力矩值要求越大。（　　）

A. 正确　　　　　　　　　　　　　　B. 错误

9)（多选题）母线切断时可用下列工具（　　）。

A. 手锯　　　　　B. 电弧　　　　　C. 砂轮切割机　　　　D. 气割设备

10)（多选题）母线宽度为 80 mm，下列（　　）扭弯长度符合要求。

A. 150 mm　　　　B. 200 mm　　　　C. 300 mm　　　　D. 400 mm

5.【背景资料】

有一电气安装施工单位，承接一商住楼电气安装工程，该楼建筑面积 5 万余 m^2，建筑高度 98.5 m，地上 28 层，地下 2 层，地上 1 到 4 层为商场，5 到 28 层为住宅。现已具备动力设备及线路安装条件，可进行安装。

请依据上述背景资料完成 1～10 题的选项。

请根据背景资料完成相应小题选项，选项类型根据各小题注明要求，把所选项在答题卡相应题号中填涂，在题本上答题无效。其中，判断题二选一（A、B 选项），单选题四选一（A、B、C、D 选项），多选题四选二或三（A、B、C、D 选项）；不选、多选、少选、错选均不得分。

1)（单选题）该建筑属几类高层建筑（　　）。

A. Ⅰ　　　　B. Ⅱ　　　　C. Ⅲ　　　　D. Ⅳ

2)（单选题）电动机安装前应进行检查，电动机的出线端鼻子焊接或压接应良好，编号齐全，裸露带电部分的电气间隙应符合产品标准的规定，其电气间隙应大于（　　）。

A. 5 mm　　　　B. 8 mm　　　　C. 10 mm　　　　D. 15 mm

3)（单选题）用兆欧表测量电机的各相绕组之间，各绕组与机壳之间的绝缘电阻，额定电压在 1000V 以下的电动机，其绝缘电阻不应低于（　　）mΩ，若达不到要求，应对电动机进行干燥处理。

A. 0.2　　　　B. 0.5　　　　C. 1.0　　　　D. 5

4)（单选题）加入电动机轴承内的润滑脂应填满其内部空隙的（　　）。

A. 1/3　　　　B. 1/2　　　　C. 2/3　　　　D. 3/4

5)（单选题）电动机安装前要制作好基础，基础重量一般不应小于电动机重量的（　　）倍，基础各边缘应超过电动机底座的边缘 100 mm 左右。

A. 1　　　　B. 2　　　　C. 3　　　　D. 5

6)（单选题）设备房内有多台电动机，（　　）用同一个开关直接控制 2 台及 2 台以上用电设备。

A. 不宜　　　　B. 严禁　　　　C. 可以　　　　D. 必须

7)（单选题）交流电动机试运行中，滚动轴承温度不应超过（　　）。

A. 75℃　　　　B. 85℃　　　　C. 95℃　　　　D. 100℃

8)（单选题）电动机开关回路中的热继电器是对电动机（　　）进行保护。

A. 短路　　　　B. 过载　　　　C. 失压　　　　D. 欠压

9)（单选题）电动机空载试运行时间宜为（　　）h。

A. 1　　　　B. 2　　　　C. 3　　　　D. 5

10)（多选题）异步电动机调速可以通过（　　）的措施进行。

A. 改变电源频率　　B. 改变极对数　　C. 改变转差率　　D. 改变电源电压

6.【背景资料】

某写字楼建筑高度为 54 m，地上 15 层，地下 1 层，设计为二类防雷建筑。

请依据上述背景资料完成 1～10 题的选项。

请根据背景资料完成相应小题选项，选项类型根据各小题注明要求，把所选项在答题卡相应题号中填涂，在题本上答题无效。其中，判断题二选一（A、B 选项），单选题四选一（A、B、C、D 选项），多选题四选二或三（A、B、C、D 选项）；不选、多选、少选、错选均不得分。

1)（单选题）建筑物应根据其重要性、使用性质、发生雷电事故的可能性和后果，按防雷要求分为（　　）类。

A. 一　　B. 二　　C. 三　　D. 四

2)（单选题）该建筑屋面避雷网不大于（　　）的网格。

A. 5 m×5 m　　B. 6 m×4 m　　C. 10 m×10 m　　D. 20 m×20 m

3)（单选题）防雷引下线不应少于两根，并应沿建筑物四周均匀或对称布置，其间距不应大于（　　）m。

A. 12　　B. 18　　C. 25　　D. 30

4)（单选题）接地装置的焊接应采用搭接焊，圆钢与圆钢搭接长度为圆钢直径的（　　）倍，双面施焊。

A. 2　　B. 4　　C. 6　　D. 8

5)（判断题）人工接地网的外缘应闭合。外缘各角应做成圆弧形，圆弧的半径不宜小于均压带间距的一半。（　　）

A. 正确　　B. 错误

6)（单选题）接地体顶面埋设深度应符合设计规定。当无规定时，不应小于（　　）m。

A. 0.5　　B. 0.6　　C. 0.7　　D. 0.8

7)（单选题）垂直接地体的间距不宜小于其长度的 2 倍。水平接地体的间距应符合设计规定。当无设计规定时不宜小于（　　）m。

A. 5　　B. 8　　C. 10　　D. 12

8)（判断题）接地干线应在不同的两点及以上与接地网相连接。自然接地体应在不同的两点及以上与接地干线或接地网相连接。（　　）

A. 正确　　B. 错误

9)（单选题）独立避雷针的接地装置与接地网的地中距离不应小于（　　）m。

A. 2　　B. 3　　C. 5　　D. 10

10)（多选题）在高土壤电阻率地区，接地电阻值很难达到要求时，可采用以下措施降低接地电阻（　　）。

A. 采用多层接地措施

B. 当地下较深处的土壤电阻率较低时，可采用井式或深钻式深埋接地极

C. 填充电阻率较低的物质或压力灌注降阻剂等以改善土壤传导性能

D. 敷设水下接地网。当利用自然接地体和引外接地装置时，应采用 1 根导体在不同地点与接地网相连接

7.【背景资料】

某新建综合楼，利用基础钢筋作为自然接地体，施工完成，现进行接地电阻测量。

请依据上述背景资料完成 1～10 题的选项。

请根据背景资料完成相应小题选项，选项类型根据各小题注明要求，把所选项在答题卡相应题号中填涂，在题本上答题无效。其中，判断题二选一（A、B 选项），单选题四选一（A、B、C、D 选项），多选题四选二或三（A、B、C、D 选项）；不选、多选、少选、错选均不得分。

1)（单选题）共用接地的接地电阻值不大于（　　）Ω。

A. 1　　B. 4　　C. 5　　D. 10

2)（单选题）交流工作接地，接地电阻不应大于（　　）Ω。

A. 1　　B. 4　　C. 5　　D. 10

3)（单选题）保护接地，接地电阻不应大于（　　）Ω。

A. 1　　B. 4　　C. 5　　D. 10

4)（单选题）ZC－8 型接地电阻测试仪备有辅助接地棒二根、导线三根，三根导线长度为（　　）。

A. 5 m、20 m、40 m　　B. 10 m、20 m、30 m

C. 5 m、20 m、50 m　　D. 2 m、20 m、40 m

5）（单选题）测量小于（　　）Ω接地电阻时，应将仪表上2个E端钮导线分别连接到被测接地体上，以消除测量时连接导线电阻对测量结果引入的附加误差。

A. 1　　B. 4　　C. 10　　D. 30

6）（单选题）测量时将“倍率标度”置于最大倍数，慢慢转动发动机的手柄，同时旋动“测量标度盘”，使零指示器的指针指于中心线。当零指示器指针接近平衡时，加快发电机手柄的转速，使其达到（　　）r/ min以上，调整“测量标度盘”，使指针指于中心线上。

A. 60　　B. 120　　C. 150　　D. 180

7）（判断题）共用接地系统是指将防雷、安全、工作等接地连接在一起的接地方式。（　　）。

A. 正确　　B. 错误

8）（判断题）接地装置是指接地体和接地线的总和。（　　）

A. 正确　　B. 错误

9）（多选题）等电位连接的作用（　　）。

A. 雷击保护　　B. 静电防护　　C. 触电保护　　D. 工作接地

10）（多选题）用ZC－8型接地电阻测试仪测接地电阻时，仪表上的E端钮接、P端钮、C端钮接导线，导线的另一端分别接被测物接地极E′，电位探棒P′和电流探棒C′，且E′、P′、C′三点应符合（　　）要求。

A. 等边三角形排列　　B. 成直线排列

C. 每两点间距离均为20 m　　D. E′与P′、P′与C′间距为20 m

8.【背景资料】

有一建筑工程，为一类高层建筑，准备进场施工，需要现场临时用电。

请依据上述背景资料完成1～10题的选项。

请根据背景资料完成相应小题选项，选项类型根据各小题注明要求，把所选项在答题卡相应题号中填涂，在题本上答题无效。其中，判断题二选一（A、B选项），单选题四选一（A、B、C、D选项），多选题四选二或三（A、B、C、D选项）；不选、多选、少选、错选均不得分。

1）（判断题）施工现场临时用电设备在5台以下和设备总容量在50KW以下者，应制定安全用电和电气防火措施。

A. 正确　　B. 错误

2）（单选题）在建工程（含脚手架）的周边与1KV外电架空线路的边线之间的最小安全操作距离（　　）m。

A. 2　　B. 3　　C. 4　　D. 5

3）（判断题）电工必须经过按国家现行标准考核合格后，持证上岗工作；其他用电人员必须通过相关安全教育培训和技术交底，考核合格后方可上岗工作。（　　）

A. 正确　　B. 错误

4）（判断题）施工现场开挖沟槽边缘与外电埋地电缆沟槽边缘之间的距离不得0.3 m。（　　）

A. 正确　　B. 错误

5）（判断题）PE线上严禁装设开关或熔断器，严禁通过工作电流，且严禁断线。（　　）

A. 正确　　B. 错误

6）（单选题）配电装置和电动机械相连接的PE线应为截面不小于（　　）mm^2的绝缘多股铜线。

A. 1.5　　B. 2.5　　C. 4　　D. 6

7）（单选题）架空线路相序排列应符合下列规定：动力、照明线在同一横担上架设时，导线相序排列是：面向负荷从左侧起依次为（　　）。

A. Ll、N、L2. L3. PE　　B. Ll、L2. L3. N、PE

C. N. Ll、L2. L3. PE　　D. N、PE 、Ll、L2. L3

8）（单选题）在建工程内的电缆线路必须采用电缆埋地引入，严禁穿越脚手架引入。电缆水平敷设宜沿墙或门口刚性固定，最大弧垂距地不得小于（　　）m。

A. 1. 0　　B. 2. 0　　C. 4　　D. 5

9）（单选题）施工现场总配电箱以下可设若干分配电箱；分配电箱以下可设若干开关箱。分配电箱与开关箱的距离不得超过（　　）m，开关箱与其控制的固定式用电设备的水平距离不宜超过 3 m。

A. 10　　B. 20　　C. 30　　D. 50

10）（多选题）建筑施工现场临时用电工程专用的电源中性点直接接地的 220/380V 三相四线制低压电力系统，必须符合下列规定（　　）。

A. 采用三级配电系统

B. 采用 TN－S 接零保护系统

C. 采用二级漏电保护系统

D. 采用 IT 配电系统

9.【背景资料】

某施工单位承接一通讯工程施工，根据图纸资料有杆路工程、管道光（电）缆敷设、埋式光（电）敷设、架空光（电）缆敷设、光（电）缆接续与成端、光（电）缆交接箱与分线设备安装等内容，现进场进行施工。

请依据上述背景资料完成 1～10 题的选项。

请根据背景资料完成相应小题选项，选项类型根据各小题注明要求，把所选项在答题卡相应题号中填涂，在题本上答题无效。其中，判断题二选一（A、B 选项），单选题四选一（A、B、C、D 选项），多选题四选二或三（A、B、C、D 选项）；不选、多选、少选、错选均不得分。

1）（单选题）用户引入线长度不宜超过 200 m，且从下线杆至第一个支撑点的跨距不超过（　　）m。

A. 25　　B. 40　　C. 50　　D. 60

2）（单选题）通讯工程验收有下列内容，正确的验收程序是（　　）。

①随工检查　　②初验

③终验（竣工验收）　　④试运行

A. ②—①—③—④　　B. ①—②—③—④

C. ①—④—②—③　　D. ①—②—④—③

3）（单选题）（　　）应通过工地代表或工程质量监督人员加强工地的随工质量检查，及时组织隐蔽工程的检验和签证工作。

A. 施工单位　　B. 设计单位

C. 电讯业务经营者　　D. 政府相关职能部门

4）（单选题）市话通讯电缆色谱的领示色是（　　）。

A. 白　红　黑　黄　紫　　B. 蓝　桔　绿　棕　灰

C. 白　红　黑　棕　灰　　D. 蓝　桔　绿　黄　紫

5）（单选题）光缆交接箱箱体接地装置的接地线截面积不小于（　　）mm^2。

A. 2. 5　　B. 4　　C. 6　　D. 10

6）（单选题）同轴电缆敷设时其弯曲半径必须大于其外径的（　　）倍。

A. 5　　B. 8　　C. 10　　D. 15

7）（单选题）光缆直埋时，人工挖掘沟底宽度宜为（　　）mm。

A. 200　　B. 300　　C. 350　　D. 400

8)（单选题）光（电）缆架空敷设时，其挂钩间距应为（　　）mm。

A. 500　　B. 600　　C. 700　　D. 800

9)（单选题）室外墙壁安装分线盒时，盒体的下端面距地面为（　　）m。

A. 2.5～2.9　　B. 2.6～3.0　　C. 2.7～3.1　　D. 2.8～3.2

10)（多选题）架空光（电）缆敷设时，电杆的拉线上把固定方法有（　　）。

A. 绑扎法　　B. 夹板法　　C. 卡固法　　D. 焊接法

10. 【背景资料】

有一在建住宅小区，视频安防监控系统工程设计图纸已完成，现进场进行施工。

请依据上述背景资料完成1～10题的选项。

请根据背景资料完成相应小题选项，选项类型根据各小题注明要求，把所选项在答题卡相应题号中填涂，在题本上答题无效。其中，判断题二选一（A、B选项），单选题四选一（A、B、C、D选项），多选题四选二或三（A、B、C、D选项）；不选、多选、少选、错选均不得分。

1)（单选题）监控中心稳压电源应具有净化功能，其标称功率应大于系统使用总功率的（　　）倍。

A. 1.0　　B. 1.2　　C. 1.5　　D. 2.0

2)（判断题）电源线与信号线应分开敷设。（　　）

A. 正确　　B. 错误

3)（判断题）对有强磁干扰的场所，应选用镀锌钢管或封闭金属线槽敷设，并做接地处理。（　　）

A. 正确　　B. 错误

4)（单选题）监视目标的最低环境照度不应低于摄像机靶面最低照度的（　　）倍。

A. 10　　B. 20　　C. 50　　D. 100

5)（单选题）当其他系统向视频系统给出联动信号时，系统能按照预定工作模式，切换出相应部位的图像至指定监视器上，并能启动视频记录设备，其联动响应时间不大于（ ）s。

A. 4　　B. 5　　C. 10　　D. 30

6)（单选题）凡已列入国家强制性认证产品目录的安防产品，必须通过（　　）认证合格并贴有认证标签后才能在安防工程中使用。

A. 3A　　B. 3B　　C. 3C　　D. 3D

7)（单选题）监视目标环境照度变化范围高低相差达到（　　）倍以上，或昼夜使用的摄像机应选用自动光圈或遥控电动光圈镜头。

A. 50　　B. 100　　C. 150　　D. 200

8)（单选题）电力线与信号线交叉敷设时宜成（　　）。

A. 30　　B. 25　　C. 垂直　　D. 平行

9)（单选题）摄像机镜头设置的高度，室内距地面不宜低于（　　）m。

A. 2.2　　B. 2.5　　C. 2.8　　D. 3.2

10)（多选题）视频安防系统记录的图像信息包括（　　）。

A. 图像编号/地址　　B. 日期　　C. 时间　　D. 信息采用英文

11. 【背景资料】

有一新建银行营业厅，安全防范工程设计为一级防护工程，设计的安全防范系统有：入侵报警系统、视频安防监控系统、出入口控制系统，现进行施工。

请依据上述背景资料完成1～10题的选项。

请根据背景资料完成相应小题选项，选项类型根据各小题注明要求，把所选项在答题卡相应题号中填涂，在题本上答题无效。其中，判断题二选一（A、B选项），单选题四选一（A、B、C、D选项），多选题四选二或三（A、B、C、D选项）；不选、多选、少选、错选均不得分。

1)（单选题）摄像机在满足监视目标视场范围要求的条件下，其安装高度：室内离地不宜低于2.5 m；室外离地不宜低于（　）m。

A. 3　　B. 3.5　　C. 4　　D. 5

2)（判断题）疏散出口的门均应为向疏散方向开启。（　）

A. 正确　　B. 错误

3)（判断题）安全防范系统所用设备外壳开口应尽可能小，开口数量应尽可能少。（　）

A. 正确　　B. 错误

4)（单选题）安全防范系统的电源线、信号线经过不同防雷区的界面处，宜安装电涌保护器；系统的重要设备应安装电涌保护器。电涌保护器接地端和防雷接地装置应作等电位连接。等电位连接带应采用铜质线，其截面积应不少于（　）mm^2。

A. 4　　B. 10　　C. 16　　D. 25

5)（单选题）监控中心内设置的接地汇集环或汇集排，采用裸铜线，其截面积应不小于（　）mm^2。

A. 4　　B. 10　　C. 16　　D. 35

6)（单选题）信号电缆和电力线平行或交叉敷设时，其间距不得小于（　）m；电力线与信号线交叉敷设时，宜成直角。

A. 0.2　　B. 0.3　　C. 0.5　　D. 1

7)（多选题）信号传输线路敷设符合要求的是（　）。

A. 电力系统与信号传输系统的线路应分开敷设

B. 信号电缆的屏蔽性能、敷设方式、接头工艺、接地要求等应符合相关标准的规定

C. 当电梯箱内安装摄像机时，应有防止电梯电力电缆对视频信号电缆产生干扰的措施

D. 应尽量使用架空敷设方式

8)（多选题）安全防范系统的接地施工时，下列（　）符合要求。

A. 接地母线采用铜质线　　B. 接地电阻为10Ω

C. 接地电阻为4Ω　　D. 接地母线采用镀锌扁钢

9)（多选题）报警信号传输线的耐压应不低于AC250V，应有足够的机械强度；铜芯绝缘导线、电缆芯线的最小截面积满足要求的是（　）。

A. 穿管敷设的绝缘导线，线芯最小截面积不应小于1.5 mm^2

B. 线槽内敷设的绝缘导线，线芯最小截面积不应小于0.75 mm^2

C. 多芯电缆的单股线芯最小截面积不应小于0.50 mm^2

D. 线槽内敷设的绝缘导线，线芯最小截面积不应小于1 mm^2

10)（多选题）下列各种线缆敷设时的弯曲半径符合要求的是（　）。

A. 多芯电缆的最小弯曲半径，应大于其外径的6倍

B. 同轴电缆的最小弯曲半径应大于其外径的10倍

C. 光缆的最小弯曲半径应大于光缆外经的20倍

D. 光缆的最小弯曲半径应大于光缆外经的25倍

12.【背景资料】

一高档写字楼，建筑面积5.2万m^2，地下2层，地上28层，按商务办公进行智能化系统设计，施工单位现进行建筑设备管理系统施工。

请依据上述背景资料完成1～10题的选项。

请根据背景资料完成相应小题选项，选项类型根据各小题注明要求，把所选项在答题卡相应题

号中填涂，在题本上答题无效。其中，判断题二选一（A、B选项），单选题四选一（A、B、C、D选项），多选题四选二或三（A、B、C、D选项）；不选、多选、少选、错选均不得分。

1）（单选题）智能建筑各工作区的净高应不低于（　　）m。

A. 2.2　　B. 2.5　　C. 2.8　　D. 3

2）（判断题）电力线缆和信号线缆严禁在同一线管内敷设。（　　）

A. 正确　　B. 错误

3）（单选题）当线管从地下引入落地式箱、柜时，宜高出箱柜内底面（　　）mm。

A. 10　　B. 20　　C. 50　　D. 100

4）（判断题）吊顶内配管，宜使用单独的支吊架固定，支吊架不得架设在龙骨或其他管道上。（　　）

A. 正确　　B. 错误

5）（单选题）用镀锌钢管配线时，镀锌钢管宜采用螺纹连接，镀锌钢管连接处应采用专用接地线卡固定跨接线，跨接线截面不应小于（　　）mm^2。

A. 1.5　　B. 2.5　　C. 4　　D. 10

6）（判断题）智能化系统设备总控室应贴邻建筑物外墙。（　　）

A. 正确　　B. 错误

7）（多选题）智能建筑施工图需经（　　）会审会签。

A. 建设单位　　B. 设备供应商　　C. 设计单位　　D. 施工单位

8）（多选题）建筑设备监控系统包括（　　）、暖通空调、冷热源、照明等机电设备。

A. 给排水　　B. 供配电　　C. 消防　　D. 电梯

9）（多选题）当需设计变更时，应经（　　）和施工单位共同协商，并应按要求填写设计变更表审核确认后，方可实施。

A. 建设单位　　B. 建设主管部门　　C. 设计单位　　D. 监理工程师

10）（多选题）机房设备接地应符合下列（　　）要求。

A. 当采用建筑物共用接地时，其接地电阻应不大于1Ω

B. 接地引下线应采用截面25 mm^2 或以上的铜导体

C. 不间断或应急电源系统输出端的中性线（N极），应采用重复接地

D. 设辅助等电位联结

13.【背景资料】

有一写字楼，地上28层，地下3层，建筑面积5.2万 m^2。某施工单位承接其消防工程施工。现进行火灾自动报警系统安装。

请依据上述背景资料完成1～10题的选项。

请根据背景资料完成相应小题选项，选项类型根据各小题注明要求，把所选项在答题卡相应题号中填涂，在题本上答题无效。其中，判断题二选一（A、B选项），单选题四选一（A、B、C、D选项），多选题四选二或三（A、B、C、D选项）；不选、多选、少选、错选均不得分。

1）（判断题）火灾自动报警系统主电源的保护开关不应采用漏电保护开关。（　　）

A. 正确　　B. 错误

2）（判断题）火灾自动报警系统应单独布线，系统内不同电压等级、不同电流类别的线路，不应布在同一管内或线槽的同一槽孔内。（　　）

A. 正确　　B. 错误

3）（单选题）从接线盒、线槽等处引到探测器底座、控制设备、扬声器的线路，当采用金属软管保护时，其长度不应大于（　　）。

A. 1 m　　B. 1.5 m　　C. 2 m　　D. 5 m

4)（单选题）明敷设各类管路和线槽时，应采用单独的卡具吊装或支撑物固定。吊装线槽或管路的吊杆直径不应小于（　　）。

A. 4 mm　　B. 5 mm　　C. 6 mm　　D. 8 mm

5)（单选题）火灾自动报警系统导线敷设后，应用 500V 兆欧表测量每个回路导线对地的绝缘电阻，该绝缘电阻值不应小于（　　）。

A. 5 mΩ　　B. 10 mΩ　　C. 15 mΩ　　D. 20 mΩ

6)（单选题）在宽度小于 3 m 的内走道顶棚上安装探测器时，宜居中安装。点型感温火灾探测器的安装间距，不应超过（　　）。

A. 5 m　　B. 8 m　　C. 10 m　　D. 15 m

7)（单选题）探测器底座的连接导线，应留有不小于（　　）的余量。

A. 50 mm　　B. 80 mm　　C. 100 mm　　D. 150 mm

8)（单选题）手动火灾报警按钮应安装在明显和便于操作的部位。当安装在墙上时，其底边距地（楼）面高度宜为（　　）m。

A. 1.1～1.3　　B. 1.3～1.5　　C. 1.5～1.6　　D. 1.6～1.7。

9)（单选题）火灾光警报装置应安装在安全出口附近明显处，距地面（　　）以上。

A. 1.2 m　　B. 1.5 m　　C. 1.8 m　　D. 2 m

10)（单选题）火灾自动报警系统 专用接地干线应采用铜芯绝缘导线，其线芯截面面积不应小于（　　）。专用接地干线宜穿硬质塑料管埋设至接地体。

A. 10 mm^2　　B. 16 mm^2　　C. 20 mm^2　　D. 25 mm^2

14. 【背景资料】甲公司承建某市一个中型文体中心的项目建设。工程内容包括：建筑和设备安装。其中设备安装包括：电气动力和照明、电梯、制冷机组、各类水泵、水处理设备、各类管道及防腐绝热、室外大型冷却塔等系统安装，其中电梯分包给乙公司供货并安装。甲施工单位编制了施工组织设计，进行了技术交底，并审查了分包单位制定的施工方案。在施工过程中发生下列事件：

事件 1：由于照明系统设计图有问题，业主向甲施工单位发出变更通知单。

事件 2：甲单位分别绘制了不同施工阶段的施工平面图。

请根据上述背景资料完成以下选项，其中判断题二选一（A、B 选项），单选题四选一（A、B、C、D 选项），多选题四选二或三（A、B、C、D 选项）。不选、多选、少选、错选均不得分。

1)（单选题）乙公司承接的是（　　）项目。

A. 建设工程　　B. 单位工程　　C. 单项工程　　D. 分部工程

2)（判断题）该项目的施工组织设计应由甲单位项目负责人审批。（　　）

A. 正确　　B. 错误

3)（单选题）关于甲公司施工部署的内容，以下不涉及的是（　　）。

A. 对主要分部、分项工程制定施工方案

B. 根据施工合同、招标文件以及本单位对工程管理目标的要求确定进度、质量、安全、环境和成本等目标

C. 对于工程施工的重点和难点应进行分析，包括组织管理和施工技术两个方面

D. 对主要分包工程施工单位的选择要求及管理方式应进行简要说明

4)（判断题）事件 1 中，业主发出设计变更，甲施工单位应接收。（　　）

A. 正确　　B. 错误

5)（单选题）此项目采用（　　）组织方式较科学。

A. 顺序施工　　B. 平行施工　　C. 流水施工　　D. 交叉施工

6)（判断题）事件 2：甲施工单位分别绘制了不同施工阶段的施工平面图。（　　）

A. 正确　　B. 错误

7)（单选题）甲安装公司承接的是（　）项目。

A. 检验批工程　B. 分部工程　C. 分项工程　D. 单位工程

8)（多选题）乙公司编制施工方案的工程概况应包括（　）方面。

A. 工程主要情况　B. 设计简介　C. 工程施工条件　D. 施工方法

9)（多选题）甲施工单位审查分包方编制的施工方案，重点是（　）。

A. 电梯安装质量管理计划　B. 施工进度

C. 安全生产的技术措施　D. 施工准备和资源配备计划

10)（多选题）甲公司编制资源配置计划时，应包括（　）等方面。

A. 劳动力配置　B. 材料和设备配置　C. 施工机具配置　D. 资金使用计划

15.【背景资料】某安装公司通过招标承接到某中型电气照明系统安装的施工合同，合同工期40d。安装公司确定的施工项目有：A配管明敷、B配线安装、C配电箱配电板安装、D插座和开关安装、E灯具安装、F调试整改验收，并根据合同工期和施工条件制定了施工进度计划，如下图所示。在施工过程中，由业主负责供货的电线电缆比预计的到货时间推迟了2d，配电箱配电板到货也推迟了7d。

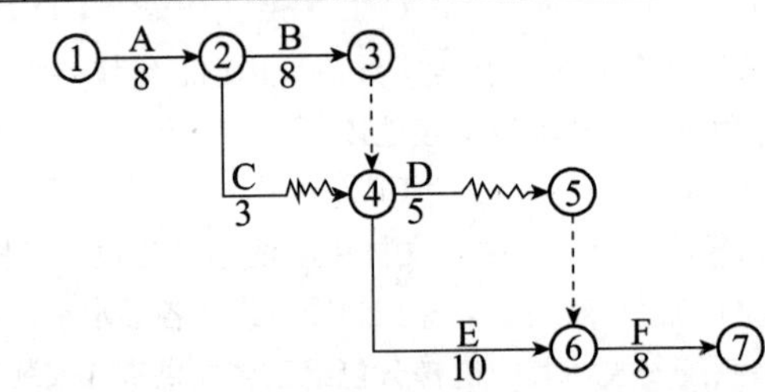

请根据上述背景资料完成以下选项，其中判断题二选一（A、B选项），单选题四选一（A、B、C、D选项），多选题四选二或三（A、B、C、D选项）。不选、多选、少选、错选均不得分。

1)（单选题）由于部分材料推迟到货，施工单位（　）的做法是合理的。

A. 将材料已经到货的后续工作提前施工

B. 可以将计算工期顺延2d

C. 缩短后续工作的持续时间，向业主提出索赔

D. 重新制定施工进度计划，向业主提出索赔

2)（单选题）案例中的安装公司承接的施工项目属于（　）。

A. 建设工程　B. 单位工程　C. 单项工程　D. 子分部工程

3)（判断题）该施工项目的计算工期是40d。（　）

A. 正确　B. 错误

4)（单选题）为了确保本项目工期目标的实现，应重点控制关键工作（　）。

A. ABDF　B. ACEF　C. ABEF　D. ACDF

5)（单选题）安装公司绘制的这张施工进度图叫（　）。

A. 横道图　B. 单代号网络图　C. 双代号网络图　D. 双代号时标网络图

6)（单选题）施工进度图中节点2到节点4中间的波形线表示（　）。

A. 工作C的总时差　B. 工作C的自由时差

C. 工作C的最迟开工时间　D. 工作C的最迟完工时间

7)（单选题）网络图中节点3到节点4的虚箭线表达的是（　）。

A. 工作B.C必须同时结束　B. 工作B完成后、工作C才能开始

C. 工作B.C不能同时结束　D. 对B、C两项工作的代号加以区分

8）（单选题）该项目的施工方案应该由（　　）审批。

A. 安装公司总经理　　B. 项目部经理

C. 项目部专业技术人员　　D. 项目部技术负责人

9）（多选题）由于电线电缆和配电箱配电板到货分别推迟了 2d 和 7d，造成的影响是（　　）。

A. 总工期将推迟 9d　　B. 灯具安装的最迟开工时间将推迟 2d

C. 总工期将推迟 2d　　D. 灯具安装的最迟开工时间将推迟 7d

10）（多选题）施工准备期间，资源配置计划应包括（　　）。

A. 资金配置计划　　B. 技术资料准备计划

C. 劳动力计划　　D. 物资配置计划

16.【背景资料】某住宅小区新建十幢多层住宅楼。由甲建筑公司总承包，乙机电安装公司分包水电安装。安装内容包括：给水排水、卫生器具、采暖、室内消防、电气照明、防雷接地和家用电气设备接地等。

该机电安装公司项目经理部质检员负责拟定质量检验计划，为此需结合施工进度计划，编制合理的质量检验计划，确保工程质量。

请根据上述背景资料完成以下选项，其中判断题二选一（A、B 选项），单选题四选一（A、B、C、D 选项），多选题四选二或三（A、B、C、D 选项）。不选、多选、少选、错选均不得分。

1）（判断题）为防止建筑设备安装工程质量通病，最关键的是事中控制。（　　）

A. 正确　　B. 错误

2）（单选题）本项目质量检验的步骤是（　　）。

A. 检验批验评——分项工程——分部（子分部）工程——单位（子单位）工程

B. 单位（子单位）工程——分部（子分部）工程——分项工程——检验批验评

C. 单位（子单位）工程——分项工程——检验批验评——分部（子分部）工程

D. 分部（子分部）工程——检验批验评——分项工程——单位（子单位）工程

3）（单选题）从提高质量意识和质量管理的方面来看，以下（　　）不是防治建筑安装工程质量事故的关键。

A. 制定防治质量事故的有效措施

B. 在处理和协调各专业之间的接口问题上，应本着以本专业施工质量为第一的方针来进行

C. 加强组织管理，认真贯彻执行质量技术责任制

D. 牢固树立“质量第一”的观念，加强职工的质量意识教育

4）（单选题）根据安装工程施工质量的“三检制”，一般情况下，原材料、半成品、成品的检验以（　　）为主。

A. 自检　　B. 专检　　C. 互检　　D. 无损检验

5）（单选题）建筑电气工程的质量验收是在（　　）验收合格的基础上进行。

A. 抽样检查　　B. 见证取样　　C. 所含全部分项工程D. 验收记录

6）（单选题）在电气安装工程施工中，为了防止损伤电缆，室内沿电缆桥架敷设的电缆敷设（　　）。

A. 必须在管道空调工程的施工全部完成后进行

B. 宜在管道空调工程的施工之前进行

C. 宜与管道空调工程的施工同时进行

D. 宜在管道空调工程的施工基本完成后进行

7）（单选题）本项目中，以下（　　）不能作为分部（子分部）工程质量验收评定标准。

A. 所含各分项工程必须已验收合格

B. 相应的质量控制文件必须完整

C. 观感质量验收应符合要求

D. 有关安全和功能、节能、环境保护的检验和抽样检测的合格率为80%以上

8)（判断题）在本项目的安装过程中，隐蔽工程在隐蔽前，由甲方检查合格后，通知施工单位及监理单位进行验收，并形成验收文件。(　　)

A. 正确　　　　　　　　　　　　B. 错误

9)（判断题）在本安装工程质量验收项目的划分中，把分部工程作为质量验收的基本单元。(　　)

A. 正确　　　　　　　　　　　　B. 错误

10)（多选题）关于大型公用建筑实物质量的抽检部位描述，以下描述正确的有（　　）。

A. 变配电室，技术层的动力工程　　　　B. 建筑顶部的防雷工程

C. 重要的或大面积活动场所的照明工程　　D. 2%自然间的建筑电气动力、照明工程

17.【背景资料】一大型住宅小区工程项目，建设单位通过招标，6号～11号住宅楼的部分设备安装由甲公司承包，其内容包括：室内给水排水、卫生洁具和采暖工程，电气照明和防雷接地安装。室外电气安装工程由乙公司承包施工；室外给水排水与采暖工程由丙公司承包施工。

三个安装公司在施工准备阶段都编制了材料供应计划，要求材料到达施工现场要验收确认后入库。

乙公司所承担的室外室外电气安装最先完成，经施工单位自检和监理工程师初验合格后，通知业主和监理工程师单独组织了检查验收。

该项目的所有施工内容完毕，在竣工验收阶段，项目经理部组织整理竣工资料与竣工图汇编工作如下：

(1) 收集的工程施工资料的情况包括：施工方案、技术交底及施工日志；水暖电设备和材料等物资进场检查记录、产品质量合格证；隐蔽工程检查记录，施工现场质量管理检查记录，压力试验记录；设计图纸和设计变更资料的收发记录等。

(2) 整理一套设计新图纸和设计变更资料并编绘成竣工图。

(3) 在施工资料整理检查时，发现：

1) 有两份物资进场检查记录使用了纯蓝墨水笔。

2) 一份隐蔽工程检查记录未经监理工程师确认签字，查施工日志记载：当时监理工程师到现场检查。

3) 其他各种资料内容齐全、有效；记录的编号齐全、有效。

请根据上述背景资料完成以下选项，其中判断题二选一（A、B选项），单选题四选一（A、B、C、D选项），多选题四选二或三（A、B、C、D选项）。不选、多选、少选、错选均不得分。

1)（单选题）甲公司在住宅楼的机电工程中承包了（　　）个子分部工程。

A. 3　　　　B. 4　　　　C. 5　　　　D. 6

2)（单选题）乙公司承包的室外电气安装工程和丙安装公司承包的室外给水排水与采暖工程组成了一个室外安装工程，按照施工质量验收项目的划分，这是一个（　　）。

A. 单位工程　　B. 子单位工程　　C. 分部工程　　D. 子分部工程

3)（判断题）背景材料中，乙公司承包的室外电气安装完成后，单独组织检查验收。(　　)

A. 正确　　　　　　　　　　　　B. 错误

4)（判断题）利用施工图改绘竣工图，必须标明变更修改依据；凡施工图结构、工艺、平面布置等有重大改变，或变更超过图面的1/2的，应当重新绘制竣工图。(　　)

A. 正确　　　　　　　　　　　　B. 错误

5)（单选题）在资料整理检查时，施工单位对发现的1）和2）做了如下处理。请问：处理正确的是（　　）。

1) 两份物资进场检查记录使用了纯蓝墨水笔填写的：重新使用碳素墨水笔填写和签名；

2) 一份隐蔽工程检查记录未经监理工程师确认签字：由施工员补签确认和签名。

A. 1）、2）都正确　　B. 1）是错误的，2）是正确的

C. 1）、2）都错误　　D. 1）是正确的，2）是错误的

6）（判断题）施工单位应当在工程竣工验收前，将形成的有关工程档案向建设单位归档。（　　）

A. 正确　　B. 错误

7）（单选题）案例中的室外照明系统安装工程由（　　）组织施工单位的相关人员进行验收。

A. 总监理工程师或建设单位项目负责人

B. 总监理工程师或建设单位项目技术负责人

C. 电气专业监理工程师或建设单位项目负责人

D. 电气专业监理工程师或建设单位项目技术负责人

8）（多选题）乙公司承包的室外电气安装工程的质量验收评定标准有（　　）等。

A. 绝大多数主控项目验收合格

B. 所包含的各分部工程质量验收均应合格

C. 有关的质量控制资料文件应完整，所含涉及安全和使用功能的分部工程的检验资料应完整

D. 对主要使用功能项目的抽查结果应符合相关专业质量验收规范的规定，观感质量检查应合格

9）（多选题）进场的材料进行验收和确认的方式有（　　）。

A. 凡涉及安全、功能的有关产品，应按各专业工程质量验收规范规定进行复验，经监理工程师（建设单位技术负责人）检查认可合格的，便可在施工中使用

B. 凡是经施工方检查认可合格的，便可在施工中使用

C. 因有异议送有资质试验室进行抽样检测，试验室应出具检测报告，认定符合相关技术标准规定，便可以在施工中应用

D. 做好相应的验收记录和标识

10）（多选题）案例中是工程质量控制资料的有（　　）。

A. 施工方案、技术交底及施工日志

B. 原材料、构配件、成品、半成品和设备的出厂合格证及进场检（试）验报告

C. 隐蔽工程检查记录、压力试验记录

D. 施工现场质量管理检查记录

18.【背景资料】某机电安装公司投标一个高 40 层，占地面积 2000 m^2 的智能住宅楼机电工程项目。采用工程量清单方式投标，工程量清单采用综合单价计价。机电工程范围有：建筑给水排水、室内采暖、建筑电气、通风空调、建筑智能化、消防、安保工程。安装公司依据招标书、施工图及有关文件，编制了住宅机电工程的投标书。在投标书中：分部分项工程量清单计价为 2800 万元，措施项目清单计价为 150 万元，其他项目清单计价为 380 万元（暂列金额是 280 元），规费为 l10 万元，税金为 3.461％。

安装公司进场施工时，收到监理签发的设计变更图纸，安装公司采用综合单价法对工程量变更情况进行查对，发现分部分项工程量清单中的工程量增幅大于原工程量的 3％，于是，安装公司向业主提出了调整综合单价的要求。

项目完工后，由于实际的工程量与投标工程量清单有差异，同时住宅楼建设单位又提高了机电工程的建设标准，于是，安装公司在编制结算书时将分部分项工程量清单计价调整为 3000 万元，措施项目清单计价调整为 180 万元，签证金额为 30 元，无索赔费用。

请根据上述背景资料完成以下选项，其中判断题二选一（A、B 选项），单选题四选一（A、B、C、D 选项），多选题四选二或三（A、B、C、D 选项）。不选、多选、少选、错选均不得分。

1）（判断题）安装公司编制施工结算时，把措施项目清单计价调整为 180 万元。（　　）

A. 正确　　B. 错误

2）（单选题）安装公司中标后，按照《建筑工程施工质量验收统一标准》对建筑工程质量验收项

目的划分，应计算（　　）个分部工程的工程量。

A. 7　　　　B. 6　　　　C. 5　　　　D. 4

3）（单选题）（　　）由分部分项工程量清单、措施项目清单、其他项目清单、规费项目清单和税金项目清单等五项清单组成。

A. 综合单价清单　　B. 总承包服务费清单C. 工程结算价清单　　D. 工程量清单

4）（单选题）按照《建筑工程施工质量验收统一标准》对建筑工程质量验收项目的划分，案例中，安装公司承包的照明系统安装是（　　）。

A. 分部工程　　B. 单位工程　　C. 分项工程　　D. 子分部工程

5）（单选题）照明系统中有96套半圆球吸顶灯需要安装，那么对应的工程数量是（　　）。

A. 96　　B. 9.6　　C. 0.96　　D. 10

6）（单选题）2.5 mm^2 照明线路管内穿线敷设的长度为17680 m，则对应的工程数量是（　　）。

A. 17680　　B. 1768　　C. 17.68　　D. 176.8

7）（单选题）本案例的总工程量清单中，所需费用还应考虑（　　）因素。

A. 风险因素　　B. 人为因素　　C. 合同因素　　D. 政策因素

8）（判断题）本工程因设计变更引发工程量增加，安装公司向业主提出调整综合单价的要求。（　　）

A. 正确　　B. 错误

9）（判断题）安装工程的企业管理费和利润的计价基础都是人工费。（　　）

A. 正确　　B. 错误

10）（判断题）本案例在竣工结算时，暂列金额有余额，应归发包人。（　　）

A. 正确　　B. 错误

19.【背景资料】某新建化工企业，建设单位通过招标，确定该项目的生产车间、综合办公楼、职工住宅等建筑物的机电设备安装由甲公司总承包，乙公司分包智能建筑的安装。甲公司的安装任务中有变压器、大型锅炉，需要租赁100t履带式起重机吊装。项目经理在项目开工前组织各部门及各分包单位制定了安全生产责任制，明确了各部门、各有关人员的安全责任。同时，对一些重要的分部工程编制了详细的施工方案。施工现场有焊工、电工、钳工、起重工、架子工、探伤工等多个工种作业，安全问题也显得尤为突出，于是制定了相关的方案并进行了交底。项目部根据施工现场用电设备的数量和总容量情况，编制了施工现场用电组织设计，并按审批程序审批合格。

项目总工程师在审核分部工程施工方案时，发现对变压器的吊装叙述得很详细，也很准确，而且过去也吊装过类似的设备，认为据此可以实施吊装作业。

分包商乙公司项目负责人组织编制了智能建筑施工方案，由本单位总工审核通过后，报总承包商甲公司审核，合格后，再由甲公司报业主或监理单位批准后执行。

请根据上述背景资料完成以下选项，其中判断题二选一（A、B选项），单选题四选一（A、B、C、D选项），多选题四选二或三（A、B、C、D选项）。不选、多选、少选、错选均不得分。

1）（判断题）本案例智能建筑施工方案的编制和审核的程序是否正确。（　　）

A. 正确　　B. 错误

2）（判断题）项目总工程师在审核分部工程施工方案时，发现对大型锅炉的吊装叙述得很详细，也很准确，而且过去也吊装过类似的设备，认为据此可以实施吊装作业。（　　）

A. 正确　　B. 错误

3）（判断题）安全检查制度是各项安全管理制度的核心，也是安全管理中最基本的制度。（　　）

A. 正确　　B. 错误

4）（单选题）本案例项目部编制了施工现场用电组织设计，由此可以断定，此项目的设备台数和总容量至少是（　　）。

A. 5 台以上或 50KW 以上　　　　B. 10 台以上或 50KW 以上

C. 5 台以上或 100KW 以上　　　　D. 10 台以上或 100KW 以上

5)（单选题）以下是关于焊接作业的安全技术要求的叙述，错误的是（　　）。

A. 进行高处焊割作业时，使用的工具应用绳索传递，不准随手上下抛扔

B. 通透焊炬用铜丝、竹扦或铁丝

C. 工作前必须检查乙炔瓶、氧气瓶及橡胶软管的接头、阀门及紧固件牢靠，不准有松动，破损和漏气现象，检查时只准用肥皂水试验

D. 下雨天不准露天焊接，在潮湿地带工作时，应站在有绝缘物品的地方并穿好绝缘鞋

6)（多选题）以下是关于危险源与事故的叙述，正确的有（　　）。

A. 第一类危险源是事故发生的前提

B. 第二类危险源出现的难易，决定事故发生的可能性大小

C. 第二类危险源是事故的主体，决定事故的严重程度

D. 第一类危险源的出现是第二类危险源导致事故的必要条件

7)（多选题）总承包单位对于分包单位的安全生产责任有（　　）。

A. 审查分包人的安全施工资格和安全生产保证体系

B. 在分包合同中应明确分包人安全生产责任和义务

C. 由分包人自行提出安全管理要求，并认真监督、检查

D. 只负责统计分包人的伤亡事故，按规定上报，无需协助处理分包人的伤亡事故

8)（多选题）以下（　　）是消防安全管理制度的主要内容。

A. 消防安全检查制度、消防安全教育与培训制度

B. 可燃及易燃易爆危险品管理制度、应急预案演练制度

C. 用火、用电、用气管理制度

D. 安全生产许可证制度

9)（判断题）施工安全事故调查组应当自事故发生之日起 90 日内提交事故调查报告；特殊情况下，经负责事故调查的人民政府批准，提交事故调查报告的期限可以适当延长，但延长的期限最长不超过 90 日。（　　）

A. 正确　　　　B. 错误

10)（多选题）应急预案应形成体系，对生产规模小、危险因素少的生产经营单位，（　　）可以合并编写。

A. 综合应急预案　B. 专项施工方案　C. 现场处置方案　D. 专项应急预案

参考文献

——著作、教材

[1] 曹文斌．简明建筑设备安装技术手册［M］．北京：中国建筑工业出版社，2004.

[2] 李英姿．建筑电气施工技术［M］．北京：机械工业出版社，2003.

[3] 唐文之，等．建筑施工安全知识［M］．北京：中国环境出版社，2003.

[4] 杨光臣．电气安装施工技术与管理［M］．北京：中国建筑工业出版社，2001.

[5] 瞿义勇. 建筑电气工程施工与质量验收实用手册［M]. 北京：中国建材工业出版社，2003.

[6] 阴振勇. 建筑电气工程施工与安装［M]. 北京：中国电力出版社，2003.

[7] 韩永学. 建筑电气施工技术［M]. 北京：中国建筑工业出版社，2004.

[8] 芮静康．建筑防雷与电气安全技术［M］．北京：中国建筑工业出版社，2003.

[9] 黄民德，郭福雁．建筑电气安全技术［M］．天津：天津大学出版社，2007.

[10] 唐海，唐定曾．建筑工程电气安装实用技术［M］．北京：金盾出版社，2005.

[11] 郎永强．电气接地、接零安全安装方法与技巧［M］．北京：机械工业出版社，2007.

[12] 陈元丽．现代建筑电气设计指南［M］．北京：中国水利水电出版社，2007.

[13] 谢社初．建筑电气施工技术［M］．武汉：武汉理工大学出版社，2008.

[14] 谢社初．综合布线系统施工［M］．北京：机械工业出版社，2006.

[15] 谢社初．建筑电气工程［M］．北京：机械工业出版社，2007.

[16] 刘健．智能建筑弱电工程［M］．重庆：重庆大学出版社，2002.

[17] 孙成明．建筑电气施工图识读［M］．北京：化学工业出版社，2009.

[18] 高满茹．建筑供配电与设计［M］．北京：中国电力出版社，2010.

——规范、手册

[1] 北京照明学会照明设计专业委员会．照明设计手册［M］．北京：中国电力出版社，2009：25-107.

[2] 彭圣浩．建筑工程施工组织设计实例应用手册［M］．北京：中国建筑工业出版社，2008：31-41.

[3] 任俊和，曹继明．安装工程施工技术交底实例手册［M］．北京：中国建筑工业出版社，2000：2-6.

[4] 戴瑜兴，等. 民用建筑电气设计手册（第二版）[M]. 北京：中国建筑工业出版社，2007.
[5]《湖南省建设工程工程量清单计价办法》（湘建价［2009］406 号）.
[6]《火灾自动报警系统设计规范》（GB 50116—98）.
[7]《建筑施工组织设计规范》（GB/T 50502—2009）.
[8]《施工现场临时用电安全技术规范》（JGJ 46—2005）.
[9]《建筑施工起重吊装工程安全技术规范》（JGJ 276—2012）.
[10]《建设工程施工现场消防安全技术规范》（GB 50720—2011）.
[11]《建筑工程施工质量验收统一标准》（GB 50300—2001）.
[12]《建筑电气工程施工质量验收规范》（GB 50303—2002）.
[13]《智能建筑工程质量验收规范》（GB 50339—2003）.
[14]《电梯工程施工质量验收规范》（GB 50310—2002）.
[15]《民用建筑电气设计规范》（JGJ 16—2008）.